应用型本科电子信息类规划教材

通信原理与技术

（第2版）

蒋青　吕翊　周非　李文娟　编著

北京邮电大学出版社
www.buptpress.com

内容简介

本书对现代通信系统所涉及的有关原理及技术进行了系统的分析和讨论，尽量避免烦琐的数学推导，偏重于物理概念的理解及通信技术的具体应用，可满足不同专业、不同层次学习对象的需要。本书叙述上力求概念清楚、重点突出、深入浅出、通俗易懂。

本书共10章，内容包括：绪论、信源和信道、信号与噪声分析、模拟调制系统、数字基带传输系统、数字频带传输系统、模拟信号的数字化、信道编码、同步系统、扩频通信。内容涵盖国内通信原理教学的全部基本内容，每章配有例题和习题，且书末附有习题参考答案。

本书可作为普通高等学校通信工程、信息工程、电子工程及其相近专业以应用型为培养目标的本科层次学生的教材，适当删节也可用于相关专业的专科学生教材，还可供相关工程技术人员参考。

图书在版编目(CIP)数据

通信原理与技术/蒋青等编著. --2版. --北京：北京邮电大学出版社，2012.7(2016.7重印)
ISBN 978-7-5635-3121-9

Ⅰ.①通… Ⅱ.①蒋… Ⅲ.①通信原理—高等学校—教材②通信技术—高等学校—教材 Ⅳ.①TN91

中国版本图书馆CIP数据核字(2012)第141223号

书　　名：通信原理与技术(第2版)
著作责任者：蒋青　吕翊　周非　李文娟　编著
责任编辑：李欣一
出版发行：北京邮电大学出版社
社　　址：北京市海淀区西土城路10号(邮编：100876)
发 行 部：电话：010-62282185　传真：010-62283578
E-mail：publish@bupt.edu.cn
经　　销：各地新华书店
印　　刷：北京通州皇家印刷厂
开　　本：787 mm×1092 mm　1/16
印　　张：21.75
字　　数：540千字
印　　数：3 001—4 000册
版　　次：2007年5月第1版　2012年7月第2版　2016年7月第2次印刷

ISBN 978-7-5635-3121-9　　定　价：42.00元

前　言

“通信原理与技术”是通信领域中最重要的专业基础课之一，学好该课程对进一步学习通信领域的各种专业知识具有非常关键的作用。该课程目前几乎已成为所有通信、电子信息类和计算机等专业的必修课程。

本书是作者在2007年出版的《通信原理与技术》基础上，根据使用院校老师的参考意见及多年的教学实践，加以修订和完善的。根据近年来电子信息技术的新发展以及注重学生能力培养，加强基础和拓宽专业的新要求，增加了扩频通信的内容，同时对部分章节做一些适当的调整和修改，不但做到经典内容与新增内容的有机结合，而且力求内容和框架结构更加合理完善。

本书既着眼于通信的基本概念、基本理论和基础知识的分析，同时兼顾介绍现代通信新技术。目的是向读者提供一本面向应用型本科通信、电子信息类专业的教材和参考书。其主要特点为：

1. 体现应用型本科通信、电子信息类和电子工程大类等专业的特色，以面向应用为目标，对现代通信系统的基本原理与技术、基本概念和性能分析等进行了较为系统的介绍。尽量避免高深的理论和烦琐的公式推导，偏重于物理概念的描述，深入浅出，使读者能很快掌握其要领。

2. 教材体系上，强调知识结构的系统性和完整性，注意与先修课程的衔接，注重学生知识运用能力的培养。

3. 内容编排上由浅入深，概念清楚，重点突出，循序渐进，使读者带着问题学，具有启发性，以最易接受的方式介绍了通信原理与技术的基本内容及其应用。为了帮助学生(读者)提高分析问题和解决问题的能力，书中列举了许多例题，并附有大量习题及部分习题答案。

全书共10章。第1章：绪论。简要介绍通信的概念、分类及特点，通信系统的组成及主要性能指标。第2章：信源和信道。首先阐述信息的概念，在此基础上，讨论离散信源和连续信源的信息测度以及离散信道和连续信道的信息传输率和信道容量。第3章：信号与噪声分析。它是分析通信系统的数学工具。如果读者已有先修基础，本章3.1～3.3节可作为复习内容或跳过。第4章：模拟调制系统。介绍目前正在应用的各种模拟调制方式的基本原理和性能。第5章：数字基带传输系统。首先介绍了数字基带信号的常用波形和传输码型以及频谱特性；然后围绕数字基带信号传输中的误码问题，讨论接收端如何有效地抑制噪声和消除码间干扰的理论与技术；同时简述均衡器和部分响应系统并介绍最佳基带传输系统的概念及基本分析方法。第6章:数字频带传输系统。重点介绍二进制数字调制系统的原理及其抗噪声性能,并简要介绍多进制数字调制系统基本原理和几种现代数字调制技术。第7章:模拟信号的数字化。重点介绍基于PCM的模拟信号数字化技术以及时分复用的相关概念。第8章:信道编码。主要介绍常见的信道编码和译码的方法。第9章:同步系统。主要介绍载波同步、位同步、群同步和网同步的基本原理和性能。第10章:扩频通信。主要介绍扩频通信的基本原理、PN序列、直接序列扩频系统、跳频系统以及码分复用的基本概念。

本书可作为普通高等学校通信工程、信息工程、电子工程及其相近专业以应用型为培养目标的本科层次学生的教材,适当删节也可用于相关专业的专科学生教材,还可供相关工程技术人员参考。

本书由蒋青编写第1、3、4、5、6章,吕翊编写第2、7章,周非编写第8、10两章,李文娟编写第9章。全书由蒋青统编定稿。

由于编者水平有限,书中难免存在缺点和错误,希望读者批评指正。

编者

2012年4月

目　　录

绪　论

1.1 引　言

在人类历史的长河中，为满足生产和生活的需要，人们在进行思想情感交流以及知识的获取等方面都离不开消息的传递。古代的烽火台、驿站，现代的书信、电报、电话、传真、电子信箱、可视图文等都是人们用来传递消息的方式。广义地说，通信就是从一个地方向另一个地方传递消息。

通信的目的是为了获取信息。信息是人类社会和自然界中需要传递、交换、存储和提取的抽象内容。如打一次电话，甲告诉乙所不知道的消息，就说甲发出了信息；而乙在电话中得知了原来不知道的消息，就说乙得到了信息。由于信息是抽象的内容，为了传送和交换信息，必须通过语言、文字、图像和数据等将它表示出来。即信息通过消息来表示。

可以将表示信息的语言、文字、图像和数据等称为消息。消息在许多情况下是不便于传送和交换的，如语言就不宜远距离直接传送，为此需要用光、声、电等物理量来运载消息。如打电话，它是利用电话(系统)来传递消息；两个人之间的对话，是利用声音来传递消息；古代的"消息树"、"烽火台"和现代仍然使用的"信号灯"等则是利用光的方式传递消息。随着社会的发展，消息的种类越来越多，人们对传递消息的要求和手段也越来越高。

通信中消息的传送是通过信号来进行的，如：电压、电流信号等。信号是消息的载荷者。在各种各样的通信方式中，利用"电信号"来承载消息的通信方法称之为电通信，这种通信具有迅速、准确、可靠等特点，而且几乎不受时间、地点、空间、距离的限制，因而得到了飞速发展和广泛应用。如今，在自然科学中，"通信"与"电通信"几乎是同义词。本书中所说的通信，均指电通信。

本章主要介绍通信的基本概念、通信的分类及通信方式、通信系统的组成以及主要性能指标等。

1.2 通信的分类及通信方式

1.2.1 通信的分类

通信按照不同的分法,可分成许多类别,下面介绍几种较常用的分类方法。

1. 按传输媒质分类

按传输媒质的不同,通信可分为有线通信和无线通信两大类。所谓有线通信是指传输媒质为导线、电缆、光缆、波导等形式的通信,其特点是媒质能看得见、摸得着。所谓无线通信是指传输消息的媒质为看不见、摸不着的媒质(如电磁波)的一种通信形式。

2. 按信号的特征分类

按照携带信息的信号是模拟信号还是数字信号,可以相应地把通信分为模拟通信和数字通信。数字通信是指信道中传输的信号属于数字信号的通信。如果信道中传输的信号是模拟信号则称为模拟通信。

3. 按工作频段分类

按通信设备的工作频段不同,通信可分为长波通信、中波通信、短波通信、微波通信等。表1.1列出了通信中使用的频段、常用传输媒质及主要用途。

表1.1 通信频段、常用传输媒质及主要用途

频率范围	波长	符号	传输媒质	用途
3 Hz～30 kHz	10^4～10^8 m	甚低频 VLF	有线线对长波无线电	音频、电话、数据终端长距离导航、时标
30～300 kHz	10^3～10^4 m	低频 LF	有线线对长波无线电	导航、信标、电力线通信
300 kHz～3 MHz	10^2～10^3 m	中频 MF	同轴电缆短波无线电	调幅广播、移动陆地通信、业余无线电
3～300 MHz	10～10^2 m	高频 HF	同轴电缆短波无线电	移动无线电话、短波广播、定点军用通信、业余无线电
30～300 MHz	1～10 m	甚高频 VF	同轴电缆米波无线电	电视、调频广播、空中管制、车辆、通信、导航
300 MHz～3 GHz	10～100 cm	特高频 UHF	波导分米波无线电	微波接力、卫星和空间通信、雷达
3～30 GHz	1～10 cm	超高频 SHF	波导厘米波无线电	微波接力、卫星和空间通信、雷达
30～300 GHz	1～10 mm	极高频 EHF	波导毫米波无线电	雷达、微波接力、射电天文学
10^3～10^4 GHz	3×10^{-5}～3×10^{-4} cm	紫外、可见光、红外	光纤激光空间传播	光通信

通信中，工作波长和频率的换算公式为

$$\lambda=\frac{c}{f}=\frac{3\times10^8}{f} \tag{1.2.1}$$

式中，λ 为工作波长(m)，f 为最高工作频率(Hz)，c 为光速(m/s)。

4. 按调制方式分类

根据信道中传输的信号是否经过调制，可将通信分为基带传输和频带(调制)传输。基带传输是将没有经过调制的信号直接传送，如音频市内电话；频带传输是对基带信号调制后再送到信道中传输。基带传输和频带传输的详细内容将分别在本书第5章、第6章中介绍。

5. 按通信业务类型分类

根据通信业务类型的不同，通信可分为电报通信、电话通信、数据通信及图像通信等。

6. 按终端用户移动性分类

通信还可以按终端用户是否移动分为移动通信和固定通信。移动通信是指通信双方至少有一方在运动中进行信息交换。固定通信中，各终端的地理位置都是固定不变的。

另外，通信还有其他一些分类方法，如按多地址方式可分为频分多址通信、时分多址通信、码分多址通信等；按用户类型可分为公用通信和专用通信等。

1.2.2 通信的方式

通信的工作方式通常有以下几种。

1. 按信息传输的方向与时间关系划分

对于点对点之间的通信，按信息传送的方向与时间关系，通信方式可分为单工通信、半双工通信及全双工通信3种。

单工通信是指信息只能单方向进行传输的一种通信工作方式，如图1.1(a)所示。单工通信的例子很多，如广播、遥控、无线寻呼等。这里，信号只从广播发射台、遥控器和无线寻呼中心分别传到收音机、遥控对象和BP机上。

半双工通信方式是指通信双方都能收发信息，但不能同时进行收和发的工作方式，如图1.1(b)所示。例如无线对讲机、收发报机等都是这种通信方式。

全双工通信是指通信双方可同时进行双向传输信息的工作方式，如图1.1(c)所示。例如普通电话、计算机通信网络等采用的就是全双工通信方式。

2. 按数字信号码元排列方式划分

在数字通信中按照数字码元排列顺序的方式不同，可将通信方式分为串行传输和并行传输。

并行传输是将代表信息的数字信号码元序列分割成两路或两路以上的数字信号序列同时在信道上传输,如图1.2(a)所示。并行传输的优点是速度快,节省传输时间,但占用频带宽,设备复杂,成本高,故较少采用,一般适用于计算机和其他高速数字系统,特别适用于设备之间的近距离通信。

串行传输是将代表信息的数字信号码元序列按时间顺序一个接一个地在信道中传输,如图1.2(b)所示。通常,一般的远距离数字通信都采用这种传输方式。

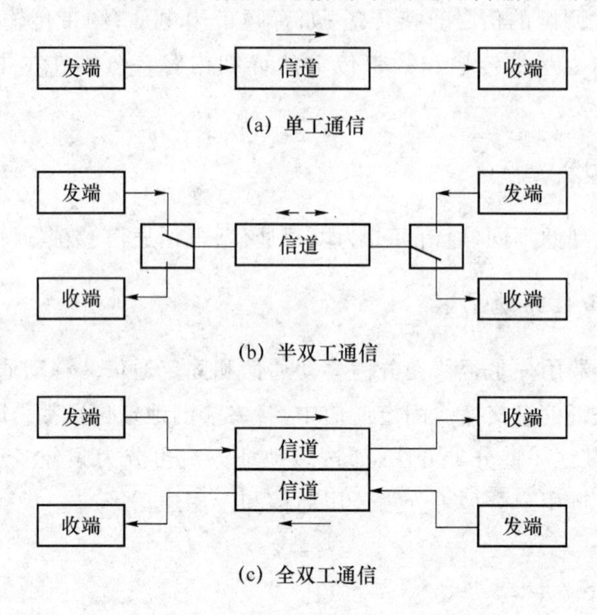

图1.1　通信方式示意图

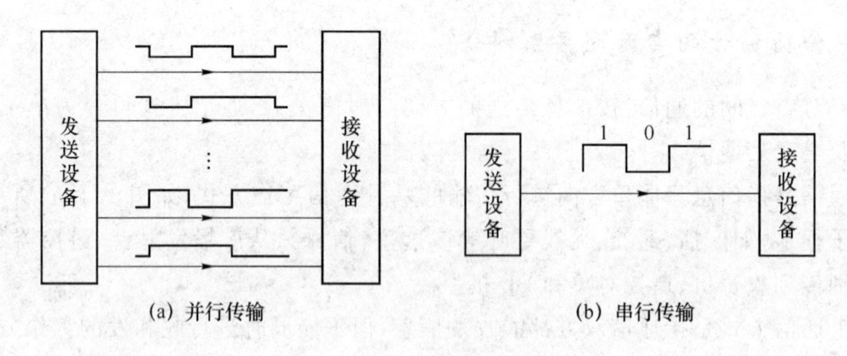

图1.2　并行和串行通信方式

3. 按照网络结构划分

通信系统按照网络结构可分为线形、星形、树形、环形等类型。专门为两点之间设立传输线的通信称之为点对点通信。多点间的通信属于网通信。网通信的基础仍是点对点通信。因此,本书重点讨论点对点通信的原理。

1.3 通信系统的组成

1.3.1 通信系统的一般模型

我们把实现消息传输所需的一切的设备和传输媒介所构成的总体称为通信系统。以点对点通信为例，通信系统的一般模型如图1.3所示。

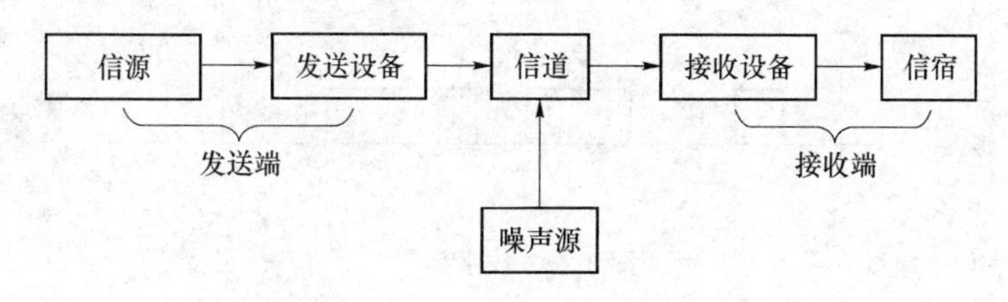

图1.3　通信系统的一般模型

图1.3中，信源（信息源）的作用是把待传输的消息转换成原始电信号，该原始电信号称为基带信号。基带信号的特点是信号频谱从零频附近开始，具有低通形式。根据原始电信号的特征，基带信号可分为数字基带信号和模拟基带信号，相应地，信源也分为数字信源和模拟信源。

发送设备的基本功能是将信源产生的原始电信号（基带信号）变换成适合在信道中传输的信号。它所要完成的功能很多，例如调制、放大、滤波和发射等，在数字通信系统中，发送设备又常常包含信源编码和信道编码等。

信道是指信号传输的通道，按传输媒介的不同，可分为有线信道和无线信道两大类。

通信系统还要受到系统内外各种噪声干扰的影响，这些噪声来自发送设备、接收设备和传输媒介等几个方面。图中的噪声源是信道中的所有噪声以及分散在通信系统中其他各处噪声的集合。

在接收端，接收设备的功能与发送设备相反，即进行解调、解码等。它的任务是从带有干扰的接收信号中恢复出相应的原始电信号。

信宿（也称受信者）是将复原的原始电信号转换成相应的消息，如电话机将对方传来的电信号还原成声音。

通信系统中传输的消息是各种各样的，有语音、文字、符号和图像等。按照信号参量的取值方式及其与消息之间的关系，可将信号划分为模拟信号和数字信号。模拟信号是指代表消息的信号参量（幅度、频率或相位）随消息连续变化的信号。如代表消息的信号参量是幅度，则模拟信号的幅度应随消息连续变化，即幅度取值有无限多个，但在时间上可以连续，也可以离散。图1.4所示为时间连续和时间离散的模拟信号。数字信号是指在时间上和幅度取值上均为离散的信号。图1.5所示的二进制数字信号就是以“1”和

“0”两种状态的不同组合来表示不同的消息。

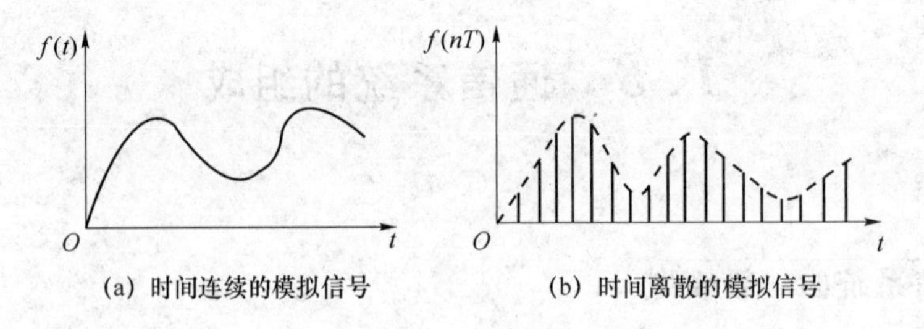

(a) 时间连续的模拟信号　　(b) 时间离散的模拟信号

图 1.4　模拟信号

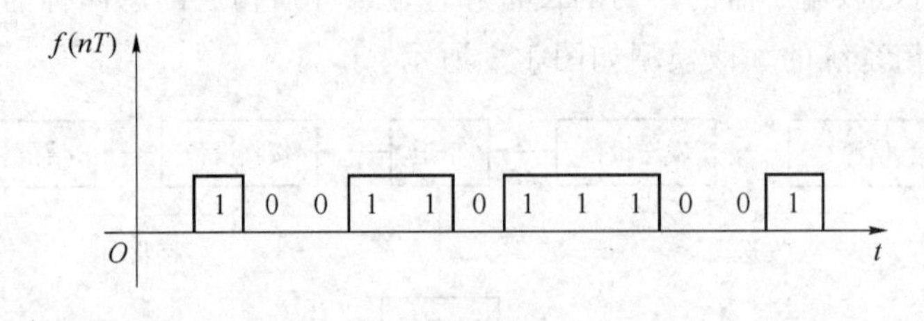

图 1.5　数字信号

1.3.2 模拟通信系统模型

模拟通信系统是指信源是模拟信号,信道中传输的也是模拟信号的系统。模拟通信系统的组成可由一般通信系统模型略加改变而成,如图 1.6 所示。

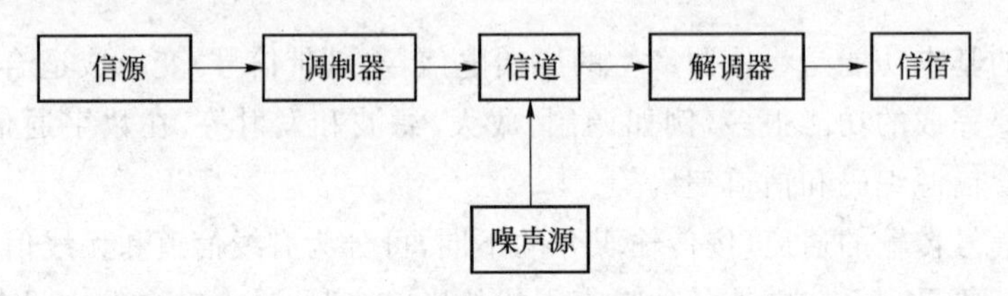

图 1.6　模拟通信系统模型

对于模拟通信系统,它主要包含两种重要变换。第一种是在发送端将连续消息变换成原始电信号,或在接收端进行相反的变换,它是由信源或信宿完成;经第一种变换得到的原始电信号(基带信号)具有频率较低的频谱分量,一般不能直接作为传输信号而送到信道中去,因此模拟通信系统常常需要第二种变换,即将基带信号转换成适合于信道传输的信号,这一变换由调制器完成。在接收端同样需经相反的变换,即将信道中传输的信号恢复成原始电信号,这一过程由解调器完成。经过调制后的信号称为已调信号。已调信号有 3 个基本特性:一是携带有消息;二是适合在信道中传输;三是频谱具有带通形式,且中心频率远离零频。因而已调信号又称为频带信号。

需要指出,消息从发端到收端的传输过程中,不仅仅只有连续消息与基带信号和基带信号与频带信号之间的两种变换,实际通信系统中可能还有滤波、放大、天线辐射、控制等过程。由于调制与解调两种变换对信号的变化起决定性作用,它们是保证通信质量的关键。

至于滤波、放大、天线辐射等过程对信号不会发生质的变化,只是对信号进行了放大或改善了信号特性,因而被看成是理想线性的,可将其合并到信道中去。

模拟通信系统在信道中传输的是模拟信号,其占有频带一般都比较窄,因此其频带利用率较高。缺点是抗干扰能力差,不易保密,设备元器件不易大规模集成,不能适应飞速发展的数字通信的要求。

1.3.3 数字通信系统模型

利用数字信号来传递信息的通信系统称为数字通信系统。数字通信系统可进一步细分为数字频带传输通信系统和数字基带传输通信系统。

1. 数字频带传输通信系统

数字频带传输通信系统如图 1.7 所示。

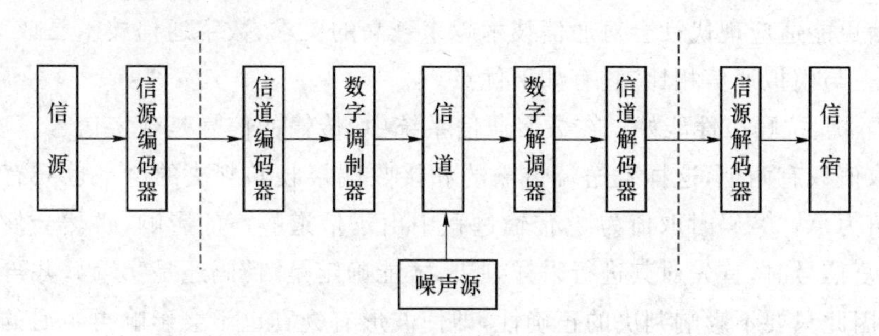

图 1.7 数字通信系统模型

信源编码器的作用主要有两个:其一是当信源给出的是模拟信号时,信源编码器将其转换成数字信号,以实现模拟信号的数字化传输;其二就是设法用适当的方法降低数字信号的码元速率以压缩频带。信源编码的目的是提高数字信号传输的有效性。收端信源解码则是信源编码的逆过程。

信道编码的任务是提高数字信号传输的可靠性。其基本做法是在信息码组中按一定的规则附加一些监督码元,以使接收端根据相应的规则进行检错和纠错,信道编码也称纠错编码。接收端信道解码是其相反的过程。

数字调制是把所传输的数字序列的频谱搬移到适合信道传输的频带范围内,使之适应信道传输的要求。基本的数字调制方式有幅移键控(ASK)、频移键控(FSK)和相移键控(PSK)等。

数字通信系统还有一个非常重要的控制单元,即同步系统(图 1.7 没有画出)。它可以使通信系统的收、发两端或整个通信系统以精度很高的时钟提供定时,使系统的数据流能与发端同步,从而有序而准确地接收与恢复原信息。

2. 数字基带传输通信系统

与频带传输系统相对应,我们把没有调制器/解调器的数字通信系统称为数字基带传输通信系统,如图 1.8 所示。

图 1.8 中基带信号形成器可能包括编码器、加密器以及波形变换等,接收滤波器亦可能包括解码器、解密器等。这些具体内容将在第 5 章详细讨论。

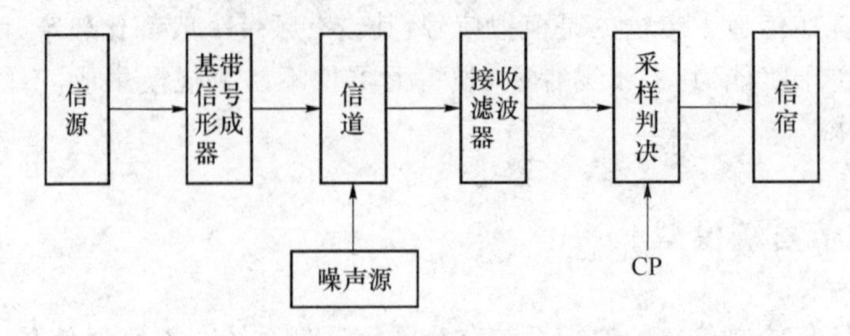

图 1.8　数字基带传输系统模型

3. 数字通信的主要特点

目前,无论是模拟通信还是数字通信,在不同的通信业务中都得到了广泛的应用。但是,数字通信更能适应现代社会对通信技术越来越高的要求,数字通信技术已成为当代通信技术的主流。与模拟通信相比,它有如下优点。

(1) 抗干扰、抗噪声性能好。在数字通信系统中,传输的信号是数字信号。以二进制为例,信号的取值只有两个,这样发送端传输的和接收端接收和判决的电平也只有两个值,若"1"码时取值为 A,"0"码时取值为 0,传输过程中由于信道噪声的影响,必然会使波形失真,在接收端恢复信号时,首先对其进行采样判决,才能确定是"1"码还是"0"码,并再生"1"、"0"码的波形。因此只要不影响判决的正确性,即使波形有失真也不会影响再生后的信号波形。而在模拟通信中,如果模拟信号叠加上噪声后,即使噪声很小,也很难消除它。

数字通信抗噪声性能好,还表现在数字中继通信时,它可以消除噪声积累。这是因为数字信号在每次再生后,只要不发生错码,它仍然像信源中发出的信号一样,没有噪声叠加在上面,因而中继站再多,仍具有良好的通信质量。而模拟通信随着传输距离的增大,信号衰减,为保证通信质量,须在信噪比尚高时及时对信号进行放大,但不能消除噪声积累。

(2) 差错可控。数字信号在传输过程中出现的错误(差错),可通过纠错编码技术来控制。

(3) 易加密。数字信号与模拟信号相比,容易加密和解密,因此,数字通信保密性好。

(4) 数字通信设备和模拟通信设备相比,设计和制造更容易,体积更小,重量更轻。

(5) 数字信号可以通过信源编码进行压缩,以减少冗余度,提高信道利用率。

(6) 易于与现代技术相结合。由于计算机技术、数字存储技术、数字交换技术以及数字处理技术等现代技术飞速发展,许多设备、终端接口均是数字信号,因此极易与数字通信系统相连接。正因为如此,数字通信才得以高速发展。

但是,数字通信的许多优点都是用比模拟通信占据更宽的系统频带为代价而换取的。以电话为例,一路模拟电话通常只占据 4 kHz 带宽,但一路接近同样话音质量的数字电话要占 20～60 kHz 的带宽,因此数字通信的频带利用率不高。另外,由于数字通信对同步要求高,因而系统设备比较复杂。不过,随着新的宽带传输信道(如光导纤维)的采用、窄带调制技术和超大规模集成电路的发展,数字通信的这些缺点已经弱化。随着传输技术的发展,数字信道占用频带宽的矛盾越来越不成问题了。

1.4 信息及其度量

通信的目的在于信息的传递和交换。信息一词在概念上与消息的意义相似,但它的含义却更普遍化、抽象化。信息可被理解为消息中包含的有意义的特定内容。这就是说,不同形式的消息,可以包含相同的信息。例如,分别用语音和文字发送天气预报,所含信息内容相同。

当人们在通信中获得消息之前,对它的特定内容有一种“不确定性”,而一个消息之所以会含有信息,也正是因为它具有不确定性,一个不具有不确定性的消息是不会含有任何信息的,而通信的目的就是为了消除或部分消除这种不确定性。比如,在得知硬币的抛掷结果前,我们对于结果会出现正面还是反面是不确定的,通过通信,我们得知了硬币的抛掷结果,消除了不确定性,从而获得了信息。因此,信息是对事物运动状态或存在方式的不确定性的描述。

用数学语言来讲,不确定性就是随机性,具有不确定性的事件就是随机事件。因此可运用研究随机事件的数学工具——概率——来测度不确定性的大小。我们把消息用随机事件表示,而发出这些消息的信源则用随机变量来表示。比如,抛掷一枚硬币的试验可以用一个随机变量来表示,而抛掷结果可以是正面或反面,这个具体的消息则用随机事件表示。

我们把某个消息 x_i 出现的不确定性的大小定义为自信息量,用 $I(x_i)$表示。在信息论中,$I(x_i)$与消息 x_i 出现的概率 $P(x_i)$的关系式为

$$I(x_i)=\log_a \frac{1}{P(x_i)}=-\log_a P(x_i) \tag{1.4.1}$$

自信息量 $I(x_i)$同时也表示这个消息 x_i 所包含的信息量,也就是能够提供给受信者的最大信息量。如果能够正确传送,受信者就能够获得该大小的信息量。

自信息量的单位由对数底 a 的取值决定。若对数以 2 为底时单位是“比特”(bit,binary unit 的缩写);若以 e 为底时单位是“奈特”(nat,nature unit 的缩写);若以 10 为底时单位是“哈特”(Hart, Hartley 的缩写)。通常采用“比特”作为自信息量的实用单位。

【例 1.1】 同时抛一对质地均匀的骰子,每个骰子各面朝上的概率均为 1/6。试求:

(1) 事件“3 和 5 同时发生”的自信息量;

(2) 事件“两个 1 同时发生”的自信息量;

(3) 事件“两个点数中至少有一个是 1”的自信息量。

解 对于质地均匀的骰子,扔的某一点数面朝上的概率是相等,其概率为 1/6(骰子共 6 个面,6 个点数),同时抛一对质地均匀的骰子,这两个事件是相互独立的,所以两骰子面朝上点数的状态共有 $6\times6=36$ 种,其中任一状态的分布都是等概的,出现的概率为 1/36。

(1) 设“3 和 5 同时发生”为事件 A,则 A 的发生有两种情况:甲 3 乙 5,甲 5 乙 3。因此事件 A 发生的概率为

$$P(A)=\frac{1}{36}\times 2=\frac{1}{18}$$

故事件 A 的自信息量为

$$I(A)=-\log_2 P(A)=\log_2 18=4.17\ \text{bit}$$

(2) 设“两个1同时发生”为事件 B,则 B 的发生只有一种情况:甲1乙1。因此事件 B 发生的概率为

$$P(B)=\frac{1}{36}$$

故事件 B 的自信息量为

$$I(B)=-\log_2 P(B)=\log_2 36=5.17\ \text{bit}$$

(3) 设“两个点数中至少有一个是1”为事件 C,则 C 发生的概率为

$$P(C)=1-\frac{5}{6}\times\frac{5}{6}=\frac{11}{36}$$

故事件 C 的自信息量为

$$I(C)=-\log_2 P(C)=\log_2 \frac{36}{11}=1.17\ \text{bit}$$

上面我们讨论了信源发单一离散消息所携带的自信息量。实际上离散信源(或消息源)发出的并不是单一消息,而是多个消息(或符号)的集合。例如,经过数字化的黑白图像信号,每个像素可能有256种灰度,这256种灰度可用256个不同的符号来表示。在这种情况下,我们希望计算出每个消息或符号能够给出的平均自信息量。

设离散信息源是一个由 n 个符号组成的集合,称符号集。符号集中的每一个符号 x_i 在消息中是按一定概率 $P(x_i)$ 独立出现的,设符号集中各符号出现的概率为 $\begin{bmatrix} x_1 & x_2 & \cdots & x_n \\ P(x_1) & P(x_2) & \cdots & P(x_n) \end{bmatrix}$,且有 $\sum_{i=1}^{n} P(x_i)=1$,则 $x_1, x_2, \cdots, x_n$ 所包含的信息量分别为 $-\log_2 P(x_1), -\log_2 P(x_2), \cdots, -\log_2 P(x_n)$。于是,该信源每个符号所含信息量的统计平均值,即平均自信息量为

$$H(x)=-\sum_{i=1}^{n} P(x_i)\log_2 P(x_i)\quad \text{bit/符号} \tag{1.4.2}$$

由于 $H(x)$ 同热力学中熵的定义式类似,故通常又称它为信息源的熵,其单位为bit/符号。

【例1.2】 某信息源的符号集由A、B、C、D和E组成,设每一符号独立出现,其出现概率分别为1/4、1/8、1/8、3/16和5/16。试求该信息源符号的平均自信息量。

解 该信息源符号的平均自信息量为

$$\begin{aligned} H(x) &=-\sum_{i=1}^{n} P(x_i)\log_2 P(x_i) \\ &=-\frac{1}{4}\log_2 \frac{1}{4}-2\times\frac{1}{8}\log_2 \frac{1}{8}-\frac{3}{16}\log_2 \frac{3}{16}-\frac{5}{16}\log_2 \frac{5}{16} \\ &=2.23\ \text{bit/符号} \end{aligned}$$

以上讨论了离散消息的度量。类似,关于连续消息的信息量将在第2章中介绍。

1.5　通信系统的主要性能指标

设计和评价一个通信系统，往往要涉及许多性能指标，如系统的有效性、可靠性、适应性、经济性及使用维护方便性等。这些指标可从各个方面评价通信系统的性能，但从研究信息传输方面考虑，通信的有效性和可靠性是通信系统中最主要的性能指标。

所谓有效性，是指消息传输的“速度”问题，而可靠性主要是指消息传输的“质量”问题。在实际通信系统中，对有效性和可靠性这两个指标的要求经常是矛盾的，提高系统的有效性会降低可靠性，反之亦然。因此在设计通信系统时，对两者应统筹考虑。

1.5.1　模拟通信系统的主要性能指标

模拟通信系统的有效性指标用所传信号的有效传输带宽来表征。当信道容许传输带宽一定，而进行多路频分复用时，每路信号所需的有效带宽越窄，信道内复用的路数就越多。显然，信道复用的程度越高，信号传输的有效性就越好。信号的有效传输带宽与系统采用的调制方法有关。同样的信号用不同的方法调制得到的有效传输带宽是不一样的。

模拟通信系统的可靠性指标用整个通信系统的输出信噪比来衡量。信噪比是信号的平均功率 S 与噪声的平均功率 N 之比。信噪比越高，说明噪声对信号的影响越小。显然，信噪比越高，通信质量就越好。输出信噪比一方面与信道内噪声的大小和信号的功率有关，同时又和调制方式有很大关系。例如宽带调频系统的有效性不如调幅系统，但是调频系统的可靠性往往比调幅系统好。

1.5.2　数字通信系统的主要性能指标

1. 有效性指标

数字通信系统的有效性指标用传输速率和频带利用率来表征。

(1) 传输速率

传输速率有两种表示方法：码元传输速率 R_B 和信息传输速率 R_b。

① 码元传输速率 R_B（又称为码元速率），简称传码率，它是指系统每秒钟传送码元的数目，单位是波特，常用符号“Baud”表示。

② 信息传输速率 R_b（又称为信息速率），简称传信率，它是指系统每秒钟传送的信息量，单位是比特/秒，常用符号“bit/s”表示。

传码率和传信率都是用来衡量数字通信系统有效性指标的，但是注意二者既有联系又有区别。

在 N 进制下，设信息速率为 R_b，码元速率为 R_{BN}，由于每个码元或符号通常都含有一定

比特的信息量,因此码元速率和信息速率有确定的关系,即

$$R_b = R_{BN} H(x) \quad \text{bit/s} \tag{1.5.1}$$

式中,$H(x)$为信源中每个符号所含的平均自信息量(熵)。当离散信源的每一符号等概率出现时,熵有最大值为 $\log_2 N$,信息速率也达到最大,即

$$R_b = R_{BN} \log_2 N \quad \text{bit/s} \tag{1.5.2}$$

或

$$R_{BN} = \frac{R_b}{\log_2 N} \quad \text{Baud} \tag{1.5.3}$$

式中,N 为符号的进制数,在二进制下,码元速率与信息速率数值相等,但单位不同。

对于不同进制的通信系统来说,码元速率高的通信系统其信息速率不一定高。因此在对它们的传输速度进行比较时,一般不能直接比较码元速率,需将码元速率换算成信息速率后再进行比较。

(2) 频带利用率

在比较不同通信系统的有效性时,单看它们的传输速率是不够的,还应看在这样的传输速率下所占信道的频带宽度。频带利用率有两种表示方式:码元频带利用率和信息频带利用率。

码元频带利用率是指单位频带内的码元传输速率(单位为 Baud/Hz),即

$$\eta = \frac{R_B}{B} \tag{1.5.4}$$

信息频带利用率是指每秒钟在单位频带上传输的信息量(单位为 bit/(s·Hz)),即

$$\eta = \frac{R_b}{B} \tag{1.5.5}$$

2. 可靠性指标

数字通信系统的可靠性指标用差错率来衡量。差错率越小,可靠性越高。差错率也有两种表示方法:误码率和误信率。

(1) 误码率:指接收到的错误码元数和总的传输码元个数之比,即在传输中出现错误码元的概率,记为

$$P_e = \frac{\text{接收的错误码元数}}{\text{传输总码元数}} \tag{1.5.6}$$

(2) 误信率:又叫误比特率,是指接收到的错误比特数和总的传输比特数之比,即在传输中出现错误信息量的概率,记为

$$P_b = \frac{\text{接收的错误比特数}}{\text{传输总比特数}} \tag{1.5.7}$$

【例 1.3】 设一信息源的输出由 128 个不同符号组成。其中 16 个出现的概率为 1/32,其余 112 个出现概率为 1/224。信息源每秒发出 1 000 个符号,且每个符号彼此独立。试计算该信息源的平均信息速率。

解 每个符号的平均自信息量为

$$H(x) = 16 \times \frac{1}{32} \log_2 32 + 112 \times \frac{1}{224} \log_2 224 = 6.404 \text{ bit/符号}$$

已知码元速率 $R_B=1\,000$ Baud,故该信息源的平均信息速率为

$$R_b=R_B H(x)=6\,404\ \text{bit/s}$$

【例 1.4】 已知某八进制数字通信系统的信息速率为 3 000 bit/s,在接收端 10 min 内共测得出现 18 个错误码元,试求该系统的误码率。

解 依题意 $R_b=3\,000$ bit/s,则

$$R_{B8}=R_b/\log_2 8=1\,000\ \text{Baud}$$

得系统的误码率

$$P_e=\frac{18}{1\,000\times10\times60}=3\times10^{-5}$$

1.6 通信系统中的噪声

在图 1.3 的通信系统一般模型中,我们将信道中不需要的电信号统称为噪声。通信系统中没有传输信号时也有噪声,噪声永远存在于通信系统中。噪声对于信号的传输是有害的,它能使模拟信号失真,使数字信号发生错码,并随之限制着信息的传输速率。

1. 按照来源分类

噪声可以分为人为噪声和自然噪声两大类。

(1) 人为噪声。它是由人类的活动产生的,如电钻和电气开关瞬态造成的电火花、汽车点火系统产生的电火花、荧光灯产生的干扰、其他电台和家电用具产生的电磁波辐射等。

(2) 自然噪声。它是自然界中存在的各种电磁波辐射,如闪电、大气噪声,以及来自太阳和银河系等的宇宙噪声。此外还有一种很重要的自然噪声,即热噪声。热噪声来自一切电子器件中电子的热运动,如导线、电阻和半导体器件等均会产生热噪声。所以热噪声无处不在,不可避免地存在于一切电子设备中。

2. 按噪声对信号的作用功能分类

噪声可以分为加性噪声和乘性噪声两类。

(1) 加性噪声

信道中的噪声对传输信号的干扰作用表现为与信号相加的关系,则此噪声称为加性噪声。

(2) 乘性噪声

信道中的噪声对传输信号的干扰作用表现为与信号相乘的关系,则此噪声称为乘性噪声。

3. 按照性质分类

噪声可以分为脉冲噪声、窄带噪声和起伏噪声三类。

(1) 脉冲噪声。它是突发性地产生的幅度很大、持续时间很短、间隔时间很长的干扰。由于其持续时间很短,故其频谱较宽,可以从低频一直分布到甚高频,但是频率越高其频谱的强度越小。电火花就是一种典型的脉冲噪声。

(2) 窄带噪声。它可以看成是一种非所需的连续的已调正弦波,或简单地就是一个幅度恒定的单一频率的正弦波。通常它来自相邻电台或其他电子设备。窄带噪声的频率位置通常是确知的或可以测知的。

(3) 起伏噪声。它是在时域和频域内都普遍存在的随机噪声。热噪声、电子管内产生的散弹噪声和宇宙噪声等都属于起伏噪声。

上述各种噪声中,脉冲噪声不是普遍地、持续地存在的,对于话音通信的影响也较小,但是对于数字通信可能有较大影响。同样,窄带噪声也是只存在于特定频率、特定时间和特定地点,所以它的影响也是有限的。只有起伏噪声无处不在。所以,在讨论噪声对于通信系统的影响时,主要是考虑起伏噪声(特别是热噪声),它是通信系统最基本的噪声源。根据大量的实践证明,起伏噪声是一种高斯噪声,且在相当宽的频率范围内其频谱是均匀分布的,好像白光的频谱在可见光的频谱范围内均匀分布那样,所以起伏噪声又常称为白噪声。

通信系统模型中的"噪声源"就是分散在通信系统各处加性噪声(主要是起伏噪声)的集中表示,它概括了信道内所有的热噪声、散弹噪声和宇宙噪声等。因此,通信系统中的噪声常常被近似地描述成加性高斯白噪声。所谓高斯白噪声是指既服从高斯分布而功率谱密度又是均匀分布的噪声。在讨论通信系统性能受噪声的影响时,主要分析的就是加性高斯白噪声的影响。关于加性高斯白噪声的性能特征我们将在第3章中详细讨论。

1.7 通信发展概况

1.7.1 通信理论的发展

1831年　法拉第提出电磁感应原理。
1873年　麦克斯韦提出电磁波辐射原理,奠定了用无线电波进行通信的理论基础。
1930年　调制理论、复用理论问世,在理论上为模拟通信准备了条件。
1948年　信息论问世(香农提出),在理论上为数字通信准备了条件。
1962年　数字传输理论问世。
1969年　分组理论问世。

1.7.2 通信技术的发展

1835年　莫尔斯发明有线电报,标志着人类社会从此进入了电通信时代。
1876年　贝尔发明电话。

1895 年　马可历(意大利)、波波夫(俄罗斯)发明无线电。

1906 年　发明电子管,开辟了模拟通信的新纪元。

1925 年　载波电话问世,实现在同一路介质上传输多路电话信号。

1940—1945 年　载波通信系统得到发展(第二次世界大战刺激了雷达和微波通信系统的发展)。

1948 年　时分多路电话系统问世。

1949 年　晶体管问世。

1958 年　发射第一颗人造卫星。

1961 年　集成电路问世,使得数字通信得到进一步发展,对电子产品的发展、更新起着非常重要的作用。

1961 年　发射第一颗同步通信卫星,开辟了空间通信的新纪元。

1969 年　因特网(Internet)的前身 ARPAnet 出现,被后人称为网络之父。

20 世纪 70 年代　大规模集成电路、程控数字交换机、光纤通信系统、微处理机等迅速发展。

20 世纪 80 年代　超大规模集成电路迅速发展,综合业务数字网(ISDN)的发展,移动通信系统进入实用阶段。

20 世纪 90 年代　Windows 95 出现,间接推动了互联网的大发展。

21 世纪　多媒体通信。

综上所述,通信技术是随着科学技术的不断发展,由低级到高级,由简单到复杂逐渐发展起来的。而各种各样性能不断改善的通信系统的应用,又促进了人类社会进步和文明。

展望未来,通信技术正在向数字化、智能化、综合化、宽带化、个人化方向迅速发展,各种新的电信业务也应运而生,信息服务正沿着多种领域广泛延伸。

人们期待着早日实现通信的最终目标,即无论何时、何地都能实现与任何人进行任何形式的信息交换——全球个人通信。

小　结

本章主要讨论通信系统的组成、分类和主要性能指标,以及信息的度量和信道容量等。

通信就是异地间人与人、人与机器、机器与机器进行信息的传递和交换。通信的目的在于信息的传递和交换。信息可理解为消息中所含有的特定内容。通信中信息的传送是通过信号来进行的。信号是消息的运载者。

我们把实现信息传输过程的全部设备和传输媒介所构成的总体称为通信系统。传输模拟信号的系统称为模拟通信系统,数字通信系统是利用数字信号来传递信息的通信系统。

数字通信系统的主要优点是抗干扰性强,无噪声积累,便于加密处理,采用时分复用实现多路通信,设备便于集成化、微型化,数字通信便于利用现代数字信号处理技术对数字信息进行处理。但其缺点是数字信号占用频带较宽。

通信系统传输信息的多少用“信息量”来衡量，它与消息出现的概率有关。

衡量通信系统性能的指标是有效性和可靠性。模拟通信系统的有效性指标用所传信号的有效传输带宽来表征，可靠性指标用整个通信系统的输出信噪比来衡量。数字通信系统的有效性指标用传输速率(传输速率 R_B 和信息传输速率 R_b)和频带利用率(码元频带利用率和信息频带利用率)来表征。数字通信系统的可靠性指标用差错率(误码率和误信率)来衡量。

通信系统中的噪声常常被近似地表述成高斯白噪声。在讨论通信系统性能受噪声的影响时，主要分析的就是高斯白噪声的影响。

思考题

1. 信息、信号、通信的含义是什么?
2. 通信系统如何分类?
3. 试画出数字通信系统的一般模型，并简要说明各部分的作用。
4. 通信的方式如何确定?
5. 衡量通信系统的主要性能指标有哪些?
6. 什么是码元速率? 什么是信息速率? 它们之间的关系如何?
7. 通信系统中的噪声有哪几种?

习题

1.1 设有4个消息A、B、C、D分别以概率1/4、1/8、1/8和1/2传送，每一消息的出现是互相独立的。试计算其平均自信息量。

1.2 掷两粒骰子，当其向上的面的小圆点数之和是3时，该消息所包含的自信息量是多少? 当小圆点数之和是7时，该消息所包含的自信息量是多少?

1.3 一个由字母A、B、C、D组成的字，对于传输的每一个字母用二进制脉冲编码，00代替A，01代替B，10代替C，11代替D，每个脉冲宽度为10 ms。

(1) 不同的字母是等可能出现的，试计算传输的平均信息速率；

(2) 若每个字母出现的可能性分别为

$$P_A=\frac{1}{5},P_B=\frac{1}{4},P_C=\frac{1}{4},P_D=\frac{3}{10}$$

试计算传输的平均信息速率。

1.4 某一无记忆信源的符号集为{0,1}，已知 $P_0=1/4,P_1=3/4$。

(1) 求信源符号的平均自信息量；

(2) 由100个符号构成的序列，求某一特定序列(例如有 m 个0和 $100-m$ 个1)的自信息量的表达式；

(3) 计算(2)中的序列熵。

1.5 国际莫尔斯电码用点和划的序列发送英文字母，划用持续3单位的电流脉冲表示，点用持续1个单位的电流脉冲表示，且划出现的概率是点出现概率的1/3。

(1) 计算点和划的自信息量；

(2) 计算点和划的平均自信息量。

1.6　设一数字传输系统传送二进制码元的速率为1 200 Baud，试求该系统的信息速率；若该系统改成传送十六进制信号码元，码元速率为2 400 Baud，则这时系统的信息速率为多少？

1.7　若一个信号源输出四进制等概数字信号，其码元宽度为1 μs。试求其码元速度和信息速率。

1.8　若题1.7中数字信号在传输过程中2 s误1个比特，求误码率。

信源和信道

2.1 引　　言

传输信息是通信系统的根本任务。信源是产生信息的源泉，信道是信息传输的通道，信源与信宿之间的通信是通过信道来实现的。

1.5 节已经指出，评价通信系统的两个主要性能指标是有效性和可靠性。其中有效性指标主要取决于信源统计特性，可靠性指标则主要取决于信道的统计特性。有效性和可靠性这两个指标通常是矛盾的，为了能使整个通信系统达到既有效又可靠，从而使整个通信系统实现优化，就需要对信源和信道的统计特性进行研究，寻求信源与信道之间的最佳统计匹配。

本章首先讨论信源的统计特性和信息测度，重点讨论单符号离散信源的信息熵，对单符号连续信源的相对熵仅作简单介绍；然后讨论信道的统计特性、数学模型以及信道中能够传送和存储的最大信息量，即信道容量问题。

本章通过引入香农信息论的一些基本概念和重要结论，旨在使读者比较抽象和概括地了解通信中的信息传输过程，了解信道传输能力的理论极限。

2.2 信源与信息熵

2.2.1 信源的数学模型和分类

信源是产生信息的源泉，从物理背景上看实际信源是多种多样的，最常见的有文字、语音、图像以及各类数据信源。这里为了分析与描述方便,可将各类实际信源抽象概括为两大类:离散(或数字)信源和连续(或模拟)信源。其中文字、电报以及各类数据属于离散信源,而未经数字化的语音、图像则属于连续信源。

如果信源发出的消息是离散的、有限或无限可列的符号或数字,且一个符号代表一条完整的消息,则称这种信源为单符号离散信源。对于单符号离散信源,可以用一个离散随机变量的可能取值来表示信源可能发出的不同符号;用离散随机变量的概率分布表示信源发出不同符号可能性的大小。可见,可用一个离散随机变量来代表一个单符号离散信源。

在实际中,存在着很多这样的信源。例如投硬币、书信文字、计算机的代码、电报符号、阿拉伯数字码等。这些信源输出的都是单个符号(或代码)的消息,它们符号集的取值是有限的或可数的。按上述实例的思路,可构造一般单符号离散信源的数学模型。若信源可能发出 q 种不同的符号 $\{a_1,a_2,\cdots,a_q\}$,相应的先验概率分别为 $P(a_1),P(a_2),\cdots,P(a_q)$,我们用一维离散型随机变量 X 表示这个信源,其信源的数学模型就是离散型的概率空间

$$\begin{bmatrix} X \\ P(x) \end{bmatrix} = \begin{bmatrix} a_1 & a_2 & \cdots & a_q \\ P(a_1) & P(a_2) & \cdots & P(a_q) \end{bmatrix} \tag{2.2.1}$$

且满足

$$0 \leqslant P(a_i) \leqslant 1, \sum_{i=1}^{q} P(a_i) = 1 \tag{2.2.2}$$

式(2.2.2)表示信源可能取值的消息(符号)只有 q 个 $\{a_1,a_2,\cdots,a_q\}$,而且每次必定取其中一个。

不同信源对应不同的概率空间。如信源给定,则其相应的概率空间就已给定;反之,若概率空间给定,就意味着相应的信源给定。所以,概率空间能够表征离散信源的统计特型,因此有时也把这个概率空间称为信源空间。

若信源的输出是单个符号(代码)的消息,但消息的取值是连续的,这样的信源称为单符号连续信源。这种信源可用一维连续型随机变量来描述这些消息,其数学模型为连续型的概率空间。

$$\begin{bmatrix} X \\ p(x) \end{bmatrix} = \begin{bmatrix} (a,b) \\ p(x) \end{bmatrix} \quad 或 \quad \begin{bmatrix} \mathbf{R} \\ p(x) \end{bmatrix} \tag{2.2.3}$$

并满足

$$\int_a^b p(x)\mathrm{d}x = 1 \quad 或 \quad \int_{\mathbf{R}} p(x)\mathrm{d}x = 1 \tag{2.2.4}$$

其中 $\mathbf{R}$ 表示实数集 $(-\infty,+\infty)$,而 $p(x)$ 是随机变量 X 的概率密度函数。

实际中,存在着许多这种消息数是不可数的无限值的信源,如语音信号,遥控系统中测得的电压、温度、压力等连续数据。

若离散信源输出的消息是由一系列符号所组成的(如由 N 个符号组成,其中 N 为有限正整数或可数的无限值),这样的信源称为多维的离散信源。这种信源不能简单地用一维随机变量来描述信源,而应该用 N 维随机矢量 $\boldsymbol{X}=(X_1X_2\cdots X_N)$ 来描述。这 N 维随机矢量 $\boldsymbol{X}$ 有时也称为随机序列。

若连续信源输出的消息是由一系列符号所组成,这样的信源称为多维连续信源,也可以

用N维随机矢量$\mathbf{X}=(X_1X_2\cdots X_N)$来描述。

更一般地,实际信源的输出常常是时间的连续函数,并且它们的取值又是连续的和随机的,这样的信源称为波形信源,可用随机过程来描述,如语音信号等。

综上所述,针对不同统计特性的信源可用随机变量、随机矢量以及随机过程来描述其输出的消息,它们能很好地反映出信源的随机性质。

另外按照信源发出的符号之间的关系还可以将信源分为无记忆信源和有记忆信源。

如果信源先后发出的一个个符号彼此是统计独立的,并且具有相同的概率分布,则N维随机矢量的联合概率分布满足

$$P(X_1X_2\cdots X_N)=P(X_1)P(X_2)\cdots P(X_N)$$

即N维随机矢量的联合概率分布可用随机矢量中单个随机变量的概率乘积来表示。这种信源称为离散无记忆信源。

如果信源先后发出的符号之间是互相依赖、存在着相关性的,这种信源称为离散有记忆信源。

2.2.2 离散信源的信息度量

在后面的讨论中,常用到概率论的基本概念和性质,这里先对这些概念和性质进行简要的复习。

随机变量X、Y分别取值于集合$(a_1,a_2,\cdots,a_q)$和$(b_1,b_2,\cdots,b_m)$。X发生a_i和Y发生b_j的概率分别定义为$P(a_i)$和$P(b_j)$,它们一定满足$0\leqslant P(a_i)\leqslant 1$,$0\leqslant P(b_j)\leqslant 1$以及$\sum_{i=1}^{q}P(a_i)=1$和$\sum_{j=1}^{m}P(b_j)=1$。如果考察$X$和$Y$同时发生$a_i$和$b_j$的概率,则二者构成联合随机变量$XY$,取值于集合$\{a_ib_j\mid i=1,2,\cdots,q,j=1,2,\cdots,m)$,元素$a_ib_j$发生的概率称为联合概率,用$P(a_ib_j)$表示。有时随机变量$X$和$Y$之间有一定的关联关系,一个随机变量发生某结果后,对另一个随机变量发生的结果会产生影响。这时用条件概率来描述两者之间的关系。如果X发生a_i以后,Y又发生b_j的条件概率表示为$P(b_j|a_i)$,表示a_i已知的情况下,又出现b_j的概率。当a_i不同时,即使发生同样的b_j,其条件概率也不相同,说明了a_i对b_j的影响。而$P(b_j)$则是对a_i一无所知情况下b_j发生的概率。有时相应地称$P(b_j)$为b_j的无条件概率。同理,b_j已知的条件下a_i的条件概率记为$P(a_i|b_j)$。相应地,$P(a_i)$称为a_i的无条件概率。

无条件概率、条件概率、联合概率满足下面一些性质和关系:

(1) $0\leqslant P(a_i)\leqslant 1, 0\leqslant P(b_j)\leqslant 1, 0\leqslant P(b_j|a_i)\leqslant 1, 0\leqslant P(a_i|b_j)\leqslant 1, 0\leqslant P(a_ib_j)\leqslant 1$

(2) $\sum_{i=1}^{q}P(a_i)=1, \sum_{j=1}^{m}P(b_j)=1, \sum_{i=1}^{q}P(a_i\mid b_j)=1, \sum_{j=1}^{m}P(b_j\mid a_i)=1, \sum_{j=1}^{m}\sum_{i=1}^{q}P(a_ib_j)=1$

(3) $\sum_{i=1}^{q}P(a_ib_j)=P(b_j), \sum_{j=1}^{m}P(a_ib_j)=P(a_i)$

(4) $P(a_ib_j)=P(a_i)P(b_j|a_i)=P(b_j)P(a_i|b_j)$

(5) 当X与Y相互独立时,$P(b_j|a_i)=P(b_j)$,$P(a_i|b_j)=P(a_i)$,$P(a_ib_j)=P(a_i)P(b_j)$

(6) $P(a_i|b_j)=\dfrac{P(a_ib_j)}{\sum\limits_{i=1}^{q}P(a_ib_j)}=\dfrac{P(a_ib_j)}{P(b_j)},P(b_j|a_i)=\dfrac{P(a_ib_j)}{\sum\limits_{j=1}^{m}P(a_ib_j)}=\dfrac{P(a_ib_j)}{P(a_i)}$

1. 自信息量

在第1章绪论中讲过，信源发出的消息(事件)具有不确定性，而事件发生的不确定性与事件发生的概率有关。事件发生的概率越小，猜测它发生的难易程度就越大，不确定性就越大，事件发生以后所含有的信息量就越大。而事件发生的概率越大，猜测它发生的难易程度就越小，不确定性就越小。如果消息发生的概率为1(必然事件)，则此消息所含的信息量为零。因此，某事件发生所含有的信息量应该是该事件发生的先验概率的函数，即

$$I(a_i)=f[P(a_i)] \tag{2.2.5}$$

式中，$P(a_i)$是事件 a_i 发生的先验概率，而 $I(a_i)$表示事件 a_i 发生所含有的自信息量。

根据客观事实和人们的习惯概念，函数 $f[P(a_i)]$应满足以下条件。

(1) $f[P(a_i)]$应是先验概率 $P(a_i)$的单调递减函数，即当 $P_1(a_1)>P_2(a_2)$时，有

$$f(P_1)<f(P_2)$$

(2) 在极限情况下，$P(a_i)=1$ 时，$f[P(a_i)]=0$；当 $P(a_i)=0$ 时，$f[P(a_i)]\to\infty$。

(3) 两个独立事件的联合信息量应等于它们各自的信息量之和。即统计独立信源的信息量等于它们各自的信息量之和。

可以证明，满足上述条件的函数形式是对数形式。

于是给出如下结论：随机事件的自信息量为该事件发生概率的对数的负值。设事件 a_i 发生的先验概率为 $P(a_i)$，则它的自信息量定义为

$$I(a_i)=\log_a\frac{1}{P(a_i)}=-\log_a P(a_i) \tag{2.2.6}$$

$I(a_i)$代表两种含义：当事件 a_i 发生以前，表示事件 a_i 发生的不确定性；当事件 a_i 发生以后，表示事件 a_i 所含有(或所提供)的信息量。在无噪信道中，事件 a_i 发生后，能正确无误地传输到收信者，所以 $I(a_i)$可代表接收到消息 a_i 后所获得的信息量。这是因为消除了 $I(a_i)$大小的不确定性，才获得这么大小的信息量。

值得注意的是，a_i 是一个随机变量，而 $I(a_i)$是 a_i 的函数，所以自信息量也是一个随机变量，它没有确定的值。

2. 联合自信息量

涉及两个随机变量的离散信源，其数学模型为

$$\begin{bmatrix}XY\\P(xy)\end{bmatrix}=\begin{bmatrix}a_1b_1 & \cdots & a_1b_m & a_2b_1 & \cdots & a_2b_m & \cdots & a_nb_1 & \cdots & a_nb_m\\P(a_1b_1) & \cdots & P(a_1b_m) & P(a_2b_1) & \cdots & P(a_2b_m) & \cdots & P(a_nb_1) & \cdots & P(a_nb_m)\end{bmatrix}$$

$$0\leqslant P(a_ib_j)\leqslant 1,\sum_{i=1}^{n}\sum_{j=1}^{m}P(a_ib_j)=1$$

联合自信息量是二维联合集 XY 上元素 a_ib_j 的联合概率 $P(a_ib_j)$对数的负值，用 $I(a_ib_j)$表示，即

$$I(a_ib_j)=-\log P(a_ib_j) \tag{2.2.7}$$

当 X 和 Y 相互独立时，$P(a_ib_j)=P(a_i)P(b_j)$，代入式(2.2.7)得

$$I(a_ib_j)=-\log P(a_ib_j)=-\log P(a_i)-\log P(b_j)=I(a_i)+I(b_j) \quad (2.2.8)$$

式(2.2.8)说明两个相互独立的随机事件同时发生时得到的自信息量等于这两个随机事件各自独立发生时得到的自信息量之和。

3. 条件自信息量

条件自信息量定义为条件概率对数的负值。设在已知 b_j 条件下，发生 a_i 的条件概率为 $P(a_i|b_j)$，那么它的条件自信息量 $I(a_i|b_j)$ 定义为

$$I(a_i|b_j)=-\log P(a_i|b_j) \quad (2.2.9)$$

式(2.2.9)表示在特定条件(b_j 已知)下随机事件发生 a_i 所带来的信息量。同样，a_i 已知时发生 b_j 的条件自信息量为

$$I(b_j|a_i)=-\log P(b_j|a_i) \quad (2.2.10)$$

应该注意的是，在给定 $a_i(b_j)$条件下，随机事件发生 $b_j(a_i)$所包含的不确定度在数值上与条件自信息量相同，但两者的含义不同。不确定度表示含有多少信息，信息量表示随机事件发生后可以得到多少信息。

容易证明，自信息量、条件自信息量和联合自信息量之间有如下关系式。

$$\begin{aligned}I(a_ib_j)&=-\log P(a_i)P(b_j|a_i)=I(a_i)+I(b_j|a_i)\\&=-\log P(b_j)P(a_i|b_j)=I(b_j)+I(a_i|b_j)\end{aligned} \quad (2.2.11)$$

【例 2.1】 设有两个离散信源集合

$$\begin{bmatrix}X\\P(x)\end{bmatrix}=\begin{bmatrix}a_1=0 & a_2=1\\0.6 & 0.4\end{bmatrix} \qquad [Y]=[b_1=0 \quad b_2=1]$$

其中

$$[P(y|x)]=\begin{bmatrix}P(b_1|a_1) & P(b_2|a_1)\\P(b_1|a_2) & P(b_2|a_2)\end{bmatrix}=\begin{bmatrix}\frac{5}{6} & \frac{1}{6}\\\frac{3}{4} & \frac{1}{4}\end{bmatrix}$$

求：(1) 自信息量 $I(a_i)$；

(2) 条件自信息量 $I(a_i|b_j)$。

解 (1) 根据自信息量的定义可得

$$I(a_1)=-\log P(a_1)=-\log_2 0.6\ \text{bit}$$

$$I(a_2)=-\log P(a_2)=-\log_2 0.4\ \text{bit}$$

(2) 由全概率公式，可得

$$P(b_1)=\sum_{i=1}^{2}P(a_ib_1)=P(a_1b_1)+P(a_2b_1)$$

$$P(b_2)=\sum_{i=1}^{2}P(a_ib_2)=P(a_1b_2)+P(a_2b_2)$$

其中

$$P(a_1b_1)=P(a_1)P(b_1|a_1)=0.6\times\frac{5}{6}=0.5, P(a_2b_1)=P(a_2)P(b_1|a_2)=0.4\times\frac{3}{4}=0.3$$

$$P(a_1b_2)=P(a_1)P(b_2|a_1)=0.6\times\frac{1}{6}=0.1,P(a_2b_2)=P(a_2)P(b_2|a_2)=0.4\times\frac{1}{4}=0.1$$

于是可以求得

$$P(b_1)=0.8,P(b_2)=0.2$$

$$P(a_1|b_1)=\frac{P(a_1b_1)}{P(b_1)}=\frac{5}{8},P(a_2|b_1)=\frac{P(a_2b_1)}{P(b_1)}=\frac{3}{8}$$

$$P(a_1|b_2)=\frac{P(a_1b_2)}{P(b_2)}=\frac{1}{2},P(a_2|b_2)=\frac{P(a_2b_2)}{P(b_2)}=\frac{1}{2}$$

根据条件自信息量的定义可得

$$I(a_1|b_1)=-\log P(a_1|b_1)=-\log_2\frac{5}{8}\approx 0.678\text{ bit}$$

$$I(a_2|b_1)=-\log P(a_2|b_1)=-\log_2\frac{3}{8}\approx 1.415\text{ bit}$$

$$I(a_1|b_2)=-\log P(a_1|b_2)=-\log_2\frac{1}{2}=1\text{ bit}$$

$$I(a_2|b_2)=-\log P(a_2|b_2)=-\log_2\frac{1}{2}=1\text{ bit}$$

2.2.3 离散信源的熵

前面定义的自信息量是指某一信源发出某一消息所含有的信息量。所发出的消息不同,所含有的信息量也不同,所以自信息量 $I(a_i)$ 是一个随机变量,不能用它来作为整个信源的信息测度。下面从宏观的角度出发来研究整个信源的信息量,即平均信息量。

1. 信息熵

第1章给出了信源平均自信息量的公式,这里给出其数学定义,定义自信息量的数学期望为信源的平均自信息量,即

$$H(X)=E[I(a_i)]=-\sum_{i=1}^{q}P(a_i)\log_2 P(a_i)\text{ bit/符号} \tag{2.2.12}$$

这个平均自信息量的表达式与统计物理学中热熵的表达式很相似。在统计物理学中,热熵是一个物理系统杂乱(无序性)的度量,这在概念上两者也有相似之处。因而就借用“熵”这个词把 $H(X)$ 称为信息熵,也叫信源熵或无条件熵。

信源的信息熵 $H(X)$ 是从整个信源 X 的统计特性来考虑的。它是从平均意义上来表征信源的总体信息测度。对于某特定的信源(概率空间给定),其信息熵是一个确定的数值。不同的信源因统计特征不同,其熵也不同。

下面通过一个具体实例来说明信息熵的含义。

【例2.2】 二进制通信系统的信源空间为

$$\begin{bmatrix}X\\P(x)\end{bmatrix}=\begin{bmatrix}0 & 1\\P(0) & P(1)\end{bmatrix}$$

求该信源的熵。

解 设 $P(1)=p$,则 $P(0)=1-p$。由式(2.2.12),有

$$H(X)=-p\log_2 p-(1-p)\log_2(1-p)$$

显然,当 $p=0$ 或 $p=1$ 时,$H(X)=0$;当 $p=1/2$ 时,$H(X)=1$ bit/符号。

图 2.1 给出了二进制熵函数与 p 的关系曲线。

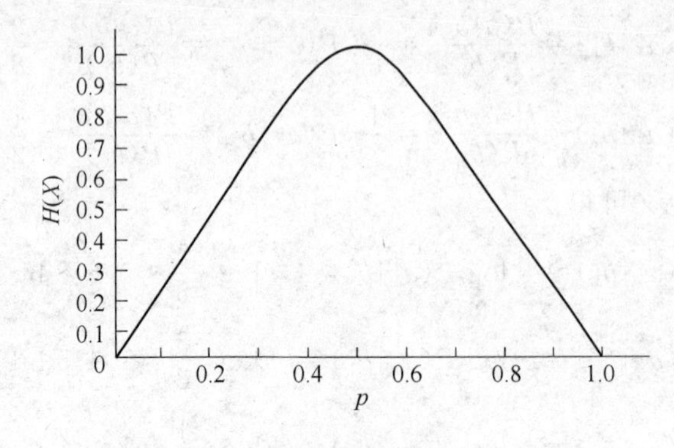

图 2.1 二进制熵函数

从图可见,若信源 X 发符号“0”(或“1”)是确定事件,则信源 X 不提供任何信息量。若信源 X 以相同概率 0.5 发符号“0”和“1”,则信源 X 每发一个符号提供的平均信息量达到最大值 1 bit/符号。

信息熵和平均自信息量两者在数值上是相等的,但含义并不同。信息熵表征信源的平均不确定度,平均自信息量是消除信源不确定度所需要的信息的量度。信源一定时,不管它是否输出离散消息,只要这些离散消息具有一定的概率特性,必有信源的熵值,它是一个确定值。在离散信源的情况下,信息熵的值是有限的。而信息量只有当信源输出离散消息并被接收后才有意义,这就是给予接收者的信息度量,这值本身可以是随机量,如前面所讲的自信息量。当信源输出连续消息时,信息量的值可以是无穷大。

综上所述,信息熵有 3 种物理含义:

(1) 信息熵 $H(X)$ 表示信源输出后,每个离散消息所提供的平均信息量;

(2) 信息熵 $H(X)$ 表示信源输出前,信源的平均不确定度;

(3) 信息熵 $H(X)$ 反映了变量 X 的随机性。

2. 条件熵

上面讨论的是单个离散随机变量不确定性的度量问题。然而,在实际应用中,常常需要考虑两个或两个以上的概率空间之间的相互关系,此时就要引入条件熵的概念。

假设有如下两个离散信源集合:

$$\begin{bmatrix} X \\ P(x) \end{bmatrix}=\begin{bmatrix} a_1 & a_2 & \cdots & a_q \\ P(a_1) & P(a_2) & \cdots & P(a_q) \end{bmatrix} \qquad [Y]=[b_1 \quad b_2 \quad \cdots \quad b_m]$$

其中

$$[P(y|x)]=\begin{bmatrix} P(b_1|a_1) & P(b_2|a_1) & \cdots & P(b_m|a_1) \\ P(b_1|a_2) & P(b_2|a_2) & \cdots & P(b_m|a_2) \\ \vdots & \vdots & & \vdots \\ P(b_1|a_q) & P(b_2|a_q) & \cdots & P(b_m|a_q) \end{bmatrix}$$

满足

$$\sum_{i=1}^{q}P(a_i)=1,\qquad \sum_{j=1}^{m}P(b_j\mid a_i)=1$$

条件熵是在联合集 XY 上的条件自信息量 $I(a_i|b_j)$ 的数学期望。在已知随机变量 Y 的条件下，随机变量 X 的条件熵 $H(X|Y)$ 定义为

$$H(X|Y)=E[I(a_i|b_j)]=-\sum_{j=1}^{m}\sum_{i=1}^{q}P(a_ib_j)\log_2 P(a_i|b_j)\ \text{bit/符号} \tag{2.2.13}$$

相应地，在给定 X 条件下，Y 的条件熵 $H(Y|X)$ 定义为

$$H(Y|X)=E[I(b_j|a_i)]=-\sum_{i=1}^{q}\sum_{j=1}^{m}P(a_ib_j)\log_2 P(b_j|a_i)\ \text{bit/符号} \tag{2.2.14}$$

3. 联合熵

联合熵也叫共熵，是联合离散符号集 XY 上的每个元素对 a_ib_j 的联合自信息量的数学期望，用 $H(XY)$ 表示，其定义式为

$$H(XY)=-\sum_{i=1}^{q}\sum_{j=1}^{m}P(a_ib_j)\log_2 P(a_ib_j)\ \text{bit/两个符号} \tag{2.2.15}$$

【例 2.3】 已知信源 X、$Y\in\{0,1\}$，XY 构成的联合概率为

$$P(a_1=0,b_1=0)=P(a_2=1,b_2=1)=\frac{1}{8},P(a_1=0,b_2=1)=P(a_2=1,b_1=0)=\frac{3}{8}$$

计算条件熵 $H(X|Y)$ 和联合熵 $H(XY)$。

解　由全概率公式可得

$$P(b_1=0)=\frac{1}{2},\quad P(b_2=1)=\frac{1}{2}$$

由 $P(a_ib_j)=P(b_j)P(a_i|b_j)$，求出

$$P(a_1=0|b_1=0)=\frac{1}{4}$$

同理可得

$$P(a_2=1|b_2=1)=\frac{1}{4},P(a_2=1|b_1=0)=P(a_1=0|b_1=1)=\frac{3}{4}$$

根据条件熵的计算表达式可得

$$\begin{aligned}H(X\mid Y)&=-\sum_{j=1}^{2}\sum_{i=1}^{2}P(a_ib_j)\log_2 P(a_i\mid b_j)\\&=-\left(\frac{1}{8}\log_2\frac{1}{4}+\frac{3}{8}\log_2\frac{3}{4}\right)\times 2=0.811\ \text{bit/符号}\end{aligned}$$

根据联合熵的计算表达式可得

$$\begin{aligned}H(XY)&=-\sum_{i=1}^{2}\sum_{j=1}^{2}P(a_ib_j)\log_2 P(a_ib_j)\\&=-\left(\frac{1}{8}\log_2\frac{1}{8}+\frac{3}{8}\log_2\frac{3}{8}\right)\times 2=0.906\ \text{bit/两个符号}\end{aligned}$$

4. 熵的基本性质

从上面分析可知,离散信源的信息熵是其概率空间

$$\begin{bmatrix} X \\ P(x) \end{bmatrix} = \begin{bmatrix} a_1 & a_2 & \cdots & a_q \\ P(a_1) & P(a_2) & \cdots & P(a_q) \end{bmatrix}$$

的一种特殊矩函数。这个矩函数的大小显然与信源的符号数及符号的概率分布有关。当信源符号个数 q 给定,信源的信息熵 $H(X)$就是概率分布 $P(x)$的函数,又称为熵函数。如果把概率分布 $P(a_i)$, $i=1,2,\cdots,q$,记为 $p_1, p_2, \cdots, p_q$,则熵函数又可以写成概率矢量 $\boldsymbol{p}=(p_1, p_2, \cdots, p_q)$的函数形式,记为 $H(\boldsymbol{p})$。

$$\begin{aligned} H(X) &= -\sum_{i=1}^{q} P(a_i)\log_2 P(a_i) = -\sum_{i=1}^{q} p_i \log_2 p_i \\ &= H(p_1, p_2, \cdots, p_q) = H(\boldsymbol{p}) \end{aligned} \tag{2.2.16}$$

熵函数 $H(\boldsymbol{p})$具有以下性质。

(1) 对称性

当变量 $p_1, p_2, \cdots, p_q$ 的顺序任意互换时,熵函数的值不变,即

$$H(p_1, p_2, \cdots, p_q) = H(p_2, p_3, \cdots, p_q, p_1) = \cdots = H(p_q, p_1, \cdots, p_{q-1}) \tag{2.2.17}$$

这就是熵函数的对称性。熵函数的对称性表明,信息熵只与信源概率空间的总体结构有关,与各概率分量和各信源符号的对应关系乃至各信源符号本身无关。例如,有下面3个不同信源的信源空间分别为

$$\begin{bmatrix} X \\ P(x) \end{bmatrix} = \begin{bmatrix} a_1 & a_2 & a_3 \\ \frac{1}{3} & \frac{1}{6} & \frac{1}{2} \end{bmatrix}, \begin{bmatrix} Z \\ P(z) \end{bmatrix} = \begin{bmatrix} c_1 & c_2 & c_3 \\ \frac{1}{3} & \frac{1}{2} & \frac{1}{6} \end{bmatrix}, \begin{bmatrix} Y \\ P(y) \end{bmatrix} = \begin{bmatrix} a_1 & a_2 & a_3 \\ \frac{1}{6} & \frac{1}{2} & \frac{1}{3} \end{bmatrix}$$

信源 X 和信源 Y 的信源符号相同,但相同符号对应的概率分量不同。信源 X 和信源 Z 的信源符号不同。虽然存在这些区别,但这3个信源有一个根本的共同点,这就是信源符号数,即概率分量数都等于3,概率空间都是由1/2、1/3、1/6这3个分量构成。这就是说,这3个信源的概率空间的总体结构相同,正因为概率空间的总体结构相同,所以它们的信息熵相等,即有

$$H\left(\frac{1}{3}, \frac{1}{6}, \frac{1}{2}\right) = H\left(\frac{1}{6}, \frac{1}{2}, \frac{1}{3}\right) = H\left(\frac{1}{3}, \frac{1}{2}, \frac{1}{6}\right) = 1.459 \text{ bit/信源符号}$$

(2) 确定性

若信源 X 概率空间中任一概率分量 $p_i=1$ 时,$p_i \log p_i = 0$;而其余概率分量 $p_j = 0 (j \neq i)$,由于 $\lim\limits_{p_j \to 0} p_j \log p_j = 0$,则这时信源 X 的信息熵一定等于零,即

$$H(1,0) = H(1,0,0) = H(1,0,0,0) = \cdots = H(1,0,\cdots,0) = 0 \tag{2.2.18}$$

熵函数的确定性表明,当信源某一符号以概率1必然出现,而其他符号均不可能出现时,这个信源就是一个确知信源,其熵等于零。

(3) 非负性

信源空间中随机变量 X 的所有取值的概率分布总是满足

$$0 \leqslant p_i \leqslant 1 \quad (i=1,2,\cdots,q)$$

当取对数的底大于1时,$\log p_i < 0$,而 $-p_i \log p_i > 0 (i=1,2,\cdots,q)$,则

$$H(\boldsymbol{p}) = H(p_1, p_2, \cdots, p_q) = -\sum_{i=1}^{q} p_i \log_2 p_i \geqslant 0 \tag{2.2.19}$$

(4) 可加性

$$\begin{aligned} H(XY) &= H(X) + H(Y|X) \\ &= H(Y) + H(X|Y) \end{aligned} \tag{2.2.20}$$

特别地，当 X 和 Y 彼此统计独立时，有 $H(XY)=H(X)+H(Y)$。

(5) 极值性

$$H(p_1, p_2, \cdots, p_q) \leqslant H\left(\frac{1}{q}, \frac{1}{q}, \cdots, \frac{1}{q}\right) = \log q \tag{2.2.21}$$

此性质说明：对于具有 q 个符号的离散信源，只有在 q 个信源符号等可能出现的情况下，信源熵才能达到最大值。这也表明等概率分布信源的平均不确定度最大。这是一个很重要的结论，称为最大离散熵定理。

2.2.4 连续信源的差熵

这里，我们仅讨论单符号连续信源的信息测度。

单符号连续信源的输出是取值连续的单个随机变量。一般用概率密度函数来描述其统计特征，其数学模型为

$$\begin{bmatrix} X \\ p(x) \end{bmatrix} = \begin{bmatrix} (a,b) \\ p(x) \end{bmatrix} \text{或} \begin{bmatrix} \mathbf{R} \\ p(x) \end{bmatrix} \tag{2.2.22}$$

并满足

$$\int_a^b p(x)\mathrm{d}x = 1 \text{ 或} \int_{\mathbf{R}} p(x)\mathrm{d}x = 1 \tag{2.2.23}$$

其中 $\mathbf{R}$ 表示实数集$(-\infty, +\infty)$，而 $p(x)$是随机变量 X 的概率密度函数。

通过对连续变量的取值进行量化分层，可以将连续随机变量用离散随机变量来逼近。量化间隔越小，离散随机变量与连续随机变量越接近。当量化间隔趋于零时，离散随机变量就变成了连续随机变量。通过对离散随机变量的熵取极限，可以推导出连续随机变量熵的计算公式。

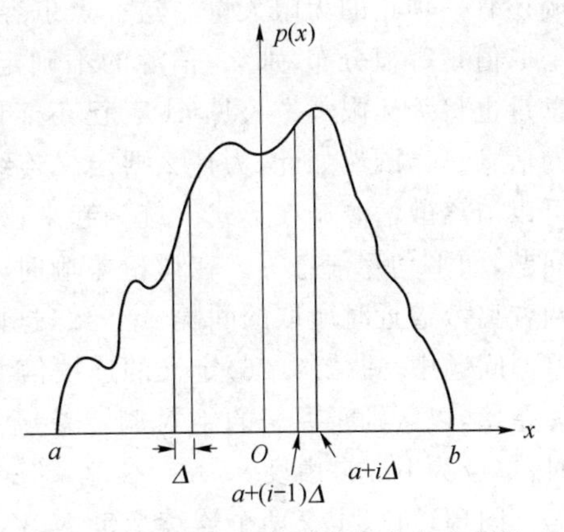

图 2.2　连续随机变量的概率密度函数

假定概率密度函数 $p(x)$如图 2.2 所示，我们把连续随机变量 X 的取值分割成 n 个小区间，各小区间等宽，区间宽度 $\Delta=\frac{b-a}{n}$，则变量 X 处于第 i 区间的概率为

$$\begin{aligned} P_i &= P\{a+(i-1)\Delta \leqslant x \leqslant a+i\Delta\} \\ &= \int_{a+(i-1)\Delta}^{a+i\Delta} p(x)\mathrm{d}x = p(x_i)\Delta \quad (i=1,2,\cdots,n) \end{aligned} \tag{2.2.24}$$

其中 x_i 是 $a+(i-1)\Delta$ 到 $a+i\Delta$ 之间的某一值。当 $p(x)$是 x 的连续函数时，由积分中值定理可知，必存在一个 x_i 值使式(2.2.24)成立。这样，连续变量 X 就可用取值为 $x_i(i=1,2,\cdots,n)$的

离散变量 X_n 来近似,即连续信源 X 被量化成离散信源 X_n。

$$\begin{bmatrix} X_n \\ P \end{bmatrix} = \begin{bmatrix} x_1 & x_2 & \cdots & x_n \\ p(x_1)\Delta & p(x_2)\Delta & \cdots & p(x_n)\Delta \end{bmatrix}$$

且

$$\sum_{i=1}^{n} p(x_i)\Delta = \sum_{i=1}^{n} \int_{a+(i-1)\Delta}^{a+i\Delta} p(x)\mathrm{d}x = \int_a^b p(x)\mathrm{d}x = 1$$

这时离散信源 X_n 的熵是

$$\begin{aligned} H(X_n) &= -\sum_i P_i \log P_i = -\sum_i p(x_i)\Delta \log [p(x_i)\Delta] \\ &= -\sum_i p(x_i)\Delta \log p(x_i) - \sum_i p(x_i)\Delta \log \Delta \end{aligned}$$

当 $n\to\infty$,$\Delta\to 0$,离散随机变量 X_n 趋于连续随机变量 X,而离散信源的熵 $H(X_n)$的极限值就是连续信源的信息熵

$$\begin{aligned} H(X) &= \lim_{n\to\infty} H(X_n) \\ &= \lim_{\Delta\to 0}[-\sum_i p(x_i)\Delta \log p(x_i)] - \lim_{\Delta\to 0}(\log \Delta)\sum_i [p(x_i)\Delta] \\ &= -\int_a^b p(x)\log p(x)\mathrm{d}x - \lim_{\Delta\to 0}(\log \Delta) \end{aligned} \tag{2.2.25}$$

一般情况下,式(2.2.25)的第一项是定值。而当 $\Delta\to 0$ 时,第二项是趋于无限大的常数。一般丢开第二项,定义连续信源的熵差为

$$h(X) = -\int_{\mathbf{R}} p(x)\log p(x)\mathrm{d}x \tag{2.2.26}$$

由式(2.2.26)可知,所定义的连续信源的熵并不是实际信源输出的绝对熵,连续信源的绝对熵还有一项正的无限大量。这一点也容易理解,因为连续信源的可能取值数有无限多,若假定取值是等概分布,那么,信源的不确定度将为无限大。当确知输出为某值后,所获得的信息量也将为无限大。可见 $h(X)$已不能代表信源的平均不确定度,也不能代表连续信源输出的信息量。既然如此,为什么要定义连续信源的熵为式(2.2.26)呢?一方面,因为这样定义可以与离散信源熵在形式上统一起来;另一方面,在实际问题中常常讨论的是熵之间的差值问题,如平均互信息等。在讨论差熵时,无限大常数项将有两项,一项为正,一项为负,只要两者离散逼近时所取的间隔 Δ 一致,这两个无限大项将互相抵消掉。因此在任何包含有熵差的问题中,式(2.2.26)定义的连续信源的熵具有信息的特性。所以,称连续信源熵 $h(X)$ 为差熵,以区别于原来的绝对熵。差熵又称为相对熵。式(2.2.26)中,当取对数以 2 为底时,单位为 bit/自由度。

同理,可以定义两个连续变量 X、Y 的联合熵和条件熵,即

$$h(XY) = -\iint_{\mathbf{R}} p(xy)\log p(xy)\mathrm{d}x\mathrm{d}y \tag{2.2.27}$$

$$h(Y|X) = -\iint_{\mathbf{R}} p(x)p(y|x)\log p(y|x)\mathrm{d}x\mathrm{d}y \tag{2.2.28}$$

并且它们也有与离散随机变量一样的相互关系

$$h(XY) = h(X) + h(Y|X) = h(Y) + h(X|Y) \tag{2.2.29}$$

【例 2.4】 X 是在区间(a,b)内服从均匀分布的连续随机变量,其概率密度函数为

$$p(x)=\begin{cases}\dfrac{1}{b-a} & x\in(a,b)\\ 0 & x\notin(a,b)\end{cases}$$

求其差熵。

解　$h(X)=-\int_a^b p(x)\log p(x)\mathrm{d}x=-\int_a^b \frac{1}{b-a}\log\frac{1}{b-a}\mathrm{d}x=\log(b-a)$

当 $b-a>1$ 时，$h(X)>0$；

当 $b-a=1$ 时，$h(X)=0$；

当 $b-a<1$ 时，$h(X)<0$。

这说明连续信源熵不具有非负性，这是连续信源熵和离散熵的区别。

2.3 信　道

任何一个通信系统，均可视为由发端、信道和收端三大部分组成。因此，信道是通信系统必不可少的组成部分，信道特性的好坏直接影响到系统的总特性。本节研究信道的分类、信道的数学模型以及信道等问题。

2.3.1 信道的分类及描述

信道是信号传输的通道。信道按照其不同特征有不同的分类方法。

按信道的组成划分可以将其分为狭义信道和广义信道。信号的传输媒质称为狭义信道，如对称电缆、同轴电缆、超短波及微波视距传播路径、短波电离层反射路径、对流层散射路径以及光纤等。如果将传输媒质和各种信号形式的转换、耦合等设备都归纳在一起，包括发送设备、接收设备、馈线与天线、调制器等部件和电路在内的传输路径或传输通路，这种范围扩大了的信道称为广义信道。广义信道按照它包含的功能，可以划分为编码信道与调制信道。

所谓编码信道是指图2.3中编码器输出端到解码器输入端的部分。

所谓调制信道是指图2.3中调制器输出端到解调器输入端的部分。

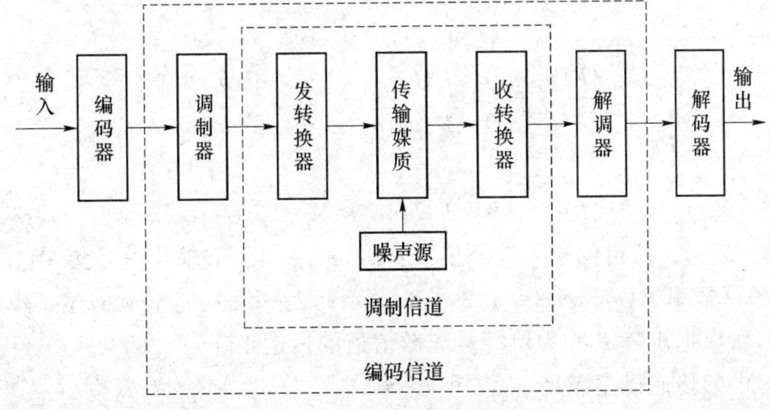

图2.3　调制信道和编码信道

按照信道输入输出端信号的类型可将其分为离散信道和连续信道。离散信道的输入输出信号为离散信号,广义信道中的编码信道即属于离散信道。连续信道的输入输出信号为连续信号,广义信道中的调制信道即属于连续信道。

按照信道的物理性质可将其分为无线信道、有线信道等。

2.3.2 信道的数学模型

信道的数学模型反映信道的输出和输入之间的关系。下面简要描述离散信道(编码信道)和连续信道(调制信道)这两种广义信道的数学模型。

1. 离散信道的数学模型和概率关系

信道的输入、输出都取值于离散符号集,且都用一个随机变量来表示的信道称为单符号离散信道,如图2.4所示。它是最简单的离散信道,可用概率空间$\{X,P(b_j|a_i),Y\}$来描述。

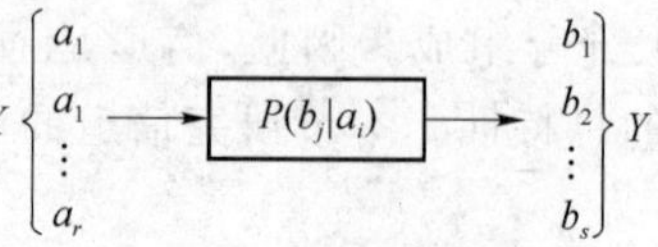

图2.4 单符号离散信道

设单符号离散信道的输入随机变量为X,其所有可能的取值集合为$\{a_1,a_2,\cdots,a_r\}$,输出随机变量为Y,其所有可能的取值集合为$\{b_1,b_2,\cdots,b_s\}$,其中r和s可相等,也可不相等。由于信道中存在干扰(噪声),因此输入符号在传输中会产生错误,这种信道干扰对传输信号的影响可用条件概率$P(b_j|a_i)(i=1,2,\cdots,r,j=1,2,\cdots,s)$来描述。

这个条件概率就集中体现了信道对输入符号$a_i(i=1,2,\cdots,r)$的传递作用。不同的信道,就有不同的条件概率。因此,条件概率$P(b_j|a_i)(i=1,2,\cdots,r,j=1,2,\cdots,s)$称为**信道的传递概率或转移概率**。

由于信道的输入符号集$X:\{a_1,a_2,\cdots,a_r\}$有r种不同的输入符号$a_i(i=1,2,\cdots,r)$,输出符号集$Y:\{b_1,b_2,\cdots,b_s\}$有s种不同的输出符号$b_j(b_1,b_2,\cdots,b_s)$,所以要完整描述信道的传递特性$P(y|x)$必须测定$(r\times s)$个条件概率$P(b_j|a_i)(i=1,2,\cdots,r,j=1,2,\cdots,s)$。按输入输出符号的对应关系,把$(r\times s)$个条件概率$P(b_j|a_i)(i=1,2,\cdots,r,j=1,2,\cdots,s)$排列成一个$(r\times s)$阶矩阵

$$\begin{array}{c} \\ \\ \boldsymbol{P}= \\ \\ \end{array}\begin{array}{c} \\ a_1 \\ a_2 \\ \vdots \\ a_r \end{array}\begin{array}{c} \begin{array}{cccc} b_1 & \quad b_2 & \quad\cdots & \quad b_s \end{array} \\ \begin{pmatrix} P(b_1|a_1) & P(b_2|a_1) & \cdots & P(b_s|a_1) \\ P(b_1|a_2) & P(b_2|a_2) & \cdots & P(b_s|a_2) \\ \vdots & \vdots & & \vdots \\ P(b_1|a_r) & P(b_2|a_r) & \cdots & P(b_s|a_r) \end{pmatrix} \end{array} \tag{2.3.1}$$

由于矩阵$\boldsymbol{P}$表达了信道的输入符号集$X:\{a_1,a_2,\cdots,a_r\}$和输出符号集$Y:\{b_1,b_2,\cdots,b_s\}$以及$(r\times s)$个条件概率$P(b_j|a_i)(i=1,2,\cdots,r,j=1,2,\cdots,s)$,完整地描述了单符号离散信道的传递特性,所以把矩阵$\boldsymbol{P}$称为单符号离散信道的信道矩阵。

式(2.3.1)中的传递概率满足

$$0\leqslant P(b_j|a_i)\leqslant 1\quad (i=1,2,\cdots,r,j=1,2,\cdots,s) \tag{2.3.2}$$

即信道矩阵中每个元素均为非负。$P(b_j|a_i)=0$，表示在输入符号 $a_i(i=1,2,\cdots,r)$ 的前提下，信道不可能输出 $b_j(b_1,b_2,\cdots,b_s)$；$P(b_j|a_i)=1$，表示在输入符号 $a_i(i=1,2,\cdots,r)$ 的前提下，信道输出 $b_j(b_1,b_2,\cdots,b_s)$ 是一个确定事件。由于噪声的随机干扰，在信道输入某符号 a_i $(i=1,2,\cdots,r)$ 的前提下，信道输出哪一种符号虽然是不确定的，但一定是信道输出符号集 $Y:\{b_1,b_2,\cdots,b_s\}$ 中的某一种符号，绝不可能是符号集 $Y:\{b_1,b_2,\cdots,b_s\}$ 以外的任何其他符号，即有

$$\sum_{j=1}^{s}P(b_j\mid a_i)=1\quad(i=1,2,\cdots,r)\tag{2.3.3}$$

即矩阵中每一行之和必等于1。

信道矩阵 $\boldsymbol{P}$ 所描述的信道传递特性也可用如图2.5所示的图来描述。图中左右两侧的点集合分别表示输入符号集 $X:\{a_1,a_2,\cdots,a_r\}$ 和输出符号集 $Y:\{b_1,b_2,\cdots,b_s\}$，由 a_i 到 b_j 的连线旁的数值，表示信道输入 a_i 到 b_j 的传递概率 $P(b_j|a_i)(i=1,2,\cdots,r,j=1,2,\cdots,s)$。从每一个输入符号 a_i 出发的所有连线旁标出的数值之和等于1。

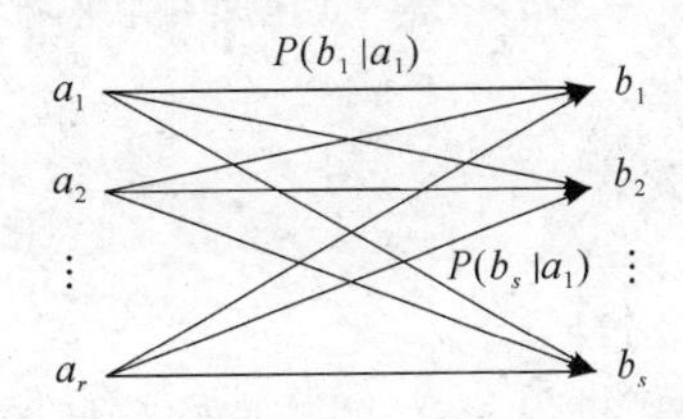

图2.5　信道传递特性

下面推导一般单符号离散信道的一些概率关系。

设信道的输入概率空间为

$$\begin{bmatrix}X\\P(x)\end{bmatrix}=\begin{bmatrix}a_1 & a_2 & \cdots & a_r\\P(a_1) & P(a_2) & \cdots & P(a_r)\end{bmatrix}$$

并且满足 $\sum_{i=1}^{r}P(a_i)=1,0\leqslant P(a_i)\leqslant 1(i=1,2,\cdots,r)$。又设输出符号集 $Y=\{b_1,b_2,\cdots,b_s\}$，给定信道矩阵如式(2.3.1)。

(1) 输入输出随机变量的联合概率为 $P(x=a_i,y=b_j)=P(a_ib_j)$，则有

$$P(a_ib_j)=P(a_i)P(b_j|a_i)=P(b_j)P(a_i|b_j)\tag{2.3.4}$$

其中 $P(b_j|a_i)$ 是信道传递概率，即发送为 a_i，通过信道传输接收到为 b_j 的概率，称为**前向概率**，通常用它描述信道噪声的特性。而 $P(a_i|b_j)$ 是已知信道输出端接收到符号为 b_j 时，发送的输入符号为 a_i 的概率，称它为**后向概率**。有时，也把 $P(a_i)$ 称为输入符号的**先验概率**(在接收到输出符号之前，输入符号的概率)，而对应地把 $P(a_i|b_j)$ 称为输入符号的**后验概率**(在接收到一个输出符号以后，输入符号的概率)。

(2) 根据联合概率可得输出符号的概率

$$P(b_j)=\sum_{i=1}^{r}P(a_i)P(b_j|a_i)\quad(j=1,2,\cdots,s)\tag{2.3.5}$$

也可写成矩阵形式，即

$$\begin{pmatrix}P(b_1)\\P(b_2)\\\vdots\\P(b_s)\end{pmatrix}=\boldsymbol{P}^{\mathrm{T}}\begin{pmatrix}P(a_1)\\P(a_2)\\\vdots\\P(a_r)\end{pmatrix}\quad(r\neq s)\tag{2.3.6}$$

式中，$\boldsymbol{P}^{\mathrm{T}}$ 为信道矩阵 $\boldsymbol{P}$ 的转置矩阵。

(3) 根据贝叶斯定律可得后验概率

$$P(a_i|b_j)=\frac{P(a_ib_j)}{P(b_j)},\quad P(b_j)\neq 0$$
$$=\frac{P(a_i)P(b_j|a_i)}{\sum_{i=1}^{r}P(a_i)P(b_j|a_i)}\quad (i=1,2,\cdots,r,j=1,2,\cdots,s)\tag{2.3.7}$$

且 $\sum_{i=1}^{r}P(a_i|b_j)=1(j=1,2,\cdots,s)$。

下面通过举例介绍两种重要的信道:二元对称信道(BSC)和二元删除信道(BEC)。

【例2.5】 二元对称信道,简记为BSC(Binary Symmetric Channel),如图2.6所示。

这是很重要的一种特殊信道,其输入输出符号集均取值于{0,1},此时 $r=s=2$,而且 $a_1=b_1=0,a_2=b_2=1$。又有转移概率

$$P(b_1|a_1)=P(0|0)=1-p=\bar{p}$$
$$P(b_2|a_2)=P(1|1)=1-p=\bar{p}$$
$$P(b_1|a_2)=P(0|1)=p$$
$$P(b_2|a_1)=P(1|0)=p$$

于是,可得 BSC 的信道转移概率矩阵 $\boldsymbol{P}$ 为

$$\boldsymbol{P}=\begin{pmatrix}1-p & p\\ p & 1-p\end{pmatrix}$$

它满足 $\sum_{j=1}^{2}P(b_j\mid a_1)=\sum_{j=1}^{2}P(b_j\mid a_2)=1$。

【例2.6】 二元删除信道,简记为BEC(Binary Erasure Channel),如图2.7所示。这时 $r=2,s=3$。输入符号 X 取值于{0,1},输出符号 Y 取值于{0,2,1}。其信道转移矩阵为

$$\boldsymbol{P}=\begin{matrix} & \begin{matrix}0 & 2 & 1\end{matrix}\\ \begin{matrix}0\\1\end{matrix} & \begin{pmatrix}p & 1-p & 0\\ 0 & 1-q & q\end{pmatrix}\end{matrix}$$

这种信道实际上是存在的,当信号波形传输中失真较大时,我们在接收端不是对接收信号硬性地判为0或1,而是根据最佳接收机额外给出的信道失真信息增加一个中间状态2(称为删除符号),采用见“2”就删去的方法,可有效地恢复出这个中间状态的正确取值。

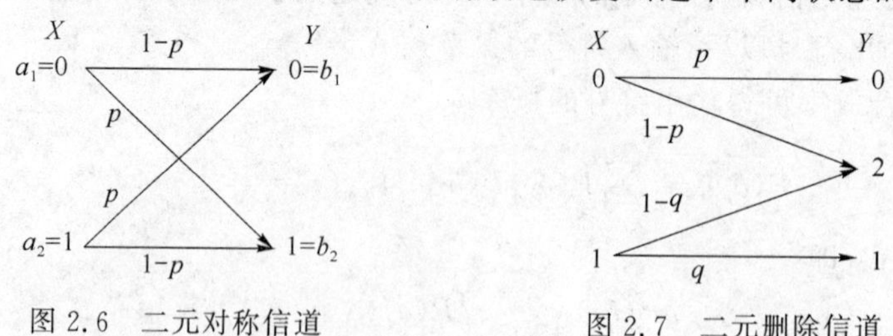

图2.6　二元对称信道　　　图2.7　二元删除信道

2. 连续信道的数学模型

通过对连续信道进行大量的分析研究,发现它具有如下共性:

(1) 有一对(或多对)输入端和一对(或多对)输出端;

(2) 绝大多数的信道都是线性的,即满足线性叠加原理;

(3) 信号通过信道具有一定的延迟时间，而且它还会受到(固定的或时变的)损耗；

(4) 即使没有信号输入，在信道的输出端仍可能有一定的输出(噪声)。

根据上述性质，我们可以用一个线性时变网络来表示连续信道，如图2.8所示。

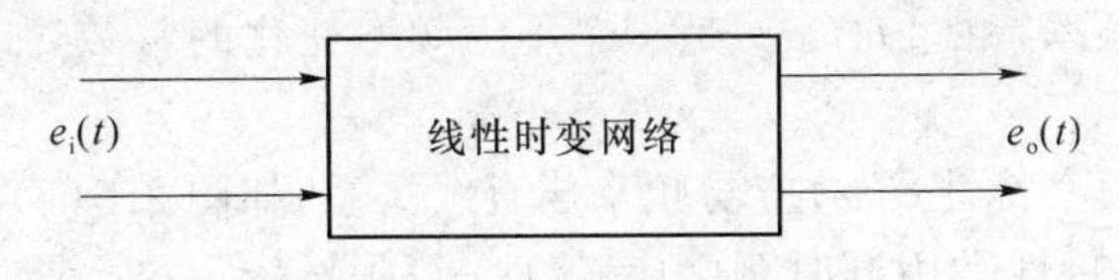

图2.8　连续信道模型

图2.8中，输入与输出之间的关系可以表示为

$$e_o(t)=f[e_i(t)]+n(t) \tag{2.3.8}$$

式中，$e_i(t)$是输入的已调信号；$e_o(t)$是信道的输出；$n(t)$为加性噪声(或称加性干扰)，它与$e_i(t)$不发生依赖关系，或者说，$n(t)$独立于$e_i(t)$。

$f[e_i(t)]$中"f"表示网络输入和输出信号之间的某种函数关系。为了便于数学分析，通常假设$f[e_i(t)]=k(t)e_i(t)$，其中$k(t)$依赖于网络特性，它对$e_i(t)$来说是一种乘性干扰。因此，式(2.3.8)就可以改写为

$$e_o(t)=k(t)e_i(t)+n(t) \tag{2.3.9}$$

由以上分析可见，信道对信号的影响可归纳为两点：一是乘性干扰$k(t)$；二是加性干扰$n(t)$。如果了解$k(t)$和$n(t)$的特性，则信道对信号的具体影响就能确定。信道的不同特性反映在信道模型上有不同的$k(t)$和$n(t)$。

实际中乘性干扰$k(t)$是一个很复杂的函数，它可能包括各种线性畸变、非线性畸变。同时由于信道的延迟特性和损耗特性随时间随机变化，故$k(t)$往往只能用随机过程来描述。不过经大量观察表明，有些信道的$k(t)$基本不随时间变化，也就是说，信道对信号的影响是固定的或变化极为缓慢的；而有的信道却不然，其$k(t)$随机快变化。因此，在分析研究乘性干扰$k(t)$时，可以把连续信道粗略地分为两大类：一类称为恒参信道(恒定参数信道)，即它们的$k(t)$可看成不随时间变化或变化极为缓慢；另一类则称为随参信道(随机参数信道，或称变参信道)，其$k(t)$随时间随机快变。

通常，把前面提到的架空明线、电缆、波导、中长波地波传播、超短波及微波视距传播、卫星中继、光导纤维以及光波视距传播等传输媒质构成的信道称为**恒参信道**；而将短波电离层反射，超短波流星余迹散射，超短波及微波对流层散射，超短波电离层散射以及超短波视距绕射等传输媒质所分别构成的信道称为**随参信道**。

2.3.3 恒参信道特性及其对信号传输的影响

由于恒参信道对信号传输的影响是确定的或者是变化极其缓慢的，因此，其传输特性可以等效为一个线性时不变网络，该线性网络的传输特性可以用幅度-频率特性和相位-频率特性来表征。

(1) 信号不失真传输的条件

对于信号传输而言，通常追求的是信号通过信道时不产生失真或者失真小到不易察觉的程度。由"信号与系统"课程可知，线性网络传输特性$H(\omega)$通常可用幅度-频率特性$|H(\omega)|$和相位-频率特性$\varphi(\omega)$来表征，即

$$H(\omega)=|H(\omega)|\mathrm{e}^{\mathrm{j}\varphi(\omega)} \tag{2.3.10}$$

要使任意一个信号通过线性网络不产生波形失真,网络的传输特性 $H(\omega)$应该具备以下两个理想条件:

① 网络的幅度-频率特性$|H(\omega)|$是一个不随频率变化的常数,如图2.9(a)所示,其中A为常数。

② 网络的相位-频率特性$\varphi(\omega)$应与频率成直线关系,如图2.9(b)所示,其中K为常数。

网络的相位-频率特性常用群时延-频率特性$\tau(\omega)$来表示。所谓群时延-频率特性是指相位-频率特性的导数,即

$$\tau(\omega)=-\frac{\mathrm{d}\varphi(\omega)}{\mathrm{d}\omega} \tag{2.3.11}$$

可见,对于理想的无失真信道,如果相频特性是线性的,则群时延-频率特性是一条水平直线,如图2.9(c)所示。

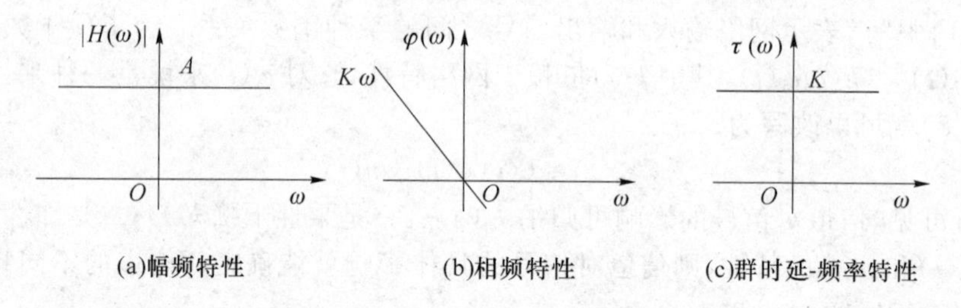

图2.9 理想的幅频特性、相频特性、群时延-频率特性

(2) 信号两种主要失真及其影响

信号经过恒参信道时,若信道的幅度特性在信号频带内不是常数,则信号的各频率分量通过信道后将产生不同的幅度衰减,从而引起信号波形的失真,我们称这种失真为幅频失真。幅频失真对模拟通信影响较大,导致信噪比下降。

若信道的相频特性在信号频带内不是频率的线性函数,则信号的各频率分量通过信道后将产生不同的时延,从而引起波形的群时延失真,我们称这种失真为相频失真。相频失真对语音通信影响不大,但对数字通信影响较大,会引起严重的码间干扰,造成误码。

信道的幅频失真是一种线性失真,可以用一个线性网络进行补偿。若此线性网络的频率特性与信道的幅频特性之和,在信号频谱占用的频带内,为一条水平直线,则此补偿网络就能够完全抵消信道产生的幅频失真。信道的相频失真也是一种线性失真,所以也可以用一个线性网络进行补偿。

除了幅频特性和相频特性外,恒参信道中还可能存在其他一些使信号产生失真的因素,如非线性失真、频率偏移和相位抖动等。非线性失真是指信道输入信号和输出信号的幅度关系不是直线关系。非线性特性将使信号产生新的谐波分量,造成所谓谐波失真,这种失真主要是由信道中的元器件特性不理想造成的。频率偏移是指信道输入信号的频谱经过信道传输后产生了平移。这主要是由发送端和接收端中用于调制/解调或频率变换的振荡器的频率误差引起的。相位抖动也是由这些振荡器的频率不稳定产生的。相位抖动的结果是对信号产生附加调制。上述这些因素产生的信号失真一旦出现,就很难消除。

【例2.7】 设某恒参信道的传输特性为

$$H(\omega)=(1+\cos\omega T_0)\mathrm{e}^{-\mathrm{j}\omega t_\mathrm{d}}$$

其中，t_d 为常数。试确定信号 $s(t)$ 通过该信道后的输出信号表达式，并讨论该信道对信号传输的影响。

解　该恒参信道的传输函数为

$$\begin{aligned}H(\omega) &= (1+\cos\omega T_0)\mathrm{e}^{-\mathrm{j}\omega t_d} \\ &= \mathrm{e}^{-\mathrm{j}\omega t_d} + \frac{1}{2}(\mathrm{e}^{\mathrm{j}\omega T_0} + \mathrm{e}^{-\mathrm{j}\omega T_0})\mathrm{e}^{-\mathrm{j}\omega t_d} \\ &= \mathrm{e}^{-\mathrm{j}\omega t_d} + \frac{1}{2}\mathrm{e}^{-\mathrm{j}\omega(t_d - T_0)} + \frac{1}{2}\mathrm{e}^{-\mathrm{j}\omega(t_d + T_0)}\end{aligned}$$

冲激响应为

$$h(t) = \delta(t-t_d) + \frac{1}{2}\delta(t-t_d+T_0) + \frac{1}{2}\delta(t-t_d-T_0)$$

输出信号为

$$\begin{aligned}y(t) &= s(t) * h(t) \\ &= s(t-t_d) + \frac{1}{2}s(t-t_d+T_0) + \frac{1}{2}s(t-t_d-T_0)\end{aligned}$$

讨论：因为该信道的幅频特性 $|H(\omega)| = 1+\cos\omega T_0$ 不为常数，所以输出信号存在幅频失真，而相频特性 $\varphi(\omega) = -\omega t_d$ 是频率 ω 的线性函数，所以输出信号不存在相频失真。

2.3.4 随参信道特性及其对信号传输的影响

随参信道的参数随时间随机快变化，所以它的特性比恒参信道要复杂，对传输信号的影响也较为严重。影响信道特性的主要因素是传输媒介，如电离层的反射和散射，对流层的散射等。随参信道的传输媒质有以下 3 个特点：

(1) 对信号的衰耗随时间而变化。在随参信道中，传输媒介参数随气象条件和时间的变化而随机变化。如电离层对电波的吸收特性随年份、季节、白天和黑夜在不断地变化，因而对传输信号的衰减也在不断地发生变化，这种变化通常称为衰落。但是，由于这种信道参数的变化相对而言是十分缓慢的，所以称这种衰落为“慢衰落”。慢衰落对传输信号的影响可以通过调节设备的增益来补偿。实际中，还存在一种“快衰落”，后面将介绍的由多径传播所引起的衰落就属于“快衰落”。

(2) 传输的时延随时间而变化。

(3) 多径传播。由于多径传播对信号传输质量的影响最大，下面对其进行专门讨论。

由发射点出发的电波可能经多条路径到达接收点，这种现象称为多径传播，如图 2.10 所示。

在存在多径传播的随参信道中，接收信号将是衰减和时延都随时间变化的各路径信号的合成。设发射波为 $A\cos\omega_0 t$，它经过 n 条路径传播到接收端，则接收信号 $R(t)$ 可表示为

$$R(t) = \sum_{i=1}^{n} r_i(t)\cos\omega_0[t-\tau_i(t)] = \sum_{i=1}^{n} r_i(t)\cos[\omega_0 t + \varphi_i(t)] \tag{2.3.12}$$

式中，$r_i(t)$ 为由第 i 条路径到达的接收信号幅度；$\tau_i(t)$ 为第 i 条路径到达的接收信号的时延；$\varphi_i(t) = -\omega_0\tau_i(t)$；$r_i(t)$、$\tau_i(t)$ 和 $\varphi_i(t)$ 都是随机变化的。

应用三角公式，式(2.3.12)可以改写为

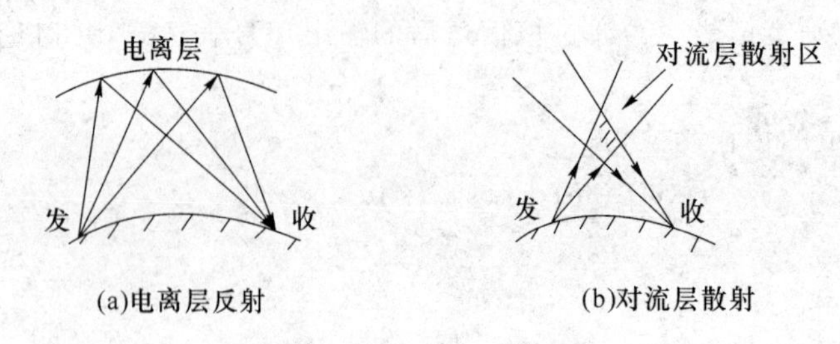

图 2.10　多径传播示意图

$$R(t)=\sum_{i=1}^{n}r_i(t)\cos\varphi_i(t)\cos\omega_0 t-\sum_{i=1}^{n}r_i(t)\sin\varphi_i(t)\sin\omega_0 t \tag{2.3.13}$$

其中，设

同相分量 $$X_c(t)=\sum_{i=1}^{n}r_i(t)\cos\varphi_i(t) \tag{2.3.14}$$

正交分量 $$X_s(t)=\sum_{i=1}^{n}r_i(t)\sin\varphi_i(t) \tag{2.3.15}$$

将式(2.3.14)和式(2.3.15)代入式(2.3.13)，得出

$$R(t)=X_c(t)\cos\omega_0 t-X_s(t)\sin\omega_0 t=V(t)\cos\left[\omega_0 t+\varphi(t)\right] \tag{2.3.16}$$

式中，$V(t)$为接收信号$R(t)$的包络

$$V(t)=\sqrt{X_c^2(t)+X_s^2(t)} \tag{2.3.17}$$

$\varphi(t)$为接收信号$R(t)$的相位

$$\varphi(t)=\arctan\frac{X_s(t)}{X_c(t)} \tag{2.3.18}$$

根据大量的实验观察表明，当传播路径充分大时，$R(t)$可视为一个包络和相位均随机缓慢变化的窄带信号。

由式(2.3.16)可以看出，从波形上看，多径传播的结果使发射信号$A\cos\omega_0 t$变成了包络和相位随机缓慢变化的窄带信号，这样的信号称之为衰落信号，如图2.11(a)所示；从频谱上看，多径传播引起了频率弥散，即由单个频率变成了一个窄带频谱，如图2.11(b)所示。

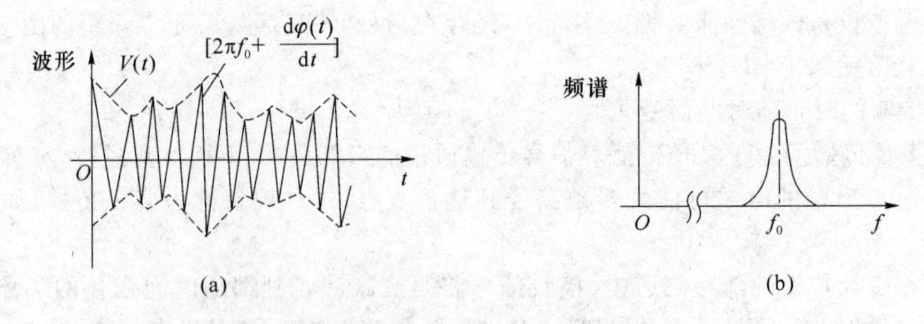

图 2.11　衰落信号的波形与频谱示意图

多径传播使包络产生的起伏虽然比信号的周期缓慢，但是其周期仍然可能是在秒的数量级，故通常将由多径效应引起的衰落称为“快衰落”。

多径传播不仅会造成上述的衰落和频率弥散，同时还可能发生频率选择性衰落。在多径传播时，由于各条路径的等效网络传输函数不同，于是各网络对不同频率的信号衰减也就不同，这就使接收点合成信号的频谱中某些分量衰减特别严重，这种现象称为频率选择性衰落。下面通过一个例子来建立这个概念。

设多径传播的路径只有两条，且这两条路径具有相同的衰减，但是时延不同，若发射信号 $f(t)$ 经过两条路径传播后，到达接收端的信号分别为 $af(t-t_0)$ 和 $af(t-t_0-\tau)$，其中 a 是传播衰减，t_0 是第一条路径的时延，τ 是两条路径的时延差，则接收合成信号为

$$R(t)=af(t-t_0)+af(t-t_0-\tau) \tag{2.3.19}$$

设发射信号的傅里叶变换对为

$$f(t)\Leftrightarrow F(\omega) \tag{2.3.20}$$

则接收合成信号的频谱为

$$R(\omega)=aF(\omega)\mathrm{e}^{-\mathrm{j}\omega t_0}(1+\mathrm{e}^{-\mathrm{j}\omega\tau}) \tag{2.3.21}$$

于是，该两径信道的传输函数为

$$H(\omega)=\frac{R(\omega)}{F(\omega)}=a\mathrm{e}^{-\mathrm{j}\omega t_0}(1+\mathrm{e}^{-\mathrm{j}\omega\tau}) \tag{2.3.22}$$

则

$$|H(\omega)|=a|(1+\mathrm{e}^{-\mathrm{j}\omega\tau})|=2a\left|\cos\frac{\omega\tau}{2}\right| \tag{2.3.23}$$

式(2.3.23)传输函数的曲线如图 2.12 所示。它表明此多径信道的传输衰减和信号频率有关。当角频率 $\omega=2n\pi/\tau$ 时（n 为整数）的频率分量最强，出现传输极点；而当 $\omega=(2n+1)\pi/\tau$（n 为整数）时的频率分量为零，出现传输零点。这种曲线的最大值和最小值位置决定于两条路径的相对时延差 τ。而 τ 是随时间变化的，故传输特性出现的零点与极点在频率轴上的位置也是随时间变化的。显然，当一个传输波形的频谱宽于 $1/\tau(t)$ 时〔$\tau(t)$ 表示有时变的相对时延〕，传输波形的频率分量将产生畸变，这种畸变就是由频率选择性衰落所引起。

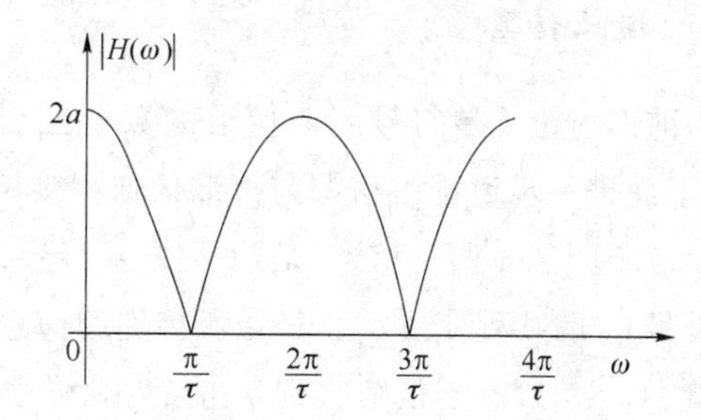

图 2.12　选择性衰落特性

上述概念可以推广到多径传播中去，虽然此时信道的传输特性将比两条路径的信道传输特性要复杂得多，但同样存在频率选择性衰落现象。多径传播时的相对时延差通常用最大多径时延差来表征。设信道最大多径时延差为 $\tau_{\max}$，则定义多径传播信道的相关带宽为

$$B_{\mathrm{c}}=\frac{1}{\tau_{\max}} \tag{2.3.24}$$

相关带宽表示信道传输特性相邻两个零点之间的频率间隔。如果信号的带宽比相关带宽宽，则将产生严重的频率选择性衰落。为了减小频率选择性衰落，就应使信号的带宽小于相关带宽。在工程设计中，为了保证接收信号质量，通常选择信号带宽为相关带宽的 1/5～1/3。

当在多径信道中传输数字信号时，特别是传输高速数字信号，频率选择性衰落将会引起严重的码间干扰。为了减小码间干扰的影响，就必须限制数字信号传输速率。

随参信道的衰落，将会严重地影响系统的性能。为了抗快衰落，通常可采用多种措施，例如，各种抗衰落的调制解调技术、抗衰落接收技术及扩频技术等，其中较为有效且常用的抗衰落措施是分集接收技术。

按广义信道的含义,分集接收可看作是随参信道中的一个组成部分或一种改造形式,改造后的随参信道的衰落特性将得到改善。

衰落信道中接收的信号是到达接收机的各路径分量的合成,如果在接收端同时获得几个不同路径的信号,把这些信号适当合并构成总的接收信号,这样就能大大减小衰落的影响,这就是分集接收的基本思想。"分集"两字就是把代表同一信息的信号分散传输,以求在接收端获得若干衰落样式不相关的复制品,然后用适当的方法加以集中合并,从而达到以强补弱的效果。获取不相关衰落信号的方法是将分散得到的几个合成信号集中(合并)。只要被分集的几个信号之间是统计独立的,经适当的合并后就能大大改善系统的性能。

2.4 信道容量

2.4.1 离散信道的信道容量

1. 平均互信息量

前面讨论了单符号离散信道的数学模型,即给出了信道输入、输出之间的统计依赖关系,下面进一步讨论由信源与离散信道相接构成通信系统的信息传输问题。

对于图2.4所示信道,信源 X 发某符号 a_i,由于受噪声的随机干扰,在信道的输出端输出符号 a_i 的某种变形 b_j。信道所传递的信息量,即信宿收到 b_j 后,从 b_j 中获取关于 a_i 的信息量 $I(a_i;b_j)$,等于信宿收到 b_j 前后,对符号 a_i 的不确定性的消除,即有

〔收到 b_j 后,从 b_j 中获取关于 a_i 的信息量〕$I(a_i;b_j)$

=〔收到 b_j 前,对信源发符号 a_i 的先验不确定性〕$I(a_i)$-〔收到 b_j 后,对信源发符号 a_i 仍然存在的后验不确定性〕$I(a_i|b_j)$

=〔信宿收到 b_j 前后,对符号 a_i 的不确定性的消除〕

相应的表达式为

$$I(a_i;b_j)=I(a_i)-I(a_i|b_j)=\log_2\frac{P(a_i|b_j)}{P(a_i)}\quad(i=1,2,\cdots,r,j=1,2,\cdots,s)\tag{2.4.1}$$

把信宿收到 b_j 后,从 b_j 中获取关于 a_i 的信息量 $I(a_i;b_j)$ 称为输入符号 a_i 和输出符号 b_j 之间的互信息量,简称为互信息。它表明信道把输入符号 a_i 传递为输出符号 b_j 的过程中,信道所传递的信息量。

可见,$I(a_i;b_j)$ 只能表示信源 X 和信宿 Y 的某特定具体符号 a_i 和 b_j 之间的互信息。而信源 X 出现某特定具体符号 a_i、信宿 Y 出现某特定具体符号 b_j 本身是一个概率为 $P(a_ib_j)$ 的随机事件,相应的互信息量 $I(a_i;b_j)$ 是一个随机性的量。作为信道传递信息的度量函数,它应该从总体上反映信道每传递一个符号(不论传递什么具体符号)所传递的平均信息量,

同时也应该是一个确定的量。

我们知道,当信宿 Y 收到某一具体符号 $b_j(Y=b_j)$ 后,推测信源 X 发符号 a_i 的概率,已由先验概率 $P(a_i)$ 转变为后验概率 $P(a_i|b_j)$,从 b_j 中获取关于输入符号(不论是哪一个符号)的平均信息量,应该是互信息 $I(a_i;b_j)$ 在条件概率空间 $P(X|Y=b_j)$ 中的统计平均值,即

$$I(X;b_j)=\sum_{i=1}^{r}P(a_i|b_j)I(a_i;b_j)=\sum_{i=1}^{r}P(a_i|b_j)\log\frac{P(a_i|b_j)}{P(a_i)}\quad(j=1,2,\cdots,s)\tag{2.4.2}$$

从总体上看,信道每传递一个符号(不论传递的是什么具体符号)所传输的平均信息量 $I(X;Y)$,应该是互信息 $I(a_i;b_j)$ 在 X 和 Y 的联合概率空间 $P(XY)$:$\{P(a_ib_j)(i=1,2,\cdots,r,j=1,2,\cdots,s)\}$ 中的统计平均值,即

$$\begin{aligned}I(X;Y)&=\sum_{i=1}^{r}\sum_{j=1}^{s}P(a_ib_j)I(a_i;b_j)=\sum_{i=1}^{r}\sum_{j=1}^{s}P(a_ib_j)\log\frac{P(a_i|b_j)}{P(a_i)}\\&=\sum_{i=1}^{r}\sum_{j=1}^{s}P(a_ib_j)\log\frac{P(a_ib_j)}{P(a_i)P(b_j)}\\&=\sum_{i=1}^{r}\sum_{j=1}^{s}P(a_ib_j)\log\frac{P(b_j|a_i)}{P(b_j)}\end{aligned}\tag{2.4.3}$$

$I(X;Y)$ 称为信道输入 X 与输出 Y 之间的平均互信息。它代表接收到输出符号后平均每个符号获得的关于 X 的信息量,它也表明,输入与输出两个随机变量之间的统计约束程度。

结合 2.2 节关于信源熵的定义,由式(2.4.3)可以得到关于 $I(X;Y)$ 与各类熵之间的关系:

$$I(X;Y)=H(X)-H(X|Y)\tag{2.4.4}$$

$$I(X;Y)=H(X)+H(Y)-H(XY)\tag{2.4.5}$$

$$I(X;Y)=H(Y)-H(Y|X)\tag{2.4.6}$$

其中条件熵 $H(X|Y)$ 表示收到随机变量 Y 后,对于随机变量 X 仍然存在的平均不确定性,通常称条件熵 $H(X|Y)$ 为信道的疑义度。由于这个对 X 尚存在的不确定性是由于干扰(噪声)引起的,它表示信源符号通过有噪信道传输后所引起的信息量的损失,故也称条件熵 $H(X|Y)$ 为**损失熵**;联合熵 $H(XY)$ 表示随机变量 X 通过信道传递(即通信后)输出随机变量 Y 后,信道两端同时出现 X 和 Y 的后验平均不确定性,通常称 $H(XY)$ 为**共熵**;条件熵 $H(Y|X)$ 表示在已知输入变量 X 的条件下,对随机变量 Y 尚存在的不确定性。通常称条件熵 $H(Y|X)$ 为**噪声熵**,或**散布度**。噪声熵完全是由于信道中的噪声引起的,它反映了信道中噪声源的不确定性。

2. 信道容量

我们研究信道的目的是要讨论信道中平均每个符号所能传送的信息量,即**信息传输率** R。由前已知,平均互信息 $I(X;Y)$ 就是接收到符号 Y 后平均每个符号获得的关于 X 的信息量。因此,信道的信息传输率就是平均互信息,即

$$R=I(X;Y)=H(X)-H(X|Y)\tag{2.4.7}$$

由 $I(X;Y)$ 定义知,它是输入变量 X 的概率分布 $P(a_i)$ 和信道转移概率 $P(b_j|a_i)$ 的函数。$I(X;Y)$ 具有如下性质:对于一个固定信道〔即 $P(b_j|a_i)$ 已经确定〕,总存在一种信源〔某

种概率分布 $P(x)$〕,使 $I(X;Y)$ 达到最大值,也就是每个固定信道都有一个最大的信息传输率。定义这个最大的信息传输率为信道容量 C。

$$C=R_{\max}=\max_{P(a_i)}\{I(X;Y)\} \tag{2.4.8}$$

其单位是 bit/符号或 nat/符号,而相应的输入概率分布称为**最佳输入分布**。

对于一般单符号离散信道,信道容量的计算是比较复杂的,从数学上来说,就是对互信息 $I(X;Y)$ 求极大值的问题。但对于某些特殊信道,可利用其特点,运用信息理论的基本概念,简化信道容量的计算,直接得到信道容量的数值。下面讨论一种特殊离散信道——对称离散信道——的信道容量。

若单符号离散信道的信道矩阵 $\boldsymbol{P}$ 中每一行都是同一符号集 $\{p'_1,p'_2,\cdots,p'_s\}$ 诸元素的不同排列,并且每一列也都是同一符号集 $\{q'_1,q'_2,\cdots,q'_r\}$ 诸元素的不同排列组成,则这种信道称之为**对称离散信道**。一般 $r\neq s$。例如

$$\boldsymbol{P}_1=\begin{pmatrix}\frac{1}{3} & \frac{1}{3} & \frac{1}{6} & \frac{1}{6}\\ \frac{1}{6} & \frac{1}{6} & \frac{1}{3} & \frac{1}{3}\end{pmatrix},\boldsymbol{P}_2=\begin{pmatrix}\frac{1}{2} & \frac{1}{3} & \frac{1}{6}\\ \frac{1}{6} & \frac{1}{2} & \frac{1}{3}\\ \frac{1}{3} & \frac{1}{6} & \frac{1}{2}\end{pmatrix}$$

所对应的信道是对称离散信道。

设对称离散信道的信道矩阵 $\boldsymbol{P}$ 的行元素集合为 $\{p'_1,p'_2,\cdots,p'_s\}$,则有

$$0\leqslant p'_1,p'_2,\cdots,p'_s\leqslant 1,\sum_{j=1}^{s}p'_j=1$$

又设信道输入符号集 $X:\{a_1,a_2,\cdots,a_r\}$,输出符号集 $Y:\{b_1,b_2,\cdots,b_s\}$,若输入信源 $X:\{a_1,a_2,\cdots,a_r\}$ 的概率分布由 $P(a_i)(i=1,2,\cdots,r)$ 表示,则根据熵函数的对称性,可得对称离散信道的噪声熵

$$\begin{aligned}H(Y|X)&=-\sum_{i=1}^{r}\sum_{j=1}^{s}P(a_i)P(b_j|a_i)\log P(b_j|a_i)\\&=\sum_{i=1}^{r}P(a_i)\Big[-\sum_{j=1}^{s}P(b_j|a_i)\log P(b_j|a_i)\Big]\\&=\sum_{i=1}^{r}P(a_i)H(p'_1,p'_2,\cdots,p'_s)=H(p'_1,p'_2,\cdots,p'_s)\end{aligned} \tag{2.4.9}$$

由此可见,对称离散信道的噪声熵 $H(Y|X)$,就是信道矩阵 $\boldsymbol{P}$ 中行元素集合 $\{p'_1,p'_2,\cdots,p'_s\}$ 的 s 个元素构成的熵函数 $H(p'_1,p'_2,\cdots,p'_s)$。

考虑到行元素集合 $\{p'_1,p'_2,\cdots,p'_s\}$ 就是信道的传输概率 $P(b_j|a_i)(i=1,2,\cdots,r,j=1,2,\cdots,s)$,它是给定的对称离散信道本身固有参数,与输入信源 X 无关,所以由式(2.4.6)可得对称离散信道的信道容量

$$\begin{aligned}C&=\max_{P(a_i)}\{I(X;Y)\}\\&=\max_{P(a_i)}\{H(Y)-H(Y|X)\}\\&=\max_{P(a_i)}\{H(Y)-H(p'_1,p'_2,\cdots,p'_s)\}\end{aligned}$$

$$=\log s-H(p_1',p_2',\cdots,p_s')=\log s-H(\boldsymbol{P}\text{ 的行矢量}) \tag{2.4.10}$$

可以证明，对于对称离散信道，只有当输入信源等概分布时，才能达到信道容量 C，信道容量 C 的值只取决于信道矩阵 $\boldsymbol{P}$ 中行元素集合 $\{p_1',p_2',\cdots,p_s'\}$ 和信道的输出符号数 s。此结论说明信道容量 C 是信道本身固有的特征参量。

【例 2.8】 设某对称离散信道的信道矩阵为

$$\boldsymbol{P}=\begin{pmatrix}\frac{1}{3} & \frac{1}{3} & \frac{1}{6} & \frac{1}{6}\\ \frac{1}{6} & \frac{1}{6} & \frac{1}{3} & \frac{1}{3}\end{pmatrix}$$

求其信道容量。

解 $s=4$，由对称信道的信道容量公式(2.4.10)得

$$C=\log s-H(\boldsymbol{P}\text{ 的行矢量})=\log_2 4-H\left(\frac{1}{3},\frac{1}{3},\frac{1}{6},\frac{1}{6}\right)$$

$$=2+\frac{1}{3}\log_2\frac{1}{3}+\frac{1}{3}\log_2\frac{1}{3}+\frac{1}{6}\log_2\frac{1}{6}+\frac{1}{6}\log_2\frac{1}{6}$$

$$=0.081\,7\ \text{bit/符号}$$

在这个信道中，每个符号平均能够传输的最大信息为 0.081 7 bit，而且只有当信道输入是等概分布时才能达到这个最大值。

2.4.2 连续信道的信道容量

前面讨论了离散信道的信道容量。本节讨论连续信道的信道容量，从而引入著名的香农公式。

如果连续信道受到加性高斯白噪声的干扰，传输信号的功率和带宽又都受到限制，这时信道的传输能力如何？对于这个问题，香农在信息论中已经给出了回答，这就是著名的香农公式。其表达式为

$$C=B\log_2\left(1+\frac{S}{N}\right)\text{bit/s} \tag{2.4.11}$$

式中，C 为信道容量，是指以任意小的差错率传输时信道可能传输的最大信息速率，它是信道能够达到的最大传输能力；B 为信道带宽；S 为信号的平均功率；N 为高斯白噪声的平均功率；S/N 为信噪比。

由于噪声功率 N 与信道带宽 B 有关，若设单位频带内的噪声功率为 n_0，单位为 W/Hz（n_0 又称为单边功率谱密度），则噪声功率 $N=n_0B$，因此，香农公式的另一种形式为

$$C=B\log_2\left(1+\frac{S}{n_0B}\right) \tag{2.4.12}$$

式(2.4.11)或式(2.4.12)给出了通信系统运载能力的极限值 C，它也常被称为“香农极限”。这个公式来自于信息理论，它对于所有的技术都适用。香农公式说明信息的运载能力与信道带宽成正比，其中带宽就是信号进行传输且没有衰减的频率范围。

不同传输媒介可供传输使用的工作频率范围各不相同，媒介的工作频率越高，其传输信号的带宽就越宽，系统的信息传输能力也就越大。对该值进行估算的经验规则是：信号带宽

大概是媒介工作频率的10%。所以,如果一个微波信道使用10 GHz的工作频率,那么其传输信号的带宽大约为1 000 MHz。

香农公式同时也讨论了信道容量C、带宽B和信噪比S/N三者之间的关系,它是信息传输中非常重要的公式,也是目前通信系统设计和性能分析的理论基础。

由香农公式可得以下结论。

(1) 当给定B、S/N时,信道的极限传输能力(信道容量)C即确定。如果信道实际的传输信息速率R小于或等于C时,此时能做到无差错传输(差错率可任意小)。如果R大于C,那么无差错传输在理论上是不可能的。

(2) 提高信噪比S/N(通过减少n_0或增大S),可提高信道容量C。特别是,若$n_0\to 0$,则$C\to\infty$,这意味着无干扰信道容量为无穷大。

(3) 当信道容量C一定时,带宽B和信噪比S/N之间可以互换。换句话说,要使信道保持一定的容量,可以通过调整带宽B和信噪比S/N之间的关系来达到。

(4) 增加信道带宽B并不能无限制地增大信道容量。当信道噪声为高斯白噪声时,随着带宽B的增大,噪声功率$N=n_0B$也增大,信道容量的极限值为

$$\lim_{B\to\infty}C=\lim_{B\to\infty}\left[B\log_2\left(1+\frac{S}{n_0B}\right)\right]\approx 1.44\frac{S}{n_0} \tag{2.4.13}$$

由式(2.4.13)可见,即使信道带宽无限大,信道容量仍然是有限的。

香农公式给出了通信系统所能达到的极限信息传输速率,达到极限信息速率并且差错率为零的通信系统称为理想通信系统。但是,香农公式只证明了理想通信系统的"存在性",却没有指出这种通信系统的实现方法。因此,理想通信系统的实现还需要我们不断地努力。

【例2.9】 某一待传输的图片约含2.25×10^6个像素。为了很好地重现图片,需要12个亮度电平。假若各像素间的亮度取值是相互独立,且各亮度电平等概出现,试计算用3分钟传送一张图片时所需的信道带宽(设信道中信噪功率比为30 dB)。

解 因为每一像元需要12个亮度电平,所以每个像元所含的平均信息量为

$$H(x)=\log_2 12=3.58\ \text{比特/符号}$$

每幅图片的平均信息量为

$$I=2.25\times10^6\times3.58=8.07\times10^6\ \text{bit}$$

用3分钟传送一张图片所需的传信率为

$$R_b=\frac{I}{T}=\frac{8.07\times10^6}{3\times60}=4.48\times10^4\ \text{bit/s}$$

由信道容量$C\geqslant R_b$,得到

$$C=B\log_2\left(1+\frac{S}{N}\right)\geqslant R_b$$

所以

$$B\geqslant\frac{R_b}{\log_2\left(1+\frac{S}{N}\right)}=\frac{4.48\times10^4}{\log_2(1+1\ 000)}\approx4.49\times10^3\ \text{Hz}$$

即信道带宽至少应为4.49 kHz。

小　结

本章主要讨论信源的统计特性和信息测度、信道的统计特性和信道容量等。

信源是产生信息的源泉，从物理背景上看实际信源是多种多样的，最常见的有文字、语音、图像以及各类数据信源。如果信源发出的消息是离散的、有限或无限可列的符号或数字，且一个符号代表一条完整的消息，则称这种信源为单符号离散信源。若信源的输出是单个符号（代码）的消息，但消息的取值是连续的，这样的信源称为单符号连续信源。按照信源发出的符号之间的关系还可以将信源分为无记忆信源和有记忆信源。

自信息量是指某一信源发出某一消息所含有的信息量。所发出的消息不同，他们所含有的信息量也不同。离散信源的熵是自信息的平均值，是信源平均不确定性的量度。信息熵有三种物理含义：①信息熵 $H(X)$ 表示信源输出后，每个离散消息所提供的平均信息量；②信息熵表示信源输出前，信源的平均不确定度；③信息熵 $H(X)$ 反映了变量 X 的随机性。连续信源的熵可以作为信源平均不确定性的相对量度。

离散信源的熵是非负的，而连续信源的熵不具有非负性。

信道是信号传输的通道。信道按照其不同特征有不同的分类方法。按照信道输入输出端信号的类型可将其分为离散信道和连续信道。离散信道的数学模型用信道矩阵 $\boldsymbol{P}$ 来描述。

连续信道可以分为恒参信道和随参信道。恒参信道对信号传输的影响是确定的或者是变化极其缓慢的。因此，其传输特性可以等效为一个线性时不变网络，该线性网络的传输特性可以用幅频特性和相频特性来表征。随参信道的参数随时间随机快变化，所以它的特性比恒参信道要复杂，对传输信号的影响也较为严重。影响信道特性的主要因素是传输媒介。随参信道的传输媒质有以下三个特点：①对信号的衰耗随时间而变化；②传输的时延随时间而变；③多径传播。

研究信道的目的是要讨论信道中平均每个符号所能传送的信息量，即信息传输率。每个固定信道都有一个最大的信息传输率。定义这个最大的信息传输率为信道容量。如果信道受到加性高斯白噪声的干扰，传输信号的功率和带宽又都受到限制，这时信道的传输能力如何？香农公式给出了信道中信息无差错传输的最大信息速率。

思考题

1. 自信息量、条件自信息量和联合自信息量之间有什么关系？
2. 简述信息熵的物理含义。在什么条件下信源的熵最大？
3. 信息量和熵有什么联系和区别？
4. 什么是恒参信道？什么是随参信道？
5. 信号在恒参信道中传输时主要有哪些失真？如何才能减少这些失真？

6. 什么是信道疑义度和噪声熵？

7. 对称离散信道有何特点？其信道容量如何表示？

8. 香农公式如何表达？公式中各个符号的含义是什么？

习　题

2.1　居住某地区的女孩中有25%是大学生，在女大学生中有75%身高为1.6 m以上，而女孩中身高1.6 m以上的占总数一半。假如得知“身高1.6 m以上的某女孩是大学生”的消息，问获得多少信息量？

2.2　设信源有n种可能出现的消息。试求此信源熵的最大值。

2.3　有两个实验X和Y，$X=\{a_1,a_2,a_3\}$，$Y=\{b_1,b_2,b_3\}$，联合概率$P(a_ib_j)=p_{ij}$为

$$[P(a_ib_j)]=\begin{bmatrix}p_{11} & p_{12} & p_{13}\\ p_{21} & p_{22} & p_{23}\\ p_{31} & p_{32} & p_{33}\end{bmatrix}=\begin{bmatrix}7/24 & 1/24 & 0\\ 1/24 & 1/4 & 1/24\\ 0 & 1/24 & 7/24\end{bmatrix}$$

(1) 如果有人告诉你X和Y的实验结果，你得到的平均信息量是多少？

(2) 如果有人告诉你Y的实验结果，你得到的平均信息量是多少？

(3) 在已知Y实验结果的情况下，告诉你X的实验结果，你得到的平均信息量是多少？

2.4　一个随机变量x的概率密度函数$p(x)=\begin{cases}bx^2, 0\leqslant x\leqslant a\\ 0, \quad 其他\end{cases}$，试求该随机变量的相对熵。

2.5　有一连续消息源，其输出信号在$(-1,1)$取值范围内具有均匀的概率密度函数，求该连续消息的平均信息量。

2.6　设一恒参信道的幅频特性和相频特性分别为

$$\begin{cases}|H(\omega)|=K_0\\ \varphi(\omega)=-\omega t_{\mathrm{d}}\end{cases}$$

其中，K_0和t_{d}都是常数。试确定信号$s(t)$通过该信道后输出信号的时域表示式，并讨论之。

2.7　假设某随参信道的两径时延差τ为1 ms，试求该信道在哪些频率上传输衰耗最大？选用哪些频率传输信号最有利？

2.8　设有一离散无记忆信源，其概率空间为$\begin{bmatrix}X\\ P(x)\end{bmatrix}=\begin{bmatrix}a_1 & a_2\\ 0.6 & 0.4\end{bmatrix}$，它们通过干扰信道，信道输出端的接收符号集为$Y=[b_1,b_2]$，信道传输概率如图P2.1所示。求：

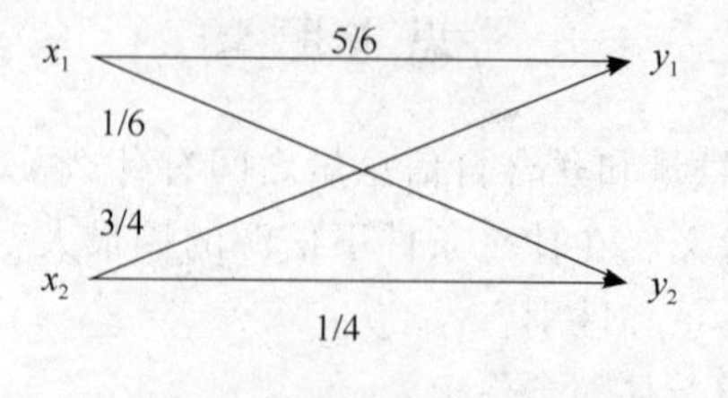

图 P2.1

(1) 信源 X 中事件 x_1 和 x_2 分别含有的自信息量；

(2) 收到信息 $y_j(j=1,2)$ 后，获得的关于 $x_i(i=1,2)$ 的信息量；

(3) 信源 X 和信源 Y 的信息熵；

(4) 信道疑义度 $H(X|Y)$ 和噪声熵 $H(Y|X)$；

(5) 收到消息 Y 后获得的平均互信息量。

2.9　设有扰离散信道的输入端是以等概出现的 A、B、C、D 4 个字母。该信道的正确传输概率为 1/2，错误传输概率平均分布在其他 3 个字母上。

(1)求该信道的转移矩阵；

(2)验证在该信道上每个字母传输的平均信息量为 0.21 bit。

2.10　设二进制对称信道传递矩阵为 $\boldsymbol{P}=\begin{pmatrix} \frac{2}{3} & \frac{1}{3} \\ \frac{1}{3} & \frac{2}{3} \end{pmatrix}$，若输入 $P(0)=3/4$，$P(1)=1/4$，求 $H(X)$、$H(X|Y)$、$H(Y|X)$ 和 $I(X;Y)$。

2.11　具有 6.5 MHz 带宽的某高斯信道，若信道中信号功率与噪声功率谱密度之比为 45.5 MHz，试求其信道容量。

2.12　设高斯信道的带宽为 4 kHz，信号与噪声的功率比为 63，试确定利用这种信道的理想通信系统的传信率和差错率。

2.13　计算机终端通过电话信道(已知该电话信道带宽为 3.4 kHz)传输数据。

(1)设要求信道的 $S/N=30$ dB，试求该信道的信道容量；

(2)设线路上的最大信息传输速率为 4 800 bit/s，试求所需最小信噪比。

第3章 信号与噪声分析

通信的过程是如何保障信号正常传送及抑制噪声的过程，通信系统中最根本的问题就是研究信号在系统中的传输和变换的问题。通信系统中载荷信息的各种信号通常都是随机的，加上通信系统中普遍存在的噪声也是随机的，因此，分析和研究通信系统离不开对信号和噪声的分析。

为了后面分析问题的需要，本章首先对确知信号与系统的时域分析和频域分析方法作概要性的复习，然后重点讨论平稳随机过程的统计特性，以及随机过程通过线性系统的基本分析方法。

3.1 信号的分类

信号的分类方法有很多，可以从不同的角度对信号进行分类，如信号可以分为确知信号与随机信号、周期信号与非周期信号、能量信号与功率信号等。下面简要介绍这些信号的概念。

1. 确知信号与随机信号

确知信号是指能够以确定的时间函数表示的信号，它在定义域内任意时刻都有确定的函数值，如电路中的正弦信号和各种形状的周期信号等。

在事件发生之前无法预知信号的取值，即写不出明确的数学表达式，通常只知道它取某一数值的概率，这种具有随机性的信号称为随机信号。例如，半导体载流子随机运动所产生的噪声和从目标反射回来的雷达信号（其出现的时间与强度是随机的）等都是随机信号。所有的实际信号在一定程度上都是随机信号。

2. 周期信号与非周期信号

周期信号是每隔一个固定的时间间隔重复变化的信号。周期信号 $f(t)$ 满足下列条件

$$f(t)=f(t+nT),n=0,\pm1,\pm2,\pm3,\cdots,\quad -\infty<t<\infty \tag{3.1.1}$$

式中，T 为 $f(t)$的周期，是满足式(3.1.1)条件的最小时段。

非周期信号是不具有重复性的信号。

3. 功率信号与能量信号

如果一个信号在整个时间域$(-\infty,+\infty)$内都存在，则它具有无限大的能量，但其平均功率是有限的，我们称这种信号为功率信号。

设信号 $f(t)$为时间的实函数，通常把信号 $f(t)$看成是随时间变化的电压或电流，则当信号 $f(t)$通过 1 Ω 电阻时，其瞬时功率为$|f(t)|^2$，而平均功率定义为

$$S=\lim_{T\to\infty}\frac{1}{T}\int_{-T/2}^{T/2}f^2(t)\,\mathrm{d}t \tag{3.1.2}$$

一般地，平均功率(在整个时间轴上平均)等于 0，但其能量有限的信号称为能量信号。

设能量信号 $f(t)$为时间的实函数，通常把能量信号 $f(t)$的归一化能量(简称能量)定义为由电压 $f(t)$加于单位电阻上所消耗的能量，即

$$E=\int_{-\infty}^{\infty}f^2(t)\,\mathrm{d}t \tag{3.1.3}$$

3.2　确定信号的分析

确定信号的性质可以从频域和时域两方面进行分析。频域分析常采用傅里叶分析法，时域分析主要包括卷积和相关函数。本节将概括性地介绍傅里叶分析法，重点介绍相关函数、功率谱密度和能量谱密度。

3.2.1 周期信号的傅里叶级数

1. 三角形式的傅里叶级数

任何一个周期为 T 的周期信号 $f(t)$，只要满足狄里赫利条件，则可展开为傅里叶级数

$$f(t)=\frac{a_0}{2}+\sum_{n=1}^{\infty}(a_n\cos n\omega_0t+b_n\sin n\omega_0t) \tag{3.2.1}$$

其中，$\omega_0=2\pi/T$ 为基波角频率；$n=1,2,3,\cdots$。

$$\frac{a_0}{2}=\frac{1}{T}\int_{-T/2}^{T/2}f(t)\,\mathrm{d}t\text{——}f(t)\text{ 的均值(直流分量)} \tag{3.2.2}$$

$$a_n=\frac{2}{T}\int_{-T/2}^{T/2}f(t)\cos n\omega_0t\,\mathrm{d}t\text{——}f(t)\text{ 的第 }n\text{ 次余弦波的振幅} \tag{3.2.3}$$

$$b_n=\frac{2}{T}\int_{-T/2}^{T/2}f(t)\sin n\omega_0t\,\mathrm{d}t\text{——}f(t)\text{ 的第 }n\text{ 次正弦波的振幅} \tag{3.2.4}$$

式(3.2.1)中，由 $a_n\cos n\omega_0t+b_n\sin n\omega_0t=c_n\cos(n\omega_0t-\varphi_n)$可得 $f(t)$的另一种表达式

$$f(t)=\frac{c_0}{2}+\sum_{n=1}^{\infty}c_n\cos(n\omega_0 t-\varphi_n) \tag{3.2.5}$$

其中,$c_n=\sqrt{a_n^2+b_n^2}$;$\varphi_n=\arctan\frac{b_n}{a_n}$;$c_0=a_0$。

2. 指数形式的傅里叶级数

利用欧拉公式 $\cos x=\frac{e^{jx}+e^{-jx}}{2}$可得 $f(t)$的指数表达式

$$f(t)=\sum_{n=-\infty}^{\infty}F_n e^{jn\omega_0 t} \tag{3.2.6}$$

式中,$F_n=\frac{1}{T}\int_{-T/2}^{T/2}f(t)e^{-jn\omega_0 t}dt(n=0,\pm1,\pm2,\pm3,\cdots)$;$F_0=c_0=a_0$;$F_n=\frac{c_n}{2}e^{-j\varphi_n}$(称为复振幅);$F_{-n}=\frac{c_n}{2}e^{j\varphi_n}=F_n^*$($F_n$ 的共轭)。

一般地,F_n 是一个复数,由 F_n 确定周期信号 $f(t)$的第 n 次谐波分量的幅度,它与频率之间的关系图形称为信号的幅度频谱。由于它不连续,仅存在于 ω_0 的整数倍处,故这种频谱是离散谱。

许多情况下,利用信号的频谱进行分析比较直观方便。

3.2.2 非周期信号的傅里叶变换

前面介绍了用傅里叶级数表示一个周期信号的方法,对非周期信号,不能用傅里叶级数直接表示,但非周期信号可看成是 $T\to\infty$的周期信号。这样周期信号的频谱分析可以推广到非周期信号。

让我们考虑如图 3.1(a)所示非周期信号 $f(t)$,由其构造一个周期信号 $f_T(t)$,其周期为 T,如图 3.1(b)所示。不难看出,当 $T\to\infty$时,则在 $-\infty<t<+\infty$区间 $f_T(t)=f(t)$,即 $\lim\limits_{T\to\infty}f_T(t)=f(t)$。因此可以研究当 $T\to\infty$时,周期信号 $f_T(t)$的傅里叶级数的变化情况。

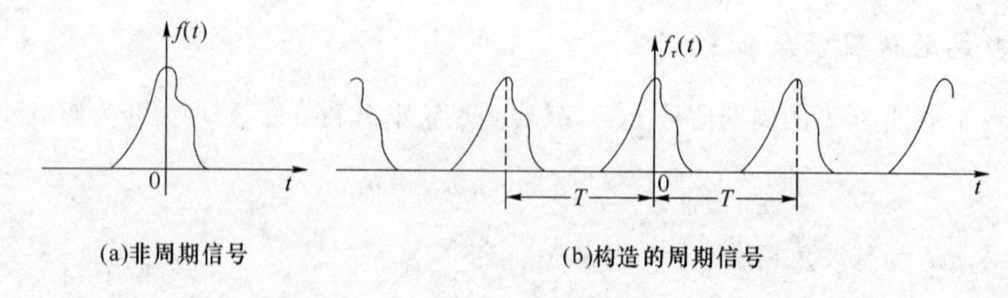

图 3.1 非周期信号

令 $f_T(t)$满足狄里赫利条件,则可展开为傅里叶级数

$$f_T(t)=\sum_{n=-\infty}^{\infty}F_n e^{jn\omega_0 t},-\infty<t<\infty \tag{3.2.7}$$

其中

$$F_n = \frac{1}{T}\int_{-T/2}^{T/2} f_T(t)\mathrm{e}^{-\mathrm{j}n\omega_0 t}\mathrm{d}t,\quad \omega_0 = \frac{2\pi}{T} = \Delta\omega(\text{相邻角频率分量间隔}) \tag{3.2.8}$$

将式(3.2.8)代入式(3.2.7)得

$$\begin{aligned} f_T(t) &= \sum_{n=-\infty}^{\infty}\left[\frac{1}{T}\int_{-T/2}^{T/2} f_T(t)\mathrm{e}^{-\mathrm{j}n\omega_0 t}\mathrm{d}t\right]\mathrm{e}^{\mathrm{j}n\omega_0 t} \\ &= \frac{1}{2\pi}\sum_{n=-\infty}^{\infty}\left[\int_{-T/2}^{T/2} f_T(t)\mathrm{e}^{-\mathrm{j}n\omega_0 t}\mathrm{d}t\right]\mathrm{e}^{\mathrm{j}n\omega_0 t}\Delta\omega \end{aligned}$$

当 $T\to\infty$ 时，$\Delta\omega\to\mathrm{d}\omega$，$n\omega_0\to\omega$，$\sum\to\int$，则有

$$f(t) = \lim_{T\to\infty} f_T(t) = \frac{1}{2\pi}\int_{-\infty}^{\infty}\left[\int_{-\infty}^{\infty} f(t)\mathrm{e}^{-\mathrm{j}\omega t}\mathrm{d}t\right]\mathrm{e}^{\mathrm{j}\omega t}\mathrm{d}\omega$$

令

$$F(\omega) = \int_{-\infty}^{\infty} f(t)\mathrm{e}^{-\mathrm{j}\omega t}\mathrm{d}t \tag{3.2.9}$$

则

$$f(t) = \frac{1}{2\pi}\int_{-\infty}^{\infty} F(\omega)\mathrm{e}^{\mathrm{j}\omega t}\mathrm{d}\omega \tag{3.2.10}$$

式(3.2.9)和式(3.2.10)分别称为傅里叶正变换和傅里叶逆变换，两式称为 $f(t)$ 傅里叶变换对，表示为

$$f(t)\Leftrightarrow F(\omega)$$

式(3.2.9)和式(3.2.10)可简记为

$$\begin{cases} F(\omega) = \mathscr{F}[f(t)] \\ f(t) = \mathscr{F}^{-1}[F(\omega)] \end{cases} \tag{3.2.11}$$

下面进一步说明函数 $f(t)$ 在什么样的条件下，才能利用式(3.2.9)进行傅里叶变换，再由式(3.2.10)的傅里叶逆变换得到原函数 $f(t)$。

一般来说，如果 $f(t)$ 在每个有限区间都满足狄里赫利条件，并且满足

$$\int_{-\infty}^{\infty} |f(t)|\mathrm{d}t < \infty \tag{3.2.12}$$

则它的傅里叶变换 $F(\omega)$ 存在。

需要注意的是，式(3.2.12)只是充分条件而并不是必要条件。有些信号并不满足上述条件，但也存在傅里叶变换。冲激函数 $\delta(t)$ 就是一个例子。

信号的傅里叶变换具有一些重要的特性，灵活运用这些特性可较快地求出许多复杂信号的频谱密度函数，或从谱密度函数中求出原信号，因此掌握这些特性是非常有益的。其中较为重要且经常用到的一些性质和傅里叶变换对见附录 B。

3.2.3 周期信号的傅里叶变换

按照经典数学函数的定义，周期信号的傅里叶变换是不存在的，但如果扩大函数定义范围，引入广义函数 $\delta(t)$，则可求得周期信号的傅里叶变换。

设 $f(t)$ 为周期信号，其周期为 T，将其展开成指数傅里叶级数，得

$$f(t) = \sum_{n=-\infty}^{\infty} F_n e^{jn\omega_0 t}$$

式中，$\omega_0 = 2\pi/T$；$F_n = \dfrac{1}{T}\int_{-T/2}^{T/2} f(t)e^{-jn\omega_0 t}dt$。

对周期信号 $f(t)$求傅里叶变换

$$\mathscr{F}[f(t)] = \mathscr{F}\left[\sum_{n=-\infty}^{\infty} F_n e^{jn\omega_0 t}\right] = \sum_{n=-\infty}^{\infty} F_n \mathscr{F}[e^{jn\omega_0 t}] \tag{3.2.13}$$

由傅里叶变换的频移特性可知

$$e^{jn\omega_0 t} \Leftrightarrow 2\pi\delta(\omega - n\omega_0) \tag{3.2.14}$$

所以

$$\mathscr{F}[f(t)] = 2\pi\left[\sum_{n=-\infty}^{\infty} F_n \delta(\omega - n\omega_0)\right] \tag{3.2.15}$$

由式(3.2.15)可见，周期信号的傅里叶变换由一系列位于各谐波频率 $n\omega_0$ 上的冲激函数组成，各冲激函数的强度为 $2\pi F_n$。从上面分析还可以看出，引入冲激函数之后，对周期信号也能进行傅里叶变换，从而可以对周期信号和非周期信号统一处理，这给信号的频域分析带来了很大的方便。

3.2.4 能量谱密度与功率谱密度

1. 能量谱密度

前面已经介绍，能量信号 $f(t)$的能量从时域的角度定义为

$$E = \int_{-\infty}^{\infty} f^2(t)dt$$

也可以从频域的角度来研究信号的能量，由于

$$f(t) = \frac{1}{2\pi}\int_{-\infty}^{\infty} F(\omega)e^{j\omega t}d\omega$$

所以信号的能量可写成

$$\begin{aligned} E &= \int_{-\infty}^{\infty} f^2(t)dt = \int_{-\infty}^{\infty} f(t)\left[\frac{1}{2\pi}\int_{-\infty}^{\infty} F(\omega)e^{j\omega t}d\omega\right]dt \\ &= \frac{1}{2\pi}\int_{-\infty}^{\infty} F(\omega)\left[\int_{-\infty}^{\infty} f(t)e^{j\omega t}dt\right]d\omega = \frac{1}{2\pi}\int_{-\infty}^{\infty} F(\omega)F(-\omega)d\omega \\ &= \frac{1}{2\pi}\int_{-\infty}^{\infty} |F(\omega)|^2 d\omega \end{aligned} \tag{3.2.16}$$

为了描述信号的能量在各个频率分量上的分布情况，定义单位频带内信号的能量为能量谱密度(简称能量谱)，单位为 J/Hz，用 $E_f(\omega)$来表示。

$$E_f(\omega) = |F(\omega)|^2 \tag{3.2.17}$$

由式(3.2.16)可见，能量信号在整个频率范围内的全部能量与能量谱之间的关系可表示为

$$E = \frac{1}{2\pi}\int_{-\infty}^{\infty} E_f(\omega)d\omega \tag{3.2.18}$$

2. 功率谱密度

式(3.1.2)从时域的角度定义了功率信号 $f(t)$ 的功率

$$S=\lim_{T\to\infty}\frac{1}{T}\int_{-T/2}^{T/2}f^2(t)\,\mathrm{d}t$$

也可以从频域的角度来研究信号的功率。由于

$$S=\lim_{T\to\infty}\frac{1}{T}\int_{-T/2}^{T/2}f^2(t)\,\mathrm{d}t=\frac{1}{2\pi}\int_{-\infty}^{\infty}\lim_{T\to\infty}\frac{|F_T(\omega)|^2}{T}\mathrm{d}\omega \tag{3.2.19}$$

式中，$F_T(\omega)$ 是 $f(t)$ 的截短函数 $f_T(t)$ 的频谱函数。

类似能量谱密度的定义,单位频带内信号的平均功率定义为功率谱密度(简称功率谱),单位为 W/Hz,用 $P_f(\omega)$ 来表示

$$P_f(\omega)=\lim_{T\to\infty}\frac{|F_T(\omega)|^2}{T} \tag{3.2.20}$$

则整个频率范围内信号的总功率与功率谱之间的关系可表示为

$$S=\frac{1}{2\pi}\int_{-\infty}^{\infty}P_f(\omega)\,\mathrm{d}\omega \tag{3.2.21}$$

3.2.5 卷积

1. 卷积的定义

设有函数 $f_1(t)$ 和 $f_2(t)$,称积分 $\int_{-\infty}^{\infty}f_1(\tau)f_2(t-\tau)\mathrm{d}\tau$ 为 $f_1(t)$ 和 $f_2(t)$ 的卷积,常用 $f_1(t)*f_2(t)$ 表示,即

$$f_1(t)*f_2(t)=\int_{-\infty}^{\infty}f_1(\tau)f_2(t-\tau)\mathrm{d}\tau \tag{3.2.22}$$

卷积的物理含义:表示一个函数与另一个函数折叠之积的曲线下的面积,因而卷积又称为折积积分。卷积也表明一个函数与另一折叠函数的相关程度。

2. 卷积的性质

(1) 交换律

$$f_1(t)*f_2(t)=f_2(t)*f_1(t) \tag{3.2.23}$$

(2) 分配律

$$f_1(t)*[f_2(t)+f_3(t)]=f_1(t)*f_2(t)+f_1(t)*f_3(t) \tag{3.2.24}$$

(3) 结合律

$$f_1(t)*[f_2(t)*f_3(t)]=[f_1(t)*f_2(t)]*f_3(t) \tag{3.2.25}$$

(4) 卷积的微分

$$\frac{\mathrm{d}[f_1(t)*f_2(t)]}{\mathrm{d}t}=f'_1(t)*f_2(t)=f_1(t)*f'_2(t) \tag{3.2.26}$$

3．卷积定理

(1) 时域卷积定理

令 $f_1(t)\Leftrightarrow F_1(\omega)$，$f_2(t)\Leftrightarrow F_2(\omega)$，则有

$$f_1(t) * f_2(t)\Leftrightarrow F_1(\omega)F_2(\omega) \tag{3.2.27}$$

(2) 频域卷积定理

令 $f_1(t)\Leftrightarrow F_1(\omega)$，$f_2(t)\Leftrightarrow F_2(\omega)$，则有

$$f_1(t)f_2(t)\Leftrightarrow \frac{1}{2\pi}[F_1(\omega) * F_2(\omega)] \tag{3.2.28}$$

4．函数与单位冲激函数的卷积

由 $\delta(t)$ 函数的定义和它的性质可得到下列各式：

$$f(t) * \delta(t)=f(t) \tag{3.2.29}$$

$$f(t-t_1) * \delta(t-t_2)=f(t-t_1-t_2) \tag{3.2.30}$$

$$\delta(t-t_1) * \delta(t-t_2)=\delta(t-t_1-t_2) \tag{3.2.31}$$

相似地，在频域中有类似的关系：

$$F(\omega) * \delta(\omega-\omega_0)=F(\omega-\omega_0) \tag{3.2.32}$$

$$F(\omega-\omega_1) * \delta(\omega-\omega_2)=F(\omega-\omega_1-\omega_2) \tag{3.2.33}$$

$$\delta(\omega-\omega_1) * \delta(\omega-\omega_2)=\delta(\omega-\omega_1-\omega_2) \tag{3.2.34}$$

上述卷积定理以及函数与单位冲激函数的卷积结论在信号分析中具有重要的作用。

3.2.6 相关函数

信号之间的相关程度，通常采用相关函数来表征，它是衡量信号之间关联或相似程度的一个函数。相关函数表示了两个信号之间或同一个信号间隔时间 τ 的相互关系。

1．自相关函数

能量信号 $f(t)$ 的自相关函数定义为

$$R(\tau)=\int_{-\infty}^{\infty} f(t)f(t+\tau)\mathrm{d}t,\quad -\infty<\tau<\infty \tag{3.2.35}$$

功率信号 $f(t)$ 的自相关函数定义为

$$R(\tau)=\lim_{T\to\infty}\frac{1}{T}\int_{-T/2}^{T/2} f(t)f(t+\tau)\mathrm{d}t,\quad -\infty<\tau<\infty \tag{3.2.36}$$

由以上两式可见，自相关函数反映了一个信号与其延迟 τ 后的信号之间相关的程度。当 $\tau=0$ 时，能量信号的自相关函数 $R(0)$ 等于信号的能量；而功率信号的自相关函数 $R(0)$ 等于信号的平均功率。

自相关函数的其他有用性质，将在讨论随机信号的自相关函数时介绍。

2．互相关函数

两个能量信号 $f_1(t)$ 和 $f_2(t)$ 的互相关函数定义为

$$R_{12}(\tau)=\int_{-\infty}^{\infty} f_1(t)f_2(t+\tau)\mathrm{d}t,\quad -\infty<\tau<\infty \tag{3.2.37}$$

两个功率信号 $f_1(t)$和 $f_2(t)$的互相关函数定义为

$$R_{12}(\tau)=\lim_{T\to\infty}\frac{1}{T}\int_{-T/2}^{T/2} f_1(t)f_2(t+\tau)\mathrm{d}t,\quad -\infty<\tau<\infty \tag{3.2.38}$$

由以上两式可见,互相关函数反映了一个信号与另一个延迟 τ 后的信号间相关的程度。需要注意的是,互相关函数和两个信号的前后次序有关,即有

$$R_{21}(\tau)=R_{12}(-\tau)$$

3. 相关函数与能量(功率)谱密度之间的关系

(1) 能量信号 $f(t)$的自相关函数和能量谱密度是一对傅里叶变换,即

$$R(\tau)\Leftrightarrow E_f(\omega)$$

$$\begin{cases}R(\tau)=\dfrac{1}{2\pi}\displaystyle\int_{-\infty}^{\infty} E_f(\omega)\mathrm{e}^{\mathrm{j}\omega\tau}\mathrm{d}\omega\\ E_f(\omega)=\displaystyle\int_{-\infty}^{\infty} R(\tau)\mathrm{e}^{-\mathrm{j}\omega\tau}\mathrm{d}\tau\end{cases} \tag{3.2.39}$$

证明　设 $f(t)$为能量信号,且 $f(t)\Leftrightarrow F(\omega)$,根据定义有

$$\begin{aligned}R(\tau)&=\int_{-\infty}^{\infty} f(t)f(t+\tau)\mathrm{d}t=\int_{-\infty}^{\infty} f(t)\left[\frac{1}{2\pi}\int_{-\infty}^{\infty} F(\omega)\mathrm{e}^{\mathrm{j}\omega t+\mathrm{j}\omega\tau}\mathrm{d}\omega\right]\mathrm{d}t\\&=\frac{1}{2\pi}\int_{-\infty}^{\infty} F(\omega)\mathrm{e}^{\mathrm{j}\omega\tau}\left[\int_{-\infty}^{\infty} f(t)\mathrm{e}^{\mathrm{j}\omega t}\mathrm{d}t\right]\mathrm{d}\omega=\frac{1}{2\pi}\int_{-\infty}^{\infty} F(\omega)F(-\omega)\mathrm{e}^{\mathrm{j}\omega\tau}\mathrm{d}\omega\\&=\frac{1}{2\pi}\int_{-\infty}^{\infty} |F(\omega)|^2\mathrm{e}^{\mathrm{j}\omega\tau}\mathrm{d}\omega\\&=\frac{1}{2\pi}\int_{-\infty}^{\infty} E(\omega)\mathrm{e}^{\mathrm{j}\omega\tau}\mathrm{d}\omega\end{aligned}$$

证毕

(2) 功率信号 $f(t)$的自相关函数和功率谱密度是一对傅里叶变换,即

$$R(\tau)\Leftrightarrow P_f(\omega)$$

$$\begin{cases}R(\tau)=\dfrac{1}{2\pi}\displaystyle\int_{-\infty}^{\infty} P_f(\omega)\mathrm{e}^{\mathrm{j}\omega\tau}\mathrm{d}\omega\\ P_f(\omega)=\displaystyle\int_{-\infty}^{\infty} R(\tau)\mathrm{e}^{-\mathrm{j}\omega\tau}\mathrm{d}\tau\end{cases} \tag{3.2.40}$$

证明　设 $f(t)$为功率信号,取其短截短:

$$f_T(t)=\begin{cases}f(t), & |t|\leqslant\dfrac{T}{2}\\ 0, & \text{其他}\end{cases}$$

令

$$f_T(t)\Leftrightarrow F_T(\omega)$$

则有

$$R_T(\tau)\Leftrightarrow|F_T(\omega)|^2$$

根据定义知功率信号 $f(t)$的自相关函数为

$$R(\tau)=\lim_{T\to\infty}\frac{1}{T}\int_{-T/2}^{T/2}f(t)f(t+\tau)\mathrm{d}t=\lim_{T\to\infty}\frac{1}{T}\int_{-\infty}^{\infty}f_T(t)f_T(t+\tau)\mathrm{d}t$$

$$=\lim_{T\to\infty}\frac{R_T(\tau)}{T}$$

因为 $R_T(\tau)\Leftrightarrow|F_T(\omega)|^2$,则

$$\lim_{T\to\infty}\frac{R_T(\tau)}{T}\Leftrightarrow\lim_{T\to\infty}\frac{|F_T(\omega)|^2}{T}$$

即

$$R(\tau)\Leftrightarrow P_f(\omega)$$

证毕。

【例 3.1】 若确知信号 $x(t)=\cos\omega_0 t$,试求其自相关函数、功率谱密度和功率。

解 由自相关函数的定义得

$$R(\tau)=\lim_{T\to\infty}\frac{1}{T}\int_{-\frac{T}{2}}^{\frac{T}{2}}x(t)x(t+\tau)\mathrm{d}t$$

$$=\lim_{T\to\infty}\frac{1}{T}\int_{-\frac{T}{2}}^{\frac{T}{2}}\cos\omega_0 t\cos\omega_0(t+\tau)\mathrm{d}t$$

$$=\lim_{T\to\infty}\frac{1}{T}\int_{-\frac{T}{2}}^{\frac{T}{2}}\frac{1}{2}[\cos(2\omega_0 t+\omega_0\tau)+\cos\omega_0\tau]\mathrm{d}t$$

$$=\frac{1}{2}\cos\omega_0\tau$$

由于 $x(t)$ 的自相关函数和功率谱密度是一对傅里叶变换,即

$$P(\omega)=\int_{-\infty}^{\infty}R(\tau)\mathrm{e}^{-\mathrm{j}\omega\tau}\mathrm{d}\tau=\int_{-\infty}^{\infty}\frac{1}{2}\cos\omega_0\tau\mathrm{e}^{-\mathrm{j}\omega\tau}\mathrm{d}\tau$$

$$=\frac{1}{4}\int_{-\infty}^{\infty}(\mathrm{e}^{\mathrm{j}\omega\tau}+\mathrm{e}^{-\mathrm{j}\omega\tau})\mathrm{e}^{-\mathrm{j}\omega\tau}\mathrm{d}\tau$$

$$=\frac{\pi}{2}[\delta(\omega+\omega_0)+\delta(\omega-\omega_0)]$$

$$S=\frac{1}{2\pi}\int_{-\infty}^{\infty}P(\omega)\mathrm{d}\omega=\frac{1}{2\pi}\int_{-\infty}^{\infty}\frac{\pi}{2}[\delta(\omega+\omega_0)+\delta(\omega-\omega_0)]\mathrm{d}\omega=\frac{1}{2}$$

【例 3.2】 求周期信号 $f(t)$ 的功率谱密度。

解 周期为 T 的周期信号 $f(t)$,其瞬时功率等于 $|f(t)|^2$,在周期 T 内的平均功率为

$$S=\frac{1}{T}\int_{-T/2}^{T/2}f^2(t)\mathrm{d}t$$

由式(3.2.6)知

$$f(t)=\sum_{n=-\infty}^{\infty}F_n\mathrm{e}^{\mathrm{j}n\omega_0 t}$$

于是

$$S=\frac{1}{T}\int_{-T/2}^{T/2}f(t)\sum_{n=-\infty}^{\infty}F_n\mathrm{e}^{\mathrm{j}n\omega_0 t}\mathrm{d}t$$

交换积分号和求和号的次序得

$$S=\frac{1}{T}\sum_{n=-\infty}^{\infty}F_n\int_{-T/2}^{T/2}f(t)\mathrm{e}^{\mathrm{j}n\omega_0 t}\mathrm{d}t$$

因此

$$S=\sum_{n=-\infty}^{\infty}F_nF_{-n}=\sum_{n=-\infty}^{\infty}F_nF_n^*=\sum_{n=-\infty}^{\infty}|F_n|^2 \tag{3.2.41}$$

由于$|F_n|^2$是$n\omega_0$分量的平均功率。则由δ函数的采样性质可得

$$|F_n|^2=\int_{-\infty}^{\infty}|F_n|^2\delta(\omega-n\omega_0)\mathrm{d}\omega$$

故

$$S=\sum_{n=-\infty}^{\infty}|F_n|^2=\sum_{n=-\infty}^{\infty}\int_{-\infty}^{\infty}|F_n|^2\delta(\omega-n\omega_0)\mathrm{d}\omega$$

交换求和号和求积分号的次序得

$$S=\int_{-\infty}^{\infty}\sum_{-\infty}^{\infty}|F_n|^2\delta(\omega-n\omega_0)\mathrm{d}\omega \tag{3.2.42}$$

将式(3.2.42)和式(3.2.21)比较可得

$$P_f(\omega)=2\pi\sum_{n=-\infty}^{\infty}|F_n|^2\delta(\omega-n\omega_0) \tag{3.2.43}$$

结论:周期信号的功率谱由一系列位于$n\omega_0$处的冲激函数组成,其冲激强度为$2\pi|F_n|^2$。

3.3 随机变量的统计特征

前面我们对确知信号进行了简要分析。但实际通信系统中由信源发出的信息是随机的,或者说是不可预知的,因而携带信息的信号也都是随机的(如语言信号等),另外通信系统中还必然存在噪声,它也是随机的,这种具有随机性的信号称为随机信号。尽管随机信号和随机噪声具有不可预测性和随机性,不可能用一个或几个时间函数准确地描述它们,但它们都遵循一定的统计规律性。在给定时刻上,随机信号的取值就是一个随机变量。

本节介绍基于概率论的随机变量及其统计特征,它是随机过程和随机信号分析的基础。

3.3.1 随机变量

在概率论中,将每次实验的结果用一个变量X来表示,如果变量的取值x是随机的,则称变量X为随机变量。例如,在一定时间内电话交换台收到的呼叫次数是一个随机变量。

当随机变量X的取值个数是有限个时,则称它为离散随机变量;否则就称为连续随机变量。

随机变量的统计规律用概率分布函数或概率密度函数来描述。

3.3.2 概率分布函数和概率密度函数

1. 概率分布函数 $F(x)$

定义随机变量X的概率分布函数$F(x)$是X取值小于或等于某个数值x的概率

$P(X \leqslant x)$,即

$$F(x)=P(X \leqslant x) \tag{3.3.1}$$

上述定义中,随机变量 X 可以是连续随机变量,也可以是离散随机变量。

对于离散随机变量,其分布函数也可表示为

$$F(x)=P(X \leqslant x)=\sum_{x_i \leqslant x} P(x_i), \qquad i=1,2,3,\cdots \tag{3.3.2}$$

式中,$P(x_i)(i=1,2,3,\cdots)$是随机变量 X 取值为 x_i 的概率。

2. 概率密度函数 $f(x)$

在许多实际问题中,采用概率密度函数比采用概率分布函数能更方便地描述连续随机变量的统计特性。

对于连续随机变量 X,其分布函数 $F(x)$对于一个非负函数 $f(x)$有式(3.3.3)成立。

$$F(x)=\int_{-\infty}^{x} f(u)\mathrm{d}u \tag{3.3.3}$$

则称 $f(x)$为随机变量 X 的概率密度函数(简称概率密度)。由于式(3.3.3)表示随机变量 X 在$(-\infty,x]$区间上取值的概率,故 $f(x)$具有概率密度的含义,式(3.3.3)也可表示为

$$f(x)=\frac{\mathrm{d}F(x)}{\mathrm{d}x} \tag{3.3.4}$$

可见,概率密度函数是分布函数的导数。从图形上看,概率密度就是分布函数曲线的斜率。

概率密度函数有如下性质:

(1) $f(x) \geqslant 0$ (3.3.5)

(2) $\int_{-\infty}^{\infty} f(x)\mathrm{d}x=1$ (3.3.6)

(3) $\int_{a}^{b} f(x)\mathrm{d}x=P(a<X \leqslant b)$ (3.3.7)

3.3.3 通信系统中几种典型的随机变量

1. 均匀分布随机变量

设$-\infty<a<b<+\infty$,则概率密度函数为

$$f(x)=\begin{cases} 1/(b-a), & a \leqslant x \leqslant b \\ 0, & \text{其他} \end{cases} \tag{3.3.8}$$

的随机变量 X 称为服从均匀分布的随机变量。

均匀分布(常见的概率分布之一)的概率密度函数的曲线如图 3.2 所示。

2. 高斯分布随机变量

概率密度函数为

$$f(x)=\frac{1}{\sqrt{2\pi}\sigma}\exp\left[-\frac{(x-a)^2}{2\sigma^2}\right] \tag{3.3.9}$$

的随机变量 X 称为服从高斯分布(也称正态分布)的随机变量,式中,a 为高斯随机变量的数

学期望，σ^2 为方差。

高斯分布的概率密度函数的曲线如图 3.3 所示。

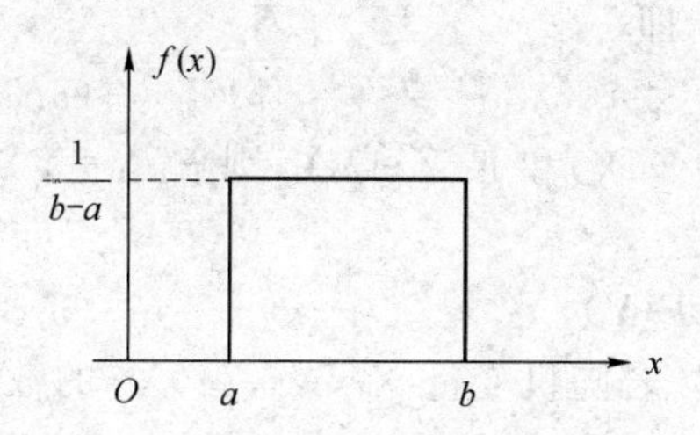

图 3.2　均匀分布的概率密度函数

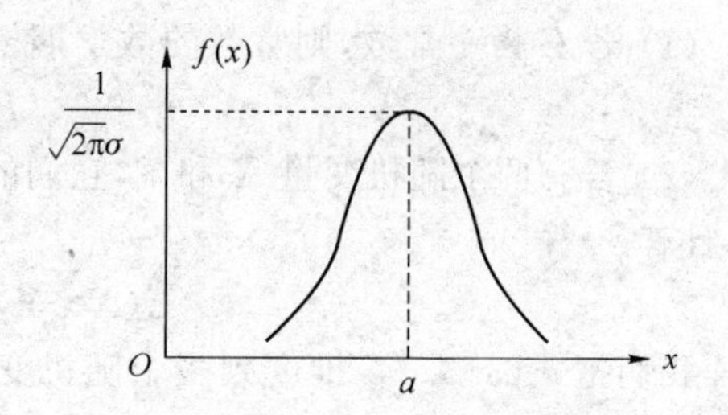

图 3.3　高斯分布的概率密度函数

高斯分布是一种重要而又常见的分布，并具有一些有用的特性，后面将专门进行讨论。

3. 瑞利分布随机变量

概率密度函数为

$$f(x)=\begin{cases}\dfrac{x}{\sigma^2}\exp\left(-\dfrac{x^2}{2\sigma^2}\right), & x\geqslant 0\\ 0, & x<0\end{cases} \tag{3.3.10}$$

的随机变量 X 称为服从瑞利分布的随机变量，其中 $\sigma>0$，是一个常数。其概率密度函数的曲线如图 3.4 所示。

后面将介绍的窄带高斯噪声的包络就是服从瑞利分布。

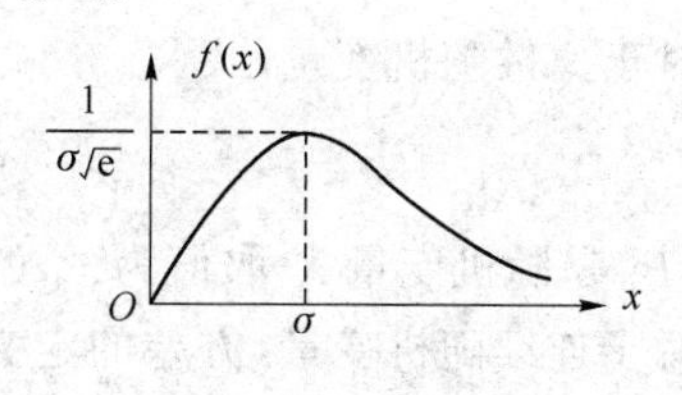

图 3.4　瑞利分布

3.3.4 随机变量的数字特征

前面讨论的分布函数和概率密度函数，能够较全面地描述随机变量的统计特性。然而，在许多实际问题中，往往并不关心随机变量的概率分布，而只想了解随机变量的某些特征，例如随机变量的统计平均值，以及随机变量的取值相对于这个平均值的偏离程度等。这些描述随机变量某些特征的数值就称为随机变量的数字特征。

1. 数学期望

数学期望（简称均值）是用来描述随机变量 X 的统计平均值，它反映随机变量取值的集中位置。

对于离散随机变量 X，设 $P(x_i)(i=1,2,\cdots,k)$ 是其取值 x_i 的概率，则其数学期望定义为

$$E(X)=\sum_{i=1}^{k}x_iP(x_i) \tag{3.3.11}$$

对于连续随机变量 X，其数学期望定义为

$$E(X)=\int_{-\infty}^{\infty}xf(x)\mathrm{d}x \tag{3.3.12}$$

式中,$f(x)$为随机变量X的概率密度。

数学期望的性质如下:

(1) 若C为一常数,则常数的数学期望等于常数,即

$$E(C)=C \tag{3.3.13}$$

(2) 若有两个随机变量X和Y,它们的数学期望$E(X)$和$E(Y)$存在,则$E(X+Y)$也存在,且有

$$E(X+Y)=E(X)+E(Y) \tag{3.3.14}$$

我们把式(3.3.14)推广到多个随机变量的情况。若随机变量$X_1,X_2,\cdots,X_n$的数学期望都存在,则$E(X_1+X_2+\cdots+X_n)$也存在,且有

$$E(X_1+X_2+\cdots+X_n)=E(X_1)+E(X_2)+\cdots+E(X_n) \tag{3.3.15}$$

(3) 若随机变量X和Y相互独立,且$E(X)$和$E(Y)$存在,则$E(XY)$也存在,且有

$$E(XY)=E(X)E(Y) \tag{3.3.16}$$

2. 方差

方差反映随机变量的取值偏离均值的程度。方差定义为随机变量X与其数学期望$E(X)$之差的平方的数学期望,即

$$D(X)=E[X-E(X)]^2 \tag{3.3.17}$$

对于离散随机变量,式(3.3.17)方差的定义可表示为

$$D(X)=\sum_i [x_i-E(X)]^2 P_i \tag{3.3.18}$$

式中,P_i是随机变量X取值为x_i的概率。

对于连续随机变量,方差的定义可表示为

$$D(X)=\int_{-\infty}^{\infty}[x_i-E(X)]^2 f(x)\mathrm{d}x \tag{3.3.19}$$

另外,式(3.3.17)还可以表示为

$$D(X)=E[X-E(X)]^2=E[X^2-2XE(X)+E^2(X)]=E(X^2)-E^2(X) \tag{3.3.20}$$

$D(X)$也常记为σ^2。

方差的性质如下:

(1) 常数的方差等于0,即

$$D(X)=0 \tag{3.3.21}$$

(2) 设$D(X)$存在,C为常数,则

$$D(X+C)=D(X) \tag{3.3.22}$$

$$D(CX)=C^2 D(X) \tag{3.3.23}$$

(3) 设$D(X)$和$D(Y)$都存在,且X和Y相互独立,则

$$D(X+Y)=D(X)+D(Y) \tag{3.3.24}$$

对于多个独立的随机变量$X_1,X_2,\cdots,X_n$,不难证明有

$$D(X_1+X_2+\cdots+X_n)=D(X_1)+D(X_2)+\cdots+D(X_n) \tag{3.3.25}$$

3. n阶矩

矩是随机变量更一般的数字特征。上面讨论的数学期望和方差都是矩的特例。随机变

量 X 的 n 阶矩(又称 n 阶原点矩)定义为

$$E(X^n) = \int_{-\infty}^{\infty} x^n f(x)\mathrm{d}x \tag{3.3.26}$$

显然,上面讨论的数学期望 $E(X)$ 就是一阶矩。它常用 a 表示,即 $a=E(X)$。

除了原点矩外,还定义相对于均值 a 的 n 阶矩为 n 阶中心矩,即

$$E[(X-a)^n] = \int_{-\infty}^{\infty} (x-a)^n f(x)\mathrm{d}x \tag{3.3.27}$$

显然,随机变量的二阶中心矩就是它的方差,即

$$D(X)=E[(X-a)^2]=\sigma^2$$

【例 3.3】 设 X 是取值 0、1、2、3、4、5 等概率分布的离散随机变量,求其均值和方差。

解

$$E(X) = \sum_{i=1}^{k} x_i P(x_i) = 0\times\frac{1}{6}+1\times\frac{1}{6}+2\times\frac{1}{6}+3\times\frac{1}{6}+4\times\frac{1}{6}+5\times\frac{1}{6}=2.5$$

$$E(X^2) = \sum_{i=1}^{k} x_i^2 P(x_i) = 0\times\frac{1}{6}+1^2\times\frac{1}{6}+2^2\times\frac{1}{6}+3^2\times\frac{1}{6}+4^2\times\frac{1}{6}+5^2\times\frac{1}{6}=9.17$$

则

$$D(X)=E(X^2)-E^2(X)=9.17-2.5^2=2.92$$

3.4 随机过程

3.4.1 随机过程的概念

前面所讨论的随机变量是与试验结果有关的某一个随机取值的量。例如,在给定的某一瞬间测量接收机输出端上的噪声,所测得的输出噪声的瞬时值就是一个随机变量。显然,如果连续不断地进行试验,那么在任一瞬间都有一个与之相应的随机变量,于是这时的试验结果就不仅是一个随机变量,而是一个在时间上不断变化的随机变量的集合。

我们定义随时间变化的无数个随机变量的集合为随机过程。随机过程的基本特征是:它是时间 t 的函数,但在任一确定时刻上的取值是不确定的,是一个随机变量;或者,可将它看成是一个事件的全部可能实现构成的总体,其中每个实现都是一个确定的时间函数,而随机性就体现在出现哪一个实现是不确定的。通信过程中的随机信号和噪声均可归纳为依赖于时间 t 的随机过程。

为了比较直观地理解随机过程,我们举例来加以说明。例如,设有 n 台性能完全相同的通信机,在相同的工作环境和测试条件下记录各台通信机的输出噪声波形(这也可以理解为对一台通信机在一段时间内持续地进行 n 次观测)。测试结果将表明,尽管设备和测试条件相同,记录的 n 条曲线中找不到两个完全相同的波形,如图 3.5 所示。这就是说,通信机输出的噪声电压随时间的变化是不可预知的,因而它是一个随机过程。这里的一次记录(图 3.5中的一个波形)就是一个实现,无数个记录构成的总体称为一个样本空间。

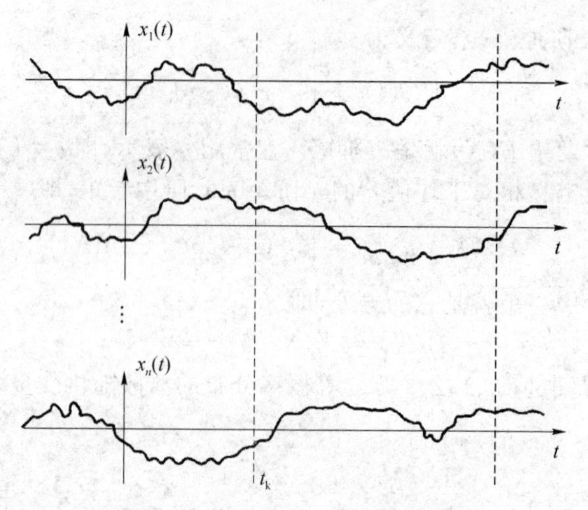

图 3.5　n 部通信机的噪声输出记录

为此,可以把对通信机输出噪声波形的观测看成是进行一次随机试验,每次随机试验的结果是得到一条时间波形,记作 $x_i(t)$,由此而得到的时间波形的全体 $\{x_1(t),x_2(t),\cdots,x_n(t),\cdots\}$ 就构成一随机过程,记作 $\xi(t)$。简言之,无穷多个样本函数的总体称为随机过程。

3.4.2 随机过程的统计特征

随机过程的统计特征是通过其概率分布函数或数字特征来表述的。

1. 随机过程的分布函数和概率密度

设 $\xi(t)$ 表示一个随机过程,在任意给定的时刻 t_1 其取值 $\xi(t_1)$ 是一个随机变量。显然,这个随机变量的统计特性可以用分布函数或概率密度函数来描述,称

$$F_1(x_1,t_1)=P[\xi(t_1)\leqslant x_1] \tag{3.4.1}$$

为随机过程 $\xi(t)$ 的一维分布函数。如果 $F_1(x_1,t_1)$ 对 x_1 的偏导数存在,即有

$$\frac{\partial F_1(x_1,t_1)}{\partial x_1}=f_1(x_1,t_1) \tag{3.4.2}$$

则称 $f_1(x_1,t_1)$ 为 $\xi(t)$ 的一维概率密度函数。显然,随机过程的一维分布函数或一维概率密度函数仅仅描述了随机过程在各个孤立时刻的统计特性,而没有说明随机过程在不同时刻取值之间的内在联系,为此需要在足够多的时间上考虑随机过程的多维分布函数。

任意给定 $t_1,t_2,\cdots,t_n$,则 $\xi(t)$ 的 n 维分布函数被定义为

$$F_n(x_1,x_2,\cdots,x_n;t_1,t_2,\cdots,t_n)=P(\xi(t_1)\leqslant x_1,\xi(t_2)\leqslant x_2,\cdots,\xi(t_n)\leqslant x_n) \tag{3.4.3}$$

如果存在

$$\frac{\partial^n F_n(x_1,x_2,\cdots,x_n;t_1,t_2,\cdots,t_n)}{\partial x_1\partial x_2\cdots\partial x_n}=f_n(x_1,x_2,\cdots,x_n;t_1,t_2,\cdots,t_n) \tag{3.4.4}$$

则称 $f_n(x_1,x_2,\cdots,x_n;t_1,t_2,\cdots,t_n)$ 为 $\xi(t)$ 的 n 维概率密度函数。显然,n 越大,对随机过程统计特性的描述就越充分,但问题的复杂性也随之增加。在一般实际问题中,引用二维概率密度函数即可解决问题。

2. 随机过程的数字特征

分布函数或概率密度函数虽然能够较全面地描述随机过程的统计特性，但在实际工作中，有时不易或不需求出分布函数和概率密度函数，而用随机过程的数字特征来描述随机过程的统计特性，更简单直观。

(1) 数学期望(统计平均值)

随机过程 $\xi(t)$ 的数学期望定义为

$$E[\xi(t)] = \int_{-\infty}^{\infty} x f_1(x,t)\mathrm{d}x \tag{3.4.5}$$

并记为 $E[\xi(t)]=a(t)$。随机过程的数学期望是时间 t 的函数。

(2) 方差

随机过程 $\xi(t)$ 的方差定义为

$$\begin{aligned} D[\xi(t)] &= E\{\xi(t) - E[\xi(t)]\}^2 = E[\xi^2(t)] - [a(t)]^2 \\ &= \int_{-\infty}^{\infty} x^2 f_1(x,t)\mathrm{d}x - [a(t)]^2 \end{aligned} \tag{3.4.6}$$

$D[\xi(t)]$ 也常记为 $\sigma^2(t)$。

(3) 自协方差和自相关函数

衡量同一随机过程在任意两个时刻上获得的随机变量的统计相关特性时，常用自协方差和自相关函数来表示。

自协方差函数定义为

$$\begin{aligned} B(t_1,t_2) &= E\{[\xi(t_1) - a(t_1)][\xi(t_2) - a(t_2)]\} \\ &= E[\xi(t_1)\xi(t_2)] - a(t_1)a(t_2) \\ &= \int_{-\infty}^{\infty}\int_{-\infty}^{\infty} [x_1 - a(t_1)][x_2 - a(t_2)] f_2(x_1,x_2;t_1,t_2)\mathrm{d}x_1\mathrm{d}x_2 \end{aligned} \tag{3.4.7}$$

式中，t_1 与 t_2 是任取的两个时刻；$a(t_1)$ 与 $a(t_2)$ 为在 t_1 及 t_2 时刻得到的数学期望；$f_2(x_1,x_2;t_1,t_2)$ 为二维概率密度函数。

自相关函数定义为

$$R(t_1,t_2) = E[\xi(t_1)\xi(t_2)] = \int_{-\infty}^{\infty}\int_{-\infty}^{\infty} x_1 x_2 f_2(x_1,x_2;t_1,t_2)\mathrm{d}x_1\mathrm{d}x_2 \tag{3.4.8}$$

若 $t_2>t_1$，并令 $t_2=t_1+\tau$，则 $R(t_1,t_2)$ 可表示为 $R(t_1,t_1+\tau)$。可见，相关函数是 t_1 和 τ 的函数。

显然，由式(3.4.7)和(3.4.8)可得自协方差函数与自相关函数之间的关系式

$$B(t_1,t_2)=R(t_1,t_2)-a(t_1)a(t_2) \tag{3.4.9}$$

(4) 互协方差函数

自协方差函数和自相关函数也可引入到两个或更多个随机过程中去，从而得到互协方差函数和互相关函数。

设 $\xi(t)$ 和 $\eta(t)$ 分别表示两个随机过程，则互协方差函数定义为

$$B_{\xi\eta}(t_1,t_2)=E\{[\xi(t_1)-a_\xi(t_1)][\eta(t_2)-a_\eta(t_2)]\} \tag{3.4.10}$$

互相关函数定义为

$$R_{\xi\eta}(t_1,t_2)=E[\xi(t_1)\eta(t_2)] \tag{3.4.11}$$

若对于任意 t_1、t_2 有 $B_{\xi\eta}(t_1,t_2)=0$,则称 $\xi(t)$ 和 $\eta(t)$ 不相关。

不难证明,相互独立的 $\xi(t)$ 和 $\eta(t)$ 必定不相关;反之,则不一定。但对于高斯随机过程,不相关和统计独立是等价的。

【例 3.4】 设随机过程 $X(t)=At+b,t>0$,其中 A 为高斯随机变量,b 为常数,且 A 的一维概率密度函数 $f_A(x)=\frac{1}{\sqrt{2\pi}}e^{-(x-1)^2/2}$,求 $X(t)$ 的均值和方差。

解 由 $f_A(x)=\frac{1}{\sqrt{2\pi}}e^{-(x-1)^2/2}$ 得出随机变量 A 的均值为 1,方差为 1,即 $E(A)=1,D(A)=1$。

因为 $X(t)=At+b$,所以

$$E[X(t)]=E[At+b]=t+b$$

同理

$$D[X(t)]=D[At+b]=t^2$$

3.4.3 平稳随机过程

1. 平稳随机过程的定义

随机过程的种类很多,但在通信系统中广泛应用的是一种特殊类型的随机过程,即平稳随机过程。

若一个随机过程的任意 n 维分布函数或概率密度函数与时间起点无关。也就是说,对于任何正整数 n 和任何实数 $t_1,t_2,\cdots,t_n$ 以及 τ,随机过程 $\xi(t)$ 的 n 维概率密度函数满足

$$f_n(x_1,x_2,\cdots,x_n;t_1,t_2,\cdots,t_n)=f_n(x_1,x_2,\cdots,x_n;t_1+\tau,t_2+\tau,\cdots,t_n+\tau) \tag{3.4.12}$$

则称 $\xi(t)$ 为严平稳随机过程,或称狭义平稳随机过程。

特别地,对于一维分布,有

$$f_1(x,t)=f_1(x,t+\tau)=f_1(x)$$

对于二维分布,有

$$f_2(x_1,x_2;t_1,t_2)=f_2(x_1,x_2;t_1+\tau,t_2+\tau)=f_2(x_1,x_2;\tau)$$

若随机过程 $\xi(t)$ 的均值为常数,与时间 t 无关,而自相关函数仅是 τ 的函数,则称其为宽平稳随机过程或广义平稳随机过程。按此定义得知,对于宽平稳随机过程,有

$$E[\xi(t)]=a=\text{常数} \tag{3.4.13}$$

$$R(t_1,t_2)=E[\xi(t_1)\xi(t_1+\tau)]=R(\tau) \tag{3.4.14}$$

由于均值和自相关函数只是统计特性的一部分,所以严平稳随机过程一定也是宽平稳随机过程。反之,宽平稳随机过程就不一定是严平稳随机过程,但对于高斯随机过程两者是等价的。

通信系统中所遇到的信号及噪声大多数可视为宽平稳随机过程。以后讨论的随机过程除特殊说明外,均假设是宽平稳随机过程,简称平稳随机过程。

2．平稳随机过程的特性分析

(1) 各态历经性

一个平稳随机过程若按定义求其均值和自相关函数，则需要对其所有的实现计算统计平均值。实际上，这是做不到的。然而，若一个随机过程具有各态历经性，则它的统计平均值可以由任一实现的时间平均值来代替。

顾名思义，各态历经性表示一个平稳随机过程的任一个实现能够历经此过程的所有状态。若一个平稳随机过程具有各态历经性，则它的统计平均值就等于其时间的平均值。也就是说，假设 $x(t)$ 是平稳随机过程 $\xi(t)$ 的任意一个实现，若满足

$$a = \lim_{T\to\infty}\frac{1}{T}\int_{-\frac{T}{2}}^{\frac{T}{2}} x(t)\mathrm{d}t = \overline{a}$$

$$R(\tau) = \lim_{T\to\infty}\frac{1}{T}\int_{-\frac{\pi}{2}}^{\frac{\pi}{2}} x(t)x(t+\tau)\mathrm{d}t = \overline{R(\tau)} \tag{3.4.15}$$

则称此随机过程为具有各态历经性的随机过程。

可见，具有各态历经性的随机过程的统计特性可以用时间平均来代替，对于这种随机过程无需（实际中也不可能）考查无限多个实现，而只考查一个实现就可获得随机过程的数字特征，因而可使计算大大简化。在通信系统中所遇到的随机信号和噪声，一般均能满足各态历经性。

(2) 自相关函数的性质

对于平稳随机过程而言，它的自相关函数是特别重要的一个函数。其一，平稳随机过程的统计特性（如数字特征等）可通过自相关函数来描述；其二，平稳随机过程的自相关函数与功率谱密度之间存在傅里叶变换的关系。因此，有必要了解平稳随机过程自相关函数的性质。

设 $\xi(t)$ 为一平稳随机过程，则其自相关函数 $R(\tau)$ 有如下性质。

① $\xi(t)$ 的平均功率

$$R(0)=E[\xi^2(t)]=S \tag{3.4.16}$$

式(3.4.16)表明，随机过程的总能量是无穷的，但其平均功率是有限的。

② $R(\tau)$ 是偶函数

$$R(\tau)=R(-\tau) \tag{3.4.17}$$

证明　根据定义 $R(\tau)=E[\xi(t)\xi(t+\tau)]$，令 $t'=t+\tau$，则 $t=t'-\tau$，代入式(3.4.17)中，有

$$R(\tau)=E[\xi(t)\xi(t+\tau)]=E[\xi(t'-\tau)\xi(t')]=R(-\tau)$$

③ $R(\tau)$ 的上界

$$|R(\tau)|\leqslant R(0) \tag{3.4.18}$$

证明　显然有 $E[\xi(t)\pm\xi(t+\tau)]^2\geqslant 0$，展开后可以得到

$$\begin{aligned}E[\xi(t)\pm\xi(t+\tau)]^2 &= E[\xi^2(t)]\pm 2E[\xi(t)\xi(t+\tau)]+E[\xi^2(t+\tau)]\\ &=2[R(0)\pm R(\tau)]\geqslant 0\end{aligned}$$

则有 $|R(\tau)|\leqslant R(0)$。

④ $\xi(t)$的直流功率

$$R(\infty)=E^2[\xi(t)] \tag{3.4.19}$$

证明 $\lim\limits_{\tau\to\infty}R(\tau)=\lim\limits_{\tau\to\infty}E[\xi(t)\xi(t+\tau)]=E[\xi(t)]E[\xi(t+\tau)]=E^2[\xi(t)]$

这里利用了当$\tau\to\infty$时$\xi(t)$与$\xi(t+\tau)$变得没有依赖关系,即统计独立。

⑤ 方差〔$\xi(t)$的交流功率〕

$$R(0)-R(\infty)=\sigma^2 \tag{3.4.20}$$

这一点直接由式(3.4.6)得到。

由上述性质可知,用自相关函数几乎可以表述$\xi(t)$的主要特征,因而上述性质有明显的实用价值。

(3) 频谱特性

随机过程的频谱特性是用它的功率谱密度来表述的。

由式(3.2.20)可知,对于任意的确定功率信号$f(t)$其功率谱密度为

$$P_f(\omega)=\lim_{T\to\infty}\frac{|F_T(\omega)|^2}{T} \tag{3.4.21}$$

式中,$F_T(\omega)$是$f(t)$的截短函数$f_T(t)$的频谱函数。$f(t)$和$f_T(t)$的波形如图3.6所示。

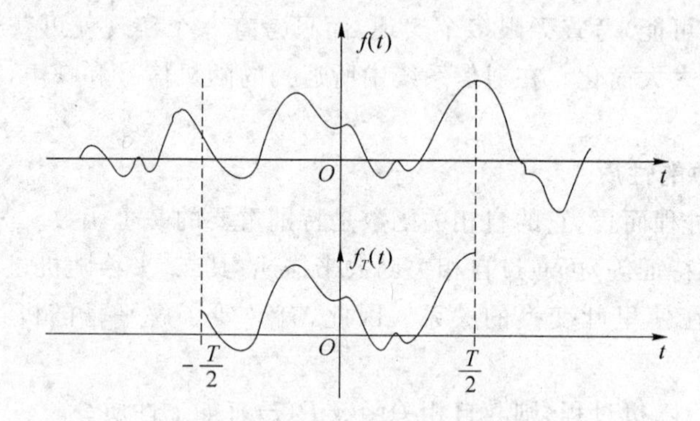

图3.6 功率信号$f(t)$及其截短函数

对功率型的平稳随机过程而言,它的每一实现的功率谱也可以由上式确定。但是,随机信号的每一个实现是不能预知的,因此,某一实现的功率谱密度不能作为过程的功率谱密度。随机过程的功率谱密度应看成每一可能实现的功率谱的统计平均。

设$\xi(t)$的功率谱密度为$P_\xi(\omega)$,$\xi(t)$的某一实现的截短函数为$\xi_T(t)$,且$\xi_T(t)\Leftrightarrow F_T(\omega)$,于是有

$$P_\xi(\omega)=E[P_f(\omega)]=\lim_{T\to\infty}\frac{E[|F_T(\omega)|^2]}{T} \tag{3.4.22}$$

$\xi(t)$的平均功率S可以表示为

$$S=\frac{1}{2\pi}\int_{-\infty}^{\infty}P_\xi(\omega)\mathrm{d}\omega=\frac{1}{2\pi}\int_{-\infty}^{\infty}\lim_{T\to\infty}\frac{E[|F_T(\omega)|^2]}{T}\mathrm{d}\omega \tag{3.4.23}$$

(4) 平稳随机过程的功率谱密度与自相关函数的关系(维纳-辛钦定理)

与功率型确知信号一样,平稳随机过程的自相关函数与其功率谱密度之间互为傅里叶变换的关系,即

$$\begin{cases} R(\tau) = \dfrac{1}{2\pi}\displaystyle\int_{-\infty}^{\infty} P_{\xi}(\omega)\mathrm{e}^{\mathrm{j}\omega\tau}\,\mathrm{d}\omega \\ P_{\xi}(\omega) = \displaystyle\int_{-\infty}^{\infty} R(\tau)\mathrm{e}^{-\mathrm{j}\omega\tau}\,\mathrm{d}\tau \end{cases} \tag{3.4.24}$$

当$\tau=0$时，自相关函数值等于信号功率，即

$$S = R(0) = \frac{1}{2\pi}\int_{-\infty}^{\infty} P_{\xi}(\omega)\,\mathrm{d}\omega = \int_{-\infty}^{\infty} P_{\xi}(f)\,\mathrm{d}f \tag{3.4.25}$$

下面结合自相关函数的性质，归纳功率谱的性质如下：

① $P_{\xi}(\omega)\geqslant 0$（非负性）

② $P_{\xi}(-\omega)=P_{\xi}(\omega)$（偶函数）

【例 3.5】 求随机相位正弦波$\xi(t)=\cos(\omega_0 t+\theta)$的自相关函数、功率谱密度和功率。其中，$\omega_0$是常数，$\theta$是在区间$[0,2\pi]$上均匀分布的随机变量。

解

$$\begin{aligned} R(\tau) &= E[\cos(\omega_0 t+\theta)\cos(\omega_0 t+\omega_0\tau+\theta)] \\ &= E\{\cos(\omega_0 t+\theta)[\cos(\omega_0 t+\theta)\cos\omega_0\tau - \sin(\omega_0 t+\theta)\sin\omega_0\tau]\} \\ &= \cos\omega_0\tau E[\cos^2(\omega_0 t+\theta)] - \sin\omega_0\tau E\left[\frac{1}{2}\sin(2\omega_0 t+2\theta)\right] \\ &= \frac{1}{2}\cos\omega_0\tau \end{aligned}$$

$$P(\omega) = \int_{-\infty}^{\infty} R(\tau)\mathrm{e}^{-\mathrm{j}\omega\tau}\,\mathrm{d}\tau = \frac{\pi}{2}[\delta(\omega+\omega_0)+\delta(\omega-\omega_0)]$$

$$S = \frac{1}{2\pi}\int_{-\infty}^{\infty} P(\omega)\,\mathrm{d}\omega = \frac{1}{2}$$

对比例3.1和例3.5可知，确知信号$\cos\omega_0 t$和随机相位正弦波信号$\cos(\omega_0 t+\theta)$的相关函数、功率谱密度是相同的。

【例 3.6】 已知平稳随机过程$n(t)$的功率谱为$P_n(\omega)$，试求$Y(t)=n(t)-n(t-T)$的功率谱。

解 先求$Y(t)$自相关函数

$$R_Y(\tau)=E\{[n(t)-n(t-T)][n(t+\tau)-n(t-T+\tau)]\}=2R(\tau)-R(\tau+T)-R(\tau-T)$$

由维纳-辛钦定理可得，相应的功率谱为

$$\begin{aligned} P_Y(\omega) &= 2P_n(\omega)-P_n(\omega)\mathrm{e}^{\mathrm{j}\omega T}-P_n(\omega)\mathrm{e}^{-\mathrm{j}\omega T} \\ &= P_n(\omega)(2-\mathrm{e}^{\mathrm{j}\omega T}-\mathrm{e}^{-\mathrm{j}\omega T}) = 2(1-\cos\omega T)P_n(\omega) \end{aligned}$$

3.5 高斯随机过程

高斯随机过程又称正态随机过程，是通信领域中普遍存在的随机过程。在实践中观察到的大多数噪声都是高斯过程，例如通信信道中的噪声通常是一种高斯过程。

3.5.1 高斯过程的定义

若高斯过程 $\xi(t)$的任意 n 维($n=1,2,\cdots$)分布都是正态分布,则称它为高斯随机过程或正态过程。其 n 维正态概率密度函数可表示为

$$f_n(x_1,\cdots,x_n;t_1,\cdots,t_n)$$
$$=\frac{1}{(2\pi)^{n/2}\sigma_1\cdots\sigma_n|B|^{1/2}}\exp\left[\frac{-1}{2|B|}\sum_{j=1}^{n}\sum_{k=1}^{n}|B|_{jk}\left(\frac{x_j-a_j}{\sigma_j}\right)\left(\frac{x_k-a_k}{\sigma_k}\right)\right] \quad (3.5.1)$$

式中,$a_k=E[\xi(t_k)]$;$\sigma_k^2=E[\xi(t_k)-a_k]^2$;$|B|=\begin{vmatrix}1 & b_{12} & \cdots & b_{1n}\\ b_{21} & 1 & \cdots & b_{2n}\\ \vdots & \vdots & & \vdots\\ b_{n1} & b_{n2} & \cdots & 1\end{vmatrix}$为归一化协方差矩阵的行列式;$|B|_{jk}$为行列式$|B|$中元素 b_{jk} 的代数余子式;$b_{jk}=\frac{E\{[\xi(t_j)-a_j][\xi(t_k)-a_k]\}}{\sigma_j\sigma_k}$为归一化协方差函数。 (3.5.2)

由式(3.5.1)可见,正态随机过程的 n 维分布仅由各随机变量的数学期望、方差和两两之间的归一化协方差函数所决定。

3.5.2 高斯过程的性质

(1) 若高斯过程是宽平稳随机过程,则它也是严平稳随机过程。也就是说,对于高斯过程来说,宽平稳和严平稳是等价的。

(2) 若高斯过程中的随机变量之间互不相关,则它们也是统计独立的。

(3) 若干个高斯过程之和的过程仍是高斯过程。

(4) 高斯过程经过线性变换(或线性系统)后的过程仍是高斯过程。

3.5.3 一维高斯分布

1. 一维概率密度函数

高斯过程的一维概率密度表示式为

$$f(x)=\frac{1}{\sqrt{2\pi}\sigma}\exp\left[-\frac{(x-a)^2}{2\sigma^2}\right] \quad (3.5.3)$$

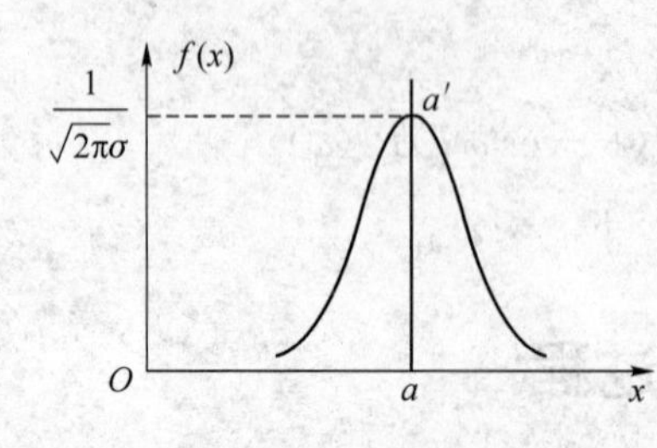

图 3.7 高斯过程的一维概率密度函数

式中,a 为高斯随机变量的数学期望;σ^2 为方差。$f(x)$的曲线如图 3.7 所示。由式(3.5.3)和图 3.7 可知 $f(x)$具有如下特性。

(1) $f(x)$对称于 $x=a$ 的直线 aa'。

(2) $\int_{-\infty}^{\infty}f(x)\mathrm{d}x=1$ 且 (3.5.4)

$$\int_{-\infty}^{a}f(x)\mathrm{d}x=\int_{a}^{\infty}f(x)\mathrm{d}x=\frac{1}{2} \quad (3.5.5)$$

(3) a 表示分布中心，σ 表示集中程度，$f(x)$图形将随着 σ 的减小而变高和变窄。当 $a=0,\sigma=1$ 时，称 $f(x)$为标准正态分布的密度函数。

2. 正态分布函数

正态分布函数是概率密度函数的积分，即

$$F(x)=\int_{-\infty}^{x}\frac{1}{\sqrt{2\pi}\sigma}\exp\left[-\frac{(z-a)^2}{2\sigma^2}\right]\mathrm{d}z$$
$$=\frac{1}{\sqrt{2\pi}\sigma}\int_{-\infty}^{x}\exp\left[-\frac{(z-a)^2}{2\sigma^2}\right]\mathrm{d}z=\phi\left(\frac{x-a}{\sigma}\right)\tag{3.5.6}$$

式中，$\phi(x)$称为概率积分函数。其定义为

$$\phi(x)=\frac{1}{\sqrt{2\pi}}\int_{-\infty}^{x}\exp\left(-\frac{z^2}{2}\right)\mathrm{d}z\tag{3.5.7}$$

式(3.5.6)积分不易计算，常引入误差函数和互补误差函数表示正态分布。

3. 误差函数和互补误差函数

误差函数的定义式为

$$\mathrm{erf}(x)=\frac{2}{\sqrt{\pi}}\int_{0}^{x}\mathrm{e}^{-z^2}\,\mathrm{d}z\tag{3.5.8}$$

互补误差函数的定义式为

$$\mathrm{erfc}(x)=1-\mathrm{erf}(x)=\frac{2}{\sqrt{\pi}}\int_{0}^{\infty}\mathrm{e}^{-z^2}\,\mathrm{d}z\tag{3.5.9}$$

误差函数、互补误差函数和概率积分函数之间的关系为

$$\mathrm{erf}(x)=2\phi(\sqrt{2}x)-1\tag{3.5.10}$$

$$\mathrm{erfc}(x)=2-2\phi(\sqrt{2}x)\tag{3.5.11}$$

引入误差函数和互补误差函数后，不难求得

$$F(x)=\begin{cases}\dfrac{1}{2}+\dfrac{1}{2}\mathrm{erf}\left(\dfrac{x-a}{\sqrt{2}\sigma}\right), & x\geqslant a\\[2ex] 1-\dfrac{1}{2}\mathrm{erfc}\left(\dfrac{x-a}{\sqrt{2}\sigma}\right), & x\leqslant a\end{cases}\tag{3.5.12}$$

在后面分析通信系统的抗噪声性能时，常用到误差函数和互补误差函数来表示 $F(x)$。其好处是：借助于一般数学手册所提供的误差函数表，可方便查出不同 x 值时误差函数的近似值(参见附录 C)，避免了式(3.5.6)的复杂积分运算。

3.5.4 高斯白噪声

信号在信道中传输时，常会遇到这样一类噪声，它的功率谱密度均匀分布在整个频率范围内，即双边功率谱为

$$P_{\xi}(\omega)=\frac{n_0}{2},\qquad -\infty<\omega<\infty\tag{3.5.13}$$

单边功率谱为

$$P_{\xi}(\omega)=n_0, \qquad 0\leqslant\omega<\infty \tag{3.5.14}$$

这种噪声被称为白噪声,它是一个理想的宽带随机过程。式中 n_0 为一常数,单位是W/Hz。显然,白噪声的自相关函数可借助于下式求得,即

$$R(\tau)=\frac{1}{2\pi}\int_{-\infty}^{\infty}\frac{n_0}{2}e^{j\omega\tau}d\omega=\frac{n_0}{2}\delta(\tau) \tag{3.5.15}$$

这说明,白噪声只有在 $\tau=0$ 时才相关,而它在任意两个时刻上的随机变量都是互不相关的。图3.8画出了白噪声的功率谱和自相关函数的图形。

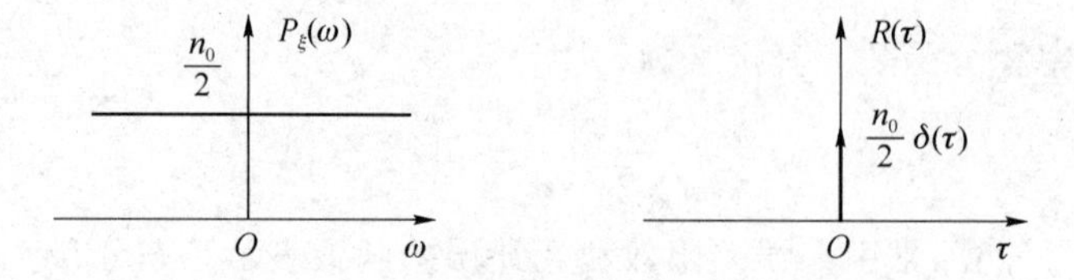

图3.8 白噪声的双边带功率谱密度和自相关函数

如果白噪声被限制在$(-f_0,f_0)$之内,即在该频率区间上有 $P_{\xi}(\omega)=n_0/2$,而在该区间外 $P_{\xi}(\omega)=0$,则这样的噪声被称为带限白噪声。

如果白噪声又是高斯分布的,就称之为高斯白噪声。由式(3.5.15)可以看出,高斯白噪声在任意两个不同时刻上的取值之间,不仅是互不相关的,而且还是统计独立的。应当指出,我们所定义的这种理想化的白噪声在实际中是不存在的。但是,如果噪声功率谱均匀分布的频率范围远远大于通信系统的工作频带,就可以把它视为白噪声。

【例3.7】 均值为0,自相关函数为 $e^{-|\tau|}$ 的高斯过程 $X(t)$,通过 $Y(t)=A+BX(t)$(A、B 为常数)的网络,试求:

(1) 高斯过程 $X(t)$的一维概率密度函数;

(2) 随机过程 $Y(t)$的一维概率密度函数;

(3) 随机过程 $Y(t)$的噪声功率。

解 (1) 输入过程 $X(t)$均值为0,$R_x(\tau)=e^{-|\tau|}$,所以是宽平稳随机过程,它的总平均功率,即方差 $\sigma_x^2=D[X(t)]=R(0)=E[X^2(t)]=1$,所以可以直接写出 $X(t)$的一维概率密度函数为

$$f_x(x)=\frac{1}{\sqrt{2\pi}}e^{-x^2/2}$$

(2) 因为 $X(t)$为高斯过程,所以 $Y(t)=A+BX(t)$也是高斯过程,则

$$f_y(y)=\frac{1}{\sqrt{2\pi}\sigma_y}e^{-(y-a_y)^2/2\sigma_y^2}$$

其中

均值

$$a_y=E[Y(t)]=E[BX(t)+A]=A$$

方差

$$\sigma_y^2=D[Y(t)]=D[A+BX(t)]=B^2D[X(t)]=B^2$$

这样随机过程 $Y(t)$的一维概率密度函数为

$$f_y(y)=\frac{1}{\sqrt{2\pi}B}e^{-(y-A)^2/2B^2}$$

(3) $Y(t)$的噪声功率为

$$S_Y = E[Y^2(t)] = D[Y(t)] + a_y^2 = A^2 + B^2$$

3.5.5 窄带高斯噪声

高斯白噪声通过中心频率为 f_c 的窄带系统时，就形成窄带高斯噪声。所谓窄带系统是指系统的通频带宽度 Δf 远远小于通带中心频率($\Delta f \ll f_c$)，且通带的中心频率满足 $f_c \gg 0$ 的系统。窄带高斯噪声的功率谱和时间波形如图 3.9 所示。

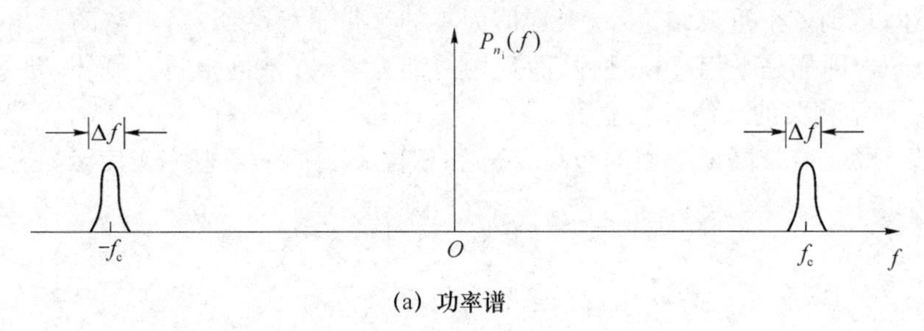

(a) 功率谱

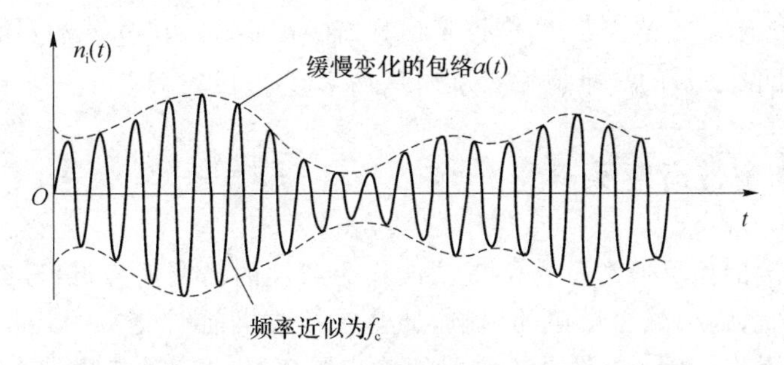

(b) 时间波形

图 3.9 窄带高斯噪声的功率谱和时间波形

如用示波器观察一个实现的波形，如图 3.9(b)所示，可以发现，它是一个频率近似为 f_c、包络和相位随机缓变的正弦波。因此，窄带高斯噪声可以用式(3.5.16)表示，即

$$n_i(t) = a(t)\cos[\omega_c t + \varphi(t)], \qquad a(t) \geqslant 0 \tag{3.5.16}$$

式中，$a(t)$和 $\varphi(t)$分别表示窄带高斯噪声的包络和相位，它们都是随机过程，且变化与 $\cos\omega_c t$ 相比要缓慢得多。将式(3.5.16)展开可得

$$\begin{aligned} n_i(t) &= a(t)\cos[\varphi(t)]\cos\omega_c t - a(t)\sin[\varphi(t)]\sin\omega_c t \\ &= n_c(t)\cos\omega_c t - n_s(t)\sin\omega_c t \end{aligned} \tag{3.5.17}$$

式中

$$n_c(t) = a(t)\cos[\varphi(t)] \tag{3.5.18}$$

$$n_s(t) = a(t)\sin[\varphi(t)] \tag{3.5.19}$$

式(3.5.18)和式(3.5.19)中的 $n_c(t)$和 $n_s(t)$分别称为 $n_i(t)$的同相分量和正交分量。

由式(3.5.16)和式(3.5.17)可以看到，$n_i(t)$的统计特性可以由 $a(t)$和 $\varphi(t)$，或者 $n_c(t)$和 $n_s(t)$的统计特性确定。反之，若 $n_i(t)$的统计特性已知，则 $a(t)$和 $\varphi(t)$，或者 $n_c(t)$和 $n_s(t)$的统计特性也随之确定。

设窄带高斯噪声 $n_i(t)$的均值为0,方差为 σ_n^2,可以证明窄带高斯噪声 $n_i(t)$的同相分量 $n_c(t)$和正交分量 $n_s(t)$有如下性质。

(1) 同相分量和正交分量的均值都为0,方差均为 σ_n^2,即

$$E[n_c(t)]=E[n_s(t)]=0 \tag{3.5.20}$$

$$\sigma_c^2=\sigma_s^2=\sigma_n^2 \tag{3.5.21}$$

(2) $n_c(t)$和 $n_s(t)$都是平稳高斯过程。

(3) $n_c(t)$和 $n_s(t)$在同一时刻的取值是线性不相关的,又由于它们是高斯过程,则 $n_c(t)$和 $n_s(t)$也是统计独立的。

综上所述,得到一个重要结论:一个均值为零的窄带平稳高斯过程,它的同相分量 $n_c(t)$和正交分量 $n_s(t)$同样是平稳高斯过程,而且均值都为零,方差也相同。另外,同一时刻上得到的 n_c 及 n_s 是不相关的或统计独立的。

同样可以证明,窄带高斯噪声的包络 $a(t)$和相位 $\varphi(t)$的一维概率密度函数分别为

$$f(a)=\frac{a}{\sigma_n^2}\exp\left(-\frac{a^2}{2\sigma_n^2}\right),\quad a\geqslant 0 \tag{3.5.22}$$

$$f(\varphi)=\frac{1}{2\pi},\quad 0\leqslant\varphi\leqslant 2\pi \tag{3.5.23}$$

可见,一个均值为0,方差为 σ_n^2 的窄带平稳高斯噪声 $n_i(t)$,其包络 $a(t)$的一维概率密度服从瑞利分布,其相位 $\varphi(t)$的一维概率密度服从均匀分布。

3.5.6 正弦波加窄带高斯噪声

通信系统中传输的信号通常是一个正弦波作为载波的已调信号,信号经过信道传输时总会受到噪声的干扰,为了减少噪声的影响,通常在接收机前端设置一个带通滤波器,以滤除信号频带以外的噪声。因此,带通滤波器的输出是正弦波信号与窄带噪声的合成信号。这是通信系统中常会遇到的一种情况,所以有必要了解合成信号的包络和相位的统计特性。

设正弦波加窄带高斯噪声 $n_i(t)$的合成信号为

$$\begin{aligned}r(t)&=A\cos(\omega_c t+\theta)+n_i(t)\\&=A\cos(\omega_c t+\theta)+[n_c(t)\cos\omega_c t-n_s(t)\sin\omega_c t]\\&=[A\cos\theta+n_c(t)]\cos\omega_c t-[A\sin\theta+n_s(t)]\sin\omega_c t\\&=z(t)\cos[\omega_c t+\varphi(t)]\end{aligned} \tag{3.5.24}$$

式(3.5.24)中

$$z(t)=\sqrt{[A\cos\theta+n_c(t)]^2+[A\sin\theta+n_s(t)]^2},\qquad z\geqslant 0 \tag{3.5.25}$$

$$\varphi(t)=\arctan\frac{A\sin\theta+n_s(t)}{A\cos\theta+n_c(t)} \tag{3.5.26}$$

分别为合成信号的随机包络和随机相位。可以证明,正弦信号加窄带高斯噪声所形成的合成信号具有如下统计特性。

(1) 正弦信号加窄带高斯噪声的随机包络服从广义瑞利分布〔也称莱斯(Rice)分布〕,即其包络的概率密度函数为

$$f(z)=\frac{z}{\sigma_n^2}\exp\left[-\frac{1}{2\sigma_n^2}(z^2+A^2)\right]\mathrm{I}_0\left(\frac{Az}{\sigma_n^2}\right),\quad z\geqslant 0 \tag{3.5.27}$$

式中，σ_n^2 是 $n_i(t)$ 的方差；$I_0(x)$ 为零阶修正贝塞尔函数。$x\geqslant 0$ 时，$I_0(x)$ 是单调上升函数，且有 $I_0(0)=1$。

由式(3.5.27)可以得出结论，第一，当信号很小，$A\to 0$，即信号功率与噪声功率之比 $r=\dfrac{A^2}{2\sigma_n^2}\to 0$ 时，$I_0(0)\approx 1$，这时合成波 $r(t)$ 中只存在窄带高斯噪声，式(3.5.27)近似为式(3.5.22)，即由广义瑞利分布退化为瑞利分布；第二，当信噪比 r 很大时，$f(z)$ 接近于高斯分布；第三，在一般情况下 $f(z)$ 是莱斯分布。图3.10(a)给出了不同的 r 值时 $f(z)$ 的曲线。

(2) 正弦信号加窄带高斯噪声的随机合成波相位分布 $f(\varphi)$，由于比较复杂，这里就不再演算了。不难推想，$f(\varphi)$ 也与信噪比 r 有关。小信噪比时，它接近于均匀分布；大信噪比时，相位趋近于一个在原点的冲激函数。图3.10(b)给出了不同的 r 值时 $f(\varphi)$ 的曲线。

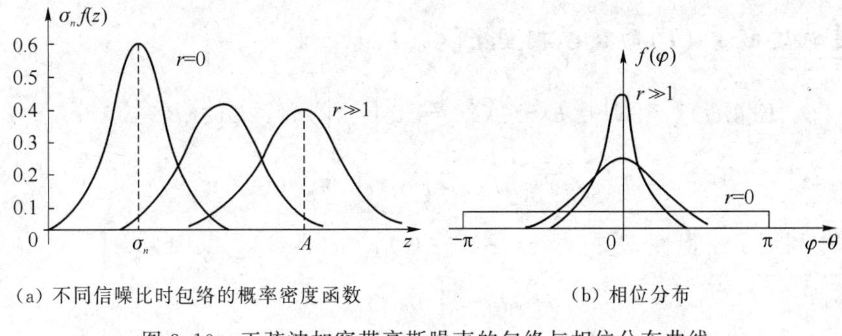

(a) 不同信噪比时包络的概率密度函数　　(b) 相位分布

图3.10　正弦波加窄带高斯噪声的包络与相位分布曲线

3.6 随机过程通过系统的分析

3.6.1 随机过程通过线性系统

我们知道，随机过程是以某一概率出现的样本函数的集合。因此，可以将随机过程加到线性系统的输入端理解为是随机过程的某一可能的样本函数出现在线性系统的输入端。所以，可以认为确知信号通过线性系统的分析方法仍然适用于平稳随机过程通过线性系统的情况。

线性系统的输出响应 $v_o(t)$ 等于输入信号 $v_i(t)$ 与冲激响应 $h(t)$ 的卷积，即

$$v_o(t)=v_i(t)*h(t)=\int_{-\infty}^{\infty}v_i(\tau)h(t-\tau)\mathrm{d}\tau \tag{3.6.1}$$

若 $v_o(t)\Leftrightarrow V_o(\omega)$，$v_i(t)\Leftrightarrow V_i(\omega)$，$h(t)\Leftrightarrow H(\omega)$，则有

$$V_o(\omega)=H(\omega)V_i(\omega) \tag{3.6.2}$$

若线性系统是物理可实现的，则

$$v_o(t)=\int_{-\infty}^{t}v_i(\tau)h(t-\tau)\mathrm{d}\tau$$

或

$$v_o(t)=\int_0^{\infty}h(\tau)v_i(t-\tau)\mathrm{d}\tau \tag{3.6.3}$$

如果把 $v_i(t)$ 看成是输入随机过程的一个实现,则 $v_o(t)$ 可看成是输出随机过程的一个实现。因此,只要输入有界且系统是物理可实现的,则当输入是随机过程 $\xi_i(t)$ 时,便有一个输出随机过程 $\xi_o(t)$,且有

$$\xi_o(t)=\int_0^{\infty}h(\tau)\xi_i(t-\tau)\mathrm{d}\tau \tag{3.6.4}$$

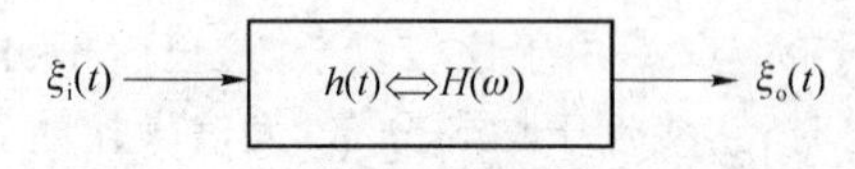

图 3.11 平稳随机过程通过线性系统

图 3.11 所示为平稳随机过程通过线性系统的框图,假定输入 $\xi_i(t)$ 是平稳随机过程,现在来分析系统的输出过程 $\xi_o(t)$ 的统计特性。

1. 输出随机过程 $\xi_o(t)$ 的数学期望 $E[\xi_o(t)]$

$$\begin{aligned}E[\xi_o(t)]&=E\left[\int_0^{\infty}h(\tau)\xi_i(t-\tau)\mathrm{d}\tau\right]=\int_0^{\infty}h(\tau)E[\xi_i(t-\tau)]\mathrm{d}\tau\\&=E[\xi_i(t)]\int_0^{\infty}h(\tau)\mathrm{d}\tau=a\int_0^{\infty}h(\tau)\mathrm{d}\tau\end{aligned} \tag{3.6.5}$$

式(3.6.5)中利用了平稳性 $E[\xi_i(t-\tau)]=E[\xi_i(t)]=a$(常数)。又因为

$$H(\omega)=\int_0^{\infty}h(t)\mathrm{e}^{-\mathrm{j}\omega t}\mathrm{d}t$$

求得

$$H(0)=\int_0^{\infty}h(t)\mathrm{d}t$$

所以

$$E[\xi_o(t)]=aH(0) \tag{3.6.6}$$

由此可见,输出过程的数学期望等于输入过程的数学期望与 $H(0)$ 的乘积,并且 $E[\xi_o(t)]$ 与 t 无关。

2. 输出随机过程 $\xi_o(t)$ 的自相关函数 $R_o(t_1,t_1+\tau)$

$$\begin{aligned}R_o(t_1,t_1+\tau)&=E[\xi_o(t_1)\xi_o(t_1+\tau)]\\&=E\left[\int_0^{\infty}h(\alpha)\xi_i(t_1-\alpha)\mathrm{d}\alpha\int_0^{\infty}h(\beta)\xi_i(t_1-\beta+\tau)\mathrm{d}\beta\right]\\&=\int_0^{\infty}\int_0^{\infty}h(\alpha)h(\beta)E[\xi_i(t_1-\alpha)\xi_i(t_1-\beta+\tau)]\mathrm{d}\alpha\mathrm{d}\beta\end{aligned}$$

根据平稳性

$$E[\xi_i(t-\alpha)\xi_i(t-\beta+\tau)]=R_i(\tau+\alpha-\beta)$$

有

$$R_o(t_1,t_1+\tau)=\int_0^{\infty}\int_0^{\infty}h(\alpha)h(\beta)R_i(\tau+\alpha-\beta)\mathrm{d}\alpha\mathrm{d}\beta=R_o(\tau) \tag{3.6.7}$$

可见,自相关函数只依赖时间间隔 τ 而与时间起点 t_1 无关。从数学期望与自相关函数的性质可见,这时的输出过程是一个宽平稳随机过程。

3. $\xi_o(t)$的功率谱密度 $P_{\xi_o}(\omega)$

利用公式 $P_\xi(\omega)\Leftrightarrow R(\tau)$，有

$$
\begin{aligned}
P_{\xi_o}(\omega) &= \int_{-\infty}^{\infty} R_o(\tau)\mathrm{e}^{-\mathrm{j}\omega\tau}\mathrm{d}\tau \\
&= \int_{-\infty}^{\infty}\mathrm{d}\tau\int_0^{\infty}\mathrm{d}\alpha\int_0^{\infty}[h(\alpha)h(\beta)R_i(\tau+\alpha-\beta)\mathrm{e}^{-\mathrm{j}\omega\tau}]\mathrm{d}\beta
\end{aligned}
$$

令 $\tau'=\tau+\alpha-\beta$，则有

$$
\begin{aligned}
P_{\xi_o}(\omega) &= \int_0^{\infty} h(\alpha)\mathrm{e}^{\mathrm{j}\omega\alpha}\mathrm{d}\alpha\int_0^{\infty} h(\beta)\mathrm{e}^{-\mathrm{j}\omega\beta}\mathrm{d}\beta\int_{-\infty}^{\infty} R_i(\tau')\mathrm{e}^{-\mathrm{j}\omega\tau'}\mathrm{d}\tau' \\
&= H^*(\omega)H(\omega)P_{\xi_i}(\omega) \\
&= |H(\omega)|^2 P_{\xi_i}(\omega)
\end{aligned} \tag{3.6.8}
$$

可见，系统输出功率谱密度是输入功率谱密度 $P_{\xi_i}(\omega)$与$|H(\omega)|^2$ 的乘积。

4. 输出过程 $\xi_o(t)$的概率分布

在已知输入随机过程 $\xi_i(t)$的概率分布情况下，通过式(3.6.4)，即

$$\xi_o(t) = \int_0^{\infty} h(\tau)\xi_i(t-\tau)\mathrm{d}\tau$$

可以求出输出随机过程 $\xi_o(t)$的概率分布。如果线性系统的输入过程是高斯过程，则系统输出随机过程也是高斯过程。因为按积分的定义，式(3.6.4)可以表示为一个和式的极限，即

$$\xi_o(t) = \lim_{\Delta\tau_k\to 0}\sum_{k=0}^{\infty}\xi_i(t-\tau_k)h(\tau_k)\Delta\tau_k \tag{3.6.9}$$

由于已假定输入过程是高斯的，因此在任一个时刻上的每一项 $\xi_i(t-\tau_k)h(\tau_k)\Delta\tau_k$ 都是一个服从正态分布的随机变量。所以在任一时刻上得到的输出随机变量，将是无限多个正态随机变量之和，且这“和”也是正态随机变量。

这就证明，高斯随机过程经过线性系统后其输出过程仍为高斯过程。但要注意的是，由于线性系统的介入，与输入高斯过程相比，输出过程的数字特征已经改变了。

【例 3.8】 若 $\xi(t)$是平稳随机过程，自相关函数为 $R_\xi(\tau)$，试求它通过图 3.12 所示系统后的自相关函数及功率谱密度。

解 根据平稳随机过程的性质

$$R_\xi(\tau)\Leftrightarrow P_\xi(\omega)$$

另外由图 3.12 可得该系统的传递函数

$$H(\omega)=1+\mathrm{e}^{-\mathrm{j}\omega T}$$

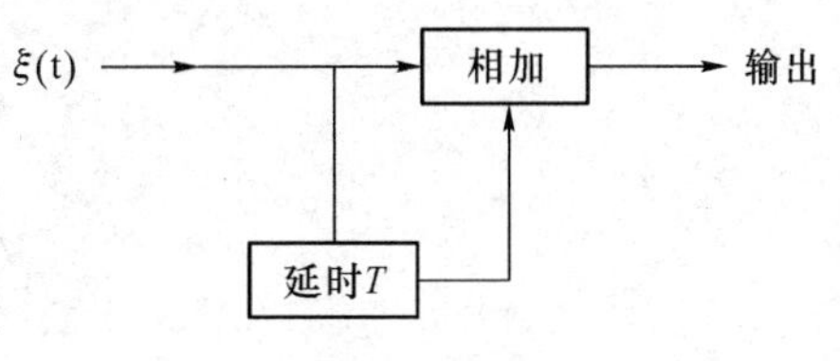

图 3.12 例 3.8 系统

因此输出过程的功率谱密度为

$$P_0(\omega)=|H(\omega)|^2\cdot P_\xi(\omega)=2P_\xi(\omega)(1+\cos\omega T)$$

而其自相关函数

$$
\begin{aligned}
R_0(\tau) &= \frac{1}{2\pi}\int_{-\infty}^{\infty} P_0(\omega)\mathrm{e}^{\mathrm{j}\omega\tau}\,\mathrm{d}\omega \\
&= \frac{1}{2\pi}\int_{-\infty}^{\infty} 2P_\xi(\omega)\,(1+\cos\omega T)\mathrm{e}^{\mathrm{j}\omega\tau}\,\mathrm{d}\omega \\
&= 2R_\xi(\tau) + R_\xi(\tau - T) + R_\xi(\tau + T)
\end{aligned}
$$

3.6.2 随机过程通过乘法器

在通信系统中，经常进行乘法运算，所以乘法器在通信系统中应用非常广泛，下面计算平稳随机过程通过乘法器后输出过程的功率谱密度。

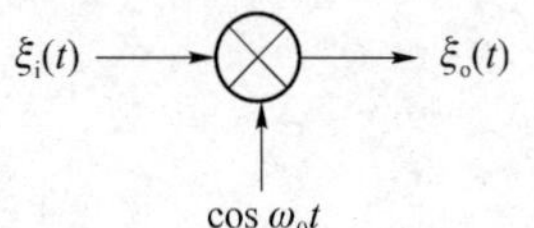

图 3.13　平稳随机过程通过乘法器

平稳随机过程通过乘法器的数学模型如图 3.13 所示。

设一平稳随机过程 $\xi_i(t)$ 和正弦波信号 $\cos\omega_0 t$ 同时通过乘法器，则其输出响应为

$$\xi_o(t)=\xi_i(t)\cos\omega_0 t \tag{3.6.10}$$

首先计算输出过程的自相关函数。由自相关函数的定义得

$$
\begin{aligned}
R_o(t,t+\tau) &= E[\xi_o(t)\xi_o(t+\tau)] \\
&= E[\xi_i(t)\xi_i(t+\tau)\cos\omega_0 t\cos\omega_0(t+\tau)] \\
&= \frac{E[\xi_i(t)\xi_i(t+\tau)]}{2}[\cos\omega_0\tau+\cos(2\omega_0 t+\omega_0\tau)] \\
&= \frac{R_i(\tau)}{2}[\cos\omega_0\tau+\cos(2\omega_0 t+\omega_0\tau)] \\
&= \frac{R_i(\tau)}{2}\cos\omega_0\tau+\frac{R_i(\tau)}{2}\cos(2\omega_0 t+\omega_0\tau)
\end{aligned} \tag{3.6.11}
$$

式(3.6.11)中，$R_i(\tau)=E[\xi_i(t)\xi_i(t+\tau)]$是输入平稳随机过程的自相关函数，它只与时间间隔 τ 有关。但由式(3.6.11)可知 $R_o(t,t+\tau)$是时间 t 的函数，故乘法器的输出过程不是平稳随机过程。

可以证明乘法器输出响应的功率谱为

$$P_{\xi_o}(\omega)=\frac{1}{4}[P_{\xi_i}(\omega+\omega_0)+P_{\xi_i}(\omega-\omega_0)] \tag{3.6.12}$$

小　结

本章首先对确知信号的分析作概要性的复习，然后重点讨论随机变量和平稳随机过程的统计特性，以及随机过程通过线性系统的基本分析方法。

信号的分类方法有多种，可以分为确知信号和随机信号、周期信号和非周期信号、能量信号和功率信号等。一般来说，能量有限的信号称为能量信号，平均功率有限的信号称为功

率信号。功率信号对应的频谱是功率谱，能量信号对应的频谱是能量谱。

确知信号可以从频域和时域两方面进行分析。频域分析常采用傅里叶分析法。时域分析主要包括卷积和相关函数。

随机信号的统计特性既可由其概率分布和概率密度函数表示，也可由其数字特征来描述。

我们定义随时间变化的无数个随机变量的集合为随机过程。随机过程的基本特征是：它是时间 t 的函数，但在任一确定时刻上的取值是不确定的，是一个随机变量；或者，可将它看成是一个事件的全部可能实现构成的总体，其中每个实现都是一个确定的时间函数，而随机性就体现在出现哪一个实现是不确定的。通信过程中的随机信号和噪声均可归纳为依赖于时间 t 的随机过程。通信系统中的信号和噪声都可以看成是随时间变化的随机过程。

随机过程的统计特征可通过它的概率分布或数字特征加以表述，其主要的数字特征有：数学期望（均值）、方差、相关函数和协方差函数。

若一个随机过程的统计特性与时间起点无关，则称其为严平稳随机过程（或狭义平稳随机过程）。若随机过程的均值和方差为常数，而自相关函数与时间的起点无关，仅与时间间隔 τ 有关，则称其为宽平稳随机过程（或广义平稳随机过程）。严平稳随机过程一定也是宽平稳随机过程。反之，宽平稳随机过程就不一定是严平稳随机过程。但对于高斯随机过程两者是等价的。在通信系统理论中讨论的大都是宽平稳随机过程，简称平稳随机过程。平稳随机过程一般具有各态历经性。

平稳随机过程的自相关函数与其功率谱密度之间互为傅里叶变换的关系。平稳随机过程通过线性系统后其输出过程仍然是平稳的。高斯过程通过线性系统后仍为高斯过程，但其数字特征发生了变化。平稳随机过程通过乘法器后其输出过程是非平稳随机过程。

一个均值为零的窄带平稳高斯噪声，它的同相分量 $n_c(t)$ 和正交分量 $n_s(t)$ 同样是平稳高斯过程，而且均值都为零，方差也相同。另外，同一时刻上得到的 n_c 及 n_s 是不相关的或统计独立的。

窄带高斯噪声的包络服从瑞利分布，随机相位服从均匀分布。

正弦波加窄带高斯噪声时的合成波包络服从广义瑞利分布（莱斯分布）。

思考题

1. 什么是确知信号？什么是随机信号？
2. 请分别说明能量信号和功率信号的特征。
3. 什么是随机过程？请说明随机过程几个主要数字特征的意义。
4. 随机过程的自相关函数有哪些性质？
5. 什么是高斯白噪声？它的概率密度函数、功率谱密度函数如何表示？
6. 高斯噪声和白噪声的区别？

7. 什么是窄带高斯噪声？它在波形上有什么特点？它的包络和相位各服从什么分布？

8. 窄带高斯噪声的同相分量和正交分量各具有什么样的统计特性？

9. 正弦波加窄带高斯噪声的合成波包络服从什么概率分布？

10. 什么是随机过程的各态历经性？

11. 随机过程通过线性系统时，系统输出功率谱密度和输入功率谱密度之间有什么关系？

12. 平稳随机过程通过乘法器后，输出过程是否仍是平稳随机过程？

习　题

3.1　已知均匀概率密度函数 $f(x)=\begin{cases}\dfrac{1}{2a}, & -a\leqslant x\leqslant a\\ 0, & \text{其他}\end{cases}$，试求其数学期望和方差。

3.2　设随机过程 $\xi(t)$可表示成 $\xi(t)=2\cos(2\pi t+\theta)$，式中 θ 是一个离散随机变量，且 $P(\theta=0)=1/2$，$P(\theta=\pi/2)=1/2$，试求 $E_\xi(1)$及 $R_\xi(0,1)$。

3.3　已知功率信号 $f(t)=A\cos(200\pi t)\sin(200\pi t)$，试求：

(1) 该信号的平均功率；

(2) 该信号的自相关函数；

(3) 该信号的功率谱密度。

3.4　若随机过程 $z(t)=m(t)\cos(\omega_0 t+\theta)$，其中，$m(t)$是宽平稳随机过程，且自相关函数 $R_{\mathrm{m}}(\tau)$为

$$R_{\mathrm{m}}(\tau)=\begin{cases}1+\tau & -1<\tau<0\\ 1-\tau & 0\leqslant\tau<1\\ 0 & \text{其他}\end{cases}$$

θ 是服从均匀分布的随机变量，它与 $m(t)$彼此统计独立。

(1) 证明 $z(t)$是宽平稳的；

(2) 绘出自相关函数 $R_z(\tau)$的波形；

(3) 求功率谱密度 $P_z(\omega)$及功率 S。

3.5　某随机过程 $X(t)=(\eta+\varepsilon)\cos\omega_0 t$，其中 η 和 ε 是均值为 0，方差为 $\sigma_\eta^2=\sigma_\varepsilon^2=2$ 的互不相关的随机变量，试求：

(1) $X(t)$的均值 $a_x(t)$；

(2) 自相关 $R_x(t_1,t_2)$；

(3) 是否宽平稳？

3.6　某平稳随机过程 $X(t)$的自相关函数 $R_X(\tau)$如图 P3.1 所示。试求：

(1) $E[X(t)]$；

(2) 均方值 $E[X^2(t)]$；

(3) 方差 σ_x^2。

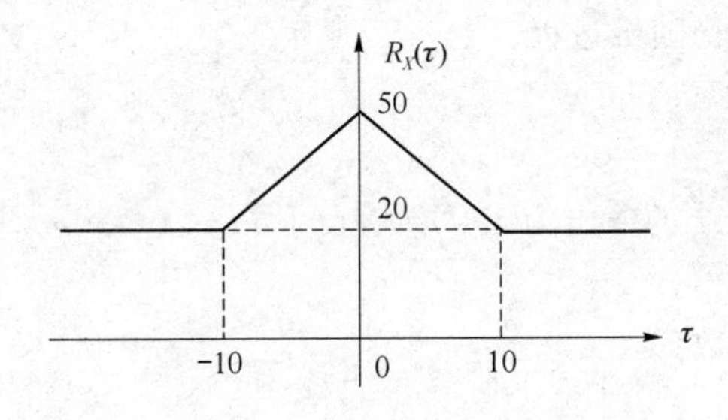

图 P3.1

3.7　已知平稳随机过程 $X(t)=A_0+A_1\cos(\omega_1 t+\theta)$，式中，$A_0$、$A_1$ 是常数，θ 是在区间 $(0,2\pi)$ 上的均匀分布的随机变量。

(1) 试求 $X(t)$ 的自相关函数 $R(\tau)$；

(2) 试求 $R(0)$、直流功率、交流功率、功率谱密度。

3.8　将一个均值为零，功率谱密度为 $\frac{n_0}{2}$ 的高斯白噪声加到一个中心频率为 f_c、带宽为 B 的理想带通滤波器(BPF)上，如图 P3.2 所示。试求：

(1) 滤波器输出噪声的功率谱密度；

(2) 滤波器输出噪声的自相关函数；

(3) 滤波器输出噪声的一维概率密度函数。

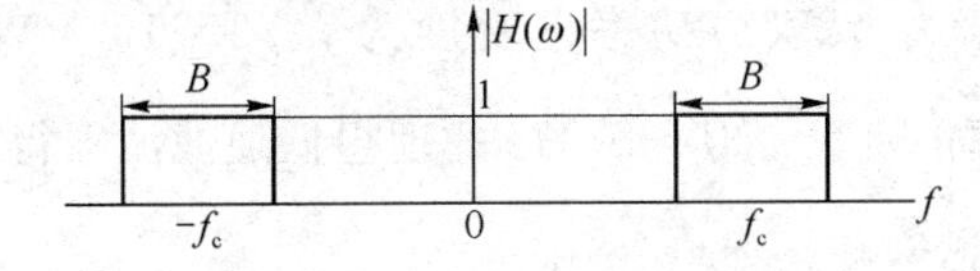

图 P3.2　带通滤波器的幅频特性

3.9　平稳随机过程 $X(t)$ 的功率谱如图P3.3所示。

(1) 确定并画出 $X(t)$ 的自相关函数 $R_X(\tau)$；

(2) 求 $X(t)$ 所含直流功率；

(3) 求 $X(t)$ 所含交流功率。

3.10　设 RC 低通滤波器如图 P3.4 所示，求当输入均值为 0、功率谱密度为 $n_0/2$ 的白噪声时，输出过程的功率谱密度和自相关函数。

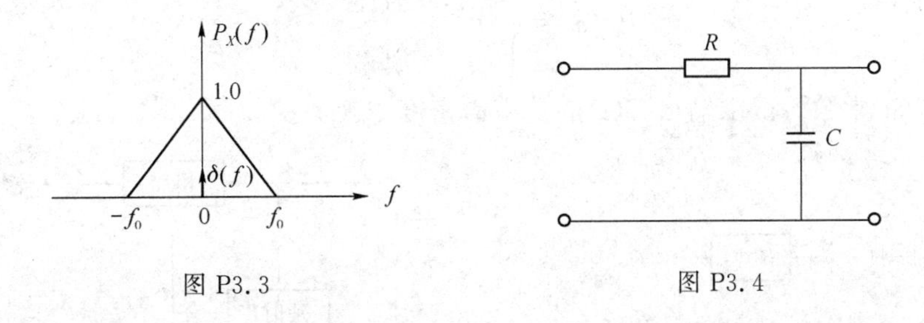

图 P3.3　　图 P3.4

3.11　平稳随机过程 $X(t)$ 的均值为 1，方差为 2，现有另一个随机过程 $Y(t)=2+3X(t)$，试求：

(1) $Y(t)$是否为宽平稳随机过程;

(2) $Y(t)$的总平均功率;

(3) $Y(t)$的方差。

3.12 已知某线性系统的输出为$Y(t)=X(t+a)-X(t-a)$,这里输入$X(t)$是平稳过程。试求:

(1) $Y(t)$的自相关函数;

(2) $Y(t)$的功率谱。

3.13 设$Y(t)=X(t)\cos(\omega_0 t+\theta)$,其中,$\omega_0$是常数,$\theta$是在区间$[0,2\pi]$上均匀分布的随机变量,$X(t)$是均值为0、方差为$\sigma_X^2$的平稳随机过程,且$X(t)$与$\theta$统计独立。

(1) $Y(t)$是否宽平稳?

(2) 求$Y(t)$的功率谱密度。

3.14 已知一随机信号$X(t)$的双边功率谱密度为

$$P_X(f)=\begin{cases}10^{-5}f^2, & -10\text{ kHz}<f<10\text{ kHz}\\ 0, & \text{其他}\end{cases}$$

试求其平均功率。

3.15 某平稳随机过程的功率谱为$n_0/2=10^{-10}$ W/Hz,加于冲激响应为$h(t)=5\mathrm{e}^{-5t}u(t)$的线性滤波器的输入端。求输出的自相关函数$R_Y(\tau)$及功率谱$P_Y(\omega)$,以及总的平均功率$S_Y$。

3.16 设$n(t)$是均值为0、双边功率谱密度为$n_0/2=10^{-6}$ W/Hz的白噪声,$y(t)=\frac{\mathrm{d}n(t)}{\mathrm{d}t}$,将$y(t)$通过一个截止频率为$B=10$ Hz的理想低通滤波器得到$y_o(t)$,求:

(1) $y(t)$的双边功率谱密度;

(2) $y_o(t)$的平均功率。

3.17 已知平稳白高斯噪声的功率谱密度为$n_0/2$。此噪声经过一个冲激响应为$h(t)$的线性系统成为$y(t)$。若已知$h(t)$的能量为E,求$y(t)$的功率。

3.18 如图P3.5所示的线性时不变系统中,系统的频率响应$|H(\omega)|=3$,输入$X(t)$与$Y(t)$是均值为0又互不相关的平稳随机过程,且已知$X(t)$的自相关函数为

$$R_X(\tau)=2\pi\alpha\cdot\mathrm{e}^{-\beta|\tau|},\quad -\infty<\tau<+\infty$$

式中,α和β为正常数。而$Y(t)$的功率谱密度为

$$P_Y(\omega)=\begin{cases}\frac{b}{2W}, & |\omega|\leqslant W\\ 0, & \text{其他}\end{cases}$$

式中,b、W为正常数。试求输出$Z(t)$的功率谱密度$P_Z(\omega)$。

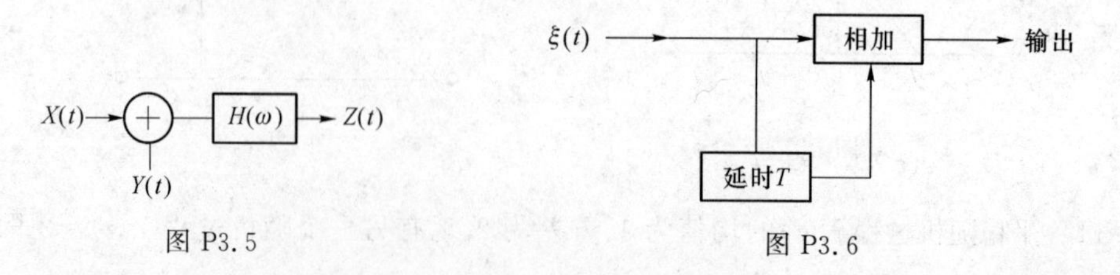

图 P3.5　　图 P3.6

3.19　正弦波 $A\cos\omega_c t$ 加窄带高斯噪声 $n_i(t)$ 通过乘法器后，再经过一低通滤波器输出 $Y(t)$，如图 P3.7 所示。$Y(t)=s_o(t)+n_o(t)$，其中 $s_o(t)$ 是与 $A\cos\omega_c t$ 对应的输出，$n_o(t)$ 是与 $n_i(t)$ 对应的输出。其中，$n_i(t)=n_c(t)\cos\omega_c t-n_s(t)\sin\omega_c t$，其均值为 0，方差为 σ_n^2，且 $n_c(t)$ 和 $n_s(t)$ 的带宽与低通滤波器带宽相同。

(1) 若 θ 为常数，求 $s_o(t)$ 和 $n_o(t)$ 的平均功率之比；

(2) 若 θ 是与 $n_i(t)$ 独立的均值为零的高斯随机变量，其方差为 σ^2，求 $s_o(t)$ 和 $n_o(t)$ 的平均功率之比。

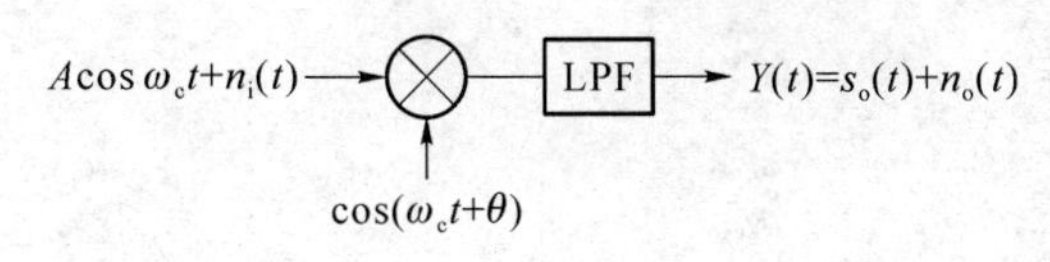

图 P3.7

模拟调制系统

4.1 引　言

从语音、音乐、图像等信息源直接转换得到的电信号是频率很低的电信号，其频谱特点是含有丰富的低频分量，甚至直流分量。如电话信号的频率范围在300～3 400 Hz，称这种信号为基带信号。通常基带信号不宜直接在信道中传输，因此在通信系统的发端需将基带信号的频谱搬移（调制）到适合信道传输的频率范围内，而在收端，再将它们搬移（解调）到原来的频率范围，这就是调制和解调。

所谓调制就是使基带信号（调制信号）控制载波的某个（或几个）参数，使这一（或几个）参数按照基带信号的变化规律而变化的过程。调制后所得到的信号称为已调信号或频带信号。

调制和解调在通信系统中是一个极为重要的组成部分，经过以后的分析，可以知道一个通信系统的性能在很大程度上由调制方式决定。因此在详细讨论各种调制方式以前，本节先介绍调制在通信系统中的作用、调制的分类、调制系统中需要讨论的主要问题等。

4.1.1 调制在通信系统中的作用

(1) 调制是为了使天线容易辐射。为了充分发挥天线的辐射能力，一般要求天线的尺寸和发送信号的波长在同一个数量级。例如常用天线的长度为1/4波长，如果把基带信号直接通过天线发射，那么天线的长度将为几十到几百 km 的数量级，显然这样的天线是无法实现的。因此为了使天线容易辐射，一般都把基带信号调制到较高的频率（一般调制到几百 kHz 到几百 MHz，甚至更高的频率）。

(2) 通过调制可以把基带信号的频谱搬移到载波频率附近，即将基带信号变换为带通信号。选择不同的载波频率，就可以将信号的频谱搬移到希望的频段上。这样的频谱搬移或是为了适应信道传输的要求，或是为了将多个信号合并起来进行多路传输。

(3) 通过调制可以提高信号通过信道传输时的抗干扰能力。同时，调制不仅影响抗干扰能力，还和传输效率有关。具体地说就是不同的调制方式，在提高传输的有效性和可靠性方面各有优势。如调频广播系统，采用频率调制技术，付出多倍带宽的代价，但抗干扰能力强，其音质比只占 10 kHz 带宽的调幅广播要好得多。作为提高可靠性的一个典型系统的扩频通信，它是以大大扩展信号传输带宽，达到有效抗拒外部干扰和短波信道多径衰落的特殊调制方式。

4.1.2 调制的分类

调制的实质是进行频谱搬移，把携带消息的基带信号的频谱搬移到较高的频率范围。经过调制后的已调信号应该具有两个基本特征：一是仍然携带有消息；二是适合于信道传输。调制的模型如图 4.1 所示，其中 $m(t)$ 为基带信号（调制信号），$C(t)$ 为载波信号，$S_M(t)$ 为已调信号。

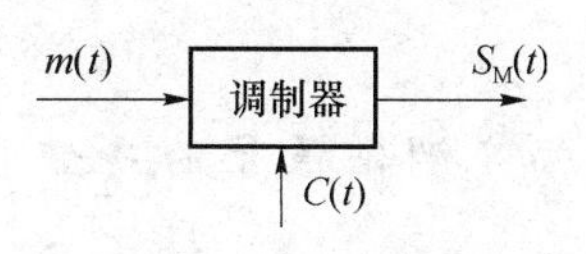

图 4.1　调制器模型

根据不同的 $m(t)$、$C(t)$和不同的调制器功能，可将调制分类如下。

1. 根据 m(t) 的不同

(1) 模拟调制：调制信号 $m(t)$为连续变化的模拟量，通常以单音正弦波为代表。

(2) 数字调制：调制信号 $m(t)$为离散的数字量，通常以二进制数字脉冲为代表。

2. 根据 C(t)的不同

(1) 连续载波调制：载波信号 $C(t)$为连续波形，通常以单频正弦波为代表。

(2) 脉冲载波调制：载波信号 $C(t)$为脉冲波形，通常以矩形周期脉冲为代表。

3. 根据调制器功能的不同

(1) 幅度调制：调制信号 $m(t)$改变载波信号 $C(t)$的振幅参数，如调幅(AM)、振幅键控(ASK)等。

(2) 频率调制：调制信号 $m(t)$改变载波信号 $C(t)$的频率参数，如调频(FM)、频率键控(FSK)等。

(4) 相位调制：调制信号 $m(t)$改变载波信号 $C(t)$的相位参数，如调相(PM)、相位键控(PSK)等。

4. 根据调制器频谱搬移特性的不同

(1) 线性调制：输出已调信号 $S_M(t)$ 的频谱和调制信号 $m(t)$ 的频谱之间呈线性搬移关系，如 AM、单边带调制(SSB)等。

(2) 非线性调制：输出已调信号 $S_M(t)$的频谱和调制信号 $m(t)$的频谱之间没有线性

对应关系。即在输出端含有与调制信号频谱不呈线性对应关系的频谱成分,如FM、FSK等。

本章主要研究各种模拟调制的产生、波形和频谱、调制与解调原理以及系统的抗干扰性能。

4.2 线性调制的原理

4.2.1 幅度调制

1. 幅度调制信号的产生

幅度调制(AM)是指用调制信号去控制高频载波的幅度,使其随调制信号呈线性变化的过程。AM信号的产生模型如图4.2所示。

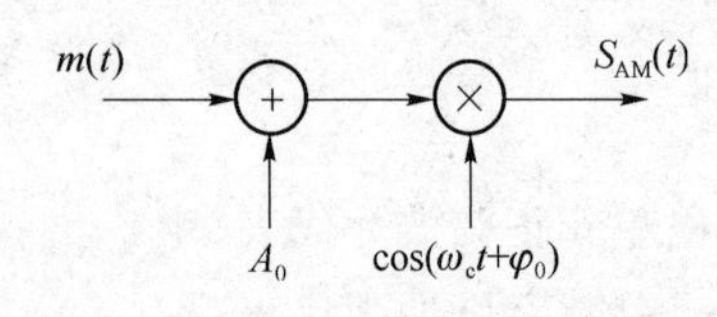

图4.2 AM信号的产生

图4.2中,$m(t)$为基带信号,它可以是确知信号,也可以是随机信号,但通常认为平均值为0。A_0为外加的直流分量,如果基带信号中有直流分量,也可以把基带信号中的直流分量归到A_0。载波为(设载波的初始相位$\varphi_0=0$)

$$C(t)=\cos \omega_c t \tag{4.2.1}$$

其中,ω_c为载波角频率。

由图4.2可得AM的时域表达式为

$$S_{AM}(t)=[A_0+m(t)]\cos \omega_c t \tag{4.2.2}$$

$m(t)$和$S_{AM}(t)$的波形如图4.3所示。

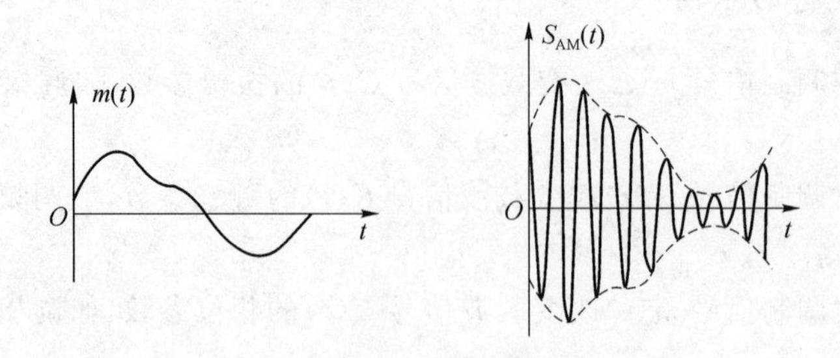

图4.3 $m(t)$和$S_{AM}(t)$的波形图

2. 调制信号为确知信号时AM信号的频谱特性

虽然实际模拟基带信号$m(t)$是随机的,但还是从简单入手,先考虑$m(t)$是确知信号时AM信号的傅里叶频谱,然后再分析$m(t)$是随机信号时调幅信号的功率谱密度。

由式(4.2.2)可知

$$S_{AM}(t)=[A_0+m(t)]\cos\omega_c t=A_0\cos\omega_c t+m(t)\cos\omega_c t$$

设 $m(t)$ 的频谱函数为 $M(\omega)$，由傅里叶变换的理论可得已调信号 $S_{AM}(t)$ 的频谱函数为

$$S_{AM}(\omega)=\pi A_0[\delta(\omega-\omega_c)+\delta(\omega+\omega_c)]+\frac{1}{2}[M(\omega-\omega_c)+M(\omega+\omega_c)] \tag{4.2.3}$$

图4.4所示为基带信号和已调AM信号的频谱图。

由图4.3和图4.4可以看出，第一，AM波的频谱与基带信号的频谱呈线性关系，只是将基带信号的频谱搬移到 $\pm\omega_c$ 处，并没有产生新的频率成分，因此AM调制属于线性调制；第二，AM信号波形的包络与基带信号 $m(t)$ 成正比，所以AM信号的解调既可采用相干解调，也可采用非相干解调(包络检波)。但为了使非相干解调时不发生失真，必须满足 $A_0+m(t)\geqslant 0$ 或 $|m(t)|_{\max}\leqslant A_0$，否则，就会出现过调制现象，即在 $A_0+m(t)=0$ 处使载波相位产生180°的反转，因而形成包络失真。第三，AM的频谱中含有载频和上、下两个边带，无论是上边带还是下边带，都含有原调制信号的完整信息，故已调波的带宽是原基带信号带宽的两倍，即

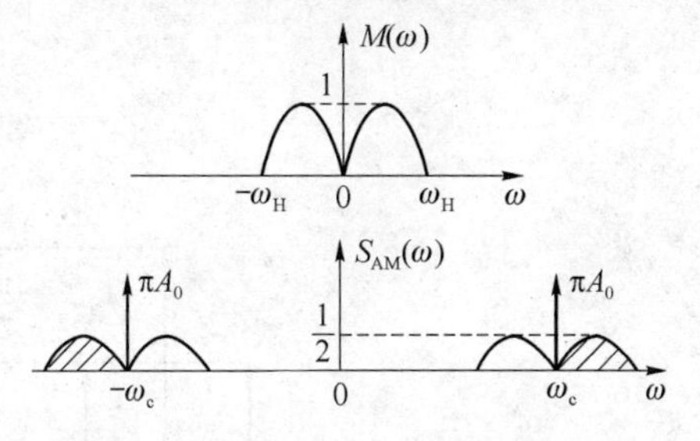

图4.4　$m(t)$ 和 $S_{AM}(t)$ 的频谱图

$$B_{AM}=2f_H \tag{4.2.4}$$

式中，f_H 为调制信号的最高频率。

【例4.1】 设 $m(t)$ 为正弦信号，即

$$m(t)=A_m\cos\omega_m t$$

式中，A_m 为调制信号振幅；ω_m 为调制信号角频率。试求已调信号 $S_{AM}(t)$ 的时域和频域表达式、波形和频谱图。

解　由式(4.2.2)可得

$$\begin{aligned}S_{AM}(t)&=[A_0+m(t)]\cos\omega_c t\\&=[A_0+A_m\cos\omega_m t]\cos\omega_c t\\&=A_0[1+\beta_{AM}\cos\omega_m t]\cos\omega_c t\end{aligned}$$

式中，$\beta_{AM}=A_m/A_0$，称为调制指数或调幅系数。为了避免过调，必须使 $\beta_{AM}\leqslant 1$。

$m(t)$ 的傅里叶变换为

$$M(\omega)=\pi A_m[\delta(\omega-\omega_m)+\delta(\omega+\omega_m)]$$

则由式(4.2.3)可得

$$S_{AM}(\omega)=\pi A_0[\delta(\omega-\omega_c)+\delta(\omega+\omega_c)]+\frac{\pi A_m}{2}[\delta(\omega-\omega_c-\omega_m)+\delta(\omega-\omega_c+\omega_m)]+$$
$$\frac{\pi A_m}{2}[\delta(\omega+\omega_c-\omega_m)+\delta(\omega+\omega_c+\omega_m)]$$

其波形和频谱如图4.5所示。

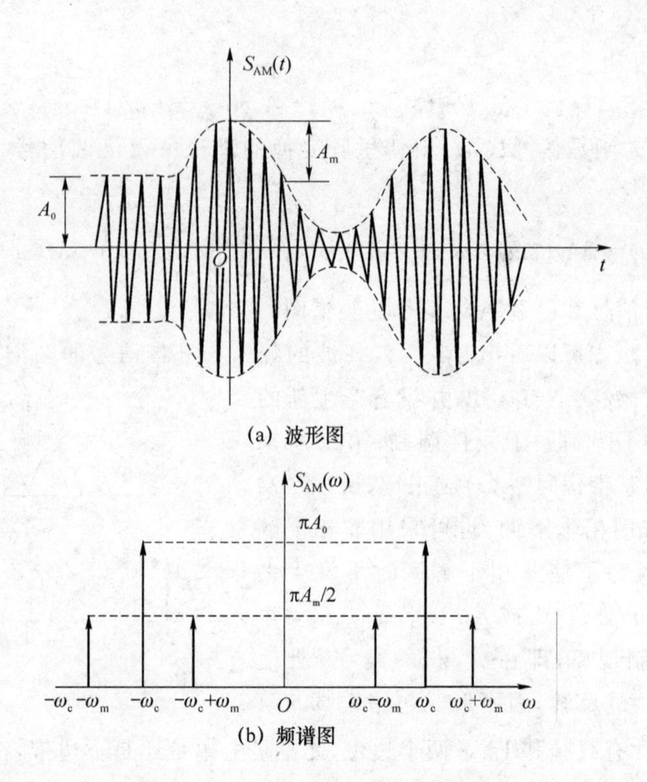

图 4.5 $S_{AM}(t)$ 的波形图和频谱图

3. AM 信号的功率分配与调制效率

AM 信号在 1 Ω 电阻上的平均功率应等于 $S_{AM}(t)$ 的均方值。当 $m(t)$ 为确知信号并且其平均值为 0，即$\overline{m(t)}=0$，则 $S_{AM}(t)$ 的均方值即为其平方的时间平均，即

$$\begin{aligned} S_{AM} &= \lim_{T\to\infty}\frac{1}{T}\int_{-\frac{T}{2}}^{\frac{T}{2}} S_{AM}^2(t)\,dt = \overline{S_{AM}^2(t)} \\ &= \overline{[A_0+m(t)]^2\cos^2\omega_c t} = \frac{A_0^2}{2}+\frac{\overline{m^2(t)}}{2} \\ &= S_c + S_{边} \end{aligned} \tag{4.2.5}$$

式中

$$S_c=\frac{A_0^2}{2} \tag{4.2.6}$$

为不携带信息的载波功率；

$$S_{边}=\frac{\overline{m^2(t)}}{2} \tag{4.2.7}$$

为携带信息的边带功率。

可见，AM 调幅波的平均功率由不携带信息的载波功率与携带信息的边带功率两部分组成，所以涉及到调制效率的概念。

定义边带功率 $S_{边}$ 与 S_{AM} 的比值为调制效率，记为 η_{AM}，即

$$\eta_{AM}=\frac{S_{边}}{S_{AM}}=\frac{\overline{m^2(t)}}{A_0^2+\overline{m^2(t)}} \tag{4.2.8}$$

显然,AM 信号的调制效率总是小于 1 的。下面看一个具体例子,以便对 η_{AM} 有一个量的概念。

【例 4.2】 设 $m(t)$ 为正弦信号,进行 100%的标准调幅,求此时的调制效率。

解 依题意可设 $m(t)=A_m\cos\omega_m t$,而 100%调制就是 $\beta_{AM}=1$ 的调制,即 $A_0=A_m$,因此

$$\overline{m^2(t)}=\frac{A_m^2}{2}=\frac{A_0^2}{2}$$

$$\eta_{AM}=\frac{\overline{m^2(t)}}{A_0^2+\overline{m^2(t)}}=\frac{1}{3}=33.3\%$$

可见,正弦波作 100%调制时,调制效率仅为 33.3%。

综上所述,AM 信号的总功率包括载波功率和边带功率两部分。只有边带功率才与调制信号有关。也就是说,载波分量不携带信息,所以,调制效率低是 AM 调制的一个最大缺点。如果抑制载波分量的传送,则可演变出另一种调制方式,即抑制载波双边带调制。AM 调制的优点是可用包络检波法解调,不需要本地同步载波信号,设备简单。

4. 调制信号为随机信号时 AM 信号的频谱特性

前面讨论了调制信号为确知信号时已调信号的频谱。在一般情况下,调制信号常常是随机信号,如语音信号。此时,已调信号的频谱特性必须用功率谱密度来表示。

在通信系统中,所遇到的调制信号通常被认为是具有各态历经性的宽平稳随机过程。这里假设 $m(t)$ 是均值为零、具有各态历经性的平稳随机过程,其统计平均与时间平均是相同的。由 3.6 节知,AM 已调信号是非平稳随机过程,经分析可得

$$P_{AM}(\omega)=\frac{\pi A_0^2}{2}[\delta(\omega-\omega_c)+\delta(\omega+\omega_c)]+\frac{1}{4}[P_m(\omega-\omega_c)+P_m(\omega+\omega_c)] \tag{4.2.9}$$

式中,$P_m(\omega)$ 为调制信号 $m(t)$ 的功率谱密度。由式(4.2.9)可以看出,AM 信号的功率谱是将模拟基带信号的功率谱线性搬移到载频上,所以称幅度调制为线性调制。

由功率谱密度可以求出已调信号的平均功率

$$S_{AM}=\frac{1}{2\pi}\int_{-\infty}^{\infty}P_{AM}(\omega)\mathrm{d}\omega=S_c+S_{边} \tag{4.2.10}$$

其中

$$S_c=\frac{1}{2\pi}\int_{-\infty}^{\infty}\frac{\pi A_0^2}{2}[\delta(\omega-\omega_c)+\delta(\omega+\omega_c)]\mathrm{d}\omega=\frac{1}{2}A_0^2 \tag{4.2.11}$$

$$S_{边}=\frac{1}{2\pi}\int_{-\infty}^{\infty}\frac{1}{4}[P_m(\omega-\omega_c)+P_m(\omega+\omega_c)]\mathrm{d}\omega=\frac{1}{4\pi}\int_{-\infty}^{\infty}P_m(\omega)\mathrm{d}\omega=\frac{1}{2}\overline{m^2(t)} \tag{4.2.12}$$

比较式(4.2.11)和式(4.2.6)以及式(4.2.12)和式(4.2.7)可见,在调制信号为确知信号和随机信号两种情况下,分别求出的已调信号功率表达式是相同的。考虑到本章模拟通信系统的抗噪声能力是由信号平均功率和噪声平均功率之比(信噪比)来度量。因此,为了后面分析问题的简便,均假设调制信号(基带信号)为确知信号。

4.2.2 双边带调制

1. 双边带(DSB)信号的产生、频谱及带宽

在AM信号中,载波分量并不携带信息,信息完全由边带传送。如果将载波抑制,只需在图4.2中将直流 A_0 去掉,即可输出抑制载波双边带信号,简称双边带(DSB)信号。

在式(4.2.2)中,令 $A_0=0$,便得到DSB信号的时域表达式

$$S_{\mathrm{DSB}}(t)=m(t)\cos\omega_c t \tag{4.2.13}$$

$m(t)$ 和 $S_{\mathrm{DSB}}(t)$ 的波形如图4.6所示。

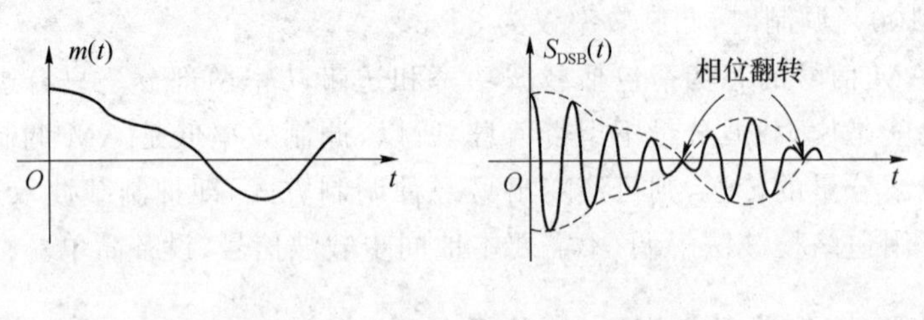

(a) 基带信号 $m(t)$　　(b) 已调信号 $S_{\mathrm{DSB}}(t)$

图4.6　$m(t)$ 和 $S_{\mathrm{DSB}}(t)$ 的信号波形

当调制信号 $m(t)$ 为确知信号时,设 $m(t)$ 的频谱为 $M(\omega)$,将式(4.2.13)进行傅里叶变换得到DSB信号的频谱

$$S_{\mathrm{DSB}}(\omega)=\frac{1}{2}[M(\omega-\omega_c)+M(\omega+\omega_c)] \tag{4.2.14}$$

图4.7所示为基带信号和已调DSB信号的频谱图。

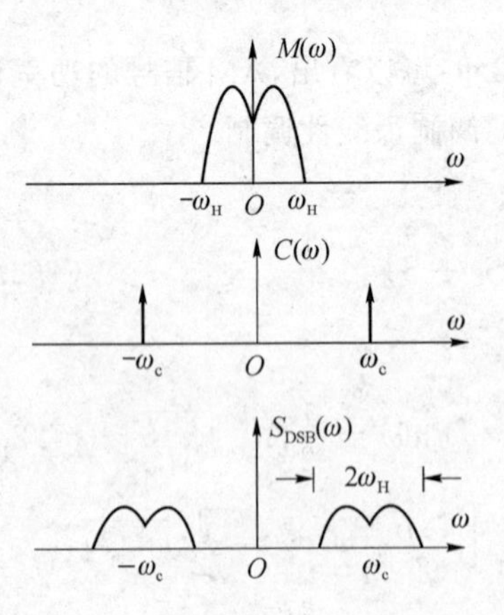

图4.7　$m(t)$ 和 $S_{\mathrm{DSB}}(t)$ 的频谱图

由图4.6和图4.7可见,第一,$S_{\mathrm{DSB}}(t)$ 波形包络不再与 $m(t)$ 的形状相同,而是按 $|m(t)|$ 的规律变化。这就是说,信息包含在幅度和相位两者之中。因此,在接收端恢复 $m(t)$ 时必须同时提取幅度信息和相位信息。所以DSB信号的解调必须采用相干解调(同步解调),而不能采用非相干解调(包络检波)。第二,除不再含有载频分量离散谱外,DSB信号的频谱与AM信号的频谱完全相同,仍由上下对称的两个边带组成。所以DSB信号的带宽与AM信号的带宽相同,也为基带信号带宽的两倍,即

$$B_{\mathrm{DSB}}=B_{\mathrm{AM}}=2f_{\mathrm{H}} \tag{4.2.15}$$

式中,f_{H} 为调制信号的最高频率。

2. DSB信号的功率分配及调制效率

由于不再包含载波成分,因此,DSB信号的功率就等于边带功率,是调制信号功率的一

半，即

$$S_{DSB}=\overline{S_{DSB}^2(t)}=S_{边}=\frac{1}{2}\overline{m^2(t)} \tag{4.2.16}$$

式中，$S_{边}$为边带功率，显然，DSB信号的调制效率为100％。

4.2.3 单边带调制

DSB信号虽然节省了载波功率，调制效率提高了，但它的频带宽度仍是调制信号带宽的两倍，与AM信号带宽相同。由于DSB信号的上、下两个边带是完全对称的，它们都携带了调制信号的全部信息，因此仅传输其中一个边带即可，这是单边带调制能解决的问题。

产生单边带(SSB)信号的方法有很多，其中最基本的方法有滤波法和相移法。

1. SSB信号的产生

(1) 用滤波法形成单边带信号

由于单边带调制只传送双边带调制信号的一个边带。因此产生单边带信号的最直观的方法是让双边带信号通过一个单边带滤波器，滤除不要的边带，即可得到单边带信号。这种方法称为滤波法，它是最简单的也是最常用的方法。滤波法产生SSB信号的数学模型如图4.8所示。

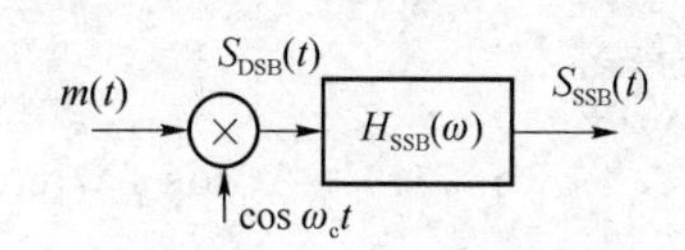

图4.8 SSB信号的滤波法产生

由图4.8可见，只需将滤波器$H_{SSB}(\omega)$设计成如图4.9所示的理想高通特性$H_{USB}(\omega)$或理想低通特性$H_{LSB}(\omega)$，就可以分别得到上边带信号和下边带信号。

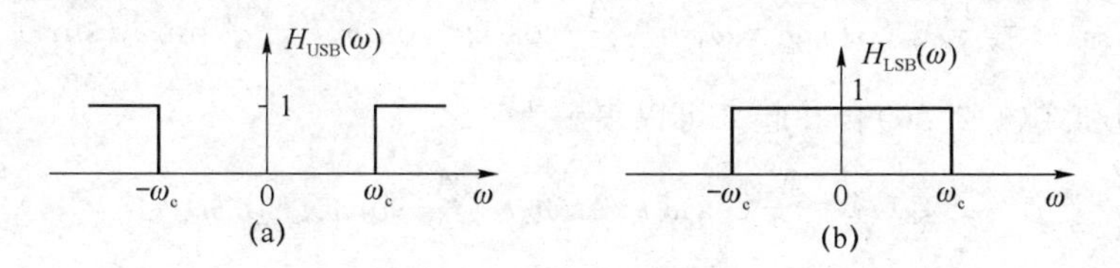

图4.9 形成SSB信号的滤波特性

显然，SSB信号的频谱可表示为

$$S_{SSB}(\omega)=S_{DSB}(\omega)H_{SSB}(\omega)=\frac{1}{2}[M(\omega+\omega_c)+M(\omega-\omega_c)]H_{SSB}(\omega) \tag{4.2.17}$$

用滤波法形成SSB信号的技术难点是：由于一般调制信号都具有丰富的低频成分，经调制后得到的DSB信号的上、下边带之间的间隔很窄，这就要求单边带滤波器在f_c附近具有陡峭的截止特性，才能有效地抑制一个无用的边带。这就使滤波器的设计和制作很困难，有时甚至难以实现。为此，在工程中往往采用多级调制滤波的方法，即在低载频上形成单边带信号，然后通过变频将频谱搬移到更高的载频。实际上，频谱搬移可以连续分几步进行，直至达到所需的载频为止,如图4.10所示。

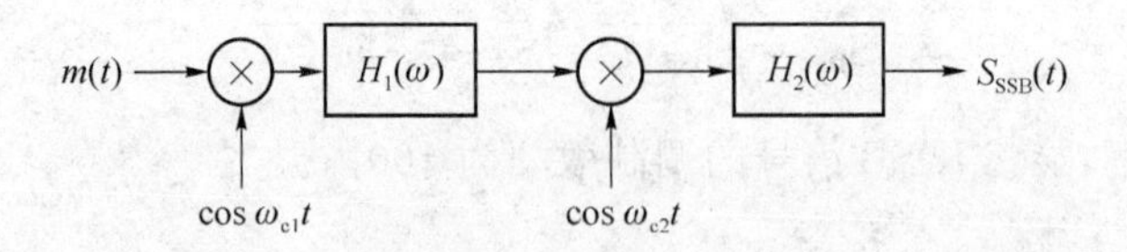

图4.10 滤波法产生SSB的多级频率搬移过程

多级调制滤波法对于基带信号为话音或音乐时比较合适,因为它们频谱中的低频成分很小或没有。但对图像信号,滤波法就不太适用了,因为它的频谱低端接近零频,而且低频端的幅度也比较大,如果仍用边带滤波器来滤出有用边带,抑制无用边带就更为困难了,这时容易引起单边带信号本身的失真;另一方面,在多路复用时,也容易产生对邻路的干扰,影响通信质量。因此需要采用其他的方法形成SSB信号,下面我们介绍相移法。

(2) 用相移法形成SSB信号

① SSB信号的时域表达式

单边带信号的时域表达式的推导比较困难,一般需借助希尔伯特变换来表述。但可以从简单的单频调制出发,得到SSB信号的时域表达式,然后再推广到一般表示式。

设单频调制信号 $m(t)=A_m\cos\omega_m t$,载波为 $c(t)=\cos\omega_c t$,则双边带信号的时域表达式为

$$S_{DSB}(t)=A_m\cos\omega_m t\cos\omega_c t=\frac{1}{2}A_m\cos(\omega_c+\omega_m)t+\frac{1}{2}A_m\cos(\omega_c-\omega_m)t \quad (4.2.18)$$

式(4.2.18)中,保留上边带的单边带调制信号为

$$S_{USB}(t)=\frac{1}{2}A_m\cos(\omega_c+\omega_m)t=\frac{A_m}{2}(\cos\omega_c t\cos\omega_m t-\sin\omega_c t\sin\omega_m t) \quad (4.2.19)$$

式(4.2.18)中,保留下边带的单边带调制信号为

$$S_{LSB}(t)=\frac{1}{2}A_m\cos(\omega_c-\omega_m)t=\frac{A_m}{2}\cos\omega_c t\cos\omega_m t+\frac{A_m}{2}\sin\omega_c t\sin\omega_m t \quad (4.2.20)$$

将式(4.2.19)和式(4.2.20)合并起来可以表示为

$$S_{SSB}(t)=\frac{A_m}{2}\cos\omega_c t\cos\omega_m t\mp\frac{A_m}{2}\sin\omega_c t\sin\omega_m t \quad (4.2.21)$$

式中,“-”表示上边带信号,“+”表示下边带信号。

$A_m\sin\omega_c t$ 可以看成是 $A_m\cos\omega_c t$ 相移 $-\pi/2$,而幅度大小保持不变。这种变换称为希尔伯特变换,记为“ ∧ ”,即 $A_m\hat{\cos}\,\omega_c t=A_m\sin\omega_c t$。

上述关系虽然是在单频调制下得到的,但是它不失一般性,因为任一个基带信号波形总可以表示成许多正弦信号之和。因此,将上述表示方法运用到式(4.2.21),就可以得到调制信号为任意信号的SSB信号的时域表达式

$$S_{SSB}(t)=\frac{1}{2}m(t)\cos\omega_c t\mp\frac{1}{2}\hat{m}(t)\sin\omega_c t \quad (4.2.22)$$

式中,$\hat{m}(t)$ 是 $m(t)$ 的希尔伯特变换。

为更好地理解单边带信号,这里有必要简要叙述希尔伯特变换的概念及其性质。

② 希尔伯特变换

设 $f(t)$ 为实函数，称 $\frac{1}{\pi}\int_{-\infty}^{\infty}\frac{f(\tau)}{t-\tau}d\tau$ 为 $f(t)$ 的希尔伯特变换，记为

$$\hat{f}(t)=H[f(t)]=\frac{1}{\pi}\int_{-\infty}^{\infty}\frac{f(\tau)}{t-\tau}d\tau \tag{4.2.23}$$

其逆变换为

$$f(t)=H^{-1}[\hat{f}(t)]=-\frac{1}{\pi}\int_{-\infty}^{\infty}\frac{\hat{f}(\tau)}{t-\tau}d\tau \tag{4.2.24}$$

由卷积的定义

$$f_1(t)*f_2(t)=\int_{-\infty}^{\infty}f_1(\tau)f_2(t-\tau)d\tau \tag{4.2.25}$$

不难得出希尔伯特变换的卷积形式

$$\hat{f}(t)=f(t)*\frac{1}{\pi t} \tag{4.2.26}$$

由式(4.2.26)可见，希尔伯特变换相当于让 $f(t)$ 通过一个冲激响应为 $h_h(t)=\frac{1}{\pi t}$ 的线性网络，其等效系统模型如图 4.11 所示。

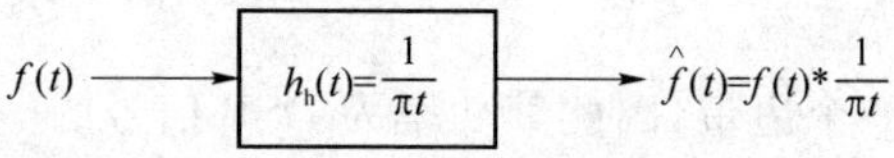

$$f(t) \longrightarrow \boxed{h_h(t)=\frac{1}{\pi t}} \longrightarrow \hat{f}(t)=f(t)*\frac{1}{\pi t}$$

图 4.11　希尔伯特变换等效系统

又因为

$$\frac{1}{\pi t}\Leftrightarrow -\text{jsgn}\,\omega \tag{4.2.27}$$

所以可得

$$H_h(\omega)=-\text{jsgn}\,\omega=\begin{cases}-\text{j}, & \omega>0\\ \text{j}, & \omega<0\end{cases} \tag{4.2.28}$$

由 $e^{-j\pi/2}=-j$ 和 $e^{j\pi/2}=j$ 可以看出，希尔伯特变换实质上是一个理想相移网络，在 $\omega>0$ 域相移 $-\pi/2$（在 $\omega<0$ 域相移 $\pi/2$），而信号的幅度保持不变。可以称传输函数 $H_h(\omega)$ 为希尔伯特滤波器。

希尔伯特变换及其以下性质对于分析单边带信号是十分有用的。

a. $H[\cos(\omega_c t+\varphi)]=\sin(\omega_c t+\varphi)$　(4.2.29)

b. $H[\sin(\omega_c t+\varphi)]=-\cos(\omega_c t+\varphi)$　(4.2.30)

c. 若 $f(t)$ 的频带限于 $|\omega|\leqslant\omega_c$，则有

$$\begin{aligned}H[f(t)\cos\omega_c t]&=f(t)\sin\omega_c t\\ H[f(t)\sin\omega_c t]&=-f(t)\cos\omega_c t\end{aligned} \tag{4.2.31}$$

由式(4.2.22)可画出单边带调制相移法的模型，如图 4.12 所示。

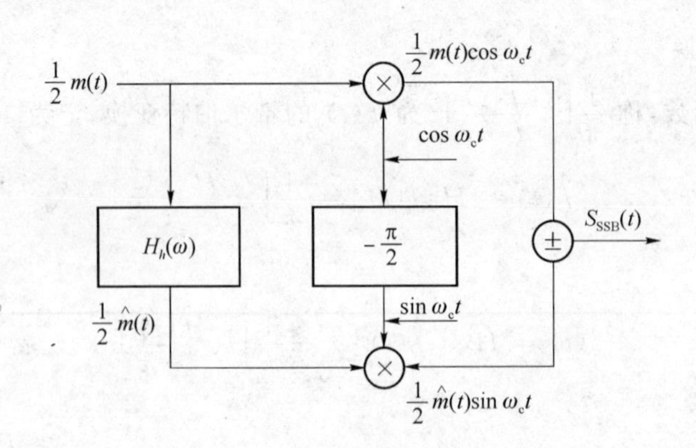

图 4.12　相移法形成 SSB 信号

2. SSB 信号的带宽、功率和调制效率

由于 SSB 信号的频谱是 DSB 信号频谱的一个边带,其带宽为 DSB 信号的一半,与基带信号带宽相同,即

$$B_{SSB}=\frac{1}{2}B_{DSB}=f_H \tag{4.2.32}$$

式中,f_H为调制信号的最高频率。

由于 SSB 信号仅包含一个边带,因此其功率为 DSB 信号的一半,即

$$S_{SSB}=\frac{1}{2}S_{DSB}=\frac{1}{4}\overline{m^2(t)} \tag{4.2.33}$$

当然,SSB 信号的平均功率也可以直接按定义求出,即

$$\begin{aligned} S_{SSB}&=\overline{S_{SSB}^2(t)}=\frac{1}{4}\overline{[m(t)\cos\omega_c t\mp\hat{m}(t)\sin\omega_c t]^2}\\ &=\frac{1}{4}\left[\frac{1}{2}\overline{m^2(t)}+\frac{1}{2}\overline{\hat{m}^2(t)}\mp 2\,\overline{m(t)\hat{m}(t)\cos\omega_c t\sin\omega_c t}\right] \end{aligned} \tag{4.2.34}$$

由于调制信号 $m(t)$ 的平均功率与调制信号经过 90° 相移后的信号,其功率是一样的,即

$$\overline{m^2(t)}=\overline{\hat{m}^2(t)}$$

前面已假设基带信号 $m(t)$中没有直流分量,即$\overline{m(t)}=0$,则式(4.2.34)可简化为

$$S_{SSB}=\frac{1}{4}\overline{m^2(t)} \tag{4.2.35}$$

显然,SSB 信号的调制效率也为 100%。

由于 SSB 信号也是抑制载波的已调信号,它的包络不能直接反映调制信号的变化,所以 SSB 信号的解调和 DSB 一样不能采用简单的包络检波,只能采用相干解调。

【例 4.3】 已知调制信号 $m(t)=\cos 2\,000\pi t+\cos 4\,000\pi t$,载波为 $\cos 10^4\pi t$,进行单边带调制,请写出上边带信号的表达式。

解 根据单边带信号的时域表达式,可确定上边带信号

$$
\begin{aligned}
S_{\mathrm{USB}}(t) &= \frac{1}{2}m(t)\cos\omega_c t - \frac{1}{2}\hat{m}(t)\sin\omega_c t \\
&= \frac{1}{2}(\cos 2\,000\pi t + \cos 4\,000\pi t)\cos 10^4\pi t - \frac{1}{2}(\sin 2\,000\pi t + \sin 4\,000\pi t)\sin 10^4\pi t \\
&= \frac{1}{2}\cos 12\,000\pi t + \frac{1}{2}\cos 14\,000\pi t
\end{aligned}
$$

4.2.4 残留边带调制

单边带传输信号具有节约一半频谱和节省功率的优点。但是付出的代价是设备制作非常困难，如用滤波法则边带滤波器不容易得到陡峭的频率特性，如用相移法则基带信号各频率成分不可能都做到－90°的移相等。如果传输电视信号、传真信号和高速数据信号，由于它们的频谱范围较宽，而且极低频分量的幅度也比较大，这样边带滤波器和宽带相移网络的制作都更为困难，为了解决这个问题，可以采用残留边带调制（VSB）。VSB 是介于 SSB 和 DSB 之间的一个折中方案。在这种调制中，一个边带绝大部分顺利通过，而另一个边带残留一小部分，如图 4.13(d)所示。

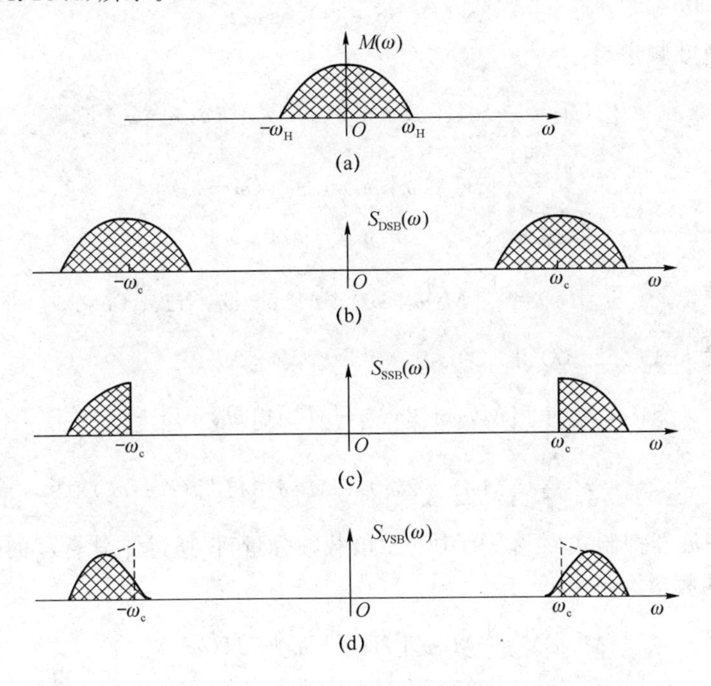

图 4.13　DSB、SSB 和 VSB 信号的频谱

1. VSB 信号的产生与解调

残留边带调制信号的产生与解调框图如图 4.14 所示。

由图 4.14(a)可以看出，VSB 信号的产生与 DSB、SSB 的产生框图相似，都是由基带信号和载波信号相乘后得到双边带信号，所不同的是后面接的滤波器。不同的滤波器得到不同的调制方式。

如何选择残留边带滤波器的滤波特性使残留边带信号解调后不产生失真呢？从图4.13可以直观想象，如果解调后一个边带损失部分能够让另一个边带保留部分完全补偿，那么输出信号是不会失真的。

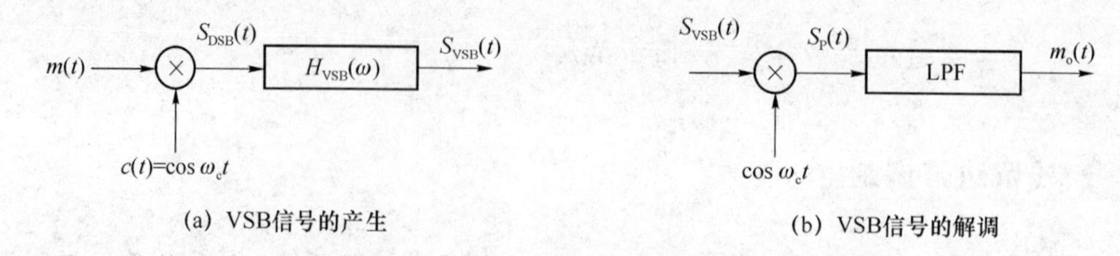

图4.14 VSB信号的产生与解调

为了确定残留边带滤波器传输特性 $H_{VSB}(\omega)$ 应满足的条件，我们来分析接收端是如何从该信号中恢复原基带信号的。

2. 残留边带滤波器传输特性 $H_{VSB}(\omega)$ 的确定

图4.14(b)中，$S_{VSB}(t)$ 信号经乘法器后输出 $S_P(t)$ 的表达式为

$$S_P(t)=S_{VSB}(t)\cos\omega_c t \tag{4.2.36}$$

上式对应的傅里叶频谱为

$$\begin{aligned}S_P(\omega)&=\frac{1}{2\pi}S_{VSB}(\omega)*\pi[\delta(\omega+\omega_c)+\delta(\omega-\omega_c)]\\&=\frac{1}{2}[S_{VSB}(\omega+\omega_c)+S_{VSB}(\omega-\omega_c)]\end{aligned} \tag{4.2.37}$$

由图4.14(a)知

$$S_{VSB}(\omega)=\frac{1}{2}[M(\omega+\omega_c)+M(\omega-\omega_c)]H_{VSB}(\omega) \tag{4.2.38}$$

将式(4.2.38)代入式(4.2.37)得

$$\begin{aligned}S_P(\omega)=&\frac{1}{4}\{[M(\omega+2\omega_c)+M(\omega)]H_{VSB}(\omega+\omega_c)\}+\\&\frac{1}{4}\{[M(\omega-2\omega_c)+M(\omega)]H_{VSB}(\omega-\omega_c)\}\end{aligned} \tag{4.2.39}$$

理想低通滤波器抑制式(4.2.39)中的二倍载频分量，仅通过 $|\omega|\leqslant\omega_H$ 的低频分量，其输出信号 $m_o(t)$ 的频谱为

$$M_o(\omega)=\frac{1}{4}M(\omega)[H(\omega+\omega_c)+H(\omega-\omega_c)] \tag{4.2.40}$$

显然，为了在接收端不失真地恢复原基带信号，要求残留边带滤波器传输特性必须满足下述条件

$$H_{VSB}(\omega+\omega_c)+H_{VSB}(\omega-\omega_c)=常数 \qquad |\omega|\leqslant\omega_H \tag{4.2.41}$$

式中，ω_H 是基带信号的最高截止角频率。式(4.2.41)的物理含义是：残留边带滤波器的传输函数 $H_{VSB}(\omega)$ 在载频 $|\omega_c|$ 附近必须具有互补对称性。图4.15示出的是满足该条件的典型实例：上边带残留的下边带滤波器传输函数如图4.15(a)所示，下边带残留的上边带滤波器的传递函数如图4.15(b)所示。

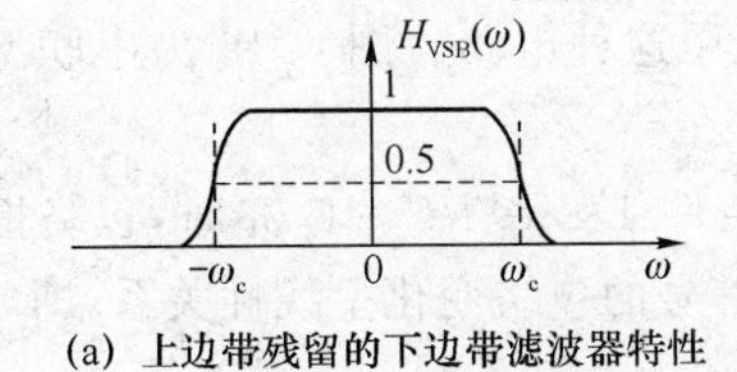

(a) 上边带残留的下边带滤波器特性

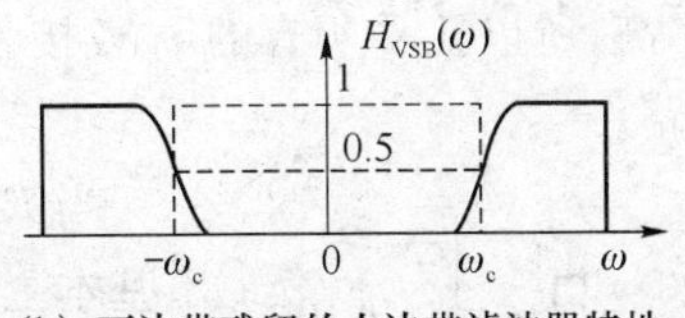

(b) 下边带残留的上边带滤波器特性

图 4.15　残留边带滤波器特性

3. VSB 信号的功率分配和带宽

残留边带滤波器具有互补对称特性，满足该特性的不仅仅是直线，还可能是余弦形、对数形等多种形式，它们只要具有互补对称特性，就都能满足不失真解调的要求。互补对称特性的不同，其信号的功率也不同，因此，要准确地求出 VSB 信号的平均功率比较困难，常用一个范围来表示其大小，即大于单边带而小于双边带信号的功率。

$$S_{SSB} \leqslant S_{VSB} \leqslant S_{DSB} \tag{4.2.42}$$

VSB 信号的频带宽度介于单边带和双边带之间

$$B_{SSB} \leqslant B_{VSB} \leqslant B_{DSB} \tag{4.2.43}$$

一般典型值为

$$B_{VSB} = 1.25 B_{SSB} \tag{4.2.44}$$

4.3 线性调制系统的抗噪声性能分析

4.3.1 抗噪声性能的分析模型

各种线性已调信号在传输过程中不可避免地要受到噪声的干扰，为了讨论问题的简单起见，我们这里只研究加性噪声对信号的影响。因此，接收端收到的信号是发送信号与加性噪声之和。

由于加性噪声只对已调信号的接收产生影响，因而调制系统的抗噪声性能主要用解调器的抗噪声性能来衡量。

调制过程是一个频谱搬移的过程，它是将低频信号的频谱搬移到载频位置。而解调是将位于载频位置的信号频谱再搬回来，并且不失真地恢复出原始基带信号。

解调的方式有两种：相干解调与非相干解调。相干解调适用于各种线性调制系统，非相干解调一般只适用于 AM 信号。

所谓相干解调是为了从接收的已调信号中，不失真地恢复原调制信号，要求本地载波和接收信号的载波保证同频同相。

所谓非相干解调就是在接收端解调信号时不需要本地载波，而是利用已调信号中的包络信息来恢复原基带信号。因此，非相干解调一般只适用于 AM 系统。由于包络解调器电路简单,效率高,所以几乎所有的AM接收机都采用这种电路。图4.16为串联型包络检波器的具体电路。

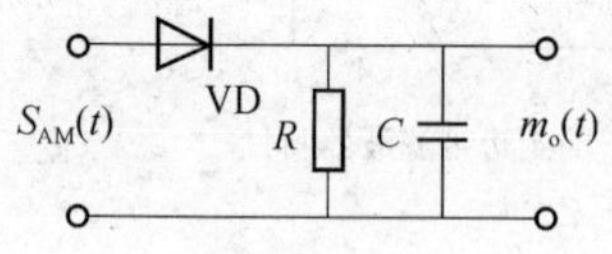

图4.16 串联型包络检波器电路

当RC满足条件$1/\omega_c \ll RC \ll 1/\omega_H$时,包络检波器的输出基本上与输入信号的包络变化呈线性关系,即

$$m_o(t)=A_0+m(t) \tag{4.3.1}$$

其中,$A_0 \geqslant |m(t)|_{max}$。隔去直流后就得到原基带信号$m(t)$。

有加性噪声时解调器的数学模型如图4.17所示。

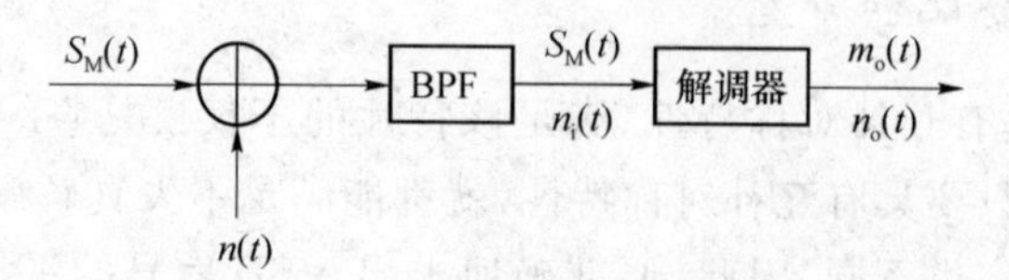

图4.17 有加性噪声时解调器的数学模型

图4.17中$S_M(t)$为已调信号,$n(t)$为加性高斯白噪声。$S_M(t)$和$n(t)$首先经过一带通滤波器,滤出有用信号,滤除带外的噪声。经过带通滤波器后到达解调器输入端的信号为$S_M(t)$、噪声为高斯窄带噪声$n_i(t)$,显然解调器输入端的噪声带宽与已调信号的带宽是相同的。最后经解调器解调输出有用信号$m_o(t)$,噪声信号$n_o(t)$。

由式(3.5.17)可知,高斯窄带噪声$n_i(t)$可表示为

$$n_i(t)=n_c(t)\cos\omega_c t-n_s(t)\sin\omega_c t \tag{4.3.2}$$

其中,高斯窄带噪声$n_i(t)$的同相分量$n_c(t)$和正交分量$n_s(t)$都是高斯变量,它们的均值都为0,方差(平均功率)都与$n_i(t)$的方差相同,即

$$\sigma_n^2=\sigma_c^2=\sigma_s^2 \tag{4.3.3}$$

或者记为

$$\overline{n_c^2(t)}=\overline{n_s^2(t)}=\overline{n_i^2(t)}=N_i \tag{4.3.4}$$

式中,N_i为解调器的输入噪声功率。

若高斯白噪声的双边功率谱密度为$n_0/2$,带通滤波器的传输特性是高度为1、带宽为B的理想矩形函数,其传输特性如图4.18所示,则

$$N_i=n_0 B_{带通} \tag{4.3.5}$$

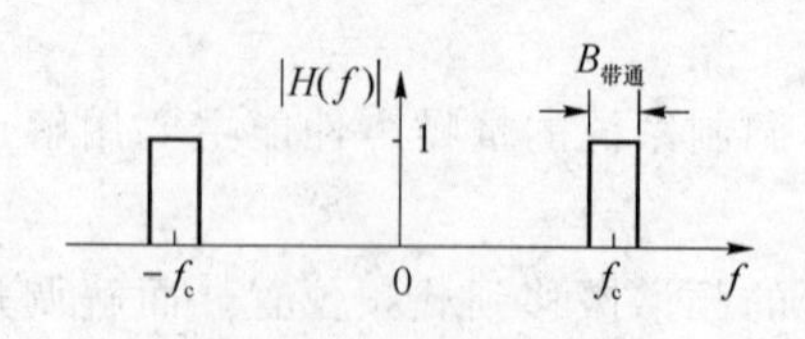

图4.18 带通滤波器传输特性

显然,为了使已调信号无失真地进入解调器,同时又最大限度地抑制噪声,带通滤波器的带宽$B_{带通}$应等于已调信号的带宽。

在模拟通信系统中常用解调器输出信噪比来衡量通信质量,输出信噪比定义为

$$\frac{S_o}{N_o}=\frac{解调器输出信号的平均功率}{解调器输出噪声的平均功率} \tag{4.3.6}$$

只要解调器输出端信号与噪声分开,则输出信噪比就能确定。输出信噪比与调制方式有关,也与解调方式有关。因此在已调信号平均功率相同,而且噪声功率谱密度也相同的情况下,输出信噪比反映了系统的抗噪声性能。

人们还常常用信噪比增益G作为不同调制方式下解调器抗噪声性能的度量。信噪比增

益 G 定义为

$$G=\frac{\text{输出信噪比}}{\text{输入信噪比}}=\frac{S_o/N_o}{S_i/N_i} \tag{4.3.7}$$

其中 S_i/N_i 为输入信噪比，定义为

$$\frac{S_i}{N_i}=\frac{\text{解调器输入信号的平均功率}}{\text{解调器输入噪声的平均功率}} \tag{4.3.8}$$

显然，信噪比增益愈高，解调器的抗噪声性能愈好。

4.3.2 相干解调的抗噪声性能

各种线性调制系统的相干解调模型如图 4.19 所示。图中 $S_M(t)$ 可以是各种调幅信号，如 AM、DSB、SSB 和 VSB，带通滤波器的带宽至少等于已调信号带宽。下面讨论各种线性调制系统的抗噪声性能。

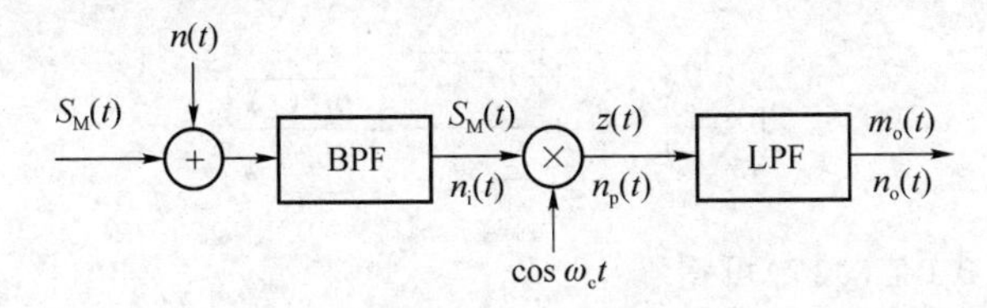

图 4.19　有加性噪声的相干解调模型

1. AM 系统的性能

(1) 解调器输入信噪比

在图 4.19 所示的解调模型中，输入信号与噪声可以分别单独解调。解调器输入信号为

$$S_M(t)=S_{AM}(t)=[A_0+m(t)]\cos\omega_c t$$

则其平均功率为

$$S_i=\overline{S_M^2(t)}=\overline{[A_0+m(t)]^2\cos^2\omega_c t}=\frac{A_0^2}{2}+\frac{\overline{m^2(t)}}{2} \tag{4.3.9}$$

由式(4.3.5)知，解调器输入端的噪声平均功率为

$$N_i=n_0 B_{\text{带通}}=2n_0 f_H \tag{4.3.10}$$

故解调器的输入信噪比为

$$\left(\frac{S_i}{N_i}\right)_{AM}=\frac{A_0^2+\overline{m^2(t)}}{2n_0 B_{AM}}=\frac{A_0^2+\overline{m^2(t)}}{4n_0 f_H} \tag{4.3.11}$$

(2) 解调器输出信噪比

已调信号通过乘法器输出为

$$z(t)=[A_0+m(t)]\cos^2\omega_c t=\frac{1}{2}[A_0+m(t)][1+\cos(2\omega_c t)] \tag{4.3.12}$$

式(4.3.12)中含有直流分量，通常在低通滤波器后加一简单隔直流电容，隔去无用的直流，从而恢复原信号，即

$$m_o(t)=\frac{1}{2}m(t) \tag{4.3.13}$$

于是,输出端的信号功率为

$$S_o=\overline{m_o^2(t)}=\overline{[\frac{1}{2}m(t)]^2}=\frac{1}{4}\overline{m^2(t)} \tag{4.3.14}$$

下面计算解调器输出端的噪声平均功率。

在图4.19中,各线性调制系统的输入噪声通过带通滤波器(BPF)之后,变成窄带噪声$n_i(t)$,经乘法器相乘后的输出噪声为

$$\begin{aligned}n_p(t)&=n_i(t)\cos\omega_c t=[n_c(t)\cos\omega_c t-n_s(t)\sin\omega_c t]\cos\omega_c t\\&=\frac{1}{2}n_c(t)+\frac{1}{2}[n_c(t)\cos 2\omega_c t-n_s(t)\sin 2\omega_c t]\end{aligned} \tag{4.3.15}$$

经LPF后,$n_o(t)=\frac{1}{2}n_c(t)$,因此,解调器输出的噪声功率为

$$N_o=\overline{n_o^2(t)}=\frac{1}{4}\overline{n_c^2(t)}=\frac{1}{4}N_i \tag{4.3.16}$$

根据式(4.3.14)和式(4.3.16)可得解调器的输出信噪比,即

$$\left(\frac{S_o}{N_o}\right)_{AM}=\frac{\frac{1}{4}\overline{m^2(t)}}{\frac{1}{4}N_i}=\frac{\overline{m^2(t)}}{2n_0 f_H} \tag{4.3.17}$$

由式(4.3.11)和式(4.3.17)可得

$$G_{AM}=\frac{S_o/N_o}{S_i/N_i}=\frac{2\,\overline{m^2(t)}}{A_0^2+\overline{m^2(t)}} \tag{4.3.18}$$

由于A_0一般比调制信号幅度大,所以,$G_{AM}<1$。对于单音调制信号,设$m(t)=A_m\cos\omega_m t$,则$\overline{m^2(t)}=\frac{1}{2}A_m^2$,如果采用100%调制,即$A_0=A_m$,此时调制制度增益最大值为

$$G_{AM}=\frac{2}{3} \tag{4.3.19}$$

式(4.3.19)表明AM信号经相干解调后,即使在最好的情况下,也不能改善其信噪比,反而使信噪比恶化。

2. DSB系统的性能

(1) 解调器输入信噪比

AM信号中去掉直流分量A_0,即可得到DSB信号。解调器输入信号为

$$S_M(t)=S_{DSB}(t)=m(t)\cos\omega_c t$$

则其平均功率为

$$S_i=\overline{S_M^2(t)}=\frac{\overline{m^2(t)}}{2} \tag{4.3.20}$$

由式(4.3.5)知,解调器输入端的噪声平均功率为

$$N_i=n_0 B_{带通}=2n_0 f_H \tag{4.3.21}$$

故解调器的输入信噪比为

$$\left(\frac{S_i}{N_i}\right)_{DSB}=\frac{\overline{m^2(t)}}{2n_0 B_{DSB}}=\frac{\overline{m^2(t)}}{4n_0 f_H} \tag{4.3.22}$$

(2) 解调器输出信噪比

已调信号通过乘法器输出为

$$z(t)=m(t)\cos^2\omega_c t=\frac{1}{2}m(t)[1+\cos(2\omega_c t)] \tag{4.3.23}$$

经过低通滤波器后，滤出式(4.3.23)中的二次谐波 $(2\omega_c)$ 成分，得

$$m_o(t)=\frac{1}{2}m(t) \tag{4.3.24}$$

于是，输出端的信号功率为

$$S_o=\overline{m_o^2(t)}=\overline{[\frac{1}{2}m(t)]^2}=\frac{1}{4}\overline{m^2(t)} \tag{4.3.25}$$

由式(4.3.16)知，解调器输出的噪声功率为

$$N_o=\overline{n_o^2(t)}=\frac{1}{4}\overline{n_c^2(t)}=\frac{1}{4}N_i \tag{4.3.26}$$

根据式(4.3.25)和式(4.3.26)可得解调器的输出信噪比，即

$$\left(\frac{S_o}{N_o}\right)_{DSB}=\frac{\frac{1}{4}\overline{m^2(t)}}{\frac{1}{4}N_i}=\frac{\overline{m^2(t)}}{2n_0 f_H} \tag{4.3.27}$$

由式(4.3.27)和式(4.3.22)可得

$$G_{DSB}=\frac{S_o/N_o}{S_i/N_i}=2 \tag{4.3.28}$$

$G_{DSB}=2$，表明双边带信号的解调器使信噪比改善了一倍，原因是相干解调把噪声中的正交分量抑制掉了，从而使噪声功率减半。

3. SSB 系统的性能

(1) 解调器输入信噪比

解调器输入信号为

$$S_M(t)=S_{SSB}(t)=\frac{1}{2}m(t)\cos\omega_c t\mp\frac{1}{2}\hat{m}(t)\sin\omega_c t$$

由式(4.2.35)知，其平均信号功率为

$$S_i=\overline{S_M^2(t)}=\frac{\overline{m^2(t)}}{4} \tag{4.3.29}$$

又解调器输入端的噪声平均功率为

$$N_i=n_0 B_{带通}=n_0 f_H \tag{4.3.30}$$

故解调器的输入信噪比为

$$\left(\frac{S_i}{N_i}\right)_{SSB}=\frac{\overline{m^2(t)}}{4n_0 B_{SSB}}=\frac{\overline{m^2(t)}}{4n_0 f_H} \tag{4.3.31}$$

(2) 解调器输出信噪比

已调信号通过乘法器输出为

$$z(t)=\frac{1}{2}m(t)\cos^2\omega_c t\mp\frac{1}{2}\hat{m}(t)\sin\omega_c t\cos\omega_c t \tag{4.3.32}$$

经过低通滤波器后，滤出式(4.3.32)中的二次谐波 ($2\omega_c$) 成分，得

$$m_o(t)=\frac{1}{4}m(t) \tag{4.3.33}$$

于是，输出端的信号功率为

$$S_o=\overline{m_o^2(t)}=\overline{[\frac{1}{4}m(t)]^2}=\frac{1}{16}\overline{m^2(t)} \tag{4.3.34}$$

解调器输出的噪声功率为

$$N_o=\overline{n_o^2(t)}=\frac{1}{4}\overline{n_c^2(t)}=\frac{1}{4}N_i$$

则解调器输出信噪比为

$$\left(\frac{S_o}{N_o}\right)_{SSB}=\frac{\overline{m^2(t)}}{4n_0 f_H} \tag{4.3.35}$$

由式(4.3.35)和式(4.3.31)可得

$$G_{SSB}=1 \tag{4.3.36}$$

$G_{SSB}=1$，表明SSB信号的解调器对信噪比没有改善。这是因为在SSB系统中，由于信号和噪声有相同的表示形式，所以相干解调过程中，信号和噪声的正交分量均被抑制掉，故信噪比没有改善。

比较式(4.3.28)和式(4.3.36)有 $G_{DSB}=2G_{SSB}$。但不能说双边带系统的抗噪声性能优于单边带系统性能。因为 $B_{SSB}=\frac{1}{2}B_{DSB}$，在相同的输入噪声功率谱密度时，$N_{iDSB}=2N_{iSSB}$。因而在相同的 S_i 和 n_0 时，两者输出信噪比相同，即抗噪声性能相同。

4. VSB系统的性能

VSB调制系统抗噪性能的分析方法与上面类似。但是，由于所采用的残留边带滤波器的频率特性形状可能不同，所以难以确定抗噪性能的一般计算公式。不过，在残留边带滤波器滚降范围不大的情况下，可将VSB信号近似看成SSB信号，即

$$S_{VSB}(t)\approx S_{SSB}(t) \tag{4.3.37}$$

在这种情况下，VSB调制系统的抗噪声性能与SSB系统相同。

4.3.3 非相干解调的抗噪声性能

只有AM信号可以直接采用非相干解调。实际中，AM信号常采用包络检波器解调，有噪声时包络检波器的数学模型如图4.20所示。

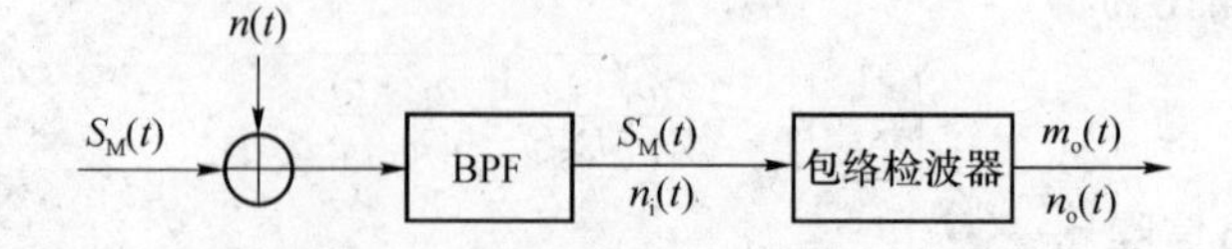

图4.20 有噪声时的包络检波器模型

设包络检波器输入信号 $S_M(t)$ 为

$$S_M(t)=[A_0+m(t)]\cos\omega_c t \tag{4.3.38}$$

式中，$A_0 \geqslant |m(t)|_{\max}$。

输入噪声为

$$n_i(t)=n_c(t)\cos\omega_c t-n_s(t)\sin\omega_c t \tag{4.3.39}$$

显然，解调器输入的信号功率 S_i 和噪声功率 N_i 为

$$S_i=\frac{A_0^2}{2}+\frac{\overline{m^2(t)}}{2}$$

$$N_i=\overline{n_i^2(t)}=n_0 B_{带通} \tag{4.3.40}$$

为了求得包络检波器输出端的信号功率 S_o 和噪声功率 N_o，可以从包络检波器输入端的信号加噪声的合成包络开始分析。由式(4.3.38)和式(4.3.39)可得

$$\begin{aligned}S_M(t)+n_i(t)&=[A_0+m(t)+n_c(t)]\cos\omega_c t-n_s(t)\sin\omega_c t\\&=E(t)\cos[\omega_c t+\varphi(t)]\end{aligned} \tag{4.3.41}$$

其中

$$E(t)=\sqrt{[A_0+m(t)+n_c(t)]^2+n_s^2(t)} \tag{4.3.42}$$

由于包络检波时相位不起作用，我们感兴趣的是包络，而包络 $E(t)$ 中的信号与噪声存在非线性关系。因此，如何从 $E(t)$ 中求出有用调制信号功率和无用的噪声功率，是需要解决的问题。但作一般的分析比较困难，为了使问题简化起见，我们来考虑两种特殊的情形。

1. 大信噪比情况

所谓大信噪比是指输入信号幅度远大于噪声幅度，即满足

$$A_0+m(t)\gg n_i(t)$$

从而有 $A_0+m(t)\gg n_c(t)$ 及 $A_0+m(t)\gg n_s(t)$，于是式(4.3.42)可变为

$$\begin{aligned}E(t)&=\sqrt{[A_0+m(t)]^2+2[A_0+m(t)]n_c(t)+n_c^2(t)+n_s^2(t)}\\&\approx\sqrt{[A_0+m(t)]^2+2[A_0+m(t)]n_c(t)}\\&\approx[A_0+m(t)]\sqrt{1+\frac{2n_c(t)}{A_0+m(t)}}\\&\approx[A_0+m(t)]\left[1+\frac{n_c(t)}{A_0+m(t)}\right]\\&\approx A_0+m(t)+n_c(t)\end{aligned} \tag{4.3.43}$$

这里，采用了近似公式

$$(1+x)^{1/2}\approx 1+\frac{x}{2}，当|x|\ll 1时$$

由此可见，包络检波器输出的有用信号是 $m(t)$，输出噪声是 $n_c(t)$，信号与噪声是分开的。直流成分 A_0 可被低通滤波器滤除。故输出的平均信号功率及平均噪声功率分别为

$$S_o=\overline{m^2(t)}$$

$$N_o=\overline{n_c^2(t)}=\overline{n_i^2(t)}=n_0 B_{带通} \tag{4.3.44}$$

于是，可以得到

$$G_{\mathrm{AM}}=\frac{S_o/N_o}{S_i/N_i}=\frac{2\overline{m^2(t)}}{A_0^2+\overline{m^2(t)}} \tag{4.3.45}$$

此结果与相干解调时得到的信噪比增益公式相同。可见,在大信噪比情况下,AM信号包络检波器的性能几乎与相干解调性能相同。

2. 小信噪比情况

所谓小信噪比是指噪声幅度远大于信号幅度。在此情况下,包络检波器会把有用信号扰乱成噪声,即有用信号"湮没"在噪声中,这种现象通常称为门限效应。进一步说,所谓门限效应,就是当包络检波器的输入信噪比降低到一个特定的数值后,检波器输出信噪比出现急剧恶化的一种现象。

小信噪比输入时,包络检波器输出信噪比计算很复杂,而且详细计算它一般也无必要。根据实践及有关资料可近似认为

$$S_o/N_o \approx 0.925\,(S_i/N_i)^2,\quad S_i/N_i \ll 1 \tag{4.3.46}$$

由于在相干解调器中不存在门限效应,所以在噪声条件恶劣的情况下常采用相干解调。

【例4.4】 某线性调制系统的输出信噪比为20 dB,输出噪声功率为10^{-9} W,由发射机输出端到解调器输入之间总的传输损耗为100 dB,试求:

(1) DSB/SC时的发射机输出功率;

(2) SSB/SC时的发射机输出功率。

解 (1) 在DSB/SC方式中,信噪比增益$G=2$,则调制器输入信噪比为

$$\frac{S_i}{N_i}=\frac{1}{2}\frac{S_o}{N_o}=\frac{1}{2}\times 10^{\frac{20}{10}}=50$$

同时,在相干解调时,有

$$N_i=4N_o=4\times 10^{-9}\ \mathrm{W}$$

因此解调器输入端的信号功率为

$$S_i=50N_i=2\times 10^{-7}\ \mathrm{W}$$

考虑发射机输出端到解调器输入端之间的100 dB传输损耗,可得发射机输出功率

$$S_T=10^{\frac{100}{10}}S_i=2\times 10^3\ \mathrm{W}$$

(2) 在SSB/SC方式中,信噪比增益$G=1$,则调制器输入信噪比为

$$\frac{S_i}{N_i}=\frac{S_o}{N_o}=100$$

$$N_i=4N_o=4\times 10^{-9}\ \mathrm{W}$$

因此,解调器输入端的信号功率为

$$S_i=100N_i=4\times 10^{-7}\ \mathrm{W}$$

发射机输出功率为

$$S_T=10^{10}S_i=4\times 10^3\ \mathrm{W}$$

【例4.5】 设某信道具有均匀的双边噪声功率谱密度$P_n(f)=0.5\times 10^{-3}$ W/Hz。在该信道中传输单边带(上边带)信号,并设调制信号$m(t)$的频带限制在5 kHz,而载波是100 kHz,已调制信号功率是10 kW。若接收机的输入信号在加至解调器之前,先经过一理想带通滤波器滤

波，试问：

（1）该理想带通滤波器应具有怎样的传输特性；

（2）解调器输入端的信噪功率比；

（3）解调器输出端的信噪功率比。

解　（1）由题意可知，单边带信号的载频为 100 kHz，带宽 $B=5$ kHz。为使信号顺利通过，理想带通滤波器的传输特性应为

$$H(\omega)=\begin{cases}K, & 100\ \text{kHz}\leqslant|f|\leqslant105\ \text{kHz}\\0, & \text{其他}\end{cases}$$

（2）解调器输入端的噪声功率

$$N_{\mathrm{i}}=2P_{\mathrm{n}}(f)B_{\text{带通}}=2\times0.5\times10^{-3}\times5\times10^{3}=5\ \text{W}$$

同时输入信号功率 $S_{\mathrm{i}}=10$ kW，故有

$$\frac{S_{\mathrm{i}}}{N_{\mathrm{i}}}=\frac{10\times10^{3}}{5}=2\,000$$

（3）由于单边带调制系统的调制制度增益 $G=1$，因此解调器输出端的信噪比为

$$\frac{S_{\mathrm{o}}}{N_{\mathrm{o}}}=\frac{S_{\mathrm{i}}}{N_{\mathrm{i}}}=2\,000$$

4.4　非线性调制的原理

非线性调制又称角度调制，是指调制信号控制高频载波的频率或相位，而载波的幅度保持不变。角度调制后信号的频谱不再保持调制信号的频谱结构，会产生与频谱搬移不同的新的频率成分，而且调制后信号的带宽一般要比调制信号的带宽大得多。

从传输频带的利用率来讲非线性调制是不经济的，但它具有较好的抗噪声性能，在不增加信号发送功率的前提下，可以用增加带宽的方法来换取输出信噪比的提高，且传输带宽越宽，抗噪声性能越好。

非线性调制分为频率调制（FM）和相位调制（PM），它们之间可相互转换，FM 用得较多，因此着重讨论频率调制。

4.4.1　非线性调制的基本概念

前面所说的线性调制是通过调制信号改变载波的幅度来实现的，而非线性调制是通过调制信号改变载波的角度来实现的。

1. 角度调制的基本概念

(1) 任一未调制的正弦载波可表示为

$$C(t)=A\cos(\omega_{c}t+\varphi_{0})\tag{4.4.1}$$

式中,A 为载波的振幅,$(\omega_c t+\varphi_0)$称为载波信号的瞬时相位;ω_c称为载波信号的角频率;φ_0为初相。

(2) 调制后正弦载波可表示为

$$S_M(t)=A\cos[\omega_c t+\varphi(t)]=A\cos\theta(t) \tag{4.4.2}$$

式中,$\theta(t)=\omega_c t+\varphi(t)$ 称为信号的瞬时相位,$\varphi(t)$ 称为瞬时相位偏移;$\frac{d\theta(t)}{dt}=\omega_c+\frac{d\varphi(t)}{dt}$ 称为信号的瞬时角频率,$\frac{d\varphi(t)}{dt}$ 称为瞬时角频率偏移。

2. PM与FM的一般表达式

(1) PM

载波的幅度不变,调制信号 $m(t)$ 控制载波的瞬时相位偏移 $\varphi(t)$,使 $\varphi(t)$按 $m(t)$的规律变化,则称之为PM。

令 $\varphi(t)=K_p m(t)$,其中 K_p为调相器灵敏度,其含义是单位调制信号幅度引起PM信号的相位偏移量,单位是rad/V。那么,调相波的表达式为

$$S_{PM}(t)=A\cos[\omega_c t+K_p m(t)] \tag{4.4.3}$$

对于调相波,其最大相位偏移为

$$\Delta\varphi_{max}=K_p|m(t)|_{max} \tag{4.4.4}$$

(2) FM

载波的振幅不变,调制信号 $m(t)$ 控制载波的瞬时角频率偏移,使载波的瞬时角频率偏移按 $m(t)$ 的规律变化,则称之为FM。

令 $\frac{d\varphi(t)}{dt}=K_f m(t)$,即 $\varphi(t)=\int_{-\infty}^{t}K_f m(\tau)d\tau$,其中 K_f为调频器灵敏度,其含义是单位调制信号幅度引起FM信号的频率偏移量,单位是rad/(s·V)。那么,调频波的表达式为

$$S_{FM}(t)=A\cos\left[\omega_c t+\int_{-\infty}^{t}K_f m(\tau)d\tau\right] \tag{4.4.5}$$

对于调频波,其最大角频率偏移为

$$\Delta\omega_{max}=\left|\frac{d\varphi(t)}{dt}\right|_{max}=K_f|m(t)|_{max} \tag{4.4.6}$$

(3) 单频调制时的调相波与调频波

令 $m(t)=A_m\cos\omega_m t(\omega_m\ll\omega_c)$,由式(4.4.3)可得

$$\begin{aligned}S_{PM}(t)&=A\cos(\omega_c t+K_p A_m\cos\omega_m t)\\&=A\cos(\omega_c t+m_p\cos\omega_m t)\end{aligned} \tag{4.4.7}$$

式中,$m_p=K_p A_m$称为调相指数,代表PM波的最大相位偏移。

由式(4.4.5)可得

$$\begin{aligned}S_{FM}(t)&=A\cos\left(\omega_c t+\int_{-\infty}^{t}K_f A_m\cos\omega_m\tau d\tau\right)\\&=A\cos\left(\omega_c t+\frac{K_f A_m}{\omega_m}\sin\omega_m t\right)\\&=A\cos(\omega_c t+m_f\sin\omega_m t)\end{aligned} \tag{4.4.8}$$

式中，$m_{\mathrm{f}}=\dfrac{K_{\mathrm{f}}A_{\mathrm{m}}}{\omega_{\mathrm{m}}}$ 称为调频指数，代表 FM 波的最大相位偏移；$\Delta\omega_{\max}=K_{\mathrm{f}}A_{m}$ 称为最大角频率偏移，因此

$$m_{\mathrm{f}}=\frac{\Delta\omega_{\max}}{\omega_{\mathrm{m}}}=\frac{\Delta f_{\max}}{f_{\mathrm{m}}} \tag{4.4.9}$$

3. PM 与 FM 之间的关系

比较式(4.4.3)和(4.4.5)可以得出结论：尽管 PM 和 FM 是角调制的两种不同形式，但它们并无本质区别。PM 和 FM 只是频率和相位的变化规律不同而已。在 PM 中，角度随调制信号线性变化，而在 FM 中，角度随调制信号的积分线性变化。若将 $m(t)$ 先积分而后使它对载波进行 PM 即得 FM；而若将 $m(t)$ 先微分而后使它对载波进行 FM 即得 PM。所以 PM 与 FM 波的产生方法有两种：直接法和间接法，如图 4.21 和图 4.22 所示。

图 4.21　直接调相和间接调相图　　　图 4.22　直接调频和间接调频图

从以上分析可见，调频与调相并无本质区别，两者之间可相互转换。鉴于在实际应用中多采用 FM 波，下面将集中讨论频率调制。

4.4.2 调频信号的频谱和带宽

1. 窄带调频(NBFM)

调频波的最大相位偏移满足条件

$$\left|\int_{-\infty}^{t} K_{\mathrm{f}}m(\tau)\,\mathrm{d}\tau\right| \ll \frac{\pi}{6} \tag{4.4.10}$$

时，称为 NBFM。在这种情况下，调频波的频谱只占比较窄的频带宽度。

由式(4.4.5)可以得到 NBFM 波的时域表达式为

$$\begin{aligned} S_{\mathrm{NBFM}}(t) &= A\cos\left[\omega_{\mathrm{c}}t+\int_{-\infty}^{t} K_{\mathrm{f}}m(\tau)\,\mathrm{d}\tau\right] \\ &= A\cos\omega_{\mathrm{c}}t\cos\left[\int_{-\infty}^{t} K_{\mathrm{f}}m(\tau)\,\mathrm{d}\tau\right]-A\sin\omega_{\mathrm{c}}t\sin\left[\int_{-\infty}^{t} K_{\mathrm{f}}m(\tau)\,\mathrm{d}\tau\right] \end{aligned} \tag{4.4.11}$$

由于 $\left|\int_{-\infty}^{t} K_{\mathrm{f}}m(t)\,\mathrm{d}t\right|$ 较小，运用公式 $\cos x\approx 1$ 和 $\sin x\approx x$，式(4.4.11)可以简化为

$$S_{\mathrm{NBFM}}(t)=A\cos\omega_{\mathrm{c}}t-A\left[\int_{-\infty}^{t} K_{\mathrm{f}}m(\tau)\,\mathrm{d}\tau\right]\sin\omega_{\mathrm{c}}t \tag{4.4.12}$$

因此,窄带调频的频域表达式为

$$S_{\mathrm{NBFM}}(\omega)=\pi A[\delta(\omega-\omega_c)+\delta(\omega+\omega_c)]+\frac{AK_f}{2}\left[\frac{M(\omega-\omega_c)}{\omega-\omega_c}-\frac{M(\omega+\omega_c)}{\omega+\omega_c}\right] \quad (4.4.13)$$

由式(4.4.13)可见,NBFM与AM的频谱相类似,都包含载波和两个边带。NBFM信号的带宽与AM信号的带宽相同,均为基带信号最高频率分量的两倍。不同的是,NBFM的两个边频分量分别乘了因式 $1/(\omega-\omega_c)$ 和 $1/(\omega+\omega_c)$,由于因式是频率的函数,所以这种加权是频率加权,加权的结果引起已调信号频谱的失真,造成了NBFM与AM的本质区别。

由于NBFM信号最大相位偏移较小,占据的带宽较窄,使得其抗干扰性强的优点不能充分发挥,因此目前仅用于抗干扰性能要求不高的短距离通信中。在长距离高质量的通信系统(如微波或卫星通信、调频立体声广播、超短波电台等)中多采用宽带调频。

2. 宽带调频(WBFM)

当式(4.4.10)不成立时,调频信号的时域表达式不能简化为式(4.4.12),此时调制信号对载波进行频率调制将产生较大的频偏,使已调信号在传输时占用较宽的频带,所以称为宽带调频。

一般信号的宽带调频时域表达式非常复杂。为使问题简化,我们只研究单频调制的情况,然后把分析的结论推广到一般的情况。

(1) 单频调制时WBFM的频域特性

设单频调制信号为

$$m(t)=A_m\cos\omega_m t,\ \omega_m\ll\omega_c$$

则由式(4.4.8)可得

$$S_{\mathrm{FM}}(t)=A\cos(\omega_c t+m_f\sin\omega_m t) \quad (4.4.14)$$

经推导,式(4.4.14)可展开成如下级数形式:

$$S_{\mathrm{FM}}(t)=A\sum_{n=-\infty}^{\infty}\mathrm{J}_n(m_f)\cos(\omega_c+n\omega_m)t \quad (4.4.15)$$

式中,$\mathrm{J}_n(m_f)$ 为第一类 n 阶贝塞尔函数。贝塞尔函数曲线如图4.23所示。

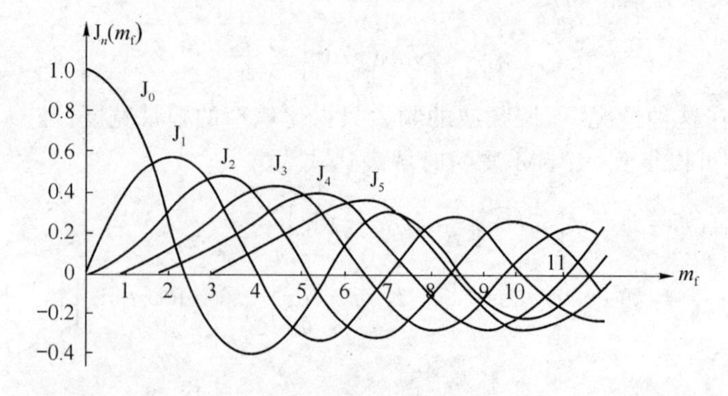

图4.23 贝塞尔函数曲线

可以证明,第一类 n 阶贝塞尔函数具有以下对称性:

$$J_{-n}(m_f)=\begin{cases}J_n(m_f), & n\text{为偶数}\\ J_{-n}(m_f), & n\text{为奇数}\end{cases} \tag{4.4.16}$$

对应不同 n 的第一类贝塞尔函数值可查阅附录D的贝塞尔函数表。

对式(4.4.15)进行傅里叶变换,可得到WBFM的频谱表达式

$$S_{FM}(\omega)=\pi A\sum_{n=-\infty}^{\infty}J_n(m_f)[\delta(\omega-\omega_c-n\omega_m)+\delta(\omega+\omega_c+n\omega_m)] \tag{4.4.17}$$

调频波的频谱如图4.24所示。

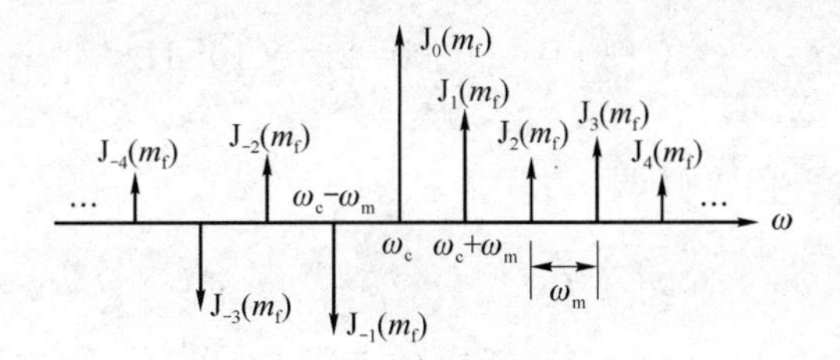

图4.24　调频波的频谱

由式(4.4.17)和图4.24可看出,调频波的频谱包含无穷多个分量。当 $n=0$ 时就是载波分量 ω_c,其幅度为 $J_0(m_f)$;当 $n\neq0$ 时在载频两侧对称地分布上下边频分量 $\omega_c\pm n\omega_m$,谱线之间的间隔为 ω_m,幅度为 $J_n(m_f)$;当 n 为奇数时,上下边频幅度的极性相反;当 n 为偶数时上下边频幅度的极性相同。

(2) 单频调制时的频带宽度

由于调频波的频谱包含无穷多个频率分量,因此,理论上调频波的频带宽度为无限宽。然而实际上边频幅度 $J_n(m_f)$ 随着 n 的增大而逐渐减小,因此只要取适当的 n 值使边频分量小到可以忽略的程度,调频信号就可近似认为具有有限频谱。根据经验认为:当 $m_f\geqslant1$ 后,取边频数 $n=m_f+1$ 即可。因为 $n>m_f+1$ 以上的边频幅度 $J_n(m_f)$ 均小于0.1,相应产生的功率均在总功率的2%以下,可以忽略不计。根据这个原则,调频波的带宽为

$$B_{FM}\approx2(\Delta f+f_m)=2(m_f+1)f_m \tag{4.4.18}$$

式中,f_m 为调制信号 $m(t)$ 的频率;Δf 为最大频偏,该式称为卡森公式。

若 $m_f\ll1$,则

$$B_{NBFM}\approx2f_m\qquad(\text{NBFM}) \tag{4.4.19}$$

若 $m_f\gg1$,则

$$B_{WBFM}\approx2\Delta f\qquad(\text{WBFM}) \tag{4.4.20}$$

以上讨论的是单频调制的情况,当调制信号有多个频率分量时,已调信号的频谱要复杂很多。根据分析和经验,多频调制时,其带宽近似为 $B_{FM}\approx2(\Delta f+f_m)$。其中 f_m 为调制信号的最高频率分量,Δf 为最大频偏。

(3) 调频信号的平均功率分布

调频信号的平均功率等于调频信号的均方值,即

$$S_{FM}=\overline{S_{FM}^2(t)}=\overline{\left[A\sum_{n=-\infty}^{\infty}J_n(m_f)\cos(\omega_c+n\omega_m)t\right]^2}=\frac{A^2}{2}\sum_{n=-\infty}^{\infty}J_n^2(m_f) \tag{4.4.21}$$

根据贝塞尔函数的性质,式中 $\sum_{n=-\infty}^{\infty} J_n^2(m_f) = 1$。

所以调频信号的平均功率为

$$S_{FM} = \frac{A^2}{2} \tag{4.4.22}$$

【例 4.6】 已知 $S_{FM}(t) = 100\cos[(2\pi \times 10^6 t) + 5\cos(4\,000\pi t)]$ V,求:已调波信号功率、最大频偏、调频指数和已调信号带宽。

解 已调波信号功率 $S_{FM} = \frac{100^2}{2} = 5\,000$ W。$m_f = 5$,$\Delta f_{max} = m_f f_m = 5 \times \frac{4\,000\pi}{2\pi} = 10^4$ Hz,$B_{FM} = 2(m_f + 1) f_m = 2 \times (5+1) \times 2\,000 = 2.4 \times 10^4$ Hz。

4.4.3 调频信号的产生与解调

1. 调频信号的产生

产生调频波的方法通常有两种:直接调频法和间接调频法。

(1) 直接法

直接法就是用调制信号直接控制振荡器的电抗元件参数,使输出信号的瞬时频率随调制信号呈线性变化。目前人们多采用压控振荡器(VCO)作为产生调频信号的调制器。振荡频率由外部电压控制的振荡器叫做 VCO,它产生的输出频率正比于所加的控制电压。

控制 VCO 振荡频率的常用方法是改变振荡器谐振回路的电抗元件 L 或 C。L 或 C 可控的元件有电抗管、变容管。变容管由于电路简单,性能良好,目前在调频器中广泛使用。

直接法的主要优点是在实现线性调频的要求下,可以获得较大的频偏;缺点是频率稳定度不高,往往需要附加稳频电路来稳定中心频率。

(2) 间接法

间接法又称倍频法,它是由窄带调频通过倍频产生宽带调频信号的方法。

其原理框图如图 4.25 所示。

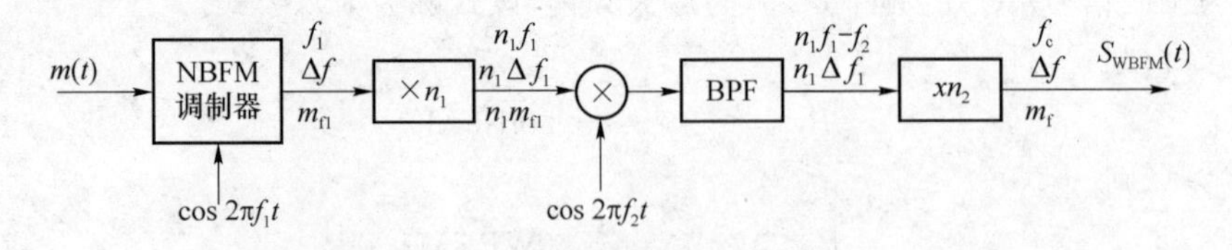

图 4.25 间接产生 WBFM 的框图

设 NBFM 产生的载波为 f_1,产生的最大频偏为 Δf_1,调频指数为 m_{f1},n_1 和 n_2 为倍频次数。若要获得 WBFM 的载频为 f_c,最大频偏为 Δf,调频指数为 m_f。根据图 4.25 可以列出它们的关系式如下:

$$f_c = n_2(n_1 f_1 - f_2)$$

$$\Delta f = n_1 n_2 \Delta f_1$$

$$m_f = n_1 n_2 m_{f1}$$

间接法的优点是频率稳定度好;缺点是需要多次倍频和混频,因此电路较复杂。

2. 调频信号的解调

(1) 非相干解调

非相干解调器由限幅器、鉴频器和低通滤波器等组成,其方框图如图4.26所示。限幅器输入已调频信号和噪声,限幅器的作用是消除接收信号在幅度上可能出现的畸变;带通滤波器的作用是用来限制带外噪声,使调频信号顺利通过。

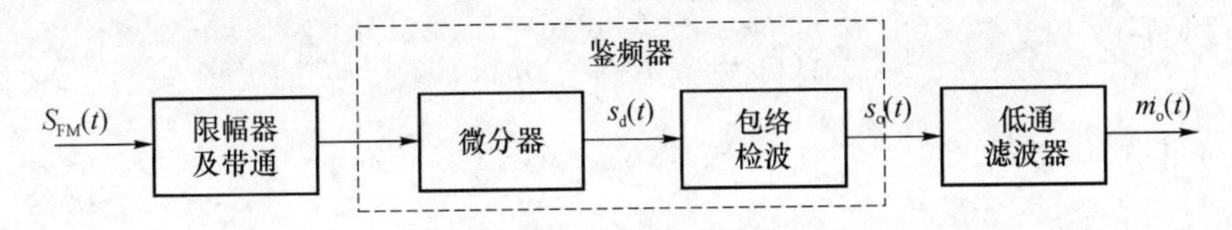

图4.26 调频信号的非相干解调

鉴频器中的微分器把调频信号变成调幅调频波,然后由包络检波器检出包络,最后通过低通滤波器取出调制信号。

设输入调频信号为

$$S_{\mathrm{i}}(t)=S_{\mathrm{FM}}(t)=A\cos\left[\omega_{\mathrm{c}}t+K_{\mathrm{f}}\int_{-\infty}^{t}m(\tau)\mathrm{d}\tau\right]$$

微分器的作用是把调频信号变成调幅调频波。微分器输出为

$$\begin{aligned}s_{\mathrm{d}}(t)&=\frac{\mathrm{d}S_{\mathrm{i}}(t)}{\mathrm{d}t}=\frac{\mathrm{d}S_{\mathrm{FM}}(t)}{\mathrm{d}t}\\&=-A[\omega_{\mathrm{c}}+K_{\mathrm{f}}m(t)]\sin\left[\omega_{\mathrm{c}}t+K_{\mathrm{f}}\int_{-\infty}^{t}m(\tau)\mathrm{d}\tau\right]\end{aligned}\tag{4.4.23}$$

包络检波的作用是从输出信号的幅度变化中检出调制信号。包络检波器输出为

$$s_{\mathrm{o}}(t)=K_{\mathrm{d}}[\omega_{\mathrm{c}}+K_{\mathrm{f}}m(t)]=K_{\mathrm{d}}\omega_{\mathrm{c}}+K_{\mathrm{d}}K_{\mathrm{f}}m(t)\tag{4.4.24}$$

K_{d}称为鉴频灵敏度,是已调信号单位频偏对应的调制信号的幅度,单位为V/Hz,经低通滤波器后加隔直流电容,隔去无用的直流,得

$$m_{\mathrm{o}}(t)=K_{\mathrm{d}}K_{\mathrm{f}}m(t)\tag{4.4.25}$$

从而完成正确解调。

(2) 相干解调

由于窄带调频信号可分解成正交分量与同相分量之和,因而可以采用线性调制中的相干解调法来进行解调。其原理框图如图4.27所示。图中的带通滤波器用来限制信道所引入的噪声,但调频信号应能正常通过。

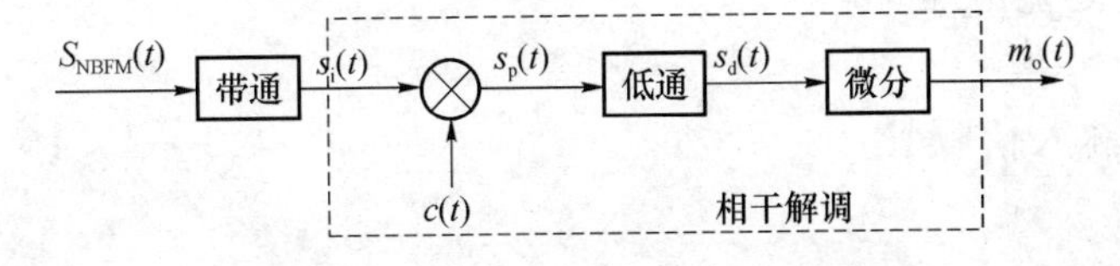

图4.27 窄带调频信号的相干解调

设窄带调频信号为

$$S_{\mathrm{NBFM}}(t)=A\cos\omega_{\mathrm{c}}t-A\left[\int_{-\infty}^{t}K_{\mathrm{f}}m(\tau)\mathrm{d}\tau\right]\sin\omega_{\mathrm{c}}t$$

相干载波

$$C(t)=-\sin\omega_{\mathrm{c}}t$$

则乘法器输出为

$$s_{\mathrm{p}}(t)=-\frac{A}{2}\sin 2\omega_{\mathrm{c}}t+\left[\frac{A}{2}K_{\mathrm{f}}\int_{-\infty}^{t}m(\tau)\mathrm{d}\tau\right](1-\cos 2\omega_{\mathrm{c}}t) \tag{4.4.26}$$

经低通滤波器滤除高频分量,得

$$s_{\mathrm{d}}(t)=\frac{A}{2}K_{\mathrm{f}}\int_{-\infty}^{t}m(\tau)\mathrm{d}\tau \tag{4.4.27}$$

再经微分器,得输出信号

$$m_{\mathrm{o}}(t)=\frac{A}{2}K_{\mathrm{f}}m(t) \tag{4.4.28}$$

从而完成正确解调。

需要注意的是,调频信号的相干解调同样要求本地载波与调制载波同步,否则将使解调信号失真。显然,上述相干解调法只适用于窄带调频。

4.5 调频系统的抗噪声性能分析

从前面的分析可知,调频信号的解调有相干解调和非相干解调两种。相干解调仅适用于窄带调频信号,且需同步信号;而非相干解调适用于窄带和宽带调频信号,而且不需同步信号,因而是FM系统的主要解调方式,所以本节只讨论非相干解调系统的抗噪声性能,其分析模型如图4.28所示。

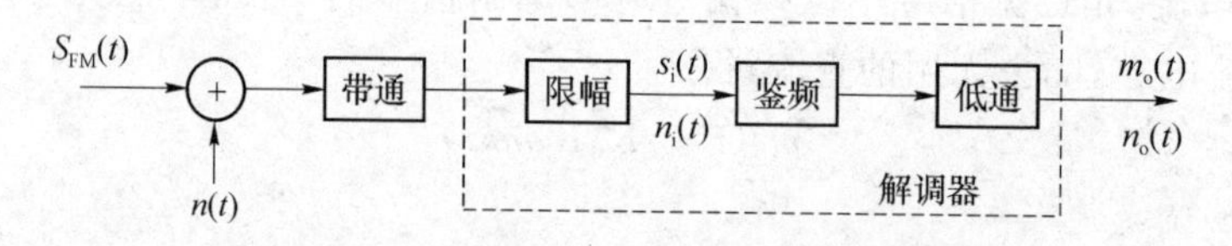

图4.28 调频系统抗噪声性能分析模型

图4.28中带通滤波器的作用是抑制信号带宽以外的噪声。$n(t)$是均值为零,单边功率谱密度为n_0的高斯白噪声,经过带通滤波器后变为窄带高斯噪声$n_{\mathrm{i}}(t)$。限幅器是为了消除接收信号在幅度上可能出现的畸变。

4.5.1 解调器输入信噪比

设输入调频信号为

$$s_{\mathrm{i}}(t)=S_{\mathrm{FM}}(t)=A\cos\left[\omega_{\mathrm{c}}t+K_{\mathrm{f}}\int_{-\infty}^{t}m(\tau)\mathrm{d}\tau\right]$$

由式(4.4.22)知，输入调频信号功率为

$$S_i = A^2/2 \tag{4.5.1}$$

理想带通滤波器的带宽与调频信号的带宽 B_{FM} 相同，所以输入噪声功率为

$$N_i = n_0 B_{FM}$$

因此，输入信噪比为

$$\frac{S_i}{N_i} = \frac{A^2}{2n_0 B_{FM}} \tag{4.5.2}$$

4.5.2 解调器输出信噪比和信噪比增益

计算输出信噪比时，由于非相干解调不满足叠加性，无法分别计算信号与噪声功率，因此，也和 AM 信号的非相干解调一样，考虑两种极端情况，即大信噪比和小信噪比情况，使计算简化，以便得到一些有用的结论。

1. 大信噪比情况

在大信噪比条件下，信号和噪声的相互作用可以忽略，这时可以把信号和噪声分开来算，这里，直接给出解调器的输出信噪比

$$\frac{S_o}{N_o} = \frac{3A^2 K_f^2 \overline{m^2(t)}}{8\pi^2 n_0 f_m^3} \tag{4.5.3}$$

式中，A 为载波的幅度；K_f 为调频器灵敏度；f_m 为调制信号 $m(t)$ 的最高频率；n_0 为噪声单边功率谱密度。

由式(4.5.2)和(4.5.3)可得宽带调频系统的调制制度增益

$$G_{FM} = \frac{S_o/N_o}{S_i/N_i} = \frac{3K_f^2 B_{FM} \overline{m^2(t)}}{4\pi^2 f_m^3} \tag{4.5.4}$$

为了使式(4.5.4)具有简明的结果，考虑 $m(t)$ 为单一频率余弦波时的情况，即

$$m(t) = A_m \cos \omega_m t$$

则

$$\overline{m^2(t)} = \frac{A_m^2}{2}$$

这时的调频信号为

$$S_{FM}(t) = A\cos(\omega_c t + m_f \sin \omega_c t)$$

式中

$$m_f = \frac{K_f A_m}{\omega_m} = \frac{\Delta\omega_{max}}{\omega_m} = \frac{\Delta f_{max}}{f_m}$$

将这些关系式分别代入式(4.5.3)和(4.5.4)，求得解调器输出信噪比为

$$\frac{S_o}{N_o} = \frac{3}{4} m_f^2 \frac{A^2}{n_0 f_m} \tag{4.5.5}$$

解调器的信噪比增益为

$$G_{FM} = \frac{S_o/N_o}{S_i/N_i} = \frac{3}{2} m_f^2 \frac{B_{FM}}{f_m} \tag{4.5.6}$$

由式(4.4.18)知宽带调频信号带宽为

$$B_{FM}=2(m_f+1)f_m=2(\Delta f+f_m)$$

所以,式(4.5.6)还可以写成

$$G_{FM}=3m_f^2(m_f+1) \tag{4.5.7}$$

式(4.5.7)表明,大信噪比时宽带调频系统的制度增益是很高的,它与调频指数的立方成正比。例如调频广播中常取 $m_f=5$,则制度增益 $G_{FM}=450$。可见,加大调频指数 m_f,可使调频系统的抗噪声性能迅速改善。

【例4.7】 设一宽带频率调制系统,载波振幅为100 V,频率为100 MHz,调制信号 $m(t)$ 的频带限制于5 kHz,$\overline{m^2(t)}=5\,000$ W,$K_f=500\,\pi$ Hz/V,最大频偏 $\Delta f=75$ kHz,并设信道中噪声功率谱密度是均匀的,其 $P_n(f)=10^{-3}$ W/Hz (单边谱),试求:

(1) 接收机输入理想带通滤波器的传输特性 $H(\omega)$;

(2) 解调器输入端的信噪功率比;

(3) 解调器输出端的信噪功率比;

(4) 若 $m(t)$ 以振幅调制方法传输,并以包络检波器检波,试比较在输出信噪比和所需带宽方面与频率调制系统有何不同。

解 (1) 接收机输入端的带通滤波器应该能让已调信号完全通过,并最大限度地滤除带外噪声。根据题意可知调频信号带宽为

$$B=2(\Delta f+f_m)=2\times(75+5)\times10^3=160\text{ kHz}$$

信号所处频率范围为100 MHz$\pm\frac{0.16}{2}$ MHz。因此,理想带通滤波器的传输特性应为

$$H(\omega)=\begin{cases}K, & 99.92\text{ MHz}<|f|<100.08\text{ MHz}\\ 0, & \text{其他}\end{cases}$$

其中 K 为常数。

(2) 设解调器输入端的信号为

$$S_{FM}(t)=A\cos\left[\omega_c t+\int_{-\infty}^{t}K_f m(\tau)\mathrm{d}\tau\right]$$

则该点的信号功率和噪声功率分别为

$$S_i=\frac{A^2}{2}=\frac{100^2}{2}=5\,000$$

$$N_i=P_n(f)B=10^{-3}\times160\times10^3=160\text{ W}$$

故有

$$\frac{S_i}{N_i}=\frac{5\,000}{160}=31.2$$

(3) 根据调频信号解调器输出信噪比公式

$$\frac{S_o}{N_o}=\frac{3A^2K_f^2\,\overline{m^2(t)}}{8\pi^2 n_0 f_m^3}=\frac{3\times100^2\times(500\pi)^2\times5\,000}{8\pi^2\times10^{-3}\times(5\times10^3)^3}=37\,500$$

(4) 若以振幅调制方式传输 $m(t)$,则所需带宽为

$$B_{AM}=2f_m=10\text{ kHz}<B_{FM}=160\text{ kHz}$$

同时，包络检波器输出信噪比为

$$\left(\frac{S_o}{N_o}\right)_{AM}=\frac{\overline{m^2(t)}}{\overline{n_c^2(t)}}=\frac{\overline{m^2(t)}}{N_i}=\frac{5\,000}{10^{-3}\times10\times10^3}=500<\left(\frac{S_o}{N_o}\right)_{FM}=37\,500$$

由此可见，频率调制系统与振幅调制系统相比，是通过增加信号带宽提高了输出信噪比。这就意味着，对于调频系统来说，增加传输带宽就可以改善抗噪声性能。调频方式的这种以带宽换取信噪比的特性是十分有益的。而在线性调制系统中，由于信号带宽是固定的，因而无法实现带宽与信噪比的互换，这也正是在抗噪声性能方面调频系统优于调幅系统的重要原因。

2. 小信噪比情况与门限效应

以上分析都是在解调器输入信噪比足够大的条件下进行的，在此假设条件下的近似分析所得到的解调输出信号与噪声是相加的。实际上，在解调器输入信号与噪声是相加的情况下，由于解调过程的非线性，使得解调输出的信号和噪声以复杂的非线性函数关系相混合，仅在大输入信噪比时，此非线性函数才近似为相加形式。在小输入信噪比时，解调输出信号与噪声相混合，以致不能从噪声中分辨出信号来，此时的输出信噪比急剧恶化，这种情况与幅度调制包络检波时相似，也称之为门限效应。出现门限效应时所对应的输入信噪比的值被称为门限值。

图 4.29(a)示出了调频指数为 20、7、3、2 时，在单音调制时门限值附近的输出信噪比和输入信噪比的关系。从图中可以看出，输入信噪比在门限值以上时，输出信噪比和输入信噪比呈线性关系，即输出信噪比随着输入信噪比的大小作线性变化；在门限值以下时，输出信噪比急剧下降；不同的调频指数 m_f 有着不同的门限值，m_f 大的门限值相对高，m_f 小的门限值相对低，但是门限值的变化范围不大。调频指数 m_f 与输入信噪比的关系如图 4.29(b)所示。通过图可以看出信噪比门限一般在 8～11 dB 范围变化，通常认为门限值为 10 dB 左右。

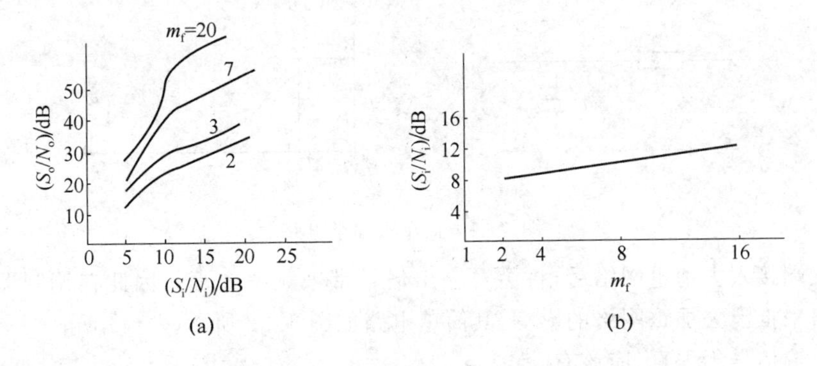

图 4.29　调频信号的门限

门限效应是 FM 系统存在的一个实际问题，降低门限值是提高通信系统性能的措施之一。通常改善门限效应的解调方法是采用反馈解调器和锁相解调器。

4.6 调频系统的加重技术

前面曾提到,线性调制系统输出信噪比的增加只能靠输入信噪比的增加而增加(如增加发送信号功率或降低噪声电平)。非线性调制系统可以用增加输入信噪比或者用增加调频指数的方法增加输出信噪比。除此之外,它们还可采用降低输出噪声功率的方法提高输出信噪比。总之,只要能保持输出信号不变的任何降低输出噪声的措施都是有用的。

本节的预加重/去加重技术就是采用保持输出信号功率不变而降低输出噪声的方法来提高输出信噪比。其基本思想是在接收端解调器输出端接入去加重滤波器和在发送端调制器输入端接入预加重滤波器。预加重滤波器的特性和去加重滤波器的特性应是互补关系。该过程的方框图如图 4.30 所示。

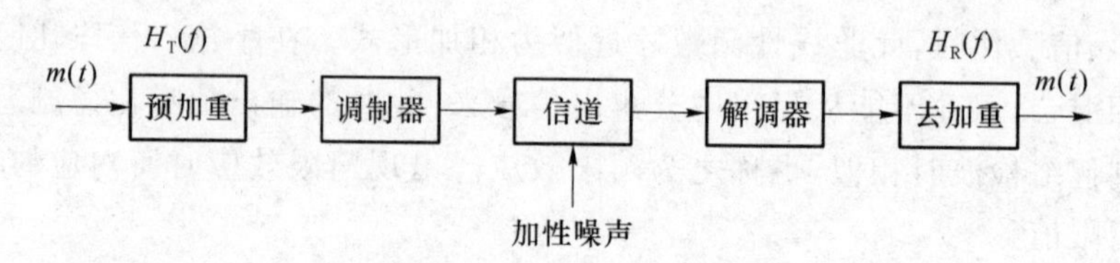

图 4.30 具有预加重和去加重滤波器的调频系统

可以证明,调频信号用鉴频器解调时,解调器的输出噪声功率谱密度按频率的平方规律增加,即

$$P_{n0}(f) \propto f^2, |f| < f_m$$

现在如果在解调器输出端接一个输出特性随 f 的增加而滚降的线性网络,将高端的噪声衰减,则总的噪声功率可以减小,这个网络称为去加重网络,其简单电路如图 4.31 所示。

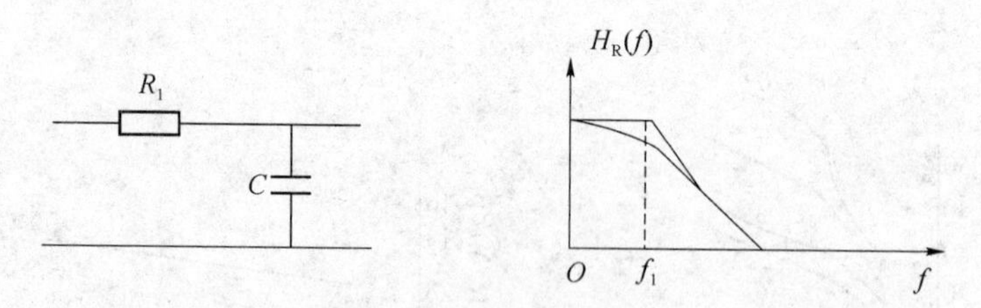

图 4.31 简单去加重电路

在接收端接入去加重网络后,将会对输出信号带来频率失真。因此在调制器前加一个预加重网络来抵消去加重网络的影响,其简单电路如图 4.32 所示。

为使传输信号不失真,应该有

$$H_T(f)H_R(f)=1 \text{ 或 } H_T(f)=\frac{1}{H_R(f)} \tag{4.6.1}$$

当满足式(4.6.1)条件后,对于传输信号来说,接与不接预加重和去加重网络的情况是一样的,即保证了输出信号不变的要求,而输出噪声得到了降低,从而提高了输出信噪比。

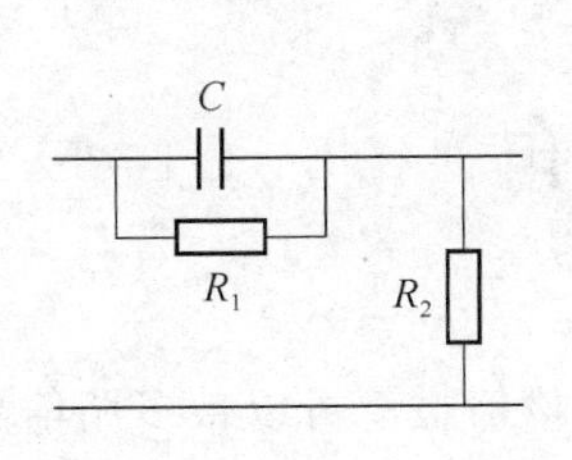

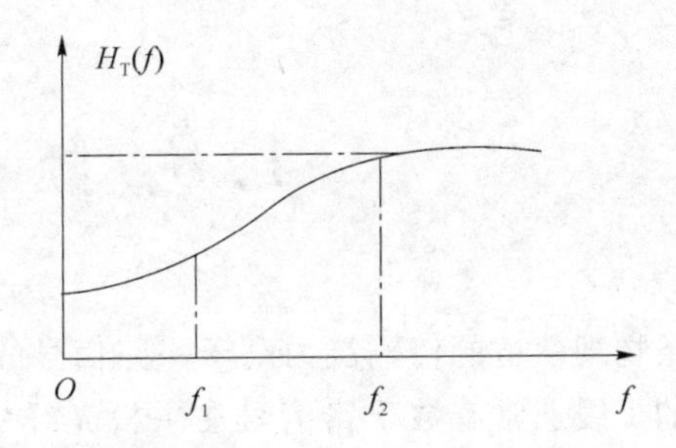

图 4.32　简单预加重电路

由于加重前和加重后的信号是不变的，所以加重前的信噪功率比和加重后的信噪功率比相比较的话，只要用加重前后的输出噪声功率来比较就可以了，即

$$R=\frac{\int_{-f_m}^{f_m} P_{n0}(f)\mathrm{d}f}{\int_{-f_m}^{f_m} P_{n0}(f)\left|H_R(f)\right|^2\mathrm{d}f} \tag{4.6.2}$$

在采用图4.31和图4.32所示的简单去加重预加重电路后，且保持信号传输带宽不变的条件，经过分析计算，可以使输出信噪比提高6 dB左右。

4.7　模拟调制系统的特点与应用

AM调制的优点是接收设备简单。缺点是功率利用率低，抗干扰能力差，在传输中如果载波受到信道的选择性衰落，则在包络检波时会出现过调失真；信号带宽较宽，频带利用率不高。因此，AM调制方式用于通信质量要求不高的场合，目前主要用在中波和短波的调幅广播中。DSB调制的优点是功率利用率高，但带宽与AM相同，频带利用率不高，接收要求同步解调，设备较复杂，只用于点对点的专用通信及低带宽信号多路复用系统。SSB调制的优点是功率利用率和频带利用率都较高，抗干扰能力和抗选择性衰落能力均优于AM，而带宽只有AM的一半；缺点是发送和接收设备都复杂。SSB调制方式普遍用在频带比较拥挤的场合，如短波波段的无线电广播和频分多路复用系统中。VSB调制性能与SSB相当，它在数据传输、商用电视广播等领域得到广泛使用。

FM波的幅度恒定不变，这使它对于非线性器件不甚敏感，给FM带来了抗快衰落能力。利用自动增益控制和带通限幅还可以消除快衰落造成的幅度变化效应。这些特点使得窄带FM对微波中继系统颇具吸引力。宽带FM的抗干扰能力强，可以实现带宽与信噪比的互换，因而宽带FM广泛应用于长距离高质量的通信系统中，如空间和卫星通信、调频立体声广播、超短波电台等。宽带FM的缺点是频带利用率低，存在门限效应，因此在接收信号弱、干扰大的情况下宜采用窄带FM，这就是小型通信机常采用窄带调频的原因。另外，窄带FM采用相干解调时不存在门限效应。

4.8 频分复用

当一条物理信道的传输能力高于一路信号的需求时,该信道就可以被多路信号共享,如电话系统的干线通常有数千路信号在一根光纤中传输。为了提高通信系统信道的利用率,通常采用多路信号共享同一信道实现信号的传输。为此,引入多路复用的概念。所谓多路复用是指在同一信道上传输多路信号而互不干扰的一种技术。其目的是为了充分利用信道的频带或时间资源,提高信道的利用率。

最常用的多路复用方式有频分复用(FDM)、时分复用(TDM)和码分复用(CDM)。频分复用主要用于模拟信号的多路传输,也可用于数字信号。本节将要讨论的是FDM的原理及其应用。时分复用(TDM)和码分复用(CDM)通常用于数字信号的多路传输,将分别在第7章和第10章中阐述。

FDM是一种按频率来划分信道的复用方式。在FDM中,信道的带宽被分成多个相互不重叠的频段(子通道),每路信号占据其中一个子通道,并且各路之间必须留有未被使用的频带(防护频带)进行分隔,以防止信号重叠。在接收端,采用适当的带通滤波器将多路信号分开,从而恢复出所需要的信号。

图4.33示出了一个频分复用系统的组成框图。假设共有n路复用的信号,每路信号首先通过低通滤波器(LPF)变成频率受限的低通信号。为简便起见,假设各路信号的最高频f_H都相等,然后,每路信号通过载频不同的调制器进行频谱搬移。一般来说,调制的方式原则上可任意选择,但最常用的是单边带调制,因为它最节省频带。因此,图中的调制器由相乘器和边带滤波器(SBF)构成。

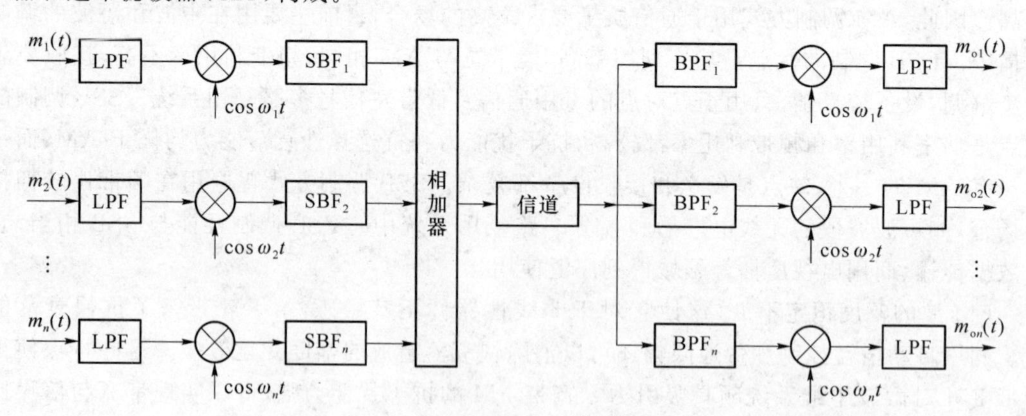

图4.33　频分复用系统组成框图

在选择载频时,既应考虑到每一路已调信号的频谱宽度f'_m,还应留有一定的防护频带f_g。为了各路信号频谱不重叠,要求载频间隔

$$f_s=f_{c(i+1)}-f_{ci}=f'_m+f_g,\quad i=1,2,\cdots,n \tag{4.8.1}$$

式中,f_{ci}和$f_{c(i+1)}$分别为第i路和第$(i+1)$路的载波频率;f'_m是每一路已调信号的频谱宽

度；f_g 为邻路间隔防护频带。

显然，邻路间隔防护频带越大，对边带滤波器的技术要求越低；但这时占用的总频带要加宽，这对提高信道复用率不利。因此，实际中应尽量提高边带滤波技术，以使 f_g 尽量缩小。例如，电话系统中话音信号频带范围为 300～3 400 Hz，防护频带间隔通常采用 600 Hz，即载频间隔 f_s 为 4 000 Hz，这样可以使邻路干扰电平低于－40 dB。

经过调制的各路信号，在频率位置上被分开。通过相加器将它们合并成适合信道内传输的频分复用信号。n 路复用信号的总频带宽度为

$$B_n = nf'_m + (n-1)f_g = (n-1)f_s + f'_m \tag{4.8.2}$$

在接收端，可利用相应的带通滤波器（BPF）来区分开各路信号的频谱。然后，再通过各自的相干解调器便可恢复各路调制信号。

【例 4.8】 采用频分复用的方式在一条信道中传输 3 路信号，已知 3 路信号的频谱如图 4.34 所示，假设每路信号的最高频率 $f_H = 3\ 400$ Hz，均采用上边带（USB）调制，邻路间隔防护频带为 $f_g = 600$ Hz。试计算信道中复用信号的频带宽度，并画出频谱结构。

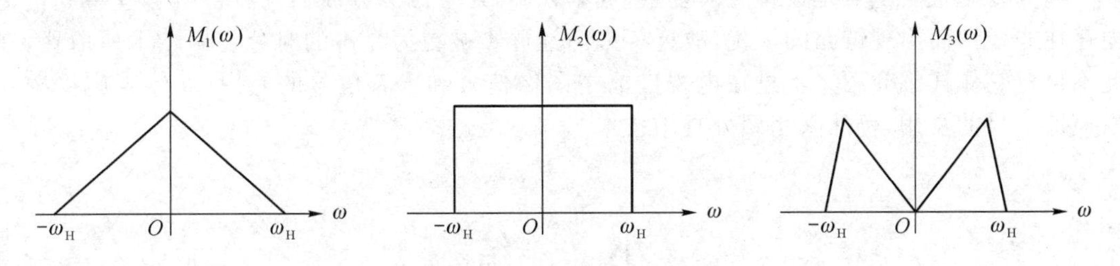

图 4.34　三路信号的频谱

解　图 4.34 中，各路信号具有相同的最高频率 f_H，采用 USB 调制后的信号带宽为 f_H，所以由式（4.8.2）可得，信道中频分复用信号的总频带宽度为

$$B_n = nf_H + (n-1)f_g = 11\ 400 \text{ Hz}$$

对 3 路信号进行调制的载波频率分别采用 ω_{c1}、ω_{c2}、ω_{c3}，得到频分复用信号的频谱结构如图 4.35 所示。

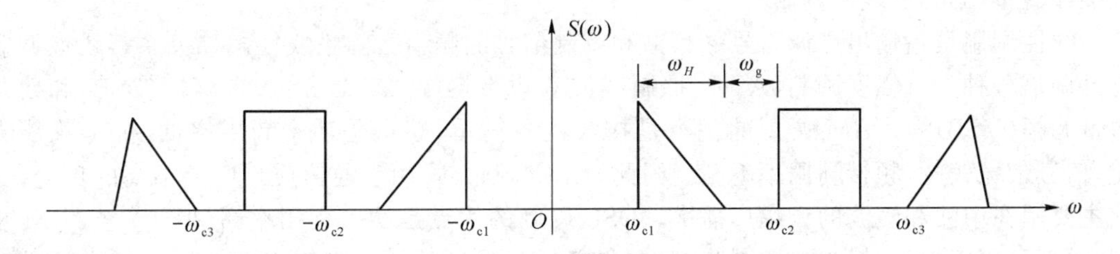

图 4.35　频分复用信号的频谱结构

频分复用信号原则上可以直接在信道中传输，但在某些应用中，还需要对合并后的复用信号再进行一次调制。第一次对多路信号调制所用的载波称为副载波，第二次调制所用的载波称为主载波。原则上，两次调制可以是任意方式的调制方式。如果第一次调制采用单边带调制，第二次调制采用调频方式，一般记为 SSB/FM。

【例 4.9】 设有一个 DSB/FM 频分复用系统，副载波用 DSB 调制，主载波用 FM 调制，有 50 路频带限制在 3.3 kHz 的音频信号，防护频带为 0.7 kHz。如果最大频移为 1 000 kHz，请计

算传输信号的频带宽度。

解 50路音频信号经过DSB调制后，在相邻两路信号之间加防护频带 f_g，合并后信号的总带宽为

$$B_n = nf'_m + (n-1)f_g = 50\times2\times3.3 + 49\times0.7 = 364.3\ \text{kHz}$$

再进行FM调制后所需的传输带宽为

$$B = 2(\Delta f + B_n) = 2(1\,000 + 364.3) = 2\,728.6\ \text{kHz}$$

频分复用系统的主要优点是信道复用路数多、分路方便，因此它曾经在多路模拟电话通信系统中获得广泛应用，国际电信联盟(ITU)对此制定了一系列建议。例如，ITU将一个12路频分复用系统统称为一个“基群”，它占用48 kHz带宽；将5个基群组成一个60路的“超群”。用类似的方法可将几个超群合并成一个“主群”，几个主群又可合并成一个“巨群”。

当载波的频率提高到光波的频率范围时，就可以利用光波来进行复用通信了。它实质上也是一种频分复用，只是由于载波在光波波段，其频率很高，通常用波长代替频率来讨论，故称为光波分复用(WDM)。

频分复用主要缺点是设备庞大复杂，成本较高，还会因为滤波器件特性不够理想和信道内存在非线性而出现链路间干扰，故近年来已经逐步被更为先进的时分复用技术所取代，在此不再对它作详细介绍。不过在电视广播中图像信号和声音信号的复用、立体声广播中左右声道信号的复用，仍然采用频分复用技术。

小　　结

本章主要研究模拟调制系统的调制和解调原理以及抗噪性能分析。

所谓调制就是使基带信号(调制信号)控制载波的某个(或几个)参数，使这个参数按照基带信号的规律而变化的过程。经过调制后的已调信号应该具有两个基本特征：一是仍然携带有信息；二是适合于信道传输。调制信号为模拟信号时的调制称为模拟调制，它分为两大类：线性调制和非线性调制。

线性调制是指输出已调信号的频谱和调制信号的频谱之间呈线性搬移关系。线性调制的已调信号种类有幅度调制(AM)、抑制载波双边带调幅(DSB)、单边带调幅(SSB)和残留边带调幅(VSB)等。AM调制的优点是接收设备简单；缺点是功率利用率低，抗干扰能力差，信号带宽较宽，频带利用率不高。因此，AM调制方式用于通信质量要求不高的场合，目前主要用在中波和短波的调幅广播中。DSB调制的优点是功率利用率高，但带宽与AM相同，频带利用率不高，接收要求同步解调，设备较复杂。只用于点对点的专用通信及低带宽信号多路复用系统。SSB调制的优点是功率利用率和频带利用率都较高，抗干扰能力和抗选择性衰落能力均优于AM，而带宽只有AM的一半；缺点是发送和接收设备都复杂。SSB调制方式普遍用在频带比较拥挤的场合，如短波波段的无线电广播和频分多路复用系统中。VSB调制性能与SSB相当，它在数据传输、商用电视广播等领域得到广泛使用。

非线性调制又称角度调制。其已调信号的频谱和调制信号的频谱结构有很大的不同，除了频谱搬移外，还增加了许多新的频率成分。角度调制的已调信号种类包括调频(FM)和调相(PM)两大类。角度调制中的调频和调相在实质上并没有区别，单从已调信号波形来看

不能区分两者，只是调制信号和已调信号之间的关系不同而已。从传输频带的利用率来讲非线性调制是不经济的，但它具有较好的抗噪声性能，在不增加信号发送功率的前提下，可以用增加带宽的方法来换取输出信噪比的提高，且传输带宽越宽，抗噪声性能越好。

为了提高通信系统信道的利用率，通常采用多路信号共享同一信道实现信号的传输。为此，引入多路复用的概念。所谓多路复用是指在同一信道上传输多路信号而互不干扰的一种技术。其目的是为了充分利用信道的频带或时间资源，提高信道的利用率。最常用的多路复用方式有频分复用(FDM)、时分复用(TDM)和码分复用(CDM)。频分复用(FDM)是一种按频率来划分信道的复用方式。频分复用主要用于模拟信号的多路传输，也可用于数字信号。

思考题

1. 什么是调制？调制的目的是什么？
2. 什么是线性调制？常见的线性调制有哪些？
3. 非线性调制有哪几种？
4. VSB滤波器的传输特性应满足什么条件？
5. 什么是信噪比增益？其物理意义是什么？
6. DSB调制系统和SSB调制系统的抗噪声性能是否相同？为什么？
7. 什么是门限效应？AM信号采用包络检波法解调时为什么会产生门限效应？
8. 什么是频率调制？什么是相位调制？两者关系如何？
9. FM系统信噪比增益和信号带宽的关系如何？这一关系说明什么问题？
10. 试述非线性调制的主要优点。
11. 什么是多路复用？
12. 什么是频分复用(FDM)？

习　题

4.1　已知载波信号为 $C(t)=\cos\omega_c t$，某已调波的表达式如下：

(1) $\cos\Omega t\cos\omega_c t$

(2) $(1+0.5\sin\Omega t)\cos\omega_c t$

式中，$\omega_c=6\Omega$。试分别画出已调信号的波形图和频谱图。

4.2　已知一调制信号为 $m(t)=\cos\Omega_1 t+\cos\Omega_2 t$，载波为 $A\cos\omega_c t$，试写出当$\Omega_2=2\Omega_1$，载波频率 $\omega_c=5\Omega_1$时，下边带信号的表达式，并画出频谱图。

4.3　已知调制信号 $m(t)=\cos(10\pi\times10^3 t)$ V，对载波 $C(t)=10\cos(20\pi\times10^6 t)$ V 进行单边带调制，已调信号通过噪声双边带功率密度谱为 $n_0/2=0.5\times10^{-9}$ W/Hz 的信道传输，信道衰减为 1 dB/km。试求若要求接收机输出信噪比为 20 dB，发射机设在离接收机 100 km处时，此发射机发射功率应为多少？

4.4　现有幅度调制信号 $S_{AM}(t)=(1+A\cos 2\pi f_m t)\cos 2\pi f_c t$，其中调制信号的频率 $f_m=5$ kHz，载频 $f_c=100$ kHz。常数 $A=15$ V。

(1) 请问此幅度调制信号能否用包络检波器解调，说明其理由；

(2) 请画出它的解调框图。

4.5　某调制系统如图P4.1所示。为了在输出端同时分别得到 $f_1(t)$ 及 $f_2(t)$，试确定接收端的 $c_1(t)$ 及 $c_2(t)$。

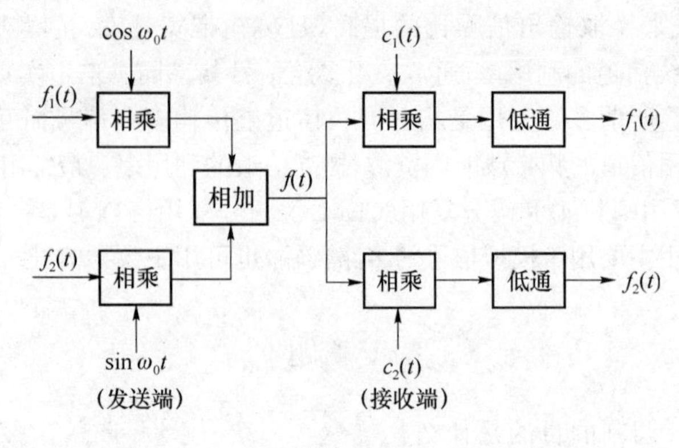

图 P4.1

4.6　采用包络检波的幅度调制系统中，若噪声双边功率谱密度为 5×10^{-2} W/Hz，单频正弦波调制时载波功率为100 kW，边带功率为每边带10 kW，带通滤波器带宽为4 kHz。

(1) 求解调输出信噪比；

(2) 若采用抑制载波双边带调制系统，其性能优于AM系统多少分贝？

4.7　单边带调制系统中，若消息信号的功率谱密度为

$$P(f)=\begin{cases} a\dfrac{|f|}{B}, & |f|\leqslant B \\ 0, & |f|>B \end{cases}$$

其中 a 和 B 都是大于零的常数。已调信号经过加性白色高斯信道，设单边噪声功率谱密度为 n_0，求相干解调后的输出信噪比。

4.8　已知某抑制载波双边带调制系统中发送功率为 S，如用单边带调制代替，且假设两种调制系统都采用相干解调，本地相干载波信号幅度相等。求下列情况下的单边带平均发射功率。

(1) 接收信号强度相同；

(2) 接收到的信噪比相同。

4.9　某通信系统发送部分框图如图P4.2(a)所示，其中载频 $\omega_c\gg3\,\Omega$，$m_1(t)$ 和 $m_2(t)$ 是要传送的两个基带调制信号，它们的频谱如图P4.2(b)所示。

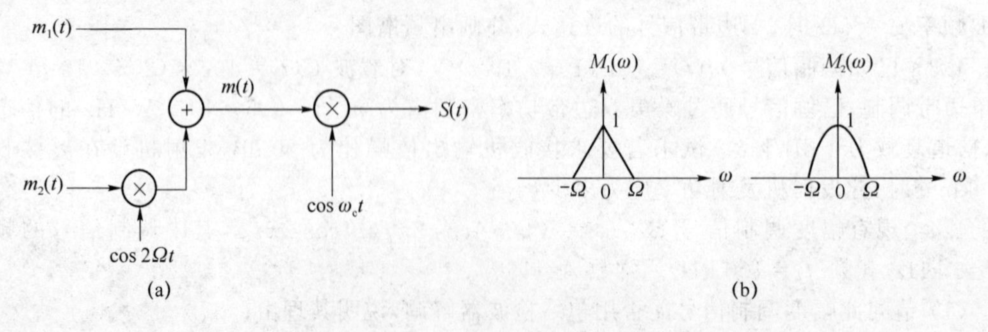

图 P4.2

(1) 写出合成信号 $m(t)$的频谱表达式，并画出其频谱图；

(2) 写出已调波 $S(t)$的频域表达式，并画出其频谱图；

(3) 画出从 $S(t)$得到 $m_1(t)$和 $m_2(t)$的解调框图。

4.10　已知调制信号 $m(t)=\cos(2\pi\times10^4 t)$ V，现分别采用 DSB 及 SSB 传输，已知信道衰减为 30 dB，噪声双边功率谱 $n_0/2=5\times10^{-11}$ W/Hz。

(1) 试求各种调制方式时的已调波功率；

(2) 当均采用相干解调时，求各个系统的输出信噪比；

(3) 在输入信号功率 S_i 相同时（以 SSB 接收端的 S_i 为标准），再求各系统的输出信噪比。

4.11　图 P4.3 是对 DSB 信号进行相干解调的框图。图中，$n(t)$是均值为 0、双边功率谱密度为 $n_0/2$ 的加性高斯白噪声，本地恢复的载波和发送载波有固定的相位差 θ。求该系统的输出信噪比。

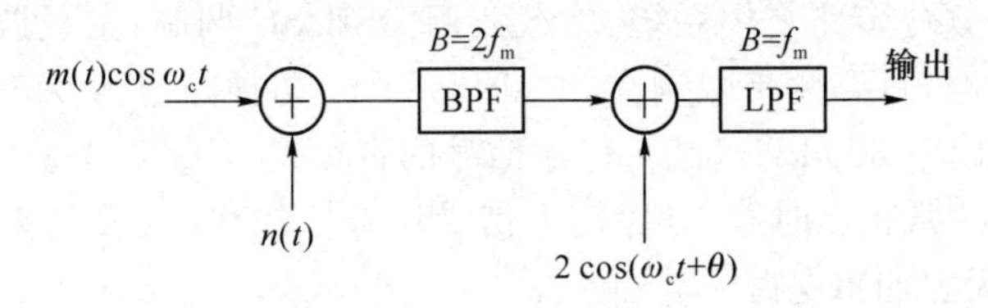

图 P4.3

4.12　某调制方框图如图 P4.4(b)所示。已知 $m(t)$的频谱如图 P4.4(a)所示，载频 $\omega_1 \ll \omega_2$，理想低通滤波器的截止频率为 ω_1，且 $\omega_1>\omega_H$，试求输出信号 $s(t)$，并说明 $s(t)$为何种已调制信号。

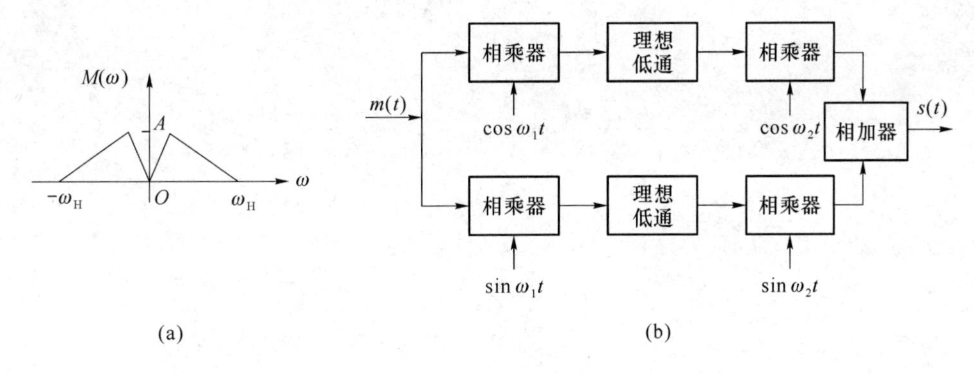

图 P4.4

4.13　试证明：当 AM 信号采用同步检测法进行解调时，其制度增益 G 与大信噪比情况下 AM 采用包络检波解调时的制度增益 G 的结果相同。

4.14　调频信号 $S_{FM}(t)=100\cos(2\pi f_c t+4\sin 2\pi f_m t)$，其中载频 $f_c=10$ MHz，调制信号的频率是 $f_m=1\ 000$ Hz。

(1) 求其调频指数及发送信号带宽；

(2) 若调频器的调频灵敏度不变，调制信号的幅度不变，但频率 f_m加倍，重复(1)题。

4.15　在单边带调制中若消息信号为幅度等于 A、宽度为 T 的脉冲，求已调信号的包络。

4.16　设用单频正弦信号进行调频,调制信号频率为15 kHz,最大频偏为75 kHz,用鉴频器解调,输入信噪比为20 dB,试求输出信噪比。

4.17　用10 kHz的正弦波形信号调制100 MHz的载波,试求产生AM、SSB及FM波的带宽各为多少?假定FM的最大频偏为50 kHz。

4.18　某单音调制信号的频率为15 kHz,首先进行单边带SSB调制,SSB调制所用载波的频率为38 kHz,然后取下边带信号作为FM调制器的调制信号,形成SSB/FM发送信号。设调频所用载波的频率为f_c,调频后发送信号的幅度为200 V,调频指数$m_f=3$,若接收机的输入信号在加至解调器(鉴频器)之前,先经过一理想带通滤波器,该理想带通滤波器的带宽为200 kHz,信道衰减为60 dB,$n_0=4\times10^{-9}$ W/Hz。

(1) 写出FM已调波信号的表达式;

(2) 求FM已调波信号的带宽B_{FM};

(3) 求鉴频器输出信噪比。

4.19　设有一个频分多路复用系统,副载波用DSB/SC调制,主载波用FM调制,有60路等幅的音频输入通路,每路频带限制在3.3 kHz以下,防护频带为0.7 kHz。

(1) 如果最大频偏为800 kHz,试求传输信号的带宽;

(2) 试分析与第一路相比时第60路输入信噪比降低的程度(假定鉴频器输入的噪声是白色的,且解调器中无去加重电路)。

第5章 数字基带传输系统

5.1 引　言

通信的根本任务是远距离传送信息，因而如何保证准确地传输数字信息是数字通信系统要解决的关键问题。数字信息的传输可分为基带传输和频带传输两种方式。

将基带信号直接在信道中传输的方式称为基带传输方式。为了适应信道传输特性而将基带信号进行调制，即将基带信号的频谱搬移到某一载频处，变为频带信号进行传输的方式称为频带传输方式。

在实际数字通信系统中，数字基带传输在应用上虽不如频带传输那么广泛，但仍有相当广的应用范围。数字基带传输的基本理论不仅适用于基带传输，而且还适用于频带传输，因为所有窄的带通信号、线性带通系统以及线性带通系统对带通信号的响应均可用其等效基带传输系统的理论来分析它的性能，因而掌握数字基带传输系统的基本理论十分重要，它在数字通信系统中具有普遍意义。

本章首先介绍数字基带信号的常用波形和传输码型以及频谱特性；然后围绕数字基带信号传输中的误码问题，讨论接收端如何有效地抑制噪声和消除码间干扰的理论与技术；同时简述均衡器和部分响应系统，并介绍最佳基带传输系统的概念及基本分析方法。

5.2 数字基带信号的常用波形和传输码型

由数字信源输出的数字信号，或者由模拟信源经过编码后形成的数字信号，一般来说都不一定适合于信道传输。例如，许多信道不能传输信号的直流和频率很低的分量，为了适应这种信道特性，需要对数字基带信号进行适当处理或变换。为此，可采用不同的信号波形和不同信号码型。所以二进制(或多进制)数字基带信号原理上可以用"0"和"1"代表,但在实际传输中,可能采用不同的传输波形和码型来表示"0"和"1"。因此,数字基带传输系统首先面临的主要问题是选择什么样的传输波形和信号码型。

5.2.1 几种基本基带信号波形

数字基带信号传输波形的类型有很多,常见的有矩形脉冲、三角波、高斯脉冲和升余弦脉冲等。后面的分析将看到,适合于信道中传输的波形一般应为变化平滑的脉冲波形,如升余弦脉冲波形。由于矩形脉冲易于形成和变换,为了简便起见,下面就以矩形脉冲为例介绍几种最常见的基带信号波形。

1. 单极性不归零波形

设消息代码由二进制符号"0"、"1"组成,则单极性不归零波形如图5.1(a)所示。这里,基带信号的零电位及正电位分别与二进制符号的"0"和"1"一一对应。

实际中,电传机输出、计算机输出的二进制序列等通常是这种形式的信号。这是一种最简单的传输方式。但因其性能较差,所以适用于极短距离传输。例如,印刷电路板内和机箱内等处。

2. 双极性不归零波形

图5.1(b)所示为双极性不归零波形,此方式中"1"和"0"分别对应正电位和负电位。其与单极性波形比较有以下优点:

(1) 从平均统计角度来看,消息"1"和"0"的数目各占一半,所以无直流分量;

(2) 接收双极性波形时判决门限电平为零,稳定不变,因而不受信道特性变化的影响,抗噪声性能好;

(3) 可以在电缆等无接地的传输线上传输。

这种波形抗干扰性能好,应用比较广泛。缺点是:不能直接从双极性波形中提取同步分量;当"1"、"0"码概率不相等时,仍有直流分量。

在ITU-T制订的V.24接口标准和美国电工协会(EIA)制订的RS-232C接口标准中均采用双极性波形。

3. 单极性归零波形

所谓单极性归零是指在传送"1"码时发送一个宽度小于码元持续时间的归零脉冲,而在传送"0"码时不发送脉冲,如图5.1(c)所示。换句话说,信号脉冲宽度小于码元宽度。设码元宽度为 T_s,归零脉冲宽度为 τ,则称 τ/T_s 为占空比。

单极性归零波形与不归零波形比较,除了仍然具有单极性不归零波形的一些缺点外,主要有一个可以直接提取同步信号的优点。

4. 双极性归零波形

双极性归零波形的构成原理与单极性归零波形一样,如图5.1(d)所示。“1”和“0”在传输线路上分别用正脉冲和负脉冲表示,且相邻脉冲间必有零电位区域存在。因此,在接收端根据接收波形归于零便知道“1”比特的信息已接收完毕,以便准备下一比特信息的接收。所以在发送端不必按一定的周期发送信息。可以认为,正、负脉冲的前沿起了启动信号的作用,后沿起了终止信号的作用。因此可以经常保证正确的比特同步,即收发之间无需特别定时,且各符号独立地构成起止方式。此方式也叫自同步方式。双极性归零波形得到了比较广泛的应用。

5. 差分波形

这种波形的特点是把二进制脉冲序列中的“1”或“0”反映在相邻信号码元相对极性变化上,比如,若以符号“1”表示相邻码元的电位改变,而以符号“0”表示电位不改变,如图5.1(e)所示。当然,上述规定也可以反过来。这种方式的优点是,即使接收端收到的码元极性与发送端完全相反,也能正确地进行判决。

6. 多值波形(多电平波形)

前述各种信号都是一个二进制符号对应一个脉冲。实际上还存在多个二进制符号对应一个脉冲的情形。这种波形统称为多值波形或多电平波形。例如若令两个二进制符号00对应$+3E$,01对应$+E$,10对应$-E$,11对应$-3E$,则所得波形为4值波形,如图5.1(f)所示。由于这种波形的一个脉冲可以代表多个二进制符号,故在高速数据传输中,常采用这种信号形式。

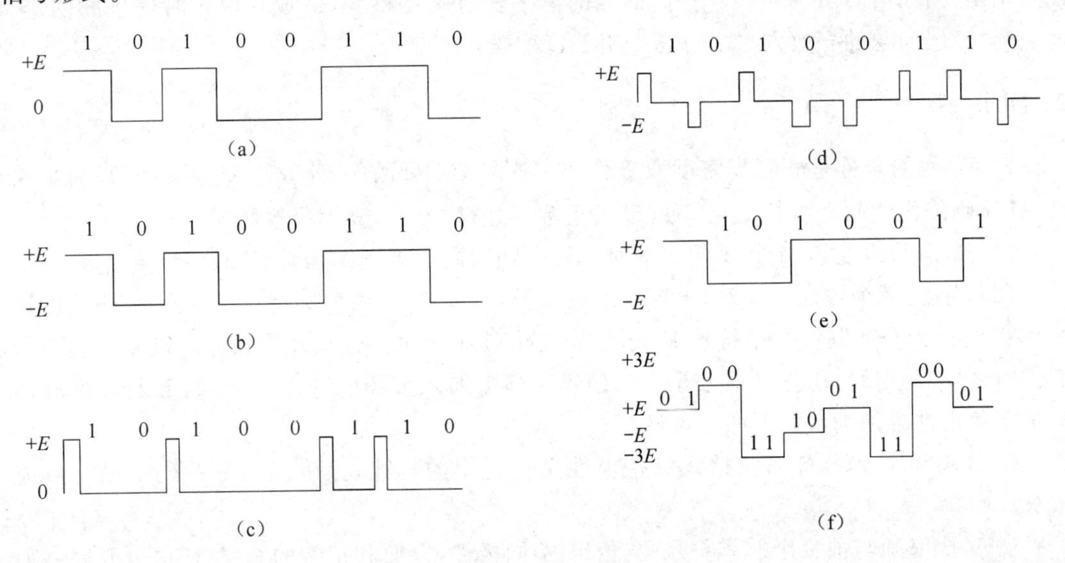

图5.1 几种基本的数字基带信号波形

5.2.2 数字基带信号的传输码型

数字基带信号除了采用上面讨论的各种波形外,为了适合信道传输,还需要进行一些处理或变换。也就是说,还要合理地设计、选择数字基带信号码型,使数字信号能在给定的信道中传输。我们将适于在信道中传输的基带信号码型称为线路传输码型。

为适应信道的传输特性及接收端再生恢复数字信号的需要,基带传输信号码型设计应考虑如下一些原则:

(1) 对于频带低端受限的信道传输,线路码型中不含有直流分量,且低频分量较少;

(2) 便于从相应的基带信号中提取定时同步信息;

(3) 信号中高频分量尽量少,以节省传输频带并减少码间串扰;

(4) 所选码型应具有纠错、检错能力;

(5) 码型变换设备要简单,易于实现。

下面介绍几种常用的适合在信道中传输的传输码型。

1. AMI码

AMI码的全称是传号交替反转码。这是一种将消息中的代码"0"(空号)和"1"(传号)按如下规则进行编码的码:代码"0"仍为0;代码"1"交替变换为+1、−1、+1、−1、…。例如:

消息代码　　1　0　0　0　1　1　1　0　1

AMI码　　+1　0　0　0　−1　+1　−1　0　+1

AMI码的优点是:不含直流成分,低频分量小;编解码电路简单,便于利用传号极性交替规律观察误码情况。鉴于这些优点,AMI码是ITU建议采用的传输码型之一。AMI码的不足是:当原信码出现连"0"串时,信号的电平长时间不跳变,造成提取定时信号的困难。解决连"0"码问题的有效方法之一是采用HDB_3码。

2. HDB_3码

HDB_3码的全称是3阶高密度双极性码,它是AMI码的一种改进型,其目的是为了保持AMI码的优点而克服其缺点,使连"0"个数不超过3个。其编码规则如下。

(1) 当信码的连"0"个数不超过3时,仍按AMI码的规则编码,即传号极性交替。

(2) 当连"0"个数超过3时,出现4个或4个以上连"0"串时,则将每4个连"0"小段的第4个"0"变换为非"0"脉冲,用符号V表示,称之为破坏脉冲。而原来的二进制码元序列中所有的"1"码称为信码,用符号B表示。当信码序列中加入破坏脉冲以后,信码B与破坏脉冲V的正负极性必须满足如下两个条件。

① B码和V码各自都应始终保持极性交替变化的规律,以确保编好的码中没有直流成分。

② V码必须与前一个非零符号码(信码B)同极性,以便和正常的AMI码区分开来。如果这个条件得不到满足,那么应该将4个连"0"码的第一个"0"码变换成与V码同极性的补信码,用符号B′表示,并作调整,使B码和B′码合起来保持条件①中信码(含B及B′)极性交

替变换的规律。

例如：

消息代码:	1000　0 1000 0　1 1 000　0　000 0　1 1
AMI码:	-1 000　0 +1000　0　-1 +1　000　0　000　0 -1 +1
加V和B码调整	-1 [000 -V] +1 [000 +V]　-1 +1 [-B 0 0 -V]　[+B 0 0 +V] -1 +1
HDB_3码	-1 000　-1 +1000 +1　-1 +1 -1 0 0 -1　+1 0 0 +1 -1 +1

虽然 HDB_3 码的编码规则比较复杂，但解码却比较简单。从上述原理可以看出，每一破坏符号总是与前一非0符号同极性。据此，从收到的符号序列中很容易找到破坏点V，于是断定V符号及其前面的3个符号必定是连“0”符号，从而恢复4个连“0”码，再将所有的＋1、－1变成“1”后便得到原信息代码。

HDB_3 码保持了AMI码的优点外，同时还将连“0”码限制在3个以内，故有利于位定时信号的提取。HDB_3 码是应用最为广泛的码型，A律PCM四次群以下的接口码型均为 HDB_3 码。

3．双相码

双相码又称Manchester码，即曼彻斯特码。它的特点是每个码元用两个连续极性相反的脉冲来表示。编码规则之一是：

0→01（零相位的一个周期的方波）

1→10（π相位的一个周期方波）

例如：

代码	1	1	0	0	1	0	1
双相码	10	10	01	01	10	01	10

该码的优点是无直流分量，最长连“0”、连“1”数为2，定时信息丰富，编解码电路简单。但其码元速率比输入的信码速率提高了一倍。

双相码适用于数据终端设备在中速短距离上传输，如以太网采用双相码作为线路传输码。双相码当极性反转时会引起解码错误，为解决此问题，可以采用差分码的概念，将数字分相码中用绝对电平表示的波形改为用相对电平来表示，这种码型称为条件双相码或差分曼彻斯特码。数据通信的令牌网即采用这种码型。

4．CMI码

CMI码是传号反转码的简称，其编码规则为：“1”码交替用“00”和“11”表示；“0”码用“01”表示。CMI码的优点是没有直流分量，且频繁出现波形跳变，便于定时信息提取，具有误码监测能力。

由于CMI码具有上述优点，再加上编、解码电路简单，容易实现，因此，在高次群脉冲编码调制终端设备中广泛用做接口码型，在速率低于8 448 kbit/s的光纤数字传输系统中也被建议作为线路传输码型。

5.3 数字基带信号的频谱分析

研究数字基带信号的频谱分析是非常有用的,通过频谱分析可以使我们弄清楚信号传输中一些很重要的问题。这些问题是,信号中有没有直流成分、有没有可供提取同步信号用的离散分量以及根据它的连续谱是否可以确定基带信号的带宽。

在通信中,除特殊情况(如测试信号)外,数字基带信号通常都是随机脉冲序列。因为,如果在数字通信系统中所传输的数字序列是确知的,则消息就不携带任何信息,通信也就失去了意义。

对于随机脉冲序列,由于它是非确知信号,不能用傅里叶变换法确定其频谱,只能用统计的方法研究其功率谱。对于其功率谱的分析在数学运算上比较复杂,因此,这里只给出分析的思路和推导的结果并对结果进行分析。

5.3.1 数字基带信号的数学描述

1. 波形

设一个二进制的随机脉冲序列如图5.2所示。这里 $g_1(t)$ 代表二进制符号的"0", $g_2(t)$ 代表二进制符号的"1",码元的间隔为 T_s。应当指出的是,图中 $g_1(t)$ 和 $g_2(t)$ 可以是任意的脉冲;图中所示只是一个实现。

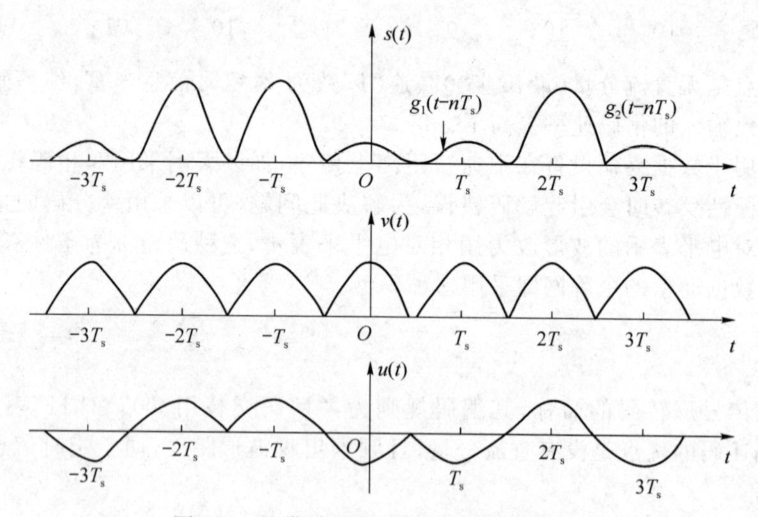

图5.2 基带随机脉冲序列及其分解波形

2. 数学表达式

现假设随机脉冲序列在任一码元时间间隔 T_s 内 $g_1(t)$ 和 $g_2(t)$ 出现的概率分别为 P 和 $1-P$,且认为它们的出现是统计独立的,则数字基带信号 $s(t)$ 可由式(5.3.1)表示,即

$$s(t)=\sum_{n=-\infty}^{\infty}s_n(t) \tag{5.3.1}$$

其中，$s_n(t)=\begin{cases}g_1(t-nT_s)，概率为 P，\\ g_2(t-nT_s)，概率为 1-P。\end{cases}$ (5.3.2)

由于任何波形均可分解为若干个波形的叠加，考虑到要了解基带信号中是否存在离散频谱分量以便提供同步信息，而周期信号的频谱是离散的，所以可以认为 $s(t)$ 是由一个周期波形 $v(t)$ 和一个随机交变波形 $u(t)$ 叠加而成。即

$$s(t)=v(t)+u(t) \tag{5.3.3}$$

5.3.2 数字基带信号的功率谱密度

由上面分析可知，可通过先求出 $v(t)$ 和 $u(t)$ 的功率谱密度，然后两者相加即可得到 $s(t)$ 的功率谱密度。

1. 稳态项 $v(t)$ 的功率谱密度 $P_v(f)$

稳态项 $v(t)$ 是周期为 T_s 的周期函数，经分析可得其功率谱 $P_v(f)$ 为

$$P_v(f)=\sum_{m=-\infty}^{\infty}|f_s[PG_1(mf_s)+(1-P)G_2(mf_s)]|^2\delta(f-mf_s) \tag{5.3.4}$$

式中

$$G_1(mf_s)=\int_{-\infty}^{\infty}g_1(t)e^{-j2\pi mf_st}dt \tag{5.3.5}$$

$$G_2(mf_s)=\int_{-\infty}^{\infty}g_2(t)e^{-j2\pi mf_st}dt \tag{5.3.6}$$

可见，稳态项 $v(t)$ 的功率谱密度是离散谱，分析离散谱可以弄清楚序列中是否含有直流成分、基波成分和谐波成分。

2. 交变项 $u(t)$ 的功率谱密度 $P_u(f)$

由于 $u(t)$ 是功率型的随机信号，因此求其功率谱密度 $P_u(f)$ 时要采用截短函数的方法和求统计平均的方法。经过分析可得

$$P_u(f)=f_sP(1-P)|G_1(f)-G_2(f)|^2 \tag{5.3.7}$$

可见，$u(t)$ 的功率谱密度与 $g_1(t)$ 与 $g_2(t)$ 的频谱以及出现的概率 P 有关，它是连续谱。由连续谱可以确定信号的带宽。

3. 求随机基带序列 $s(t)$ 的功率谱密度

由于 $s(t)=v(t)+u(t)$，则将式(5.3.4)与式(5.3.7)相加，可得到随机序列 $s(t)$ 的功率谱密度为

$$\begin{aligned}P_s(f)&=P_u(f)+P_v(f)\\&=f_sP(1-P)|G_1(f)-G_2(f)|^2+\\&\quad\sum_{m=-\infty}^{\infty}|f_s[PG_1(mf_s)+(1-P)G_2(mf_s)]|^2\delta(f-mf_s)\end{aligned} \tag{5.3.8}$$

式(5.3.8)是双边功率谱密度表示式。若用单边功率谱密度表示，则有

$$P_s(f)=2f_sP(1-P)|G_1(f)-G_2(f)|^2+f_s^2|PG_1(0)+(1-P)G_2(0)|^2\delta(f)+$$
$$2f_s^2\sum_{m=1}^{\infty}|[PG_1(mf_s)+(1-P)G_2(mf_s)]|^2\delta(f-mf_s),\quad f\geqslant 0 \tag{5.3.9}$$

由式(5.3.9)可以总结出 $P_s(f)$各项的物理含义，第一项 $2f_sP(1-P)|G_1(f)-G_2(f)|^2$ 是由交变项 $u(t)$产生的连续频谱，对于实际应用的数字信号有 $P\neq 0,P\neq 1,g_1(t)\neq g_2(t)$，因此这一项总是存在的。对于连续频谱我们主要关心的是它的分布规律，看它的能量主要集中在哪一个频率范围，并由此确定信号的带宽。第二项$f_s^2|PG_1(0)+(1-P)G_2(0)|^2\delta(f)$，它是由稳态项 $v(t)$产生的直流成分的功率谱密度，这一项不一定都存在。例如一般的双极性码，$g_1(t)=-g_2(t)$，$G_1(0)=-G_2(0)$，此时若“0”、“1”码等概率出现，则 $PG_1(0)+(1-P)G_2(0)=0$，就没有直流成分。第三项 $2f_s^2\sum\limits_{m=1}^{\infty}|[PG_1(mf_s)+(1-P)G_2(mf_s)]|^2\delta(f-mf_s)$ 是由稳态项 $v(t)$产生的离散频谱，这一项，特别是基波成分 f_s 如果存在，对位同步信号的提取将很容易，这一项也不一定都存在，例如双极性码在等概率时，该项不存在。前面在介绍各种码型时就提到过双极性码不能直接提取同步信号。

下面以矩形脉冲构成的基带信号为例对式(5.3.8)的应用及意义作进一步说明，其结果对后续问题的研究具有实用价值。

【例 5.1】 求单极性不归零信号的功率谱密度，假定 $P=1/2$。

解 设单极性不归零信号 $g_1(t)=0$，$g_2(t)$为图 5.3 所示的高度为 1、宽度为 $\tau=T_s$ 的矩形脉冲。

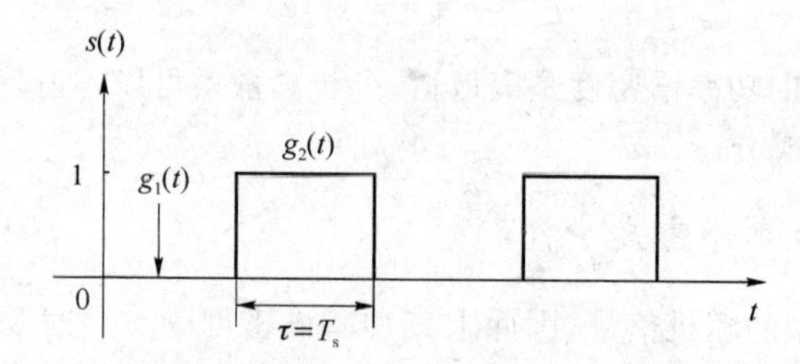

图 5.3 单极性不归零信号

$$G_1(f)=0$$

$$G_2(f)=G(f)=T_s\left(\frac{\sin \pi fT_s}{\pi fT_s}\right)$$

$$G_2(mf_s)=T_s\left(\frac{\sin \pi mf_sT_s}{\pi mf_sT_s}\right)=\begin{cases}T_s & m=0\\ 0 & m\neq 0\end{cases}$$

代入式(5.3.8)得单极性不归零信号的双边功率谱密度为

$$P_s(f)=\frac{1}{4}f_sT_s^2\left(\frac{\sin \pi fT_s}{\pi fT_s}\right)^2+\frac{1}{4}\delta(f)=\frac{1}{4}T_s\mathrm{Sa}^2(\pi fT_s)+\frac{1}{4}\delta(f) \tag{5.3.10}$$

单极性不归零信号的功率谱如图5.4所示。

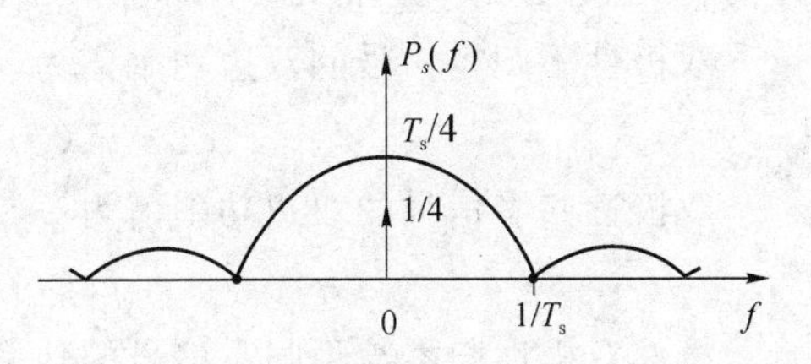

图5.4　单极性不归零信号的功率谱

由以上分析可见，单极性不归零信号的功率谱只有连续谱和直流分量，不含有可用于提取同步信息的 f_s 分量；由连续分量可方便求出单极性不归零信号功率谱的近似带宽（Sa函数第一零点）为 $B=\frac{1}{T_s}=f_s$；当 $P\neq 1/2$ 时，上述结论仍然成立。

【例5.2】 求单极性归零信号的功率谱密度，假定 $P=1/2$。

解　设单极性归零信号 $g_1(t)=0$，$g_2(t)$ 为图5.5所示的高度为1、宽度为 $\tau(\tau\leqslant T_s)$ 的矩形脉冲。

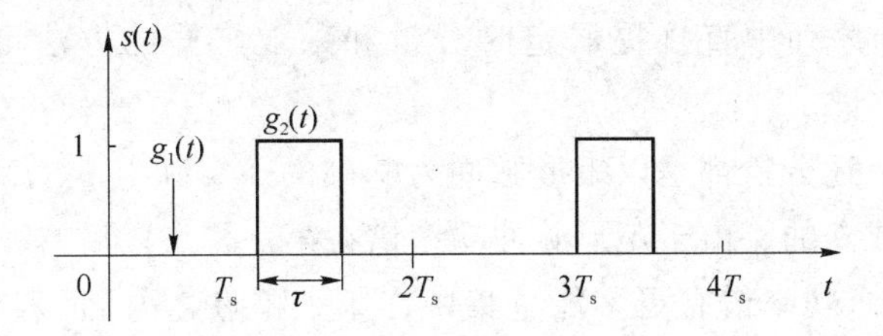

图5.5　单极性归零信号

$$G_1(f)=0$$

$$G_2(f)=G(f)=\tau\left(\frac{\sin \pi f\tau}{\pi f\tau}\right)$$

$$G_2(mf_s)=\tau\left(\frac{\sin \pi m f_s\tau}{\pi m f_s\tau}\right)$$

代入式(5.3.8)得单极性不归零信号的双边功率谱密度为

$$P_s(f)=\frac{1}{4}f_s\tau^2\left(\frac{\sin \pi f\tau}{\pi f\tau}\right)^2+\frac{1}{4}f_s^2\tau^2\sum_{m=-\infty}^{\infty}\mathrm{Sa}^2(\pi m f_s\tau)\delta(f-mf_s) \tag{5.3.11}$$

单极性归零信号的功率谱如图5.6所示。

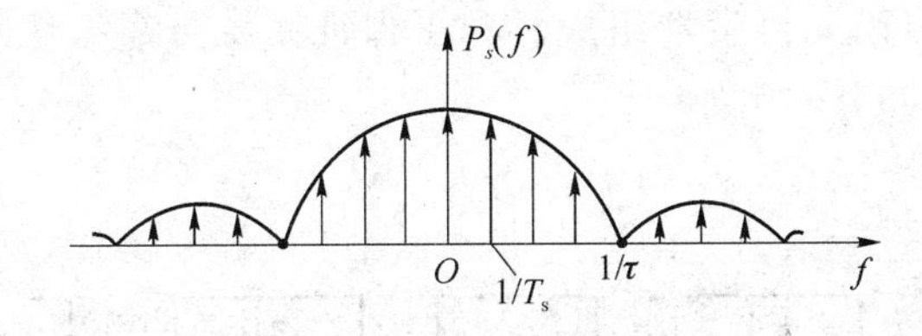

图5.6　单极性归零信号的功率谱

由以上分析可见，单极性归零信号的功率谱不但有连续谱，而且在 $f=0$、$\pm f_s$、$\pm 2f_s$、…处还存在离散谱，因而其含有可用于提取同步信息的 f_s 分量；由连续谱可方便求出单极性归零信号功率谱的近似带宽（Sa函数第一零点）为 $B=1/\tau$；当 $P\neq 1/2$ 时，上述结论仍然成立。

【例5.3】 求双极性信号的功率谱密度，假定 $P=1/2$。

解　双极性信号一般满足 $g_1(t)=-g_2(t)$，$G_1(f)=-G_2(f)$，当1、0码等概时，不论归

零与否,稳态分量 $v(t)$都是0,因此都没有直流分量和离散谱。

双极性不归零信号的双边功率谱为

$$P_s(f)=T_s\mathrm{Sa}^2(\pi f T_s) \tag{5.3.12}$$

双极性归零信号的双边功率谱为

$$P_s(f)=f_s\tau^2\mathrm{Sa}^2(\pi f\tau) \tag{5.3.13}$$

虽然双极性归零与不归零信号的功率谱密度表达式中都没有基频,不含位同步信息,但是对于双极性归零码,只要在接收端设置一个全波整流电路,将接收到的序列变换为单极性归零信号,就可以提取同步信息。

综上所述,通过对数字基带信号的二进制随机脉冲序列功率谱的分析,一方面可以根据它的连续谱来确定序列的带宽,从上述举例可以看出,当数字基带信号用矩形脉冲表示时,其带宽为连续谱的第一零点带宽;另一方面利用它的离散谱是否存在这一特点,可以明确能否从脉冲序列中直接提取定时分量和采取怎样的方法可以从基带脉冲序列中获得所需的离散分量。

需要指出的是,上述分析都是以矩形脉冲为基础的。实际上 $g_1(t)$和 $g_2(t)$可以为任何波形,所得结论都是成立的。由于矩形脉冲功率谱在第一零点之后有较大拖尾,因此实际用于传输的波形往往要求功率谱有更多能量集中在第一零点之内,而第一零点之外的拖尾更小,而且衰减的速度更快,实际中常用升余弦波形。

5.4 数字基带信号的传输与码间串扰

5.4.1 数字基带传输系统的组成

数字基带传输系统的基本结构如图5.7所示。它由脉冲形成器、发送滤波器、信道、接收滤波器、采样判决器与码元再生器组成。为了保证系统可靠有序地工作,还应有同步系统。系统工作过程及各部分作用如下。

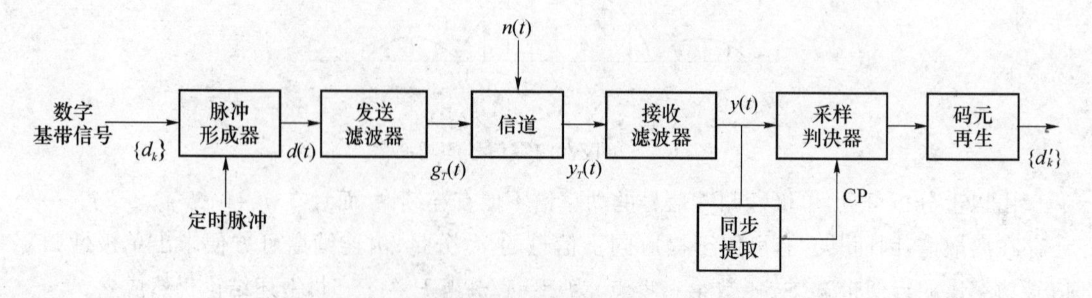

图5.7　数字基带传输系统组成框图

数字基带传输系统的输入端通常是码元速率为 R_B、码元宽度为 T_s 的二进制(也可为多进制)脉冲序列,用符号 $\{d_k\}$ 表示。

一般终端设备(如电传机、计算机)送来的"0"、"1"代码序列为单极性码,如图 5.8(a)所示。由前面分析知,这种单极性代码由于有直流分量等原因并不适合在基带系统信道中传输。

脉冲形成器的作用是把单极性码变换为双极性码或其他形式适合于信道传输的,并可提供同步定时信息的码型,如图 5.8(b)所示的双极性归零码元序列 $d(t)$。脉冲形成器也称为码型变换器。

脉冲形成器输出的各种码型是以矩形脉冲为基础的,这种以矩形脉冲为基础的码型往往低频分量和高频分量都比较大,占用频带也比较宽,直接送入信道传输,容易产生失真。发送滤波器的作用是把它变换为比较平滑的波形 $g_T(t)$,如图 5.8(c)所示的波形为升余弦波形。

基带传输系统的信道通常采用电缆、架空明线等。由于信道中存在噪声 $n(t)$ 和信道本身传输特性的不理想,使得接收端得到的波形 $y_T(t)$ 与发送波形 $g_T(t)$ 具有较大的差异,如图 5.8(d)所示。

接收滤波器的作用是滤除带外噪声并对已接收的波形均衡,以便采样判决器正确判决。接收滤波器的输出波形 $y(t)$ 如图 5.8(e)所示。

采样判决器首先对接收滤波器输出的信号 $y(t)$ 在规定的时刻进行采样,获得采样值序列 $y(kT_s)$,然后对采样值进行判决,以确定各码元是"1"码还是"0"码。采样值序列 $y(kT_s)$ 如图 5.8(g)所示。

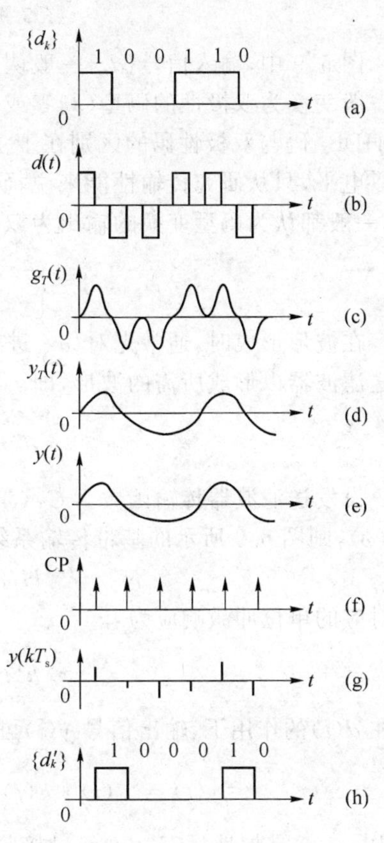

图 5.8 数字基带传输系统各点波形

码元再生电路的作用是对判决器的输出"0"、"1"进行原始码元再生,以获得图 5.8(h)所示与输入波形相应的脉冲序列 $\{d'_k\}$。

同步提取电路的任务是从接收信号中提取定时脉冲 CP,供接收系统同步使用。

对比图 5.8(a)、(h)中的 $\{d'_k\}$ 与 $\{d_k\}$ 可以看出,传输过程中第 4 个码元发生了误码。产生该误码的原因之一是信道加性噪声,之二是传输总特性(包括收、发滤波器和信道的特性)不理想引起的波形畸变,使码元之间相互串扰,从而产生码间干扰。

5.4.2 数字基带传输系统的数学分析

上面定性分析了基带传输系统的工作原理,初步了解码间串扰和噪声是引起误码的因素。下面进一步定量分析数字基带信号通过基带传输系统时的传输性能。

为了数学分析的方便，将图5.7的模型画成图5.9所示的简化模型图。

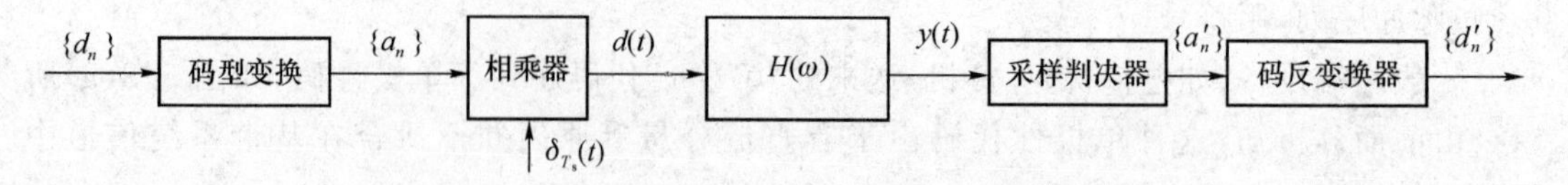

图5.9 基带传输系统的简化模型

图5.9中，输入信号$\{d_n\}$一般认为是单极性二进制矩形脉冲序列；$\{d_n\}$经过码型变换以后一般变换为双极性的码型(归零或不归零)，也可能变换为AMI码和HDB_3码，但AMI码和HDB_3码与双极性码的区别在于多了一个零电平，零电平对码间串扰没有影响，如果不考虑零电平，只从研究传输性能来说，研究了双极性码，不难得出AMI和HDB_3码的结果。因此，一般都认为码型变换的输出为双极性码$\{a_n\}$，其中，

$$a_n=\begin{cases}a, & \text{如果第 } n \text{ 个码元是 1 码}\\ -a, & \text{如果第 } n \text{ 个码元是 0 码}\end{cases}$$

在波形形成时，通常先对$\{a_n\}$进行理想采样，变成二进制冲激脉冲序列$d(t)$，然后送入发送滤波器以形成所需的波形，即

$$d(t)=\sum_{n=-\infty}^{\infty}a_n\delta(t-nT_s) \tag{5.4.1}$$

设发送滤波器传输函数为$G_T(\omega)$，信道的传输函数为$C(\omega)$，接收滤波器的传输函数为$G_R(\omega)$，则图5.9所示的基带传输系统的总传输特性为

$$H(\omega)=G_T(\omega)C(\omega)G_R(\omega) \tag{5.4.2}$$

其对应的单位冲激响应为

$$h(t)=\frac{1}{2\pi}\int_{-\infty}^{\infty}H(\omega)e^{j\omega t}d\omega \tag{5.4.3}$$

则在$d(t)$的作用下，输出信号$y(t)$可表示为

$$y(t)=d(t)*h(t)+n_R(t)=\sum_{n=-\infty}^{\infty}a_nh(t-nT_s)+n_R(t) \tag{5.4.4}$$

式中，$n_R(t)$是加性噪声$n(t)$经过接收滤波器后输出的窄带噪声。

采样判决器对$y(t)$进行采样判决。设对第k个码元进行采样判决，采样判决时刻应在收到第k个码元的最大值时刻，设此时刻为kT_s+t_0(t_0是信道和接收滤波器所造成的延迟)，把$t=kT_s+t_0$代入式(5.4.4)得

$$\begin{aligned}y(kT_s+t_0)&=\sum_{n=-\infty}^{\infty}a_nh(kT_s+t_0-nT_s)+n_R(kT_s+t_0)\\&=a_kh(t_0)+\sum_{\substack{n=-\infty\\n\neq k}}^{\infty}a_nh(kT_s+t_0-nT_s)+n_R(kT_s+t_0)\end{aligned} \tag{5.4.5}$$

式中，右边第一项是第k个码元本身产生的所需采样值；第二项表示除第k个码元以外的其他码元产生的不需要的串扰值，称为码间串扰，通常与第k个码元越近的码元对它产生的串扰越大，反之，串扰小；第三项是第k个码元采样判决时刻噪声的瞬时值，它是一个随机变量，也要影响第k个码元的正确判决。

从上面分析可见，数字基带信号通过基带传输系统时，由于系统(主要是信道)传输特性不理想，或者由于信道中加性噪声的影响，使接收端脉冲展宽，延伸到邻近码元中去，从而造

成对邻近码元的干扰，这种现象称为码间串扰，如图 5.10 所示。

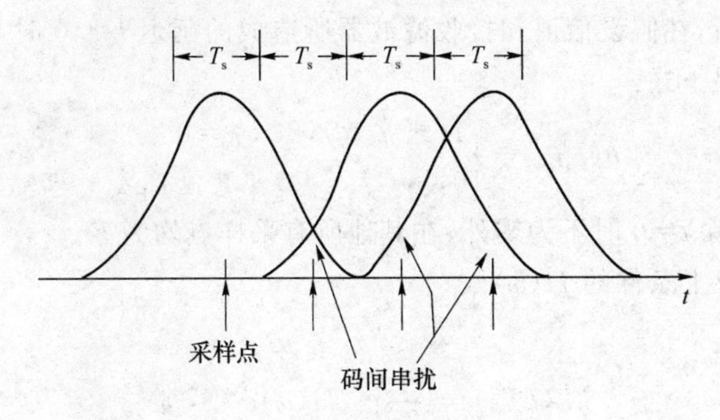

图 5.10　基带传输中的码间串扰

码间串扰对基带传输的影响是：易引起判决电路的误操作，造成误码，所以要研究数字基带系统如何消除码间串扰。

5.5　无码间串扰的基带传输特性

由式(5.4.5)可知，若想消除码间串扰，应有

$$\sum_{\substack{n=-\infty \\ n\neq k}}^{\infty} a_n h(kT_s + t_0 - nT_s) = 0 \tag{5.5.1}$$

由于 a_n 是随机的，要想通过各项相互抵消使码间串扰为 0 是不行的，这就需要对 $h(t)$ 的波形提出要求，如果相邻码元的前一个码元的波形到达后一个码元采样判决时刻时已经衰减到 0，如图 5.11(a)所示，则这样的波形就能满足要求。但这样的波形不易实现，因为实际中的 $h(t)$ 波形有很长的"拖尾"，也正是由于每个码元"拖尾"造成对相邻码元的串扰，但只要让它在 t_0+T_s、t_0+2T_s 等后面码元采样判决时刻上正好为 0，就能消除码间串扰，如图 5.11(b)所示。这就是消除码间串扰的基本思想。

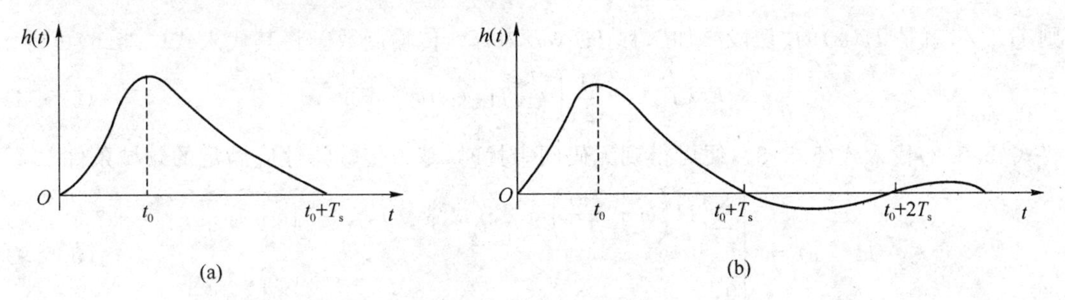

图 5.11　消除码间串扰的原理

由 $h(t)$ 与 $H(\omega)$ 的关系可知，如何形成合适的 $h(t)$ 波形，实际是如何设计 $H(\omega)$ 特性的问题。

下面在不考虑噪声的条件下，研究如何设计基带传输特性 $H(\omega)$，以形成在采样时刻上

无码间串扰的冲激响应波形 $h(t)$。

根据上面的分析，在假设信道和接收滤波器所造成的延迟 $t_0=0$ 时，无码间串扰的基带系统冲激响应应满足下式：

$$h(kT_s)=\begin{cases}1(\text{或常数}), & k=0\\0, & \text{其他整数}\end{cases} \tag{5.5.2}$$

也就是说，$h(t)$的值除 $t=0$ 时不为零外，在其他所有采样点均为零。

下面推导符合以上条件的 $H(\omega)$。

因为

$$h(kT_s)=\frac{1}{2\pi}\int_{-\infty}^{\infty}H(\omega)e^{j\omega kT_s}d\omega \tag{5.5.3}$$

现在将式(5.5.3)的积分区域用角频率间隔 $2\pi/T_s$ 分割，可得

$$h(kT_s)=\frac{1}{2\pi}\sum_i\int_{(2i-1)\pi/T_s}^{(2i+1)\pi/T_s}H(\omega)e^{j\omega kT_s}d\omega \tag{5.5.4}$$

作变量代换，令 $\omega'=\omega-2\pi i/T_s$，则有 $d\omega'=d\omega$，$\omega=\omega'+2\pi i/T_s$。于是

$$\begin{aligned}h(kT_s)&=\frac{1}{2\pi}\sum_i\int_{-\pi/T_s}^{\pi/T_s}H\left(\omega'+\frac{2\pi i}{T_s}\right)e^{j\omega' kT_s}e^{j2\pi ik}d\omega'\\&=\frac{1}{2\pi}\sum_i\int_{-\pi/T_s}^{\pi/T_s}H\left(\omega'+\frac{2\pi i}{T_s}\right)e^{j\omega' kT_s}d\omega'\end{aligned} \tag{5.5.5}$$

当式(5.5.5)之和一致收敛时，求和与积分的次序可以互换，于是有

$$h(kT_s)=\frac{1}{2\pi}\int_{-\pi/T_s}^{\pi/T_s}\sum_i H\left(\omega+\frac{2\pi i}{T_s}\right)e^{j\omega kT_s}d\omega,\ |\omega|\leqslant\frac{\pi}{T_s} \tag{5.5.6}$$

这里，已把 ω' 重新记为 ω。

式(5.5.6)中 $\sum_i H\left(\omega+\frac{2\pi i}{T_s}\right),|\omega|\leqslant\frac{\pi}{T_s}$ 的物理意义是：把 $H(\omega)$ 的分割各段平移到 $(-\pi/T_s,\pi/T_s)$ 的区间对应叠加求和，简称为“切段叠加”。

令

$$H_{eq}(\omega)=\sum_i H\left(\omega+\frac{2\pi i}{T_s}\right),\quad |\omega|\leqslant\frac{\pi}{T_s} \tag{5.5.7}$$

则 $H_{eq}(\omega)$就是 $H(\omega)$的“切段叠加”，称 $H_{eq}(\omega)$为等效传输函数。将其代入式(5.5.6)可得

$$h(kT_s)=\frac{1}{2\pi}\int_{-\pi/T_s}^{\pi/T_s}H_{eq}(\omega)e^{j\omega kT_s}d\omega \tag{5.5.8}$$

将式(5.5.2)代入式(5.5.8)，便可得到无码间串扰时，基带传输特性应满足的频域条件

$$H_{eq}(\omega)=\begin{cases}\sum_i H\left(\omega+\frac{2\pi i}{T_s}\right)=T_s(\text{或常数}), & |\omega|\leqslant\frac{\pi}{T_s}\\0, & |\omega|>\frac{\pi}{T_s}\end{cases} \tag{5.5.9}$$

式(5.5.9)称为奈奎斯特第一准则。它为我们确定某基带系统是否存在码间串扰提供了理论依据。

$H_{eq}(\omega)$的物理含义如图 5.12 所示，从频域看，只要将该系统的传输特性 $H(\omega)$按 $2\pi/T_s$ 间隔分段，再搬回$(-\pi/T_s,\pi/T_s)$区间叠加，叠加后若其幅度为常数，就说明此基带传输系

统可以实现无码间串扰。

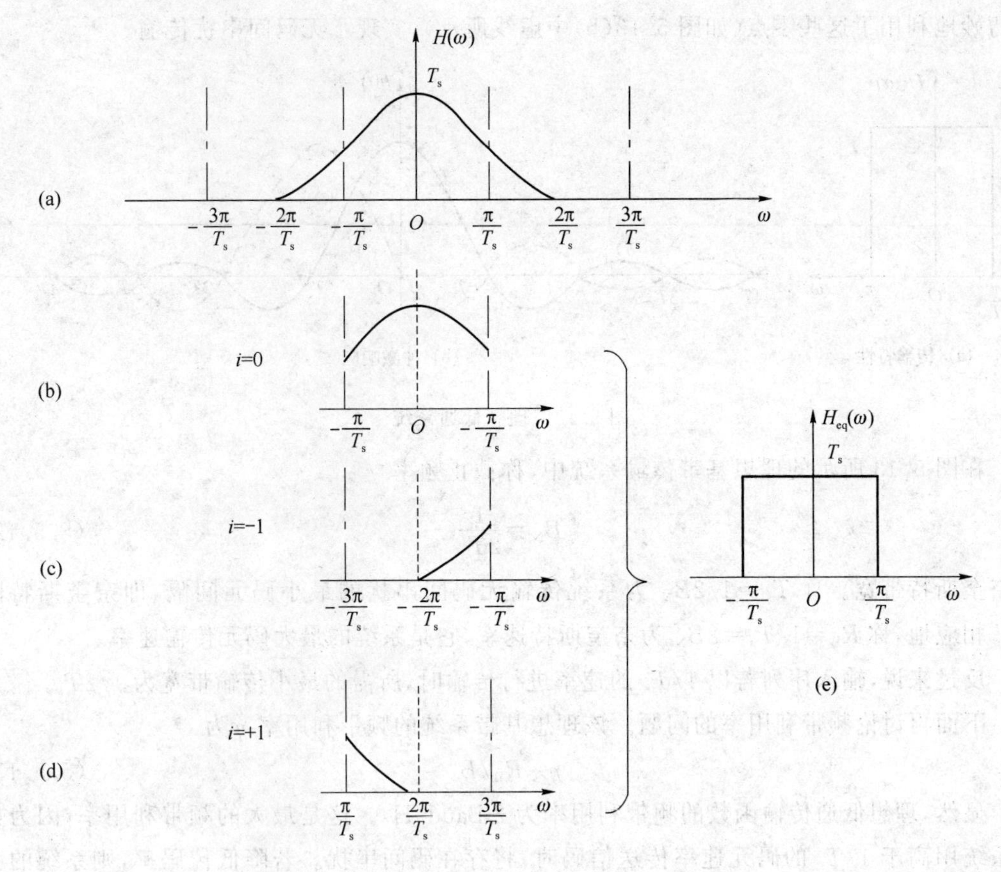

图 5.12　$H_{eq}(\omega)$的物理含义

显然，满足式(5.5.9)系统的 $H(\omega)$ 并不是唯一的，如何设计或选择满足式(5.5.9)的 $H(\omega)$ 是接下来要讨论的问题。

5.5.1 无码间串扰的理想低通滤波器

符合奈奎斯特第一准则的、最简单的传输特性是理想低通滤波器的传输特性，如图5.13所示，其传输函数为

$$H(\omega)=\begin{cases}T_s(\text{或常数}), & |\omega|\leqslant \dfrac{\pi}{T_s}\\[2ex] 0, & |\omega|>\dfrac{\pi}{T_s}\end{cases} \tag{5.5.10}$$

其对应的冲激响应应为

$$h(t)=\frac{\sin\dfrac{\pi}{T_s}t}{\dfrac{\pi}{T_s}t}=\mathrm{Sa}(\pi t/T_s) \tag{5.5.11}$$

由图5.13可见，$h(t)$在$t=\pm kT_s(k\neq 0)$时有周期性零点，当发送序列的间隔为T_s时正好巧妙地利用了这些零点(如图5.13(b)中虚线所示)，实现了无码间串扰传输。

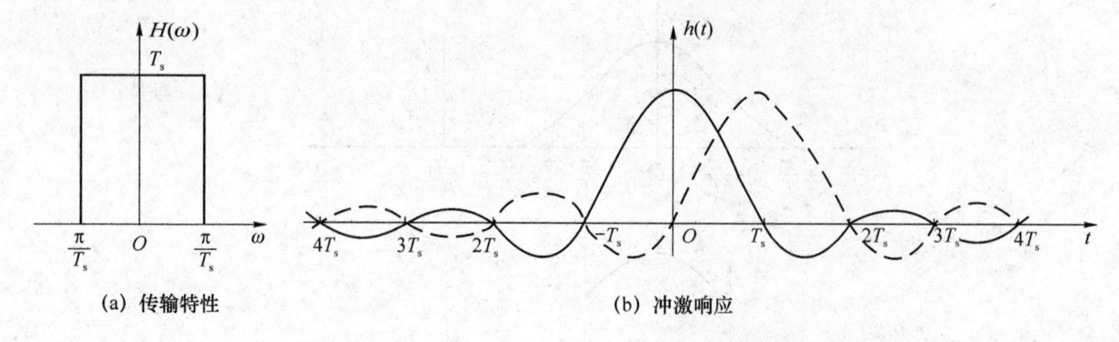

(a) 传输特性　　(b) 冲激响应

图5.13　理想低通系统

在图5.13所示的理想基带传输系统中，称截止频率

$$B_N=\frac{1}{2T_s} \tag{5.5.12}$$

为奈奎斯特带宽。称$T_s=1/2B_N$为系统传输无码间串扰的最小码元间隔，即奈奎斯特间隔。相应地，称$R_B=1/T_s=2B_N$为奈奎斯特速率，它是系统的最大码元传输速率。

反过来说，输入序列若以$1/T_s$的速率进行传输时，所需的最小传输带宽为$1/2T_s$。

下面再讨论频带利用率的问题。该理想基带系统的频带利用率η为

$$\eta=R_B/B \tag{5.5.13}$$

显然，理想低通传输函数的频带利用率为2 Baud/Hz。这是最大的频带利用率，因为如果系统用高于$1/T_s$的码元速率传送信码时，将存在码间串扰。若降低传码率，则系统的频带利用率将相应降低。

从上面的讨论可知，理想低通传输特性的基带系统有最大的频带利用率。但令人遗憾的是，理想低通系统在实际应用中存在两个问题：一是理想矩形特性的物理实现极为困难；二是理想的冲激响应$h(t)$的“尾巴”很长，衰减很慢，当定时存在偏差时，可能出现严重的码间串扰。

下面，进一步讨论满足式(5.5.9)实用的、物理上可以实现的等效传输系统。

5.5.2 无码间串扰的滚降系统

考虑到理想冲激响应$h(t)$的拖尾衰减慢的原因是系统的频率截止特性过于陡峭，这启发我们可以按图5.14所示的构造思想去设计$H(f)$特性，只要图中的$Y(f)$具有对B_N呈奇对称的幅度特性，则$H(f)$就能满足要求。这种设计也可看成是理想低通特性按奇对称条件进行“圆滑”的结果，上述的“圆滑”，通常被称为“滚降”。

定义滚降系数为

$$\alpha=\frac{B_2}{B_N} \tag{5.5.14}$$

其中 B_N 是无滚降时的截止频率；B_2 为滚降部分的截止频率。显然，$0 \leqslant \alpha \leqslant 1$。不同的 α 有不同的滚降特性。图 5.15 画出了按余弦滚降的几种滚降特性和冲激响应。

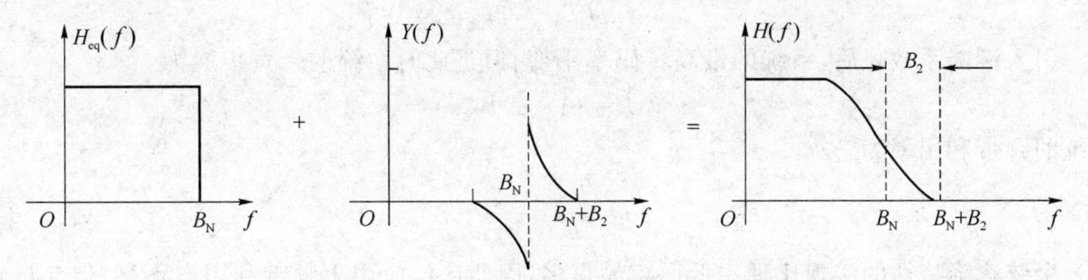

图 5.14　滚降特性的构成

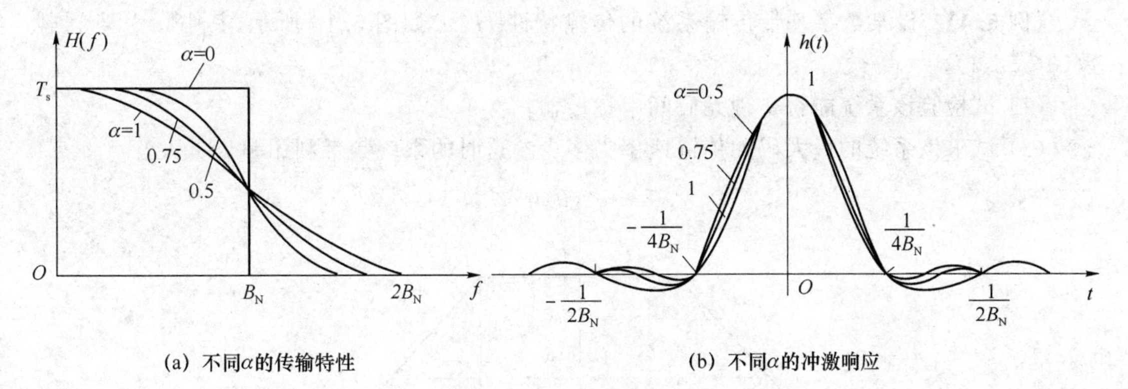

图 5.15　余弦滚降系统

具有滚降系数 α 的余弦滚降特性 $H(\omega)$ 可表示成

$$H(\omega)=\begin{cases} T_s, & 0 \leqslant |\omega| \leqslant \dfrac{(1-\alpha)\pi}{T_s} \\ \dfrac{T_s}{2}\left[1+\sin\dfrac{T_s}{2\alpha}\left(\dfrac{\pi}{T_s}-\omega\right)\right], & \dfrac{(1-\alpha)\pi}{T_s} \leqslant |\omega| \leqslant \dfrac{(1+\alpha)\pi}{T_s} \\ 0, & |\omega| \geqslant \dfrac{(1+\alpha)\pi}{T_s} \end{cases} \tag{5.5.15}$$

而相应的冲激响应为

$$h(t)=\frac{\sin(\pi t/T_s)}{\pi t/T_s}\frac{\cos(\alpha\pi t/T_s)}{1-(2\alpha t/T_s)^2} \tag{5.5.16}$$

由图 5.15 可见，$\alpha=0$ 对应的图形正好是理想低通滤波器，α 越大，采样函数的拖尾振荡起伏越小，衰减越快。$\alpha=1$ 时，是实际中常采用的升余弦频谱特性，它的波形最瘦，拖尾按 t^{-3} 速率衰减，抑制码间串扰的效果最好，但与理想低通滤波器相比，它付出的代价是带宽增大了一倍。此时系统的频带利用率为 1 Baud/Hz，比理想低通滤波器的频带利用率降低了一倍。

当 $\alpha=1$ 时，$H(\omega)$ 可表示成

$$H(\omega)=\begin{cases} \dfrac{T_s}{2}\left(1+\cos\dfrac{\omega T_s}{2}\right), & |\omega| \leqslant \dfrac{2\pi}{T_s} \\ 0, & |\omega| > \dfrac{2\pi}{T_s} \end{cases} \tag{5.5.17}$$

而 $h(t)$ 可表示为

$$h(t)=\frac{\sin\ (\pi t/T_s)}{\pi t/T_s}\frac{\cos\ (\pi t/T_s)}{1-(2t/T_s)^2} \tag{5.5.18}$$

引入滚降系数 α 后,系统的最高传码率不变,但是此时系统的带宽扩展为

$$B=(1+\alpha)B_N \tag{5.5.19}$$

系统的频带利用率为

$$\eta=\frac{R_B}{B}=\frac{2}{1+\alpha} \tag{5.5.20}$$

余弦滚降特性的实现比理想低通容易得多,因此广泛应用于频带利用率不高,但允许定时系统和传输特性有较大偏差的场合。

【例 5.4】 设某数字基带传输系统的传输特性 $H(\omega)$ 如图 5.16 所示,其中 α 为某个常数($0\leqslant\alpha\leqslant1$)。

(1) 试检验该系统能否实现无码间串扰传输?

(2) 试求该系统的最大码元传输速率为多少?这时的系统频带利用率为多大?

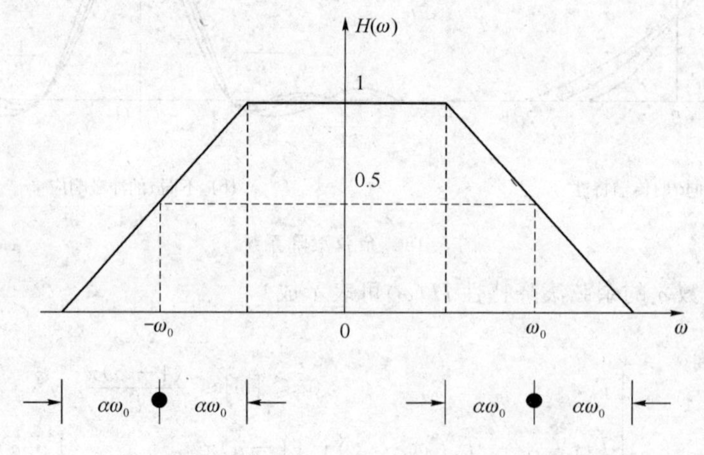

图 5.16 例 5.4 中系统的传输特性

解 (1) 由于该系统可构成等效矩形系统

$$H_{eq}(\omega)=\begin{cases}1, & |\omega|\leqslant\omega_0\\0, & \text{其他}\end{cases}$$

所以该系统能够实现无码间串扰传输。

(2) 该系统的最大码元传输速率 R_{Bmax},即满足 $H_{eq}(\omega)$ 的最大码元传输速率 R_B,容易得到

$$R_{Bmax}=2B_N=2\frac{\omega_0}{2\pi}=\frac{\omega_0}{\pi}$$

所以系统的频带利用率为

$$\eta=\frac{R_B}{B}=\frac{2}{1+\alpha}$$

【例 5.5】 已知某信道的截止频率为 1 MHz,信道中传输 8 电平数字基带信号,若传输函数采用滚降因子 $\alpha=0.5$ 的升余弦滤波器,试求其最高信息传输速率。

解 由题意知，$B=10^6$ Hz，由$\frac{R_B}{B}=\frac{2}{1+\alpha}$可得系统的码元传输速率

$$R_B=\frac{2}{1+\alpha}B=\frac{4}{3}\times10^6 \text{ Baud}$$

$$R_b=R_B\log_2 M=3R_B=4\times10^6 \text{ bit/s}$$

5.6 部分响应系统

前面已经分析，为了消除码间串扰，要求把基带传输系统的总特性 $H(\omega)$设计成理想低通特性，或者等效的理想低通特性。然而，对于理想低通特性系统而言，其冲激响应为 $\sin x/x$ 波形。这个波形的特点是频谱窄，且能达到理论上的极限传输速率 2 Baud/Hz，但其缺点是第一个零点以后的拖尾振荡幅度大、收敛慢，从而对定时要求十分严格。若定时稍有偏差，极易引起严重的码间串扰。当把基带传输系统总特性 $H(\omega)$设计成等效理想低通传输特性，例如采用升余弦频率特性时，其冲激响应的"拖尾"振荡幅度虽然减小了，对定时要求也可放松，但所需要的频带却加宽了，达不到 2 Baud/Hz 的速率(升余弦特性时为 1 Baud/Hz)，即降低了系统的频带利用率。可见，高的频带利用率与"拖尾"衰减大、收敛快是相互矛盾的，这对于高速率的传输尤其不利。

那么，能否找到一种频带利用率既高、"拖尾"衰减又大、收敛又快的传输波形呢？奈奎斯特第二准则回答了这个问题。该准则告诉我们：有控制地在有些码元的采样时刻引入码间干扰，而在其余码元的采样时刻无码间干扰，那么就能使频带利用率提高到理论上的最大值，同时又可以降低对定时精度的要求。通常把这种波形称为部分响应波形。利用这种波形进行传送的基带传输系统称为部分响应系统。即部分响应系统的频带利用率能达到最大值 2 Baud/Hz，而且频率特性易于实现，时域响应衰减速率快，位同步抖动对误码率影响小。当然，这些优点的获取是以牺牲可靠性为代价的。

5.6.1 部分响应系统的特性

通过一个实例来说明部分响应波形的一般特性。

已经熟知，$\sin x/x$ 波形具有理想矩形频谱。现在，将两个时间上相隔一个码元 T_s 的波形相加，如图 5.17 所示，则相加后的波形 $g(t)$为

$$g(t)=\frac{\sin\left[\frac{\pi}{T_s}\left(t+\frac{T_s}{2}\right)\right]}{\frac{\pi}{T_s}\left(t+\frac{T_s}{2}\right)}+\frac{\sin\left[\frac{\pi}{T_s}\left(t-\frac{T_s}{2}\right)\right]}{\frac{\pi}{T_s}\left(t-\frac{T_s}{2}\right)}$$

经简化后得

$$g(t)=\frac{4}{\pi}\left[\frac{\cos(\pi t/T_s)}{1-(4t^2/T_s^2)}\right] \tag{5.6.1}$$

对式(5.6.1)进行傅里叶变换,可得 $g(t)$的频谱函数为

$$G(\omega)=\begin{cases}2T_s\cos\dfrac{\omega T_s}{2}, & |\omega|\leqslant\dfrac{\pi}{T_s}\\ 0, & |\omega|>\dfrac{\pi}{T_s}\end{cases} \tag{5.6.2}$$

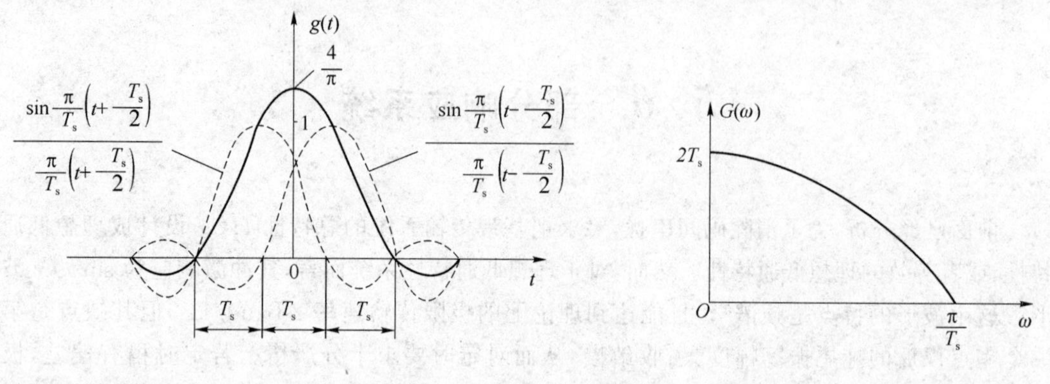

图 5.17 $g(t)$及其频谱

由图 5.17 可见,第一,$g(t)$的频谱限制在$(-\pi/T_s,\pi/T_s)$内,且呈缓变的半余弦滤波特性,其传输带宽为$B=1/2T_s$,频带利用率为$\eta=2$ Baud/Hz,达到基带系统在传输二进制序列时的理论极限值;第二,$g(t)$波形的拖尾按照t^2速率衰减,比$\sin x/x$波形的衰减快了一个数量级;第三,若用$g(t)$作为传送波形,且码元间隔为T_s,则在采样时刻上会发生码间串扰,但是这种串扰仅发生在发送码元与其前后码元之间,而与其他码元间不发生串扰,如图 5.18 所示。表面上看,此系统似乎无法按$1/T_s$的速率传送数字信号。但由于这种串扰是确定的、可控的,在接收端可以消除掉,故此系统仍可按$1/T_s$传输速率传送数字信号,且不存在码间串扰。

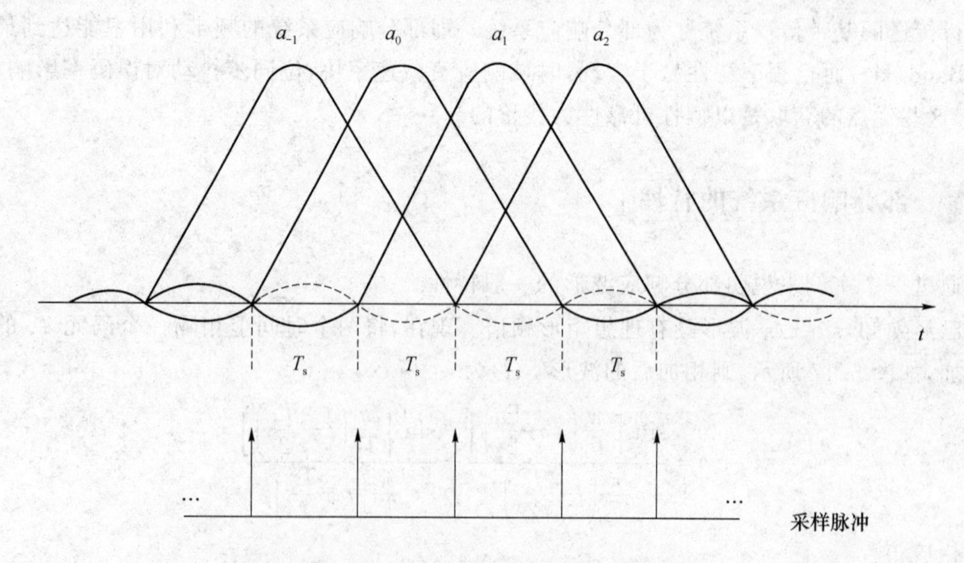

图 5.18 码元发生串扰的示意图

下面讨论部分响应系统的实现。

5.6.2 部分响应系统的实现

1. 双二进制信号的产生

部分响应技术最常用的就是双二进制技术，其产生框图如图5.19所示。

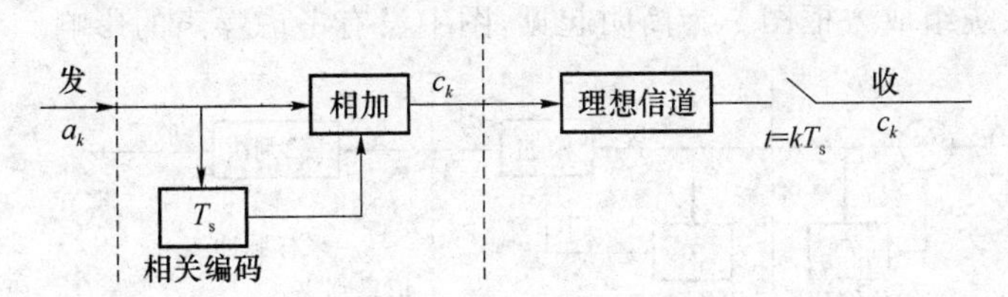

图5.19　双二进制信号的产生

设输入的二进制码元序列为$\{a_k\}$，并设a_k在采样点上的取值为+1和−1，则当发送码元a_k时，接收波形$g(t)$在采样时刻的取值c_k可由式(5.6.3)确定，即

$$c_k=a_k+a_{k-1} \tag{5.6.3}$$

式(5.6.3)的关系又称为相关编码。其中，a_{k-1}表示a_k前一码元在第k个时刻上的采样值。不难看出，c_k将可能有−2、0及+2三种取值。显然，如果前一码元a_{k-1}已经判定，则接收端可由下式确定发送码元a_k的取值。

$$a_k=c_k-a_{k-1} \tag{5.6.4}$$

但这样的接收方式存在一个问题：因为a_k的恢复不仅仅由c_k来确定，还必须参考前一码元a_{k-1}的判决结果，只要有一个码元发生错误，那么这种错误就会相继影响以后的码元。这种现象称为错误传播现象。

2. 第Ⅰ类部分响应系统

为了避免“差错传播”现象，实际应用中，在相关编码之前先进行预编码，所谓预编码就是产生差分码，即让发送端的a_k变成b_k，其规则为

$$b_k=a_k\oplus b_{k-1} \tag{5.6.5}$$

也即

$$a_k=b_k\oplus b_{k-1} \tag{5.6.6}$$

式中，$\oplus$表示模2和。

预编码后的双二进制码为

$$c_k=b_k+b_{k-1} \tag{5.6.7}$$

显然，若对式(5.6.7)作模2(mod 2)处理，则有

$$[c_k]_{\text{mod }2}=[b_k+b_{k-1}]_{\text{mod }2}=b_k\oplus b_{k-1}=a_k \tag{5.6.8}$$

式(5.6.8)说明，对接收到的c_k作模2处理后便直接得到发送端的a_k，此时不需要预先知道a_{k-1}，因而不存在错误传播现象。整个上述处理过程可概括为“预编码—相关编码—模

2判决”过程。例如,设 a_k 为 11101001,则有

a_k	1	1	1	0	1	0	0	1
b_{k-1}	0	1	0	1	1	0	0	0
b_k	1	0	1	1	0	0	0	1
c_k	1	1	1	2	1	0	0	1
$[c_k]_{\text{mod }2}$	1	1	1	0	1	0	0	1

上面讨论的部分响应系统组成方框图如图 5.20 所示,其中图 5.20(a)是原理框图,图 5.20(b)是实际系统组成方框图。为简明起见,图中没有考虑噪声的影响。

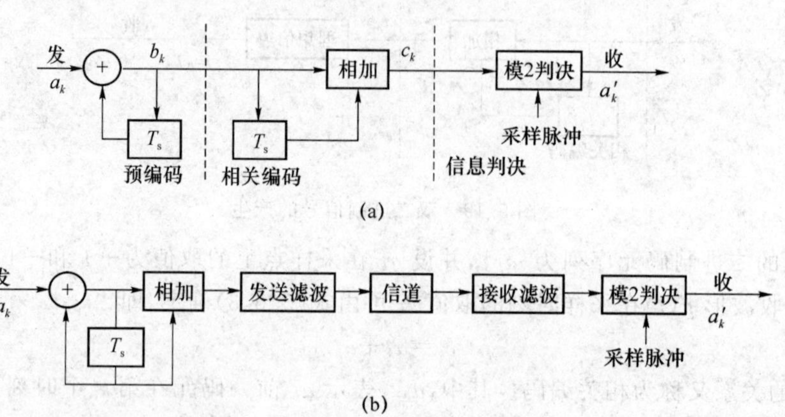

图 5.20 第Ⅰ类部分响应系统组成框图

3. 一般部分响应系统

现在我们把上述例子推广到一般的部分响应系统中去。部分响应系统的一般形式可以是 N 个相继间隔 T_s 的 $\sin x/x$ 波形之和,其表达式为

$$g(t)=R_1\frac{\sin\frac{\pi}{T_s}t}{\frac{\pi}{T_s}t}+R_2\frac{\sin\frac{\pi}{T_s}(t-T_s)}{\frac{\pi}{T_s}(t-T_s)}+\cdots+R_N\frac{\sin\frac{\pi}{T_s}[t-(N-1)T_s]}{\frac{\pi}{T_s}[t-(N-1)T_s]} \tag{5.6.9}$$

式中 $R_1,R_2,\cdots,R_N$ 为加权系数,其取值为正、负整数及零。例如,当取 $R_1=1,R_2=1$,其余系数为0时,就是前面所述的第Ⅰ类部分响应波形。

对应式(5.6.9)所示部分响应波形的频谱函数为

$$G(\omega)=\begin{cases}T_s\sum\limits_{m=1}^{N}R_m\mathrm{e}^{-\mathrm{j}\omega(m-1)T_s}, & |\omega|\leqslant\frac{\pi}{T_s}\\0, & |\omega|>\frac{\pi}{T_s}\end{cases} \tag{5.6.10}$$

可见,$G(\omega)$ 仅在 $(-\pi/T_s,\pi/T_s)$ 范围内存在。

显然,不同的 $R_m(m=1,2,\cdots,N)$ 将构成不同类别的部分响应系统,相应地也有不同的相关编码方式,这里不再叙述。

表5.1列出了常用的5类不同频谱结构的部分响应系统。为了便于比较,我们将 $\sin x/x$ 的理想采样函数也列入表内,并称其为0类。前面讨论的例子是第Ⅰ类部分响应系统。

表 5.1　常见的部分响应波形

类别	R_1	R_2	R_3	R_4	R_5	$g(t)$	$\lvert G(\omega)\rvert \quad \lvert\omega\rvert \leqslant \pi/T_s$	进制输入时 c_k 的电平数
0	1	-				T_s		2
Ⅰ	1	1	-	-	-		$2T_s\cos\dfrac{\omega T_s}{2}$	3
Ⅱ	1	2	1	-	-		$4T_s\cos^2\dfrac{\omega T_s}{2}$	5
Ⅲ	2	1	−1	-	-		$2T_s\cos\dfrac{\omega T_s}{2}\sqrt{5-4\cos\omega T_s}$	5
Ⅳ	1	0	−1	-	-		$2T_s\sin\omega T_s$	3
Ⅴ	−1	0	2	0	−1		$4T_s\sin^2\omega T_s$	5

综上所述,采用部分响应系统波形,能实现2 Baud/Hz的频带利用率,而且通常它的“拖尾”衰减大和收敛快,还可实现基带频谱结构的变化。部分响应系统的缺点是,当输入数据为L进制时,部分响应波形的相关编码电平数要超过L个。因此,在同样输入信噪比条件下,部分响应系统的抗噪声性能要比零类响应系统差。

5.7 无码间串扰基带传输系统的抗噪声性能分析

上一节讨论了无噪声影响时能够消除码间干扰的基带传输特性,现在,我们来讨论在这样的基带系统中叠加噪声后的抗噪声性能。

通常用误码率来度量系统抗加性噪声的能力。误码是由码间干扰和噪声两方面引起的,如果同时计入码间串扰和噪声来计算误码率,将使计算非常复杂。为了简化起见,通常都是在无码间串扰的条件下计算由噪声引起的误码率。

一般认为信道噪声只对接收端产生影响,则可建立抗噪声性能分析模型如图5.21所示。图中,设二进制接收波形为$s(t)$,信道噪声是均值为零、双边功率谱密度为$n_0/2$的高斯白噪声,它经过接收滤波器后变为高斯带限噪声$n_R(t)$,则接收滤波器的输出是信号加噪声的合成波形,记为$x(t)$,即

$$x(t)=s(t)+n_R(t) \tag{5.7.1}$$

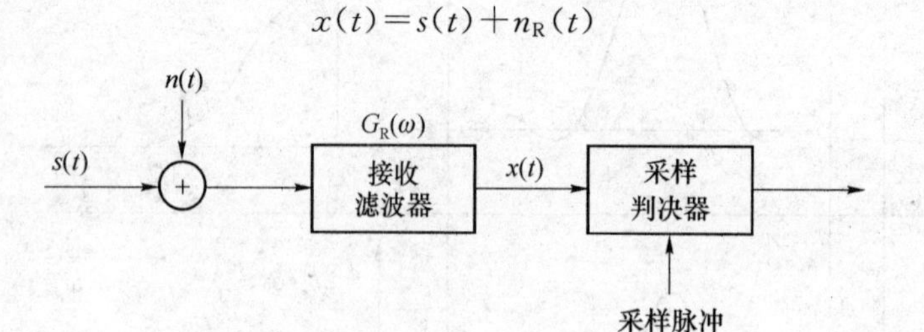

图5.21 抗噪声性能分析模型

前面已经提到,发送端发出的数字基带信号$s(t)$经过信道和接收滤波器以后,在无码间串扰条件下,对“1”码采样判决时刻信号有正的最大值,用A表示;对“0”码采样判决时刻信号有负的最大值(对双极性码),用$-A$表示,或是为0值(对单极性码)。由于我们只关心采样时刻的值,因此把收到“1”码的信号在整个码元区间内用A表示,“0”码的信号用$-A$(或者0)表示,也是可以的。这样在性能分析时,双极性基带信号可近似表示为

$$s(t)=\begin{cases}A, & \text{发送“1”时}\\ -A, & \text{发送“0”时}\end{cases} \tag{5.7.2}$$

同理,单极性基带信号可近似表示为

$$s(t)=\begin{cases}A, & \text{发送 1 时}\\ 0, & \text{发送 0 时}\end{cases} \tag{5.7.3}$$

1. 传单极性基带信号时,接收端的误码率 P_e

设高斯带限噪声$n_R(t)$的均值为零,方差为σ_n^2,则其一维概率分布密度函数为

$$f(x)=\frac{1}{\sqrt{2\pi}\sigma_n}\exp\left(-\frac{x^2}{2\sigma_n^2}\right) \tag{5.7.4}$$

其中，$\sigma_n^2=\frac{1}{2\pi}\int_{-\infty}^{\infty}|G_R(\omega)|^2\frac{n_0}{2}d\omega$。

对传输的单极性基带信号，设它在采样时刻的电平取值为$+A$或0(分别对应于信码"1"或"0")，则$x(t)$在采样时刻的取值为

$$x(kT_s)=\begin{cases}A+n_R(kT_s), & \text{发送“1”码}\\ n_R(kT_s), & \text{发送“0”码}\end{cases} \tag{5.7.5}$$

若设判决门限为V_d，判决规则为

$$x(kT_s)\begin{cases}>V_d, & \text{接收端判为“1”码}\\ <V_d, & \text{接收端判为“0”码}\end{cases}$$

实际中噪声干扰会使接收端出现两种可能的错误：发送"1"码时，在采样时刻噪声呈现一个大的负值与信号抵消使接收端判为"0"码；发送"0"码时，在采样时刻噪声幅度超过判决门限使接收端判为"1"码。下面来求这两种情况下码元判错的概率。

(1) 发"0"错判为"1"的条件概率 P_{e0}

发送"0"码时，$x(t)=n_R(t)$，由于$n_R(t)$是高斯过程，则$x(t)$的一维概率密度函数为

$$f_0(x)=\frac{1}{\sqrt{2\pi}\sigma_n}\exp\left(-\frac{x^2}{2\sigma_n^2}\right) \tag{5.7.6}$$

此时，当$x(t)$的采样电平大于判决门限V_d时，就会发生误码。

所以，发送"0"错判为"1"的条件概率为

$$P_{e0}=P(x>V_d)=\int_{V_d}^{\infty}f_0(x)dx=\int_{V_d}^{\infty}\frac{1}{\sqrt{2\pi}\sigma_n}\exp\left(-\frac{x^2}{2\sigma_n^2}\right)dx \tag{5.7.7}$$

对应于图5.22中V_d右边阴影部分的面积。

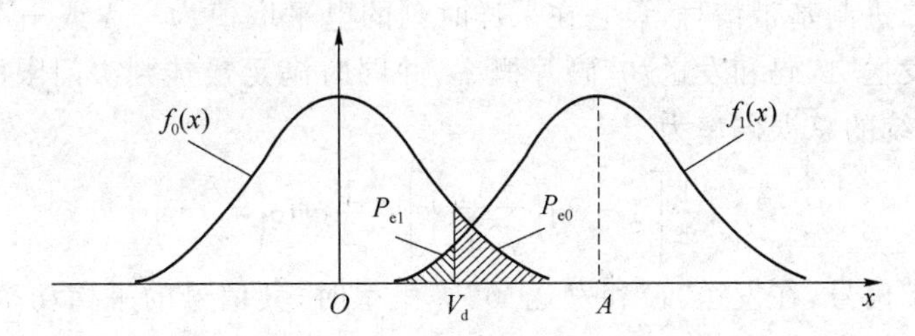

图5.22　$x(t)$的概率密度分布曲线

(2) 发送"1"错判为"0"的条件概率 P_{e1}

当发送"1"时，$x(t)=A+n_R(t)$，此时$x(t)$的概率密度分布仍为高斯分布，但均值为A。

$$f_1(x)=\frac{1}{\sqrt{2\pi}\sigma_n}\exp\left[-\frac{(x-A)^2}{2\sigma_n^2}\right] \tag{5.7.8}$$

此时，当$x(t)$的采样电平小于判决门限V_d时，就会发生误码。

所以，发送"1"错判为"0"的条件概率为

$$P_{e1}=P(x<V_d)=\int_{-\infty}^{V_d}f_1(x)dx=\int_{-\infty}^{V_d}\frac{1}{\sqrt{2\pi}\sigma_n}\exp\left[-\frac{(x-A)^2}{2\sigma_n^2}\right]dx \tag{5.7.9}$$

对应于图5.22中V_d左边阴影部分的面积。

(3) 传输系统总的误码率 P_e

$$P_e = P(0)P_{e0} + P(1)P_{e1} \tag{5.7.10}$$

由式(5.7.7)、式(5.7.9)和式(5.7.10)可以看出,基带传输系统的总误码率与判决门限电平 V_d 有关。可以计算,当 $P(0)=P(1)=1/2$ 时,最佳判决门限为 $V_d=A/2$。

当发送"1"和发送"0"等概率时,且在最佳判决门限电平的条件下,基带传输系统的总误码率为

$$P_e = \frac{1}{2}\left[1-\operatorname{erf}\left(\frac{A}{2\sqrt{2}\sigma_n}\right)\right] = \frac{1}{2}\operatorname{erfc}\left(\frac{A}{2\sqrt{2}\sigma_n}\right) \tag{5.7.11}$$

下面讨论误码率 P_e 和信噪比之间的关系。

由于信号平均功率 S 与信号的波形和大小有关,前面已经提到,即使接收到的信号波形不是矩形脉冲,但由于我们只关心采样判决时刻的值,因此一般都以矩形脉冲为基础的二进制码元来计算信号平均功率 S。

对单极性基带信号,在发送"1"和发送"0"等概率时,其信号的平均功率为 $S=A^2/2$,噪声功率为 σ_n^2,则其信噪比为

$$r_{单} = \frac{A^2}{2}\bigg/\sigma_n^2 = \frac{A^2}{2\sigma_n^2} = r \tag{5.7.12}$$

将式(5.7.12)代入式(5.7.11)可得

$$P_e = \frac{1}{2}\operatorname{erfc}\left(\frac{A}{2\sqrt{2}\sigma_n}\right) = \frac{1}{2}\operatorname{erfc}\left(\frac{\sqrt{r}}{2}\right) \tag{5.7.13}$$

2. 传双极性基带信号时,接收端的误码率 P_e

对于双极性二进制基带信号,设它在采样时刻的电平取值为 $+A$ 或 $-A$(分别对应于信码"1"或"0"),当发送"1"码和发送"0"码等概率,并同时满足最佳判决门限电平 $V_d=0$ 的条件时,基带传输系统的总误码率为

$$P_e = \frac{1}{2}\left[1-\operatorname{erf}\left(\frac{A}{\sqrt{2}\sigma_n}\right)\right] = \frac{1}{2}\operatorname{erfc}\left(\frac{A}{\sqrt{2}\sigma_n}\right) \tag{5.7.14}$$

对双极性基带信号,在发送"1"和发送"0"等概率时,其信号的平均功率为 $S=A^2$,噪声功率为 σ_n^2,则其信噪比为

$$r_{双} = \frac{A^2}{\sigma_n^2} = 2r_{单} \tag{5.7.15}$$

将式(5.7.15)代入式(5.7.14)可得

$$P_e = \frac{1}{2}\operatorname{erfc}\left(\frac{A}{\sqrt{2}\sigma_n}\right) = \frac{1}{2}\operatorname{erfc}\left(\sqrt{r_{双}/2}\right) = \frac{1}{2}\operatorname{erfc}(\sqrt{r}) \tag{5.7.16}$$

其中,$r=\dfrac{A^2}{2\sigma_n^2}$,为信噪比。

比较式(5.7.13)和(5.7.16)可见:第一,基带传输系统的误码率只与信噪比 r 有关;第二,在单极性与双极性基带信号采样时刻的电平取值 A 相等、噪声功率 σ_n^2 相同的条件下,单极性基带系统的抗噪声性能不如双极性基带系统;第三,在等概率条件下,单极性的最佳判决门限电平为 $A/2$,当信道特性发生变化时,信号幅度 A 将随着变化,故判决门限电平也随

之改变,而不能保持最佳状态,从而导致误码率增大。而双极性的最佳判决门限电平为 0,与信号幅度无关,因而不随信道特性变化而改变,故能保持最佳状态。因此,数字基带系统多采用双极性信号进行传输。

5.8 眼图与时域均衡

5.8.1 眼图

实际应用的基带系统,由于滤波器性能不可能设计得完全符合要求,噪声又总是存在,另外信道特性常常也不稳定等原因,故其传输性能不可能完全符合理想情况,有时会相距甚远。因而计算由于这些因素所引起的误码率非常困难,甚至得不到一种合适的定量分析方法。为了衡量数字基带传输系统性能的优劣,在实验室中,通常用示波器观察接收信号波形的方法来分析码间串扰和噪声对系统性能的影响,这就是眼图分析法。

观察眼图的方法是:用一个示波器跨接在接收滤波器的输出端,然后调整示波器扫描周期,使示波器水平扫描周期与接收码元的周期同步,这时示波器屏幕上看到的图形很像人的眼睛,故称为“眼图”。

为解释眼图和系统性能之间的关系,图 5.23 给出了无噪声条件下,无码间串扰和有码间串扰的眼图。

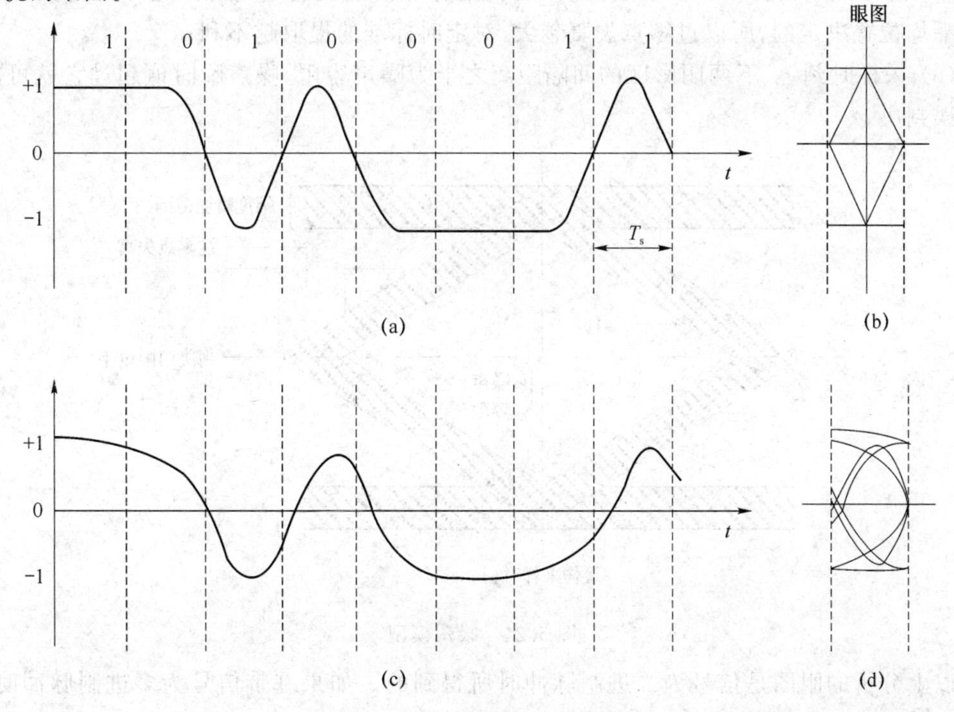

图 5.23　基带信号波形及眼图

图5.23(a)是接收滤波器输出的无码间串扰的二进制双极性基带波形,用示波器观察它,并将示波器扫描周期调整到码元周期 T_s,由于示波器的余辉作用,扫描所得的每一个码元波形将重叠在一起,示波器屏幕上显示的是一只睁开的迹线细而清晰的大"眼睛",如图5.23(b)所示。图5.23(c)是有码间串扰的双极性基带波形,由于存在码间串扰,此波形已经失真,示波器的扫描迹线就不完全重合,于是形成的眼图迹线杂乱,"眼睛"张开得较小,且眼图不端正,如图5.23(d)所示。对比图(b)和(d)可知,眼图的"眼睛"张开得越大,且眼图越端正,表示码间串扰越小,反之,表示码间串扰越大。

当存在噪声时,噪声叠加在信号上,因而眼图的迹线更不清晰,于是"眼睛"张开就更小。不过,应该注意,从图形上并不能观察到随机噪声的全部形态,例如出现机会少的大幅度噪声,由于它在示波器上一晃而过,因而用人眼是观察不到的。所以,在示波器上只能大致估计噪声的强弱。

可见,从"眼图"上可以观察出码间串扰和噪声的影响,从而估计系统优劣程度。另外也可以用此图形对接收滤波器的特性加以调整,以减小码间串扰和改善系统的传输性能。

为了进一步说明眼图和系统性能之间的关系,我们把眼图简化为一个模型,如图5.24所示。由该图可以获得以下信息:

(1) 最佳采样时刻应是"眼睛"张开最大的时刻;

(2) 眼图斜边的斜率决定了系统对采样定时误差的灵敏程度,斜率越大,对定时误差越灵敏;

(3) 眼图的阴影区的垂直高度表示信号的畸变范围;

(4) 眼图中央的横轴位置对应于判决门限电平;

(5) 过零点失真为压在横轴上的阴影长度,有些接收机的定时标准是由经过判决门限点的平均位置决定的,所以过零点失真越大,对定时标准的提取越不利;

(6) 采样时刻上、下两阴影区的间隔距离之半为噪声容限,噪声瞬时值超过它就可能发生错误判决。

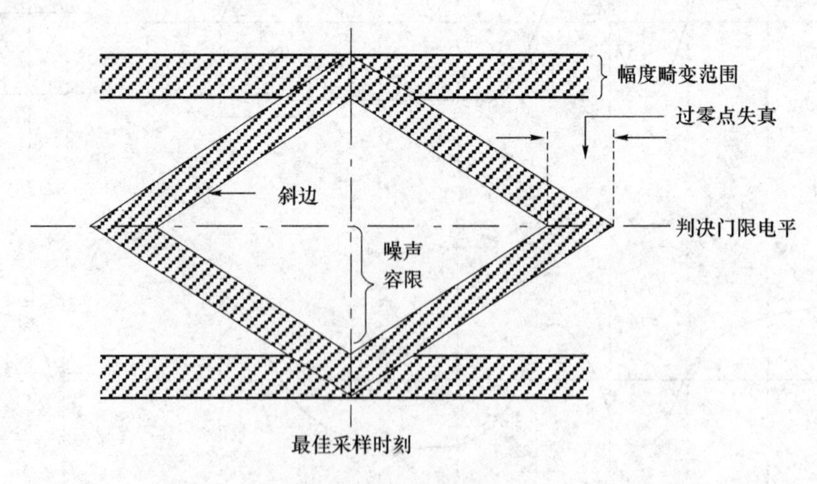

图5.24 眼图模型

以上分析的眼图是信号为二进制脉冲时所得到的。如果基带信号为多进制脉冲时,所得到的应是多层次的眼图,这里不再详述。

5.8.2 时域均衡

在 5.5 节中,我们从理论上找到了消除码间串扰的方法,即使基带系统的传输总特性满足奈奎斯特第一准则。但实际实现时,由于难免存在滤波器的设计误差和信道特性的变化,无法实现理想的传输特性,故在采样时刻上总会存在一定的码间串扰,从而导致系统性能的下降。理论和实践证明,在接收端采样判决器之前插入一种可调滤波器,将能减少码间串扰的影响,甚至使实际系统的性能十分接近最佳系统性能。这种对系统进行校正的过程称为均衡。实现均衡的滤波器称为均衡器。

均衡分为频域均衡和时域均衡。频域均衡是指利用可调滤波器的频率特性去补偿基带系统的频率特性,使包括均衡器在内的整个系统的总传输函数满足无失真传输条件。而时域均衡则是利用均衡器产生的响应波形去补偿已畸变的波形,使包括均衡器在内的整个系统的冲激响应满足无码间串扰条件。

时域均衡是一种能使数字基带系统中码间串扰减到最小程度的行之有效的技术,比较直观且易于理解,在高速数据传输中得以广泛应用。本节仅介绍时域均衡原理。

在图 5.9 的基带传输系统中,其总传输特性表示为

$$H(\omega)=G_{\mathrm{T}}(\omega)C(\omega)G_{\mathrm{R}}(\omega)$$

当 $H(\omega)$不满足式(5.5.9)无码间串扰条件时,就会形成有码间串扰的响应波形。为此,在接收滤波器 $G_{\mathrm{R}}(\omega)$之后插入一个称之为横向滤波器的可调滤波器 $T(\omega)$,形成新的总传输函数,即

$$H'(\omega)=G_{\mathrm{T}}(\omega)C(\omega)G_{\mathrm{R}}(\omega)T(\omega)=H(\omega)T(\omega) \tag{5.8.1}$$

显然,只要设计 $T(\omega)$,使总传输特性 $H'(\omega)$满足式(5.5.9),即

$$\sum_i H'\left(\omega+\frac{2\pi i}{T_{\mathrm{s}}}\right)=T_{\mathrm{s}}(\text{或常数}),\qquad |\omega|\leqslant\frac{\pi}{T_{\mathrm{s}}} \tag{5.8.2}$$

则包含 $T(\omega)$在内的 $H'(\omega)$就可在采样时刻消除码间串扰。这就是时域均衡的基本思想。

对于式(5.8.2),因为

$$\sum_i H'\left(\omega+\frac{2\pi i}{T_{\mathrm{s}}}\right)=\sum_i H\left(\omega+\frac{2\pi i}{T_{\mathrm{s}}}\right)T\left(\omega+\frac{2\pi i}{T_{\mathrm{s}}}\right),|\omega|\leqslant\frac{\pi}{T_{\mathrm{s}}} \tag{5.8.3}$$

设 $\sum_i T(\omega+2\pi i/T_{\mathrm{s}})$ 是以 $2\pi/T_{\mathrm{s}}$ 为周期的周期函数,当其在$(-\pi/T_{\mathrm{s}},\pi/T_{\mathrm{s}})$内有

$$T(\omega)=\frac{T_{\mathrm{s}}}{\sum_i H\left(\omega+\frac{2\pi i}{T_{\mathrm{s}}}\right)},\qquad |\omega|\leqslant\frac{\pi}{T_{\mathrm{s}}} \tag{5.8.4}$$

成立时,就能使

$$\sum_i H'\left(\omega+\frac{2\pi i}{T_{\mathrm{s}}}\right)=T_{\mathrm{s}}(\text{或常数}),\qquad |\omega|\leqslant\frac{\pi}{T_{\mathrm{s}}} \tag{5.8.5}$$

成立。

对于一个以 $2\pi/T_{\mathrm{s}}$ 为周期的周期函数 $T(\omega)$,可以用傅里叶级数表示,即

$$T(\omega)=\sum_{n=-\infty}^{\infty}c_n\mathrm{e}^{-\mathrm{j}nT_s\omega} \tag{5.8.6}$$

式中

$$c_n=\frac{T_s}{2\pi}\int_{-\pi/T_s}^{\pi/T_s}T(\omega)\mathrm{e}^{\mathrm{j}n\omega T_s}\mathrm{d}\omega \tag{5.8.7}$$

或

$$c_n=\frac{T_s}{2\pi}\int_{-\pi/T_s}^{\pi/T_s}\frac{T_s}{\sum_i H\left(\omega+\frac{2\pi i}{T_s}\right)}\mathrm{e}^{\mathrm{j}n\omega T_s}\mathrm{d}\omega \tag{5.8.8}$$

由式(5.8.8)看出,$T(\omega)$的傅里叶系数 c_n 完全由 $H(\omega)$决定。

再对式(5.8.6)进行傅里叶逆变换,则可求出 $T(\omega)$的冲激响应为

$$h_T(t)=\mathscr{F}^{-1}[T(\omega)]=\sum_{n=-\infty}^{\infty}c_n\delta(t-nT_s) \tag{5.8.9}$$

根据式(5.8.9),可构造实现 $T(\omega)$的插入滤波器如图 5.25 所示,它实际上是由无限多个横向排列的延迟单元构成的抽头延迟线加上一些可变增益放大器组成,因此称为横向滤波器。每个延迟单元的延迟时间等于码元宽度 T_s,每个抽头的输出经可变增益(增益可正可负)放大器加权后输出。这样,当有码间串扰的波形 $x(t)$输入时,经横向滤波器变换,相加器将输出无码间串扰波形 $y(t)$。

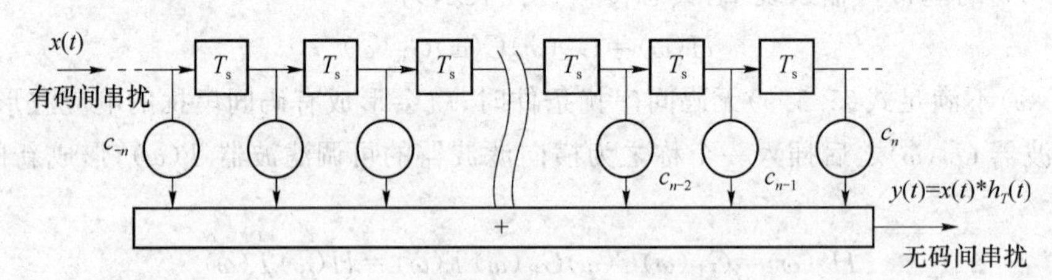

图 5.25 横向滤波器的结构图

上述分析表明,借助横向滤波器实现均衡是可能的,并且只要用无限长的横向滤波器,就能做到消除码间串扰的影响。然而,使横向滤波器的抽头无限多是不现实的,大多数情况下也是不必要的。因为实际信道往往仅是一个码元脉冲波形对邻近的少数几个码元产生串扰,故实际上只要有一二十个抽头的滤波器就可以了。抽头数太多会给制造和使用都带来困难。

实际应用时,是用示波器观察均衡滤波器输出信号 $y(t)$的眼图。通过反复调整各个增益放大器的 $c_i(i=0,\pm1,\pm2,\cdots)$,使眼图的"眼睛"张开到最大为止。

时域均衡的实现方法有多种,但从实现的原理上看,时域均衡器按调整方式可分为手动均衡和自动均衡。自动均衡又分为预置式自动均衡和自适应式自动均衡。预置式均衡是在实际传输之前先传输预先规定的测试脉冲(如重复频率很低的周期性的单脉冲波形),然后按"迫零调整原理"(具体内容请参阅有关参考书)自动或手动调整抽头增益;自适应式均衡技术主要靠先进的均衡算法实现,常用算法有"迫零调整算法"、"最小均方误差算法(LMS)"和"递归最小二乘算法"等。自适应均衡能在信道特性随时间变化的条件下获得最佳的均衡效果,因此目前得到广泛的应用。

5.9 最佳基带传输系统

在数字通信系统中,无论是数字基带传输还是数字频带传输,都存在着“最佳接收”的问题。最佳接收理论是以接收问题作为研究对象,研究从噪声中如何准确地提取有用信号。显然,所谓“最佳”是个相对概念,是指在相同噪声条件下以某一准则为尺度下的“最佳”。不同的准则导出不同的最佳接收机,当然它们之间是有内在联系的。

在数字通信系统中,最常用的准则是最大输出信噪比准则,在这一准则下获得的最佳线性滤波器叫做匹配滤波器(MF)。这种滤波器在数字通信理论、信号最佳接收理论以及雷达信号的检测理论等方面均具有重大意义。本节介绍匹配滤波器的基本原理以及利用匹配滤波器的最佳基带传输系统。

5.9.1 匹配滤波器

5.7节讨论了在信道噪声的干扰下接收端产生错误判决的概率,得出了误码率只与信噪比有关的结论,信噪比越大,误码率越小。因此要想减小误码率必须设法提高信噪比。在接收机输入信噪比相同的情况下,若所设计的接收机输出的信噪比最大,则能够最佳地判断所出现的信号,从而可以得到最小的误码率,这就是最大输出信噪比准则。为此,可以在接收机内采用一种线性滤波器,当信号加噪声通过它时,使有用信号加强而同时使噪声衰减,在采样时刻使输出信号的瞬时功率与噪声平均功率之比达到最大,这种线性滤波器称为匹配滤波器。下面讨论匹配滤波器的特性。

设接收滤波器的传输函数为 $H(\omega)$,滤波器输入信号与噪声的合成波为

$$r(t)=s(t)+n(t) \tag{5.9.1}$$

式中,$s(t)$为滤波器输入数字基带信号,其频谱函数为 $S(\omega)$。$n(t)$为高斯白噪声,其双边功率谱密度为 $n_0/2$。由于该滤波器是线性滤波器,满足线性叠加原理,因此滤波器输出也由输出信号和输出噪声两部分组成,即

$$y(t)=s_o(t)+n_o(t) \tag{5.9.2}$$

这里,$s_o(t)$和 $n_o(t)$分别为 $s(t)$和 $n(t)$通过线性滤波器后的输出。

$$s_o(t)=\frac{1}{2\pi}\int_{-\infty}^{\infty} S_o(\omega)e^{j\omega t}d\omega=\frac{1}{2\pi}\int_{-\infty}^{\infty} S(\omega)H(\omega)e^{j\omega t}d\omega \tag{5.9.3}$$

滤波器输出噪声的平均功率为

$$\begin{aligned} N_o &= \frac{1}{2\pi}\int_{-\infty}^{\infty} P_{n_o}(\omega)d\omega=\frac{1}{2\pi}\int_{-\infty}^{\infty} P_{n_i}(\omega)\,|H(\omega)|^2 d\omega \\ &= \frac{1}{2\pi}\int_{-\infty}^{\infty}\frac{n_0}{2}|H(\omega)|^2 d\omega=\frac{n_0}{4\pi}\int_{-\infty}^{\infty}|H(\omega)|^2 d\omega \end{aligned} \tag{5.9.4}$$

因此,在采样时刻 t_0,线性滤波器输出信号的瞬时功率与噪声平均功率之比为

$$r_o = \frac{|s_o(t_0)|^2}{N_o} = \frac{\left|\frac{1}{2\pi}\int_{-\infty}^{\infty} H(\omega)S(\omega)e^{j\omega t_0}d\omega\right|^2}{\frac{n_0}{4\pi}\int_{-\infty}^{\infty}|H(\omega)|^2 d\omega} \tag{5.9.5}$$

显然,寻求最大 r_0 的线性滤波器,在数学上就归结为求式(5.9.5)中 r_o 达到最大值的 $H(\omega)$。这个问题可以用变分法或用许瓦尔兹(Schwartz)不等式加以解决。这里用许瓦尔兹不等式的方法来求解。该不等式可以表述为

$$\left|\frac{1}{2\pi}\int_{-\infty}^{\infty} X(\omega)Y(\omega)d\omega\right|^2 \leqslant \frac{1}{2\pi}\int_{-\infty}^{\infty}|X(\omega)|^2 d\omega \frac{1}{2\pi}\int_{-\infty}^{\infty}|Y(\omega)|^2 d\omega \tag{5.9.6}$$

当且仅当

$$X(\omega) = KY^*(\omega) \tag{5.9.7}$$

时式(5.9.6)中等式才能成立,其中 K 为常数。

将许瓦尔兹不等式(5.9.6)用于式(5.9.5),并令

$$X(\omega) = H(\omega), Y(\omega) = S(\omega)e^{j\omega t_0}$$

则可得

$$r_0 \leqslant \frac{\frac{1}{4\pi^2}\int_{-\infty}^{\infty}|H(\omega)|^2 d\omega\int_{-\infty}^{\infty}|S(\omega)|^2 d\omega}{\frac{n_0}{4\pi}\int_{-\infty}^{\infty}|H(\omega)|^2 d\omega}$$

$$= \frac{\frac{1}{2\pi}\int_{-\infty}^{\infty}|S(\omega)|^2 d\omega}{\frac{n_0}{2}} = \frac{2E}{n_0} \tag{5.9.8}$$

式中

$$E = \frac{1}{2\pi}\int_{-\infty}^{\infty}|S(\omega)|^2 d\omega = \int_{-\infty}^{\infty} s^2(t)dt \tag{5.9.9}$$

为输入信号 $s(t)$的总能量。

式(5.9.8)说明,线性滤波器所能给出的最大输出信噪比为

$$r_{omax} = \frac{2E}{n_0} \tag{5.9.10}$$

它出现于式(5.9.7)成立的时候,即这时有

$$H(\omega) = KS^*(\omega)e^{-j\omega t_0} \tag{5.9.11}$$

式(5.9.11)表明,$H(\omega)$就是我们所要求的最佳线性滤波器的传输函数,它等于输入信号频谱的复共轭(除常数因子 $e^{-j\omega t_0}$ 外)。因此,此滤波器称为匹配滤波器。

匹配滤波器的传输特性还可以用其冲激响应函数 $h(t)$来描述

$$h(t) = \frac{1}{2\pi}\int_{-\infty}^{\infty} H(\omega)e^{j\omega t}d\omega = \frac{1}{2\pi}\int_{-\infty}^{\infty} KS^*(\omega)e^{-j\omega t_0}e^{j\omega t}d\omega$$

$$= \frac{K}{2\pi}\int_{-\infty}^{\infty}\left[\int_{-\infty}^{\infty} s(\tau)e^{-j\omega\tau}d\tau\right]^* e^{-j\omega(t_0-t)}d\omega$$

$$= K\int_{-\infty}^{\infty}\left[(1/2\pi)\int_{-\infty}^{\infty} e^{j\omega(\tau-t_0+t)}d\omega\right]s(\tau)d\tau$$

$$= K\int_{-\infty}^{\infty} s(\tau)\delta(\tau - t_0 + t)\mathrm{d}\tau$$

$$= Ks(t_0 - t) \tag{5.9.12}$$

由式(5.9.12)可见,匹配滤波器的冲激响应 $h(t)$ 是信号 $s(t)$ 的镜像 $s(-t)$ 在时间轴上再向右平移 t_0。

作为接收滤波器的匹配滤波器应该是物理可实现的,即其冲激响应应该满足条件

$$h(t)=0, \qquad t<0 \tag{5.9.13}$$

即要求满足条件

$$s(t_0-t)=0, \qquad t<0$$

或满足条件

$$s(t)=0, \qquad t>t_0 \tag{5.9.14}$$

式(5.9.14)表明,物理可实现的匹配滤波器,其输入信号 $s(t)$ 在采样时刻 t_0 之后必须消失(等于零)。这就是说,若输入信号在 T 瞬间消失,则只有当 $t_0 \geqslant T$ 时滤波器才物理可实现。一般总是希望 t_0 尽量小些,通常选择 $t_0=T$,故匹配滤波器的冲激响应可以写为

$$h(t)=Ks(T-t) \tag{5.9.15}$$

式中,T 为 $s(t)$ 消失的瞬间。

这时,匹配滤波器输出信号波形可表示为

$$s_o(t) = \int_{-\infty}^{\infty} s(t-\tau)h(\tau)\mathrm{d}\tau = \int_{-\infty}^{\infty} s(t-\tau)Ks(T-\tau)\mathrm{d}\tau$$

$$= K\int_{-\infty}^{\infty} s(-\tau')s(t-T-\tau')\mathrm{d}\tau'$$

$$= KR(t-T) \tag{5.9.16}$$

式(5.9.16)表明,匹配滤波器输出信号波形是输入信号的自相关函数的 K 倍。因此,常把匹配滤波器看成是一个相关器。至于常数 K,实际上它是可以任意选取的。因为 r_o 与 K 无关。因此,在分析问题时,可令 $K=1$。

已经知道,自相关函数的最大值是 $R(0)$。由式(5.9.16),设 $K=1$,可得匹配滤波器的输出信号在 $t=T$ 时达到最大值,即

$$s_o(T) = R(0) = \int_{-\infty}^{\infty} s^2(t)\mathrm{d}t = E \tag{5.9.17}$$

由式(5.9.17)可见,匹配滤波器输出信号分量的最大值仅与输入信号的能量有关,而与输入信号波形无关。信噪比 r_o 也是在 $t_0=T$ 时刻最大,该时刻也就是整个信号进入匹配滤波器的时刻。

【例 5.6】 设输入信号如图 5.26(a)所示,试求其匹配滤波器的传输函数,并画出 $h(t)$ 和输出信号 $s_o(t)$ 的波形。

解 输入信号的时域表达式为

$$s(t)=\begin{cases}1, & 0\leqslant t\leqslant T\\ 0, & \text{其他}\end{cases}$$

输入信号的频谱函数为

$$S(\omega) = \int_{-\infty}^{\infty} s(t)\mathrm{e}^{-\mathrm{j}\omega t}\mathrm{d}t = \int_{0}^{T} \mathrm{e}^{-\mathrm{j}\omega t}\mathrm{d}t = \frac{1}{\mathrm{j}\omega}(1-\mathrm{e}^{-\mathrm{j}\omega T})$$

由式(5.9.11),令 $K=1$,可得匹配滤波器的传输函数为

$$H(\omega)=KS^*(\omega)\mathrm{e}^{-\mathrm{j}\omega t_0}=\frac{1}{\mathrm{j}\omega}(\mathrm{e}^{\mathrm{j}\omega T}-1)\mathrm{e}^{-\mathrm{j}\omega t_0}$$

由式(5.9.12),可得匹配滤波器的单位冲激响应为

$$h(t)=s(t_0-t)$$

取 $t_0=T$,则最终得

$$H(\omega)=\frac{1}{\mathrm{j}\omega}(1-\mathrm{e}^{-\mathrm{j}\omega T})$$

$$h(t)=s(T-t),\qquad 0\leqslant t\leqslant T$$

$h(t)$的波形如图 5.26(b)所示。由 $h(t)$与 $s(t)$的卷积可求出输出信号波形 $s_o(t)$,如图 5.26(c)所示。由图 5.26(c)可以看出,当 $t=T$ 时,匹配滤波器输出幅度达到最大值,因此,在此时刻进行采样判决,可以得到最大的输出信噪比。

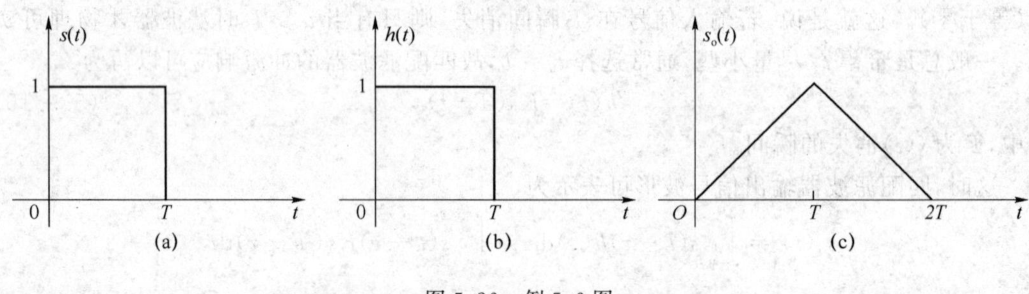

图 5.26 例 5.6 图

5.9.2 利用匹配滤波器的最佳基带传输系统

由前面的分析可知,影响基带系统误码性能的因素有两个:其一是码间干扰;其二是噪声。码间干扰的影响,可以通过系统传输函数的设计,使得采样时刻样值的码间干扰为零。对于加性噪声的影响,可以通过接收滤波器的设计,尽可能减小噪声的影响,但是不能消除噪声的影响。实际中,这两种"干扰"是同时存在的。因此最佳基带传输系统可认为是既能消除码间串扰而抗噪声性能又最理想(错误概率最小)的系统。现在讨论如何设计这样一个最佳基带传输系统。

在图 5.9 的基带传输系统中,发送滤波器的传输函数为 $G_T(\omega)$,信道的传输函数为 $C(\omega)$,接收滤波器的传输函数为 $G_R(\omega)$,其基带传输系统的总传输特性表示为

$$H(\omega)=G_T(\omega)C(\omega)G_R(\omega)$$

在 5.5 节中忽略了噪声的影响,只考虑码间串扰。现在将考虑在噪声环境下,如何设计这些滤波器的特性使系统的性能最佳。由于信道的传输特性往往不易控制,这里将假设信道具有理想特性,即假设 $C(\omega)=1$。于是,基带系统的传输特性变为

$$H(\omega)=G_T(\omega)G_R(\omega) \tag{5.9.18}$$

由前面讨论知,当系统总的传输函数 $H(\omega)$满足式(5.5.9)时就可以消除采样时刻的码间干扰。所以,在 $H(\omega)$确定之后,只能考虑如何设计 $G_T(\omega)$和 $G_R(\omega)$以使系统在加性高斯白噪声条件下的误码率最小。

前已指出，在加性高斯白噪声下，为使错误概率最小，就要使接收滤波器特性与输入信号的频谱共轭匹配。现在输入信号的频谱为发送滤波器的传输特性 $G_T(\omega)$。则由式(5.9.11)可得接收滤波器的传输特性 $G_R(\omega)$ 为

$$G_R(\omega)=G_T^*(\omega)\mathrm{e}^{-\mathrm{j}\omega t_0} \tag{5.9.19}$$

式中已经假定 $K=1$。

为了讨论问题的方便，可取 $t_0=0$。将式(5.9.18)和式(5.9.19)结合可得以下方程组

$$\begin{cases}H(\omega)=G_T(\omega)G_R(\omega)\\G_R(\omega)=G_T^*(\omega)\end{cases} \tag{5.9.20}$$

解方程组(5.9.20)可得

$$|G_R(\omega)|=|G_T(\omega)|=|H(\omega)|^{1/2} \tag{5.9.21}$$

由于上式没有限定接收滤波器的相位条件，所以可以选择

$$G_R(\omega)=G_T(\omega)=H^{1/2}(\omega) \tag{5.9.22}$$

由此可知，为了获得最佳基带传输系统，发送滤波器和接收滤波器的传输函数应相同。式(5.9.22)称为发送和接收滤波器的最佳分配设计。相应地在理想信道下最佳基带传输系统的结构图如图5.27所示。

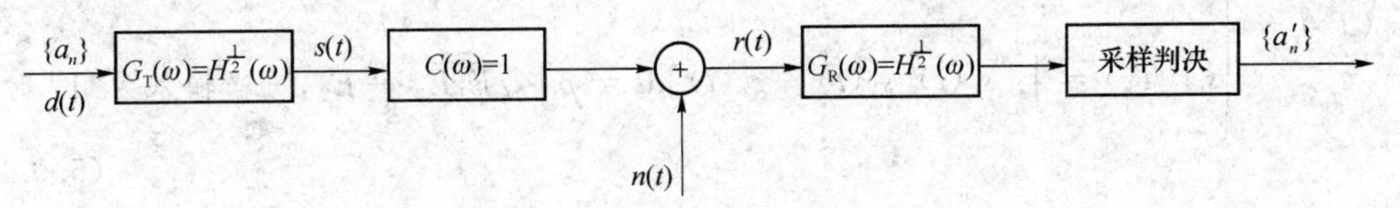

图5.27　理想信道下最佳基带传输系统的结构

下面以比较简单的方法分析最佳基带系统的抗噪声性能，即导出最佳传输时误码率 P_e 的计算公式。

当信道噪声是均值为零、双边功率谱密度为 $n_0/2$ 的高斯白噪声时，由于接收滤波器是线性系统，故输出噪声仍为高斯分布，其均值为零，方差为

$$\sigma_n^2=\frac{1}{2\pi}\int_{-\infty}^{\infty}|G_R(\omega)|^2\frac{n_0}{2}\mathrm{d}\omega=\frac{n_0}{2}E \tag{5.9.23}$$

式中，$E=\frac{1}{2\pi}\int_{-\infty}^{\infty}|G_R(\omega)|^2\mathrm{d}\omega=\frac{1}{2\pi}\int_{-\infty}^{\infty}|G_T(\omega)|^2\mathrm{d}\omega$。

由式(5.9.17)知，匹配滤波器在采样时刻 $t_0=T$ 时，有最大的输出信号值 A_0，即

$$s_o(T)=A_0=E$$

对双极性基带信号，在发“1”和发“0”等概率时，其信号的平均功率为 $S=A_0^2=E^2$，则

$$r_{双}=\frac{S}{\sigma_n^2}=\frac{2E}{n_0} \tag{5.9.24}$$

将式(5.9.24)代入式(5.7.16)得

$$P_e=\frac{1}{2}\mathrm{erfc}\left(\sqrt{\frac{r_{双}}{2}}\right)=\frac{1}{2}\mathrm{erfc}\left(\sqrt{\frac{E}{n_0}}\right)$$

5.9.3 二元系统基于匹配滤波的最佳接收性能

由前面对匹配滤波器的分析可知，匹配滤波器是针对输入信号波形(样本)而设计的。

对于二元数字通信系统,在每个码元周期 T_s 内,有 $s_1(t)$ 和 $s_2(t)$ 两个不同的样本(波形)。图 5.28 给出相应的二元最佳接收机框图。

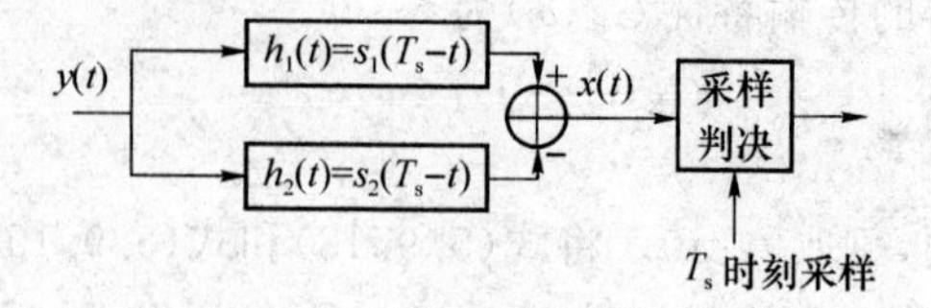

图 5.28 二元系统匹配滤波接收机

对于高斯白噪声信道,有接收机的输入 $y(t)$ 为

$$y(t)=s(t)+n(t)=\begin{cases}s_1(t)+n(t), & \text{当输入为“0”时}\\ s_2(t)+n(t), & \text{当输入为“1”时}\end{cases} \tag{5.9.25}$$

对应输入信号 $s(t)$ 的匹配滤波器在 T_s 时刻的输出 $s_o(T_s)$ 为

$$s_o(T_s)=\begin{cases}s_{o1}(T_s)=\int_0^{T_s}s_1(t)[s_1(t)-s_2(t)]\mathrm{d}t=E_1-\rho_{12}\sqrt{E_1E_2}, & \text{当输入为“0”时}\\ s_{o2}(T_s)=\int_0^{T_s}s_2(t)[s_1(t)-s_2(t)]\mathrm{d}t=\rho_{12}\sqrt{E_1E_2}-E_2, & \text{当输入为“1”时}\end{cases} \tag{5.9.26}$$

其中,$E_1=\int_0^{T_s}|s_1(t)|^2\mathrm{d}t$ 是波形 $s_1(t)$ 的能量;$E_2=\int_0^{T_s}|s_2(t)|^2\mathrm{d}t$ 是波形 $s_2(t)$ 的能量;$\rho_{12}=\int_0^{T}s_1(t)s_2(t)\mathrm{d}t/\sqrt{E_1E_2}=E_{12}/\sqrt{E_1E_2}$ 是波形 $s_1(t)$ 和 $s_2(t)$ 的相关系数,若 $|\rho_{12}|\leqslant 1$,也可称为归一化互能量。

若 $E_1=E_2\overset{\text{记}}{=}E$,有

$$s_o(T_s)=\begin{cases}s_{o1}(T_s)=E_1-\rho_{12}\sqrt{E_1E_2}=(1-\rho_{12})E, & \text{当输入为“0”时}\\ s_{o2}(T_s)=\rho_{12}\sqrt{E_1E_2}-E_2=(\rho_{12}-1)E, & \text{当输入为“1”时}\end{cases} \tag{5.9.27}$$

对于输入高斯白噪声 $n(t)$(均值为 0,双边功率谱密度为 $n_0/2$),减法器输出端的输出噪声($t=T_s$ 时刻)为

$$n_0(T_s)=\int_0^{T_s}n(t)[s_1(t)-s_2(t)]\mathrm{d}t \tag{5.9.28}$$

平均噪声功率为

$$\begin{aligned}\sigma_0^2&=E[n_0^2(T_s)]=E\left\{\int_0^{T_s}n(t)[s_1(t)-s_2(t)]\mathrm{d}t\int_0^{T_s}n(u)[s_1(u)-s_2(u)]\mathrm{d}u\right\}\\&=\frac{n_0}{2}(E_1+E_2-2\rho_{12}\sqrt{E_1E_2})=n_0E(1-\rho_{12})\end{aligned} \tag{5.9.29}$$

在采样判决器处,$x(T_s)$ 的值和相应的分布情况为

$$x(T_s)=\begin{cases}x_1(T_s)=s_{o1}(T_s)+n_0(T_s), & \text{分布为 } N[E(1-\rho_{12}),\sigma_0^2]\\ x_2(T_s)=s_{o2}(T_s)+n_0(T_s), & \text{分布为 } N[E(\rho_{12}-1),\sigma_0^2]\end{cases} \tag{5.9.30}$$

考虑 $P(s_1)=P(s_2)$，即样本等概出现，得最佳判决门限为 $\dfrac{E_1-E_2}{2}$ 或 0。参考基带系统性能分析思路，经过推导可得误码率为

$$P_e=\frac{1}{2}\mathrm{erfc}\left[\sqrt{\frac{E_1+E_2-2\rho_{12}\sqrt{E_1E_2}}{4n_0}}\right]=\frac{1}{2}\mathrm{erfc}\left[\sqrt{\frac{E(1-\rho_{12}}{2n_0}}\right] \tag{5.9.31}$$

【例 5.7】 (1) 单极性不归零码，$s_1(t)=AG_{T_s}(t-0.5T_s)$ 和 $s_2(t)=0$，$E_1=A^2T_s$，$E_2=0$，$\rho_{12}=0$，两个不同的样本等概时，最佳判决门限为 $E_1/2$，代入式(5.9.31)得

$$P_e=\frac{1}{2}\mathrm{erfc}\left(\sqrt{\frac{E_1}{4n_0}}\right)$$

(2) 双极性不归零码，$s_1(t)=AG_{T_s}(t-0.5T_s)$ 和 $s_2(t)=-s_1(t)$，$E_1=A^2T_s$，$E_2=-E_1=E$，$\rho_{12}=-1$，两个不同的样本等概时，最佳判决门限为 0，代入式(5.9.31)得

$$P_e=\frac{1}{2}\mathrm{erfc}\left(\sqrt{\frac{E}{n_0}}\right)$$

(3) 一般的正交码，其两个不同的样本 $s_1(t)$ 和 $s_2(t)$ 的相关函数 $\rho_{12}=0$，且其能量 $E_2=E_1=E$，当两个不同的样本等概时，最佳判决门限为 0，代入式(5.9.31)得

$$P_e=\frac{1}{2}\mathrm{erfc}\left(\sqrt{\frac{E}{2n_0}}\right)$$

最佳接收的性能由信道性能和样本能量决定，在功率受限信道传输时，延长码持续时间(降低码速或改用多进制方案)是提高系统性能的有效途径。本方法可以推广至多元系统。

小　结

本章主要讨论数字基带信号码型选择和波形形成，同时简述均衡器和部分响应系统，并介绍最佳基带传输系统的概念及基本分析方法。

将基带信号直接在信道中传输的方式称为基带传输方式。对传输用的基带信号的主要要求有两点：(1)对各种码型的要求，期望将原始信息符号编制成适合于传输用的码型；(2)对所选码型的电波形要求，期望电波形适宜于在信道中传输。

数字基带信号的码型类型有很多，但并不是所有的码型都适合在信道中传输，往往是根据实际需要进行选择。常见的传输码型有 AMI 码、HDB3 码、双相码、密勒码、CMI 码等。适合于信道中传输的波形一般应为变化较平滑的脉冲波形，如升余弦波形。

研究随机脉冲序列的功率谱是十分有意义的。一方面可以根据它的连续谱来确定序列的带宽，另一方面利用它的离散谱是否存在这一特点，可以明确能否从脉冲序列中直接提取定时分量和采取怎样的方法可以从序列中获得所需的离散分量。

数字基带传输系统设计中需要考虑的最重要问题之一就是如何消除或降低码间串扰。在理论上可以证明，数字基带系统的传输特性若满足奈奎斯特第一准则的要求就可以消除码间串扰，并且通过学习奈奎斯特第一准则，我们认识到在信道带宽受限和无码间串扰的条件下，可传送的最高码元速率数值上等于信道带宽的两倍。

通常用误码率来度量系统抗加性噪声的能力。通过对无码间串扰数字基带传输系统性能(误码率)的分析,得出了误码率只与信噪比有关的结论,信噪比越大,误码率越小,因此要想减小误码率必须设法提高信噪比。在接收机输入信噪比相同的情况下,若所设计的接收机输出的信噪比最大,则能够最佳地判断所出现的信号,从而可以得到最小的误码率,这就是最大输出信噪比准则。在这一准则下获得的最佳线性滤波器叫做匹配滤波器(MF)。

实际中,码间干扰和噪声是同时存在的。因此最佳基带传输系统可认为是既能消除码间串扰而抗噪声性能又最理想(错误概率最小)的系统。匹配滤波器是在最大输出信噪比准则下设计出的最佳接收机。

实际应用的基带系统,其传输性能不可能完全符合理想情况,有时会相距甚远,因而计算由于这些因素所引起的误码率非常困难。为了衡量数字基带传输系统性能的优劣,通常用示波器观察接收信号波形的方法来分析码间串扰和噪声对系统性能的影响,这就是眼图分析法。同时,为改善数字基带传输系统的性能,一方面可以在接收端采用时域均衡技术有效地减小码间串扰的影响,提高系统的可靠性,另一方面也可以采用部分响应技术以提高系统频带利用率。

思考题

1. 什么是数字基带信号?数字基带信号有哪些常用码型?它们各有什么特点?

2. 研究数字基带信号功率谱的目的是什么?信号带宽怎么确定?

3. 什么是码间串扰?它产生的原因是什么?对通信质量有什么影响?

4. 为了消除码间串扰,基带传输系统的传输函数应满足什么条件?

5. 什么是奈奎斯特速率和奈奎斯特带宽?

6. 什么是眼图?它有什么作用?

7. 时域均衡和部分响应技术解决了什么问题?

8. 什么是匹配滤波?试问匹配滤波器的冲激响应和信号波形有何关系?其传输函数和信号频谱又有什么关系?

9. 什么是最佳基带传输系统?

10. 对于理想信道,试问最佳基带传输系统的发送滤波器和接收滤波器特性之间有什么关系?

习 题

5.1 已知信息代码为110010110,试画出单极性不归零码、双极性不归零码、单极性归零码和CMI码的波形。

5.2 已知信息代码为11000011000011,试求相应的AMI码和HDB_3码。

5.3 已知信息代码为1010000000000011,试求相应的AMI码和HDB_3码。

5.4 设某二进制数字基带信号的基本脉冲为三角形脉冲,如图P5.1所示。图中T_s为码元间隔,数字信息"1"和"0"分别用$g(t)$的有无表示,且"1"和"0"出现的概率相等。

(1) 求该数字基带信号的功率谱密度,并画出功率谱密度图;

(2) 能否从该数字基带信号中提取码元同步所需的频率$f_s=1/T_s$的分量?若能,试计算该分量的功率。

5.5 设某基带传输系统具有图 P5.2 所示的三角形传输函数。

(1) 求该系统接收滤波器输出基本脉冲的时间表达式;

(2) 当数字基带信号的传码率 $R_B=\omega_0/\pi$ 时,用奈奎斯特准则验证该系统能否实现无码间干扰传输。

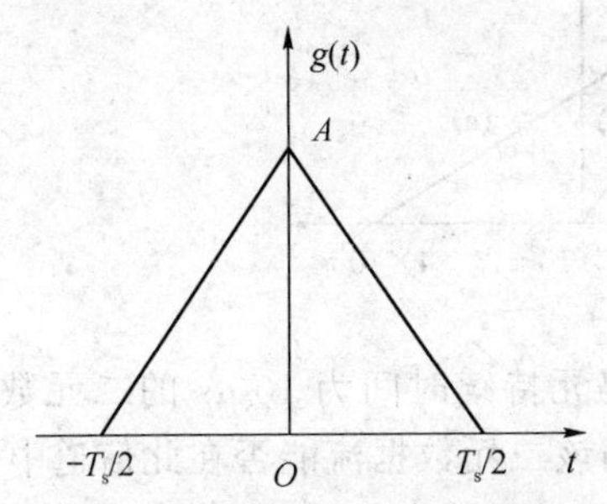

图 P5.1

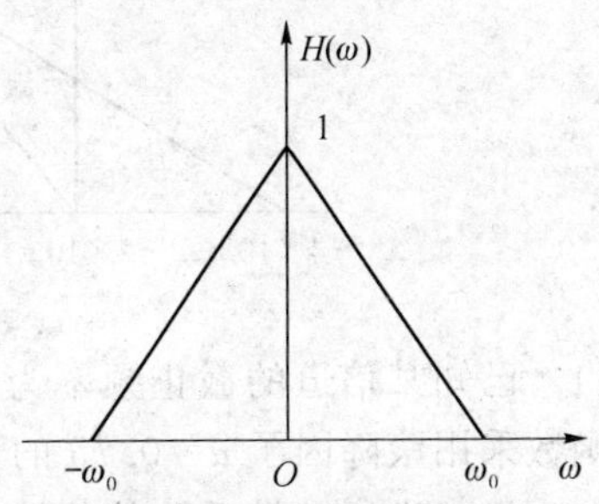

图 P5.2

5.6 设某基带系统的频率特性是截止频率为 100 kHz 的理想低通滤波器。

(1) 用奈奎斯特准则分析当码元速率为 150 kBaud 时此系统是否有码间串扰;

(2) 当信息速率为 400 kbit/s 时,此系统能否实现无码间串扰?为什么?

5.7 已知某信道的截止频率为 1 600 Hz,其滚降特性为 $\alpha=1$。

(1) 为了得到无串扰的信息接收,系统最大传输速率为多少?

(2) 接收机采用什么样的时间间隔采样,便可得到无串扰接收?

5.8 已知码元速率为 64 kBaud,若采用 $\alpha=0.4$ 的升余弦滚降频谱信号。

(1) 求信号的时域表达式;

(2) 画出它的频谱图;

(3) 求传输带宽;

(4) 求频带利用率。

5.9 设基带传输系统的发送滤波器、信道及接收滤波器组成总特性为 $H(\omega)$,若要求以 $2/T_s$ 的速率进行数据传输,试检验图 P5.3 各种 $H(\omega)$ 能否满足消除采样点上码间干扰的条件。

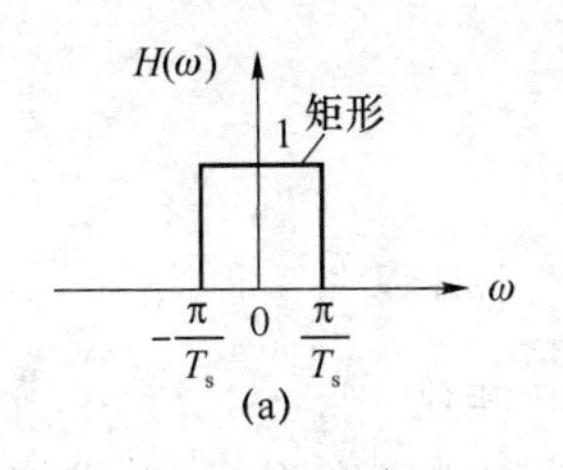

(a)

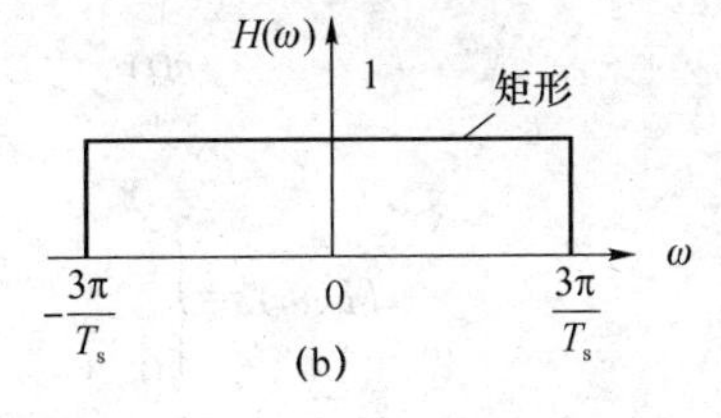

(b)

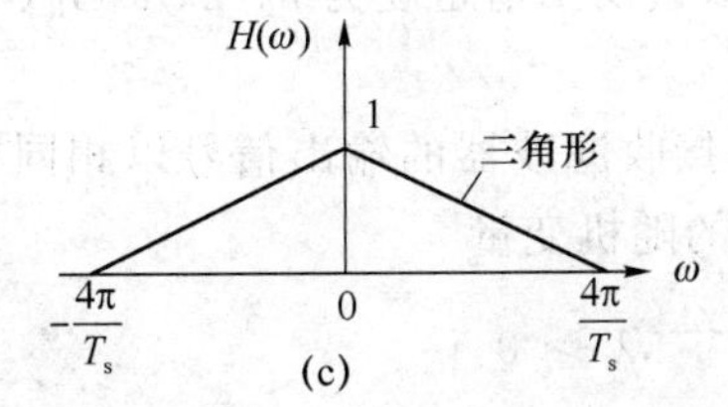

(c)

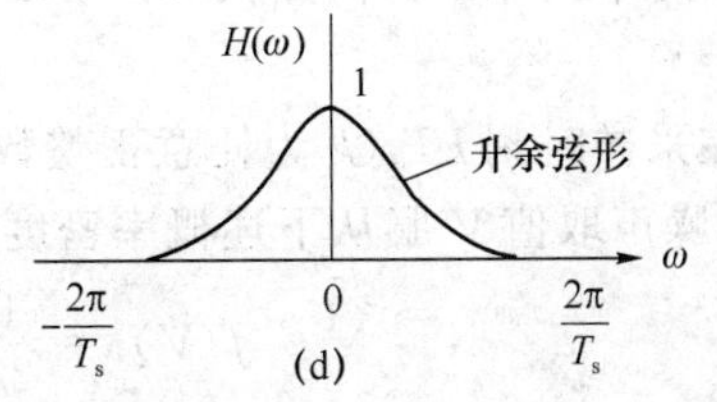

(d)

图 P5.3

5.10 为了传送码元速率 $R_B=10^3$ Baud 的数字基带信号,试问系统采用图 P5.4 中所画的哪一种传输特性比较好?并简要说明其理由。

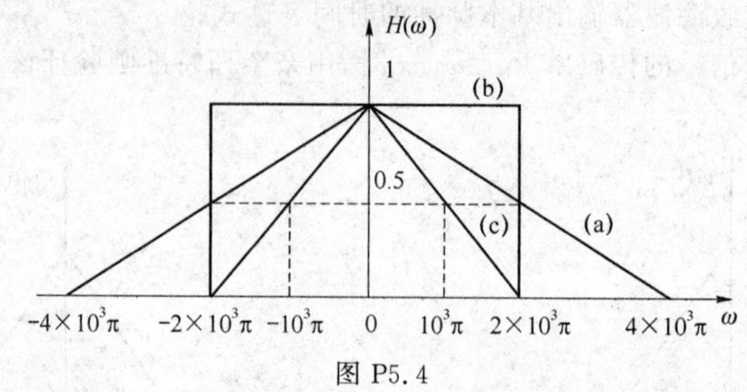

图 P5.4

5.11 已知某信道的截止频率为 100 kHz,传输码元持续时间为 10 μs 的二元数据流,若传输函数采用滚降因子 $\alpha=0.75$ 的升余弦滤波器,问该二元数据流能否在此信道中传输?

5.12 设二进制基带系统的传输模型如图 5.9 所示,现已知

$$H(\omega)=\begin{cases}\tau_0(1+\cos\omega\tau_0), & |\omega|\leqslant\dfrac{\pi}{\tau_0}\\ 0, & \text{其他}\end{cases}$$

试确定该系统最高码元传输速率 R_B 及相应码元间隔 T_s。

5.13 某二进制数字基带系统所传送的是单极性基带信号,且数字信息“1”和“0”的出现概率相等。

(1) 若数字信息为“1”时,接收滤波器输出信号在采样判决时刻的值 $A=1$ V,且接收滤波器输出的是均值为 0,均方根值为 0.2 V 的高斯噪声,试求这时的误码率 P_e;

(2) 若要求误码率 P_e 不大于 10^{-5},试确定 A。

5.14 某二进制数字基带传输系统模型如图 P5.5 所示,并设 $C(\omega)=1, G_R(\omega)=G_T(\omega)=\sqrt{H(\omega)}$。现已知

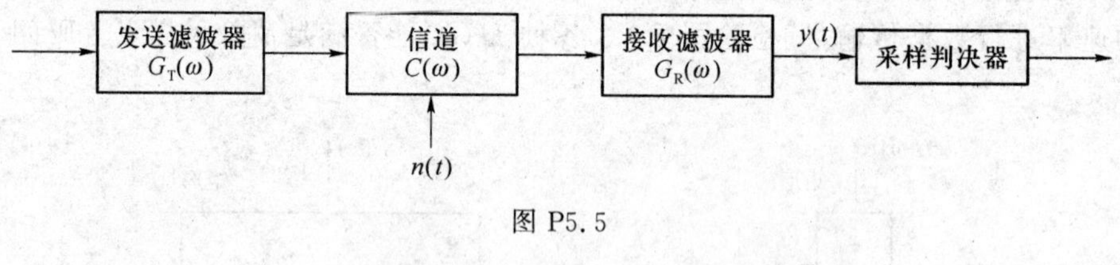

图 P5.5

$$H(\omega)=\begin{cases}\tau_0(1+\cos\omega\tau_0), & |\omega|\leqslant\dfrac{\pi}{\tau_0}\\ 0, & \text{其他}\end{cases}$$

(1) 若信道中的噪声为高斯白噪声 $n(t)$,其双边功率谱密度为 $n_0/2$,求 $G_R(\omega)$ 的输出噪声功率;

(2) 若在采样时刻 kT_s(k 为任意正整数)上,接收滤波器的输出信号以相同概率取 0、A 电平,而输出噪声取值 V 服从下述概率密度分布的随机变量

$$f(V)=\frac{1}{2\lambda}e^{-\frac{|V|}{\lambda}},\lambda>0$$

求系统最小误码率 P_e。

5.15 设$\{a_k\}=(10110100011100)$,进行预编码-相关电平编码。请给出 $b_k=a_k\oplus b_{k-1}$

的序列$\{b_k\}$和$c_k = b_k + b_{k-1}$的序列$\{c_k\}$。

5.16　设一相关编码系统如图P5.6所示。图中，理想低通滤波器的截止频率为$1/(2T_s)$，通带增益为T_s。试求该系统的单位冲激响应和频率特性。

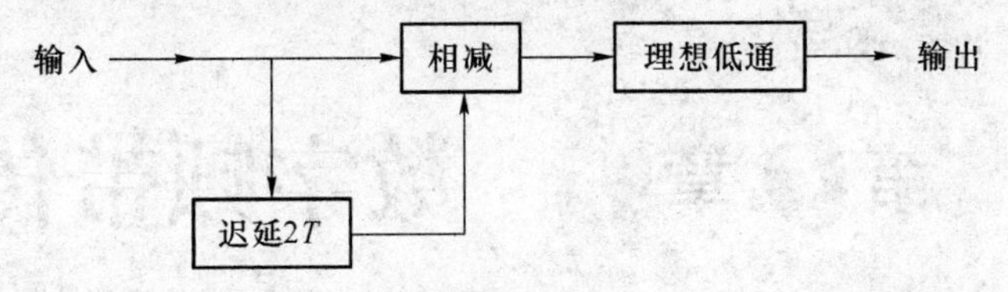

图P5.6

5.17　在双边功率谱密度为$n_0/2$的加性高斯白噪声干扰下，请对如下信号

$$s(t)=\begin{cases}t/T, & 0\leqslant t\leqslant T \\ 0, & 其他\end{cases}$$

设计一个匹配滤波器。

(1) 写出匹配滤波器的冲激响应$h(t)$，并绘出图形；

(2) 求出$s(t)$经过匹配滤波器的输出信号$y(t)$，并绘出图形；

(3) 求最大输出信噪比。

5.18　在功率谱密度为$n_0/2$的高斯白噪声下，设计一个对图P5.7所示$f(t)$的匹配滤波器。

(1) 如何确定最大输出信噪比的时刻；

(2) 求匹配滤波器的冲激响应和输出波形；

(3) 求最大输出信噪比的值。

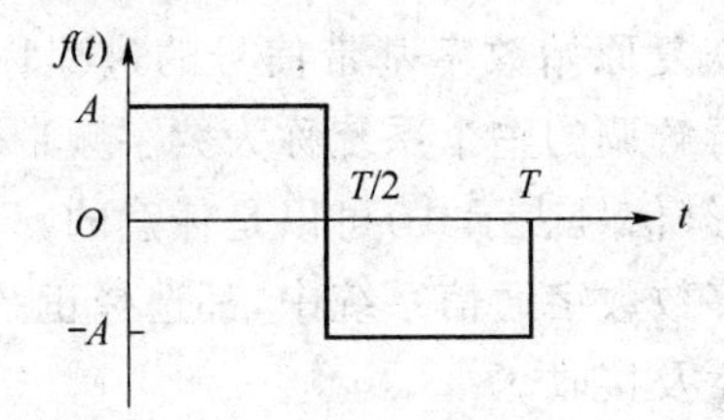

图P5.7

5.19　在图P5.8(a)中，设系统输入$s(t)$及$h_1(t)$、$h_2(t)$分别如图P5.8(b)所示，试绘图解出$h_1(t)$及$h_2(t)$的输出波形，并说明$h_1(t)$及$h_2(t)$是否是$s(t)$的匹配滤波器。

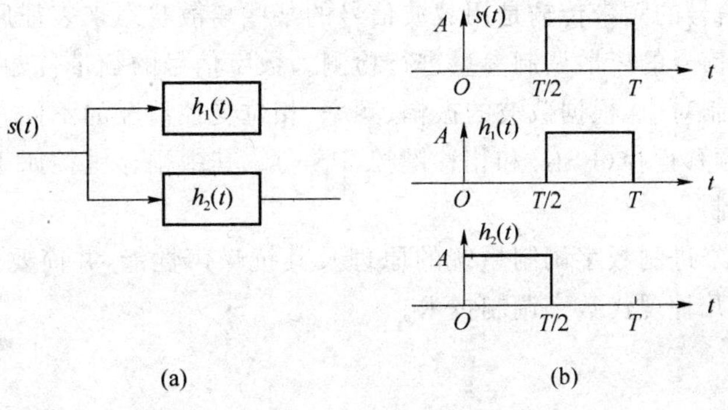

图P5.8

数字频带传输系统

6.1 引 言

第5章讨论了数字信号的基带传输,我们知道,为了使数字基带信号能够在信道中传输,要求信道具有低通形式的传输特性。然而,实际通信中大多数信道都具有带通传输特性,不能直接传送基带信号,必须借助载波调制进行频谱搬移,将数字基带信号变成适于信道传输的数字频带信号;这种将数字基带信号的频谱搬移到适合信道传输的频带范围内的过程称为数字调制,在接收端恢复原始数字基带信号的过程称为数字解调。数字信号在发送端调制后传输,到接收端进行解调的整个系统称为数字频带传输系统。

一般地,受调制载波的波形(信号表示式)可以是任意的,只要已调信号适合于信道传输就可以了。但是实际上,在大多数数字通信系统中,都选择正弦信号作为载波。这主要是因为正弦信号形式简单,便于产生及接收。

用正弦波作为载波的数字调制和前面讨论的模拟调制原理并无本质差异,都是进行频谱的搬移,目的都是为了有效地传输信息。区别在于基带信号一个是数字的,一个是模拟的,且模拟调制是对载波信号的参量进行连续调制,在接收端对载波信号的调制参量连续地进行估值;而数字信号的频带传输是用载波信号的某些离散状态来表征所传送的信息,在接收端也只是对载波信号的离散调制参量进行检测。数字信号的频带传输信号也称为键控信号。因此与模拟调制对应,根据载波的振幅、频率、相位受控情况的不同,数字调制可以分为幅移键控(ASK)、频移键控(FSK)和相移键控(PSK)。其中幅移键控属于线性调制,而频移键控属于非线性调制。

本章重点讨论二进制数字调制系统的原理及其抗噪声性能,并简要介绍多进制数字调制系统基本原理和几种现代数字调制技术。

6.2 二进制幅移键控

6.2.1 基本原理

二进制幅移键控(2ASK)是指高频载波的幅度受调制信号的控制,而频率和相位保持不变。也就是说,用二进制数字信号的“1”和“0”控制载波的通和断,所以又称通-断键控(OOK,On-Off Keying)。

1. 2ASK信号的时域表达

假定载波信号 $C(t)=\cos\omega_c t$,设发送的二进制符号序列由0、1序列组成,发送0符号的概率为 P,发送1符号的概率为 $1-P$,且相互独立。该二进制基带符号序列可表示为

$$s(t)=\sum_n a_n g(t-nT_s) \tag{6.2.1}$$

其中,T_s 是二进制基带信号序列(码元)的时间间隔;$g(t)$ 是调制信号的脉冲表达式。为方便讨论,这里设其是宽度为 T_s 的单极性矩形脉冲波形且幅度为1,即

$$g(t)=\begin{cases}1, & 0\leqslant t\leqslant T_s\\ 0, & \text{其他}\end{cases} \tag{6.2.2}$$

a_n 是二进制数字信号,其取值服从下述关系

$$a_n=\begin{cases}0, \text{出现概率为}\ P\\ 1, \text{出现概率为}\ 1-P\end{cases} \tag{6.2.3}$$

由2ASK的定义可得其表达式为

$$S_{2ASK}(t)=s(t)\cos\omega_c t=\left[\sum_n a_n g(t-nT_s)\right]\cos\omega_c t \tag{6.2.4}$$

可见,2ASK信号可以表示为一个单极性矩形脉冲序列与一个正弦型载波相乘。一个典型的2ASK信号时间波形如图6.1所示(图中载波频率在数值上是码元速率的3倍)。

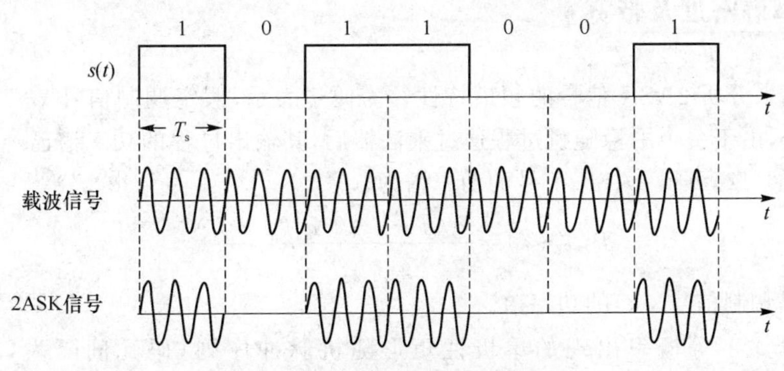

图6.1 2ASK信号时间波形

2. 2ASK信号的产生与解调

2ASK信号的产生方法有两种,如图6.2所示。图(a)是通过二进制基带信号序列 $s(t)$

与载波直接相乘而产生2ASK信号的模拟调制法；图(b)是一种键控法，这里的电子开关受调制信号 $s(t)$ 的控制。

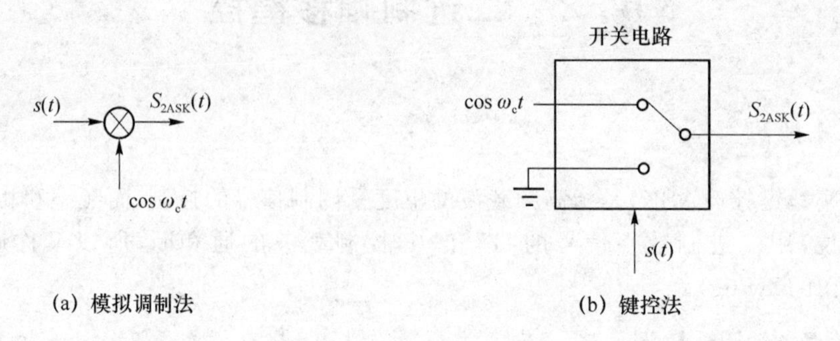

图6.2　2ASK信号的产生

在接收端，2ASK信号的解调可以采用非相干解调(包络检波)和相干解调两种方式来实现，如图6.3和图6.4所示。

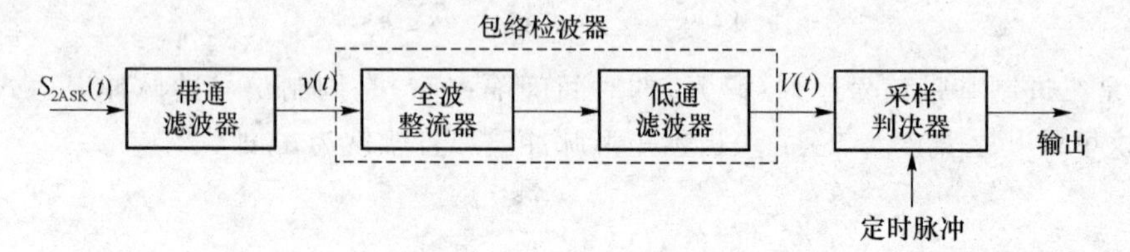

图6.3　2ASK信号的非相干解调原理框图

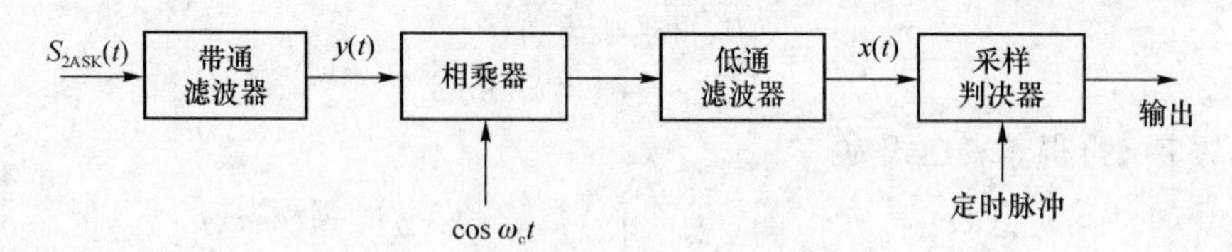

图6.4　2ASK信号的相干解调原理框图

6.2.2 功率谱密度及带宽

下面我们来分析2ASK信号的频谱特性。为便于表示，假定调制信号 $s(t)$ 是一个平稳随机序列信号，由于一个平稳随机过程通过乘法器后，其输出过程的功率谱已经在3.6节中给出，由式(3.6.12)可得2ASK信号的功率谱为

$$P_{2\mathrm{ASK}}(f)=\frac{P_s(f+f_c)+P_s(f-f_c)}{4} \tag{6.2.5}$$

式中，$P_s(f)$ 是调制信号 $s(t)$ 的功率谱。

当 $s(t)$ 为0、1等概率出现的单极性矩形随机脉冲序列(码元间隔为 T_s)时，由式(5.3.10)知其功率谱密度为

$$P_s(f)=\frac{1}{4}f_s T_s^2\left(\frac{\sin \pi f T_s}{\pi f T_s}\right)^2+\frac{1}{4}\delta(f)=\frac{1}{4}T_s \mathrm{Sa}^2(\pi f T_s)+\frac{1}{4}\delta(f) \tag{6.2.6}$$

将式(6.2.6)代入式(6.2.5)，得

$$P_{2ASK}(f)=\frac{T_s}{16}\{Sa^2[\pi(f+f_c)T_s]+Sa^2[\pi(f-f_c)T_s]\}+\frac{1}{16}[\delta(f+f_c)+\delta(f-f_c)] \tag{6.2.7}$$

式中，利用了 $f_s=1/T_s$ 的关系。2ASK 信号的功率谱如图 6.5 所示，图 6.5(a)是调制信号的功率谱，图 6.5(b)是已调信号的功率谱。

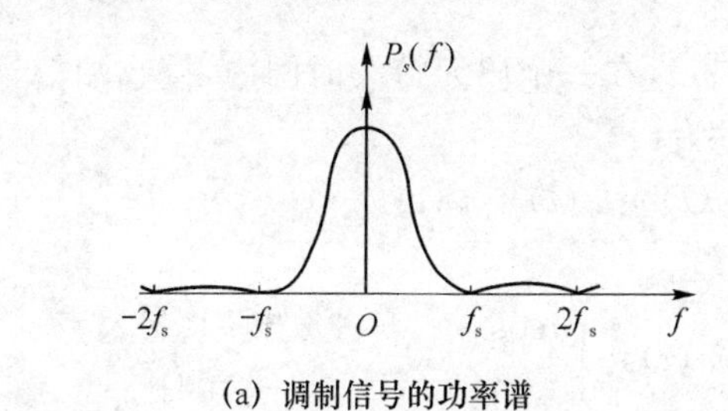

(a) 调制信号的功率谱

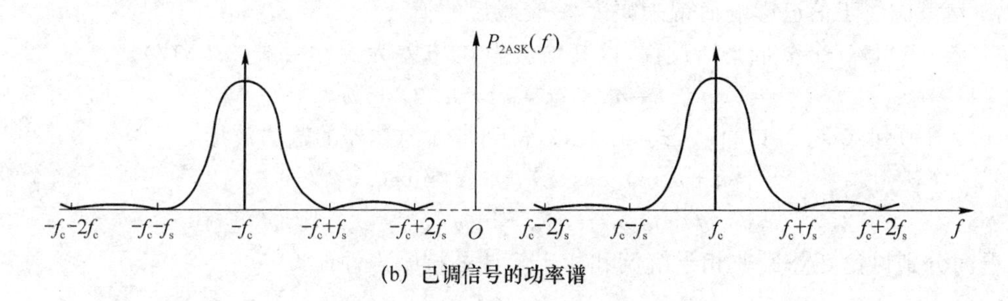

(b) 已调信号的功率谱

图 6.5　2ASK 信号的功率谱

由图 6.5 可以看出，①2ASK 信号的功率谱是数字基带信号 $s(t)$ 信号功率谱的线性搬移，属于线性调制；②2ASK 信号的功率谱包含连续谱和离散谱。其中连续谱是数字基带信号 $s(t)$ 经线性调制后的双边带谱，而离散谱为载波分量；③2ASK 信号的频带宽度 B_{2ASK} 为基带信号带宽 B_s 的两倍。

$$B_{2ASK}=2B_s \tag{6.2.8}$$

式中，B_s 为基带信号 $s(t)$ 的带宽。由图 6.5(a)可知，当 $s(t)$ 为 0、1 等概率出现的单极性矩形随机脉冲序列时，$B_s=f_s$，而码元速率 $R_B=\frac{1}{T_s}=f_s$。

特别：式(6.2.8)是在数字基带信号 $s(t)$ 用单极性矩形脉冲波形表示的前提条件下得到的结论。若数字基带信号采用滚降频谱特性(滚降系数为 α)时，和数字基带系统一样，数字调制系统也应该无码间干扰，则无码间串扰时基带信号的带宽为

$$B_s=(1+\alpha)B_N=(1+\alpha)\frac{R_B}{2}$$

此时

$$B_{2ASK}=2B_s=(1+\alpha)R_B$$

对应该数字调制系统的码元频带利用率为

$$\eta=\frac{R_B}{B_{2ASK}}=\frac{1}{(1+\alpha)}\quad \text{Baud/Hz}$$

6.2.3 抗噪声性能

与数字基带系统一样,分析二进制数字调制系统的抗噪声性能,也就是在不考虑码间干扰时,计算由于噪声影响所造成的码元发生错误的概率(即误码率)。分析抗噪声性能是在接收端进行,并且假定信道噪声是均值为零、双边功率谱密度为 $n_0/2$ 的高斯白噪声(一般信道的随机噪声均属此情况)。

设发送端的载波为 $A\cos\omega_c t$,在一个码元持续时间内,接收端信号经过带通滤波器后已调信号加窄带噪声的合成波形为

$$y(t)=u_i(t)+n_i(t),\qquad 0<t\leqslant T_s \tag{6.2.9}$$

其中

$$u_i(t)=\begin{cases}a\cos\omega_c t, & 发送“1”时\\ 0, & 发送“0”时\end{cases} \tag{6.2.10}$$

式中,a 是考虑由于信道影响而带来幅度 A 衰减后的值。

由于 $n_i(t)$ 是一个窄带高斯过程,设其均值为 0、方差为 σ_n^2。由式(3.5.17)知

$$n_i(t)=n_c(t)\cos\omega_c t-n_s(t)\sin\omega_c t \tag{6.2.11}$$

将式(6.2.10)和式(6.2.11)代入式(6.2.9),得到带通滤波器的输出波形

$$y(t)=\begin{cases}[a+n_c(t)]\cos\omega_c t-n_s(t)\sin\omega_c t, & 发送“1”时\\ n_c(t)\cos\omega_c t-n_s(t)\sin\omega_c t, & 发送“0”时\end{cases} \tag{6.2.12}$$

下面分别讨论 2ASK 非相干解调和相干解调的抗噪声性能。

1. 非相干解调时的误码率

非相干解调原理框图如图 6.3 所示,当发送“1”码时,则在$(0,T_s)$内,带通滤波器输出的包络为

$$V(t)=\sqrt{[a+n_c(t)]^2+n_s(t)^2} \tag{6.2.13}$$

而发送“0”码时,带通滤波器输出的包络为

$$V(t)=\sqrt{n_c(t)^2+n_s(t)^2} \tag{6.2.14}$$

由第 3 章随机过程的理论知,由式(6.2.13)给出的包络函数,其一维概率密度函数服从广义瑞利分布;而由式(6.2.14)给出的包络函数,其一维概率密度函数服从瑞利分布。它们的概率密度函数可分别表示为

$$f_1(V)=\frac{V}{\sigma_n^2}\mathrm{I}_0\left(\frac{aV}{\sigma_n^2}\right)\mathrm{e}^{-(V^2+a^2)/2\sigma_n^2} \tag{6.2.15}$$

$$f_0(V)=\frac{V}{\sigma_n^2}\mathrm{e}^{-V^2/2\sigma_n^2} \tag{6.2.16}$$

显然,$V(t)$信号经过采样后按照规定的判决门限进行判决,从而确定接收码元是“1”码还是“0”码。设判决门限为 b,并规定 $V(t)$的采样值 $V>b$ 时,判为“1”码;$V\leqslant b$ 时,判为“0”码。可以得到发“1”错判为“0”码的条件概率 P_{e1} 和发“0”错判为“1”码的条件概率 P_{e0} 分别为

$$P_{e1}=P(V\leqslant b)=\int_{-\infty}^{b}f_1(V)\,\mathrm{d}V=1-\int_{b}^{\infty}f_1(V)\,\mathrm{d}V=1-Q\left(\frac{a}{\sigma_n},\frac{b}{\sigma_n}\right) \tag{6.2.17}$$

$$P_{e0}=P(V>b)=\int_{b}^{\infty}f_0(V)\,\mathrm{d}V=\int_{b}^{\infty}\frac{V}{\sigma_n^2}\mathrm{e}^{-V^2/2\sigma_n^2}\,\mathrm{d}V=\mathrm{e}^{-b^2/2\sigma_n^2} \tag{6.2.18}$$

式(6.2.17)中 $Q(\cdot)$函数定义为

$$Q(\alpha,\beta)=\int_{\beta}^{\infty}t\,\mathrm{I}_0(\alpha t)\,\mathrm{e}^{-(t^2+\alpha^2)/2}\,\mathrm{d}t \tag{6.2.19}$$

且

$$\alpha=\frac{a}{\sigma_n},\beta=\frac{b}{\sigma_n},t=\frac{V}{\sigma_n} \tag{6.2.20}$$

经分析可得系统总误码率 P_e 为

$$P_e=P(1)P_{e1}+P(0)P_{e0} \tag{6.2.21}$$

这里，$P(1)$、$P(0)$分别表示发“1”码和发“0”码的概率。

如果 $P(1)=P(0)$，则有

$$P_e=\frac{1}{2}\left[1-Q\left(\frac{a}{\sigma^n},\frac{b}{\sigma^n}\right)+\mathrm{e}^{-b^2/2\sigma_n^2}\right] \tag{6.2.22}$$

按照式(6.2.22)计算出的误码率等于图6.6中画有斜线区域总面积的一半。由式(6.2.22)可知，当基带信号发送概率等概时，P_e 与 b 有关。一般总可以找到一最佳判决门限 $b=b^*$，使误码率 P_e 最小。式(6.2.22)中，由 $\frac{\partial P_e}{\partial b}=0$ 得

$$f_1(b^*)=f_0(b^*) \tag{6.2.23}$$

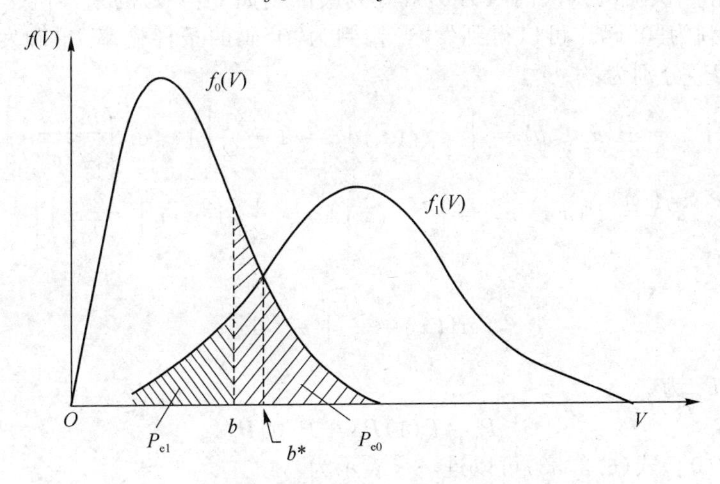

图6.6　$f_1(V)$与$f_0(V)$的曲线

由图6.6也可得到式(6.2.23)的结果。当 $P(1)=P(0)$时，图6.6中两块误码的面积之和的一半即是误码率 P_e。显然 $b=b^*$ 时，面积之和最小，从而 P_e 最小。

将式(6.2.15)及式(6.2.16)代入式(6.2.23)，在大信噪比条件下，求得

$$b^*=\frac{a}{2} \tag{6.2.24}$$

从而，在 $P(1)=P(0)$的条件下，可以求得2ASK非相干解调时误码率为

$$P_e=\frac{1}{2}\mathrm{e}^{-r/4} \tag{6.2.25}$$

式中，$r=a^2/2\sigma_n^2$，为解调器的输入信噪比。

需要注意的是，式(6.2.25)是在大信噪比条件下得到的。实际上，采用包络检波法的接收系统通常工作在大信噪比的情况。

2. 相干解调时的误码率

相干解调原理框图如图6.4所示，$y(t)$信号经过相乘器与本地载波$\cos\omega_c t$相乘后，有

$$y(t)\cos\omega_c t=\begin{cases}[a+n_c(t)]\cos^2\omega_c t-n_s(t)\sin\omega_c t\cos\omega_c t\\ n_c(t)\cos^2\omega_c t-n_s(t)\sin\omega_c t\cos\omega_c t\end{cases}\tag{6.2.26}$$

经过低通滤波器后，在采样判决器输入端得到的波形$x(t)$可以表示为

$$x(t)=\begin{cases}a+n_c(t), & \text{发送“1”时}\\ n_c(t), & \text{发送“0”时}\end{cases}\tag{6.2.27}$$

式中未计入系数1/2，这是因为该系数可以由电路中的增益来加以补偿。

由于$n_c(t)$是高斯过程，因此当发送“1”时，过程$a+n_c(t)$的一维概率密度为

$$f_1(x)=\frac{1}{\sigma_n\sqrt{2\pi}}\exp[-(x-a)^2/2\sigma_n^2]\tag{6.2.28}$$

而当发送“0”时，$n_c(t)$的一维概率密度为

$$f_0(x)=\frac{1}{\sigma_n\sqrt{2\pi}}\exp(-x^2/2\sigma_n^2)\tag{6.2.29}$$

同样设采样判决器的判决门限为b，规定判决准则如下：$x(t)$的采样值$x>b$，则判为“1”码；若$x\leqslant b$，则判为“0”码。可以得到发“1”错判为“0”码的条件概率P_{e1}和发“0”错判为“1”码的条件概率P_{e0}分别为

$$P_{e1}=P\{x\leqslant b\}=\int_{-\infty}^{b}f_1(x)\mathrm{d}x=1-\frac{1}{2}\left[1-\mathrm{erf}\left(\frac{b-a}{\sqrt{2\sigma_n^2}}\right)\right]\tag{6.2.30}$$

$$P_{e0}=P(x\geqslant b)=\int_{b}^{\infty}f_0(x)\mathrm{d}x=\frac{1}{2}\left[1-\mathrm{erf}\left(\frac{b}{\sqrt{2\sigma_n^2}}\right)\right]\tag{6.2.31}$$

其中

$$\mathrm{erf}(x)=\frac{2}{\sqrt{\pi}}\int_0^x \mathrm{e}^{-u^2}\mathrm{d}u\tag{6.2.32}$$

系统总误码率P_e为

$$P_e=P(1)P_{e1}+P(0)P_{e0}\tag{6.2.33}$$

如果$P(1)=P(0)$，式(6.2.33)可以进一步表示为

$$P_e=\frac{1}{2}P_{e1}+\frac{1}{2}P_{e0}=\frac{1}{4}\left[1+\mathrm{erf}\left(\frac{b-a}{\sqrt{2}\sigma_n}\right)\right]+\frac{1}{4}\left[1-\mathrm{erf}\left(\frac{b}{\sqrt{2}\sigma_n}\right)\right]\tag{6.2.34}$$

将$f_1(x)$与$f_0(x)$的曲线画在同一个图中，如图6.7所示。由图可以看出，式(6.2.34)表示的系统总误码率等于图中画有斜线区域总面积的一半。显然，为了取得最小误码率，判决门限值应位于图中$f_1(x)$与$f_0(x)$曲线的交点，即b^*(最佳门限)点，此时有

$$f_1(b^*)=f_0(b^*)\tag{6.2.35}$$

将式(6.2.28)及式(6.2.29)代入上述方程，即得

$$b^*=\frac{a}{2}\tag{6.2.36}$$

将式(6.2.36)代入式(6.2.34)，最后得到

$$P_e=\frac{1}{2}\mathrm{erfc}(\sqrt{r}/2)\tag{6.2.37}$$

当$r\gg 1$时，式(6.2.37)可以近似表示为

$$P_e = \frac{1}{\sqrt{\pi r}} e^{-r/4} \tag{6.2.38}$$

其中，$r = \frac{a^2}{2\sigma_n^2}$。

比较式(6.2.25)和式(6.2.38)可以看出，在相同的大信噪比 r 下，2ASK 信号相干解调的误码率低于非相干解调的误码率，但两者的误码性能相差并不大。然而，由于非相干解调时不需要稳定的本地载波信号，故在电路上要比相干解调时简单。

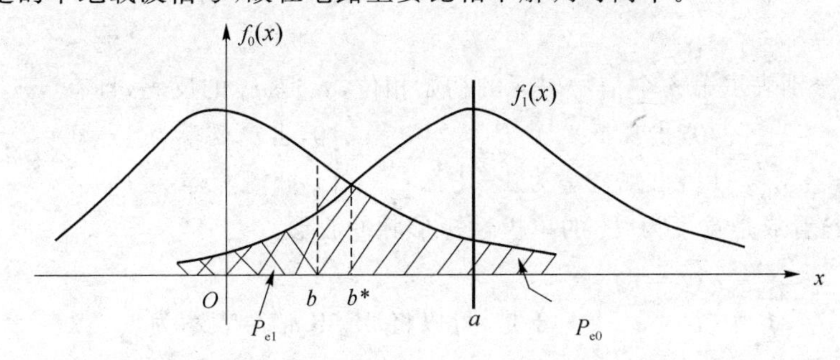

图 6.7　$f_1(x)$ 与 $f_0(x)$ 的曲线

【例 6.1】　若采用 2ASK 方式传送“1”和“0”等概率的二进制数字信息，已知码元宽度为 $T_s = 100\ \mu s$，信道输出端高斯白噪声的单边功率谱密度为 $n_0 = 1.338 \times 10^{-5}$ W/Hz。接收到的 2ASK 信号幅度 $a = 4.24$ V，求：

(1) 采用相干解调时系统的总误码率；

(2) 采用非相干解调时系统的总误码率。

解　(1) $T_s = 100\ \mu s$，则 $B_{2ASK} = 2/T_s = 2 \times 10^4$ Hz，带通滤波器输出噪声平均功率为

$$\sigma_n^2 = n_0 B_{2ASK} = 1.338 \times 10^{-5} \times 2 \times 10^4 = 0.2676\ \text{W}$$

信噪比为

$$r = \frac{a^2}{2\sigma_n^2} = \frac{4.24^2}{2 \times 0.2676} = 33.64 \gg 1$$

于是根据式(6.2.38)可得相干解调时系统的误码率为

$$P_e = \frac{1}{\sqrt{\pi r}} e^{-r/4} = \frac{1}{\sqrt{3.1416 \times 33.64}} e^{-8.41} = 2.16 \times 10^{-5}$$

(2) 当非相干解调时，有

$$P_e = \frac{1}{2} e^{-r/4} = 1.1 \times 10^{-4}$$

6.3　二进制频移键控

6.3.1　基本原理

二进制频移键控(2FSK)是指载波的频率受调制信号的控制，而幅度和相位保持不变。

1. 2FSK信号的时域表达

设二进制数字信号的"1"对应载波频率 f_1,"0"对应载波频率 f_2,而且 f_1 和 f_2 之间的改变是瞬间完成的。因此,二进制频移键控信号可以看成是两个不同载波的二进制幅移键控信号的叠加。根据以上分析,得出2FSK信号的时域表达式

$$S_{2FSK}(t)=\left[\sum_n a_n g(t-nT_s)\right]\cos(\omega_1 t+\theta_n)+\left[\sum_n \overline{a}_n g(t-nT_s)\right]\cos(\omega_2 t+\varphi_n) \tag{6.3.1}$$

这里,θ_n 和 φ_n 分别表示第 n 个信号码元的初始相位,$\overline{a}_n$ 是 a_n 的反码,且有

$$a_n=\begin{cases}0,\text{出现概率为 } P\\1,\text{出现概率为 } 1-P\end{cases},\quad \overline{a}_n=\begin{cases}0,\text{出现概率为 } 1-P\\1,\text{出现概率为 } P\end{cases} \tag{6.3.2}$$

一般的,将 $g(t)$ 看成是宽度为 T_s 的单极性矩形脉冲波形。

设 $\begin{cases}s_1(t)=\sum_n a_n g(t-nT_s)\\s_2(t)=\sum_n \overline{a}_n g(t-nT_s)\end{cases}$,于是,可以将2FSK信号表示为

$$S_{2FSK}(t)=s_1(t)\cos(\omega_1 t+\theta_n)+s_2(t)\cos(\omega_2 t+\varphi_n) \tag{6.3.3}$$

2FSK信号的典型时间波形如图6.8所示。

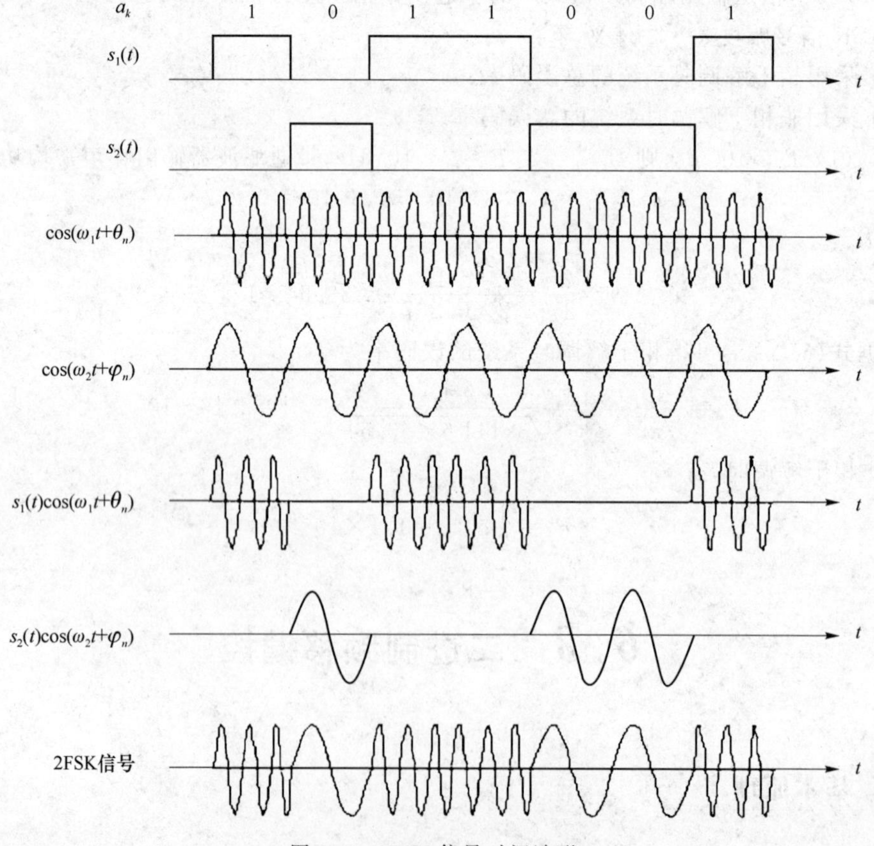

图6.8 2FSK信号时间波形

2. 2FSK信号的产生与解调

2FSK信号的产生方法主要有两种。第一种是用二进制基带矩形脉冲信号去调制一个调频器,使其能够输出两个不同频率的信号,如图6.9(a)所示。该方法产生的2FSK信号在相邻码元之间的相位是连续的,如图6.8所示,它是频移键控通信方式早期采用的实现方法。第二种方法是图6.9(b)所示的用数字键控法产生二进制移频键控信号的原理图,图中两个振荡器的输出载波受输入的二进制基带信号控制,在一个码元 T_s 期间输出 f_1 或 f_2 两个载波之一。该方法由于使用两个独立的振荡器,使得信号波形的相位存在不连续现象,但它具有转换速度快、波形好、稳定度高且易于实现等优点,故应用广泛。

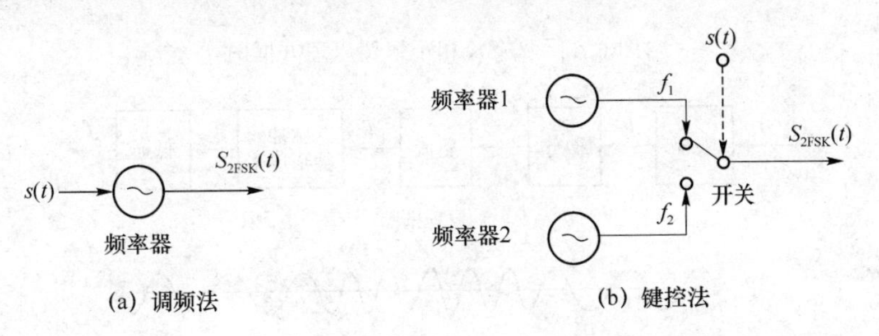

图6.9　2FSK信号的产生

2FSK的解调也可以分为非相干(包络检波)解调和相干解调。图6.10是2FSK非相干解调原理方框图。图中,两个中心频率分别为 f_1 和 f_2 的带通滤波器的作用是取出频率为 f_1 和 f_2 高频信号,包络检波器将各自的包络取出至采样判决器,采样判决器在采样脉冲到达时对包络的样值 V_1 和 V_2 进行判决,判决准则是当采样值满足 $V_1>V_2$ 时判为 f_1 频率代表的数字基带信号,即"1"码;当 $V_1<V_2$ 时判为 f_2 频率代表的数字基带信号,即"0"码。

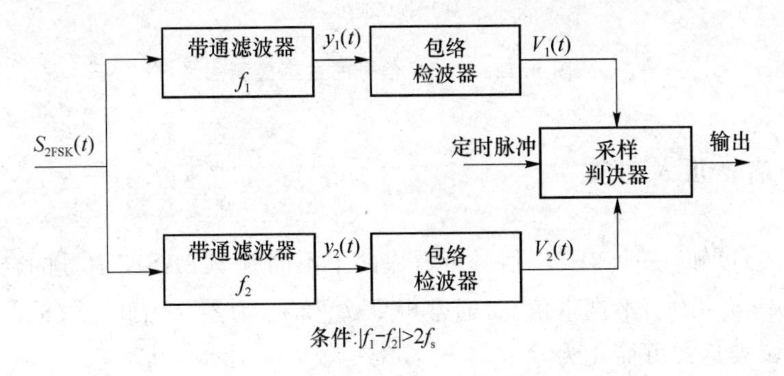

图6.10　2FSK非相干解调原理方框图

图6.11是2FSK相干解调原理方框图。接收信号经过上下两路带通滤波器滤波,然后与本地相干载波相乘和低通滤波后,进行采样判决。若采样值 $x_1>x_2$,判为 f_1 代表的数字基带信号;若采样值 $x_1<x_2$,判为 f_2 代表的数字基带信号。

2FSK另外一种常用而简便的解调方法是过零检波解调法,其解调原理框图及各点时间波形如图6.12(a)和(b)所示。其基本原理是:二进制移频键控信号的过零点数随载波频率不同而异,通过检测过零点数从而得到频率的变化。在图6.12中,输入信号经过限幅后产生矩形波,经微分、整流、脉冲波形成形后得到与频率变化相关的矩形脉冲波,再经低通滤波器滤除高次谐波,便恢复出与原数字信号对应的数字基带信号。

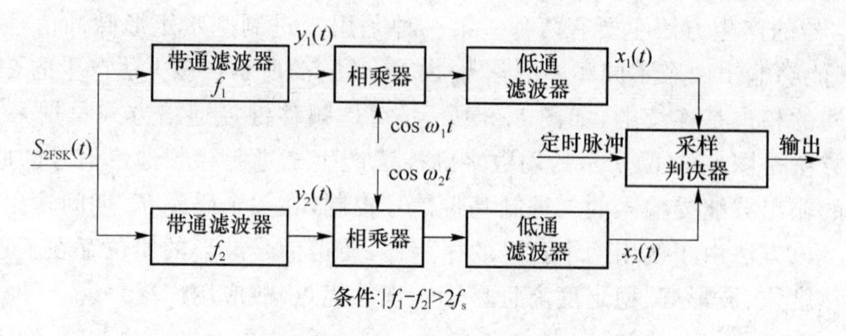

图 6.11　2FSK 相干解调原理方框图

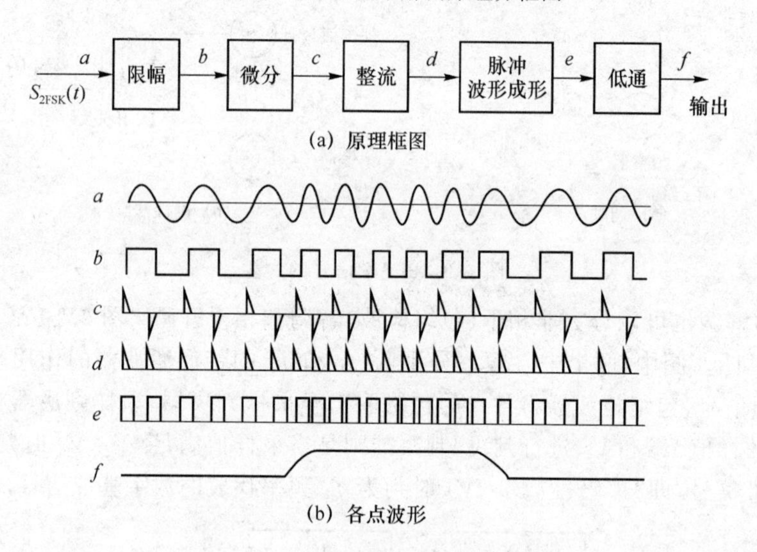

图 6.12　2FSK 信号的过零检测法

6.3.2 功率谱密度及带宽

由式(6.3.3)可知,一个 2FSK 信号可看成两个不同频率 2ASK 信号的合成。在二进制移频键控信号中,θ_n 和 φ_n 不携带信息,通常可令 θ_n 和 φ_n 为零。因此,式(6.3.3)二进制移频键控信号的时域表达式可简化为

$$S_{2FSK}(t)=s_1(t)\cos\omega_1 t+s_2(t)\cos\omega_2 t \tag{6.3.4}$$

式中,$s_1(t)=\sum\limits_n a_n g(t-nT_s)$ 和 $s_2(t)=\sum\limits_n \overline{a}_n g(t-nT_s)$。

由式(6.2.5)2ASK 信号功率谱密度的表达式,可以得到 2FSK 信号功率谱密度的表达式为

$$P_{2FSK}(f)=\frac{1}{4}[P_{s1}(f-f_1)+P_{s1}(f+f_1)+P_{s2}(f-f_2)+P_{s2}(f+f_2)] \tag{6.3.5}$$

式中,$P_{s1}(f)$和 $P_{s2}(f)$分别是基带信号 $s_1(t)$和 $s_2(t)$的功率谱。$P_{s1}(f)$和 $P_{s2}(f)$的表达式可

参照式(6.2.6)。

当概率 $P=1/2$ 时,可以得到2FSK信号功率谱的表达式为

$$\begin{aligned} P_{2\mathrm{FSK}}(f)=\frac{T_s}{16}\{&\mathrm{Sa}^2[\pi(f+f_1)T_s]+\mathrm{Sa}^2[\pi(f-f_1)T_s]+\\ &\mathrm{Sa}^2[\pi(f+f_2)T_s]+\mathrm{Sa}^2[\pi(f-f_2)T_s]\}+\\ &\frac{1}{16}[\delta(f+f_1)+\delta(f-f_1)+\delta(f+f_2)+\delta(f-f_2)] \end{aligned} \tag{6.3.6}$$

式中,利用了 $f_s=1/T_s$ 的关系。

2FSK信号的功率谱如图6.13所示。

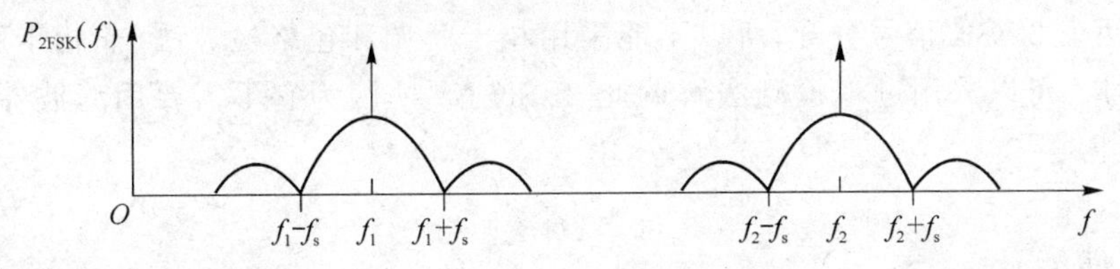

(a) $|f_2-f_1|\geqslant 2f_s$

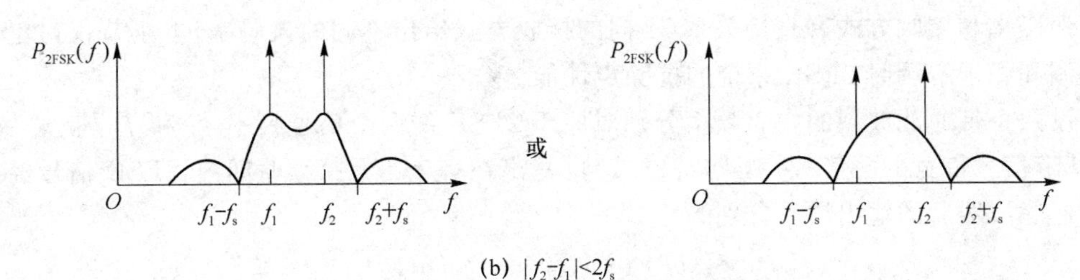

(b) $|f_2-f_1|<2f_s$

图6.13 2FSK信号的功率谱

由图6.13可见:第一,2FSK信号的功率谱与2ASK信号的功率谱相似,同样包含连续谱和离散谱,其中,连续谱由两个双边谱叠加而成,而离散谱出现在两个载频位置上;第二,连续谱的形状随着 $|f_2-f_1|$ 的大小而异。当 $|f_2-f_1|>f_s$ 时出现双峰,当 $|f_2-f_1|<f_s$ 时出现单峰,只有 $f_2-f_1\geqslant 2f_s$ 时双峰完全分离。通信中,常见的是 $|f_2-f_1|\geqslant 2f_s$ 的情况,因为只有当 $|f_2-f_1|\geqslant 2f_s$ 时,组成2FSK信号的两个2ASK信号频谱的主瓣不重叠,才可以用两个带通滤波器将两个2ASK信号分开,送给各自的包络检波器或相干解调器。

同样,由图6.13可以定义2FSK的频谱宽度为

$$B_{2\mathrm{FSK}}=|f_1-f_2|+2B_s \tag{6.3.7}$$

式中,B_s 为基带信号 $s(t)$ 的带宽。当 $s(t)$ 为0、1等概率出现的单极性矩形随机脉冲序列时,$B_s=f_s$,而码元速率 $R_B=1/T_s=f_s$。

特别:式(6.3.7)是在数字基带信号 $s(t)$ 用单极性矩形脉冲波形表示的前提条件下得到的结论。若考虑基带成形滤波器具有滚降系数为 α 的升余弦特性,则无码间串扰时基带信号的带宽为

$$B_s=(1+\alpha)B_N=(1+\alpha)\frac{R_B}{2}$$

此时

$$B_{2FSK}=|f_1-f_2|+2B_s=|f_1-f_2|+(1+\alpha)R_B$$

对应该数字调制系统的码元频带利用率为

$$\eta=\frac{R_B}{B_{2FSK}}=\frac{R_B}{|f_1-f_2|+(1+\alpha)R_B}\quad \text{Baud/Hz}$$

【例 6.2】 设某 2FSK 调制系统的码元传输速率为 1 000 Baud，两个载频为 1 000 Hz 和 2 500 Hz。试讨论可以采用什么方法解调这个 2FSK 信号。

解 由于 $f_s=\frac{1}{T_s}=R_B=1\,000$ Hz，$|f_1-f_2|=1\,500$ Hz$<2f_s$，则组成 2FSK 信号的两个 2ASK 信号的频谱有部分重叠，2FSK 相干解调器和非相干解调器上、下两个支路的带通滤波器不可能将两个 2ASK 信号分开，所以不能采用相干解调和包络检波法（非相干解调）解调此 2FSK 信号。可以采用过零检测法解调此 2FSK 信号，因为它不需要用滤波器将两个 2ASK 信号分开。

6.3.3 抗噪声性能

误码率和接收方式有直接关系，不同的接收方式给出不同的误码率，本小节仅讨论非相干解调和相干解调时 2FSK 系统的抗噪声性能。

设两个带通滤波器的中心频率分别对应于 2FSK 的两个信号频率 f_1 和 f_2，带宽为 $2R_B$（即基带信号带宽的两倍）。由式(6.2.12)可写出在一个码元持续时间内，2FSK 信号经过两个带通滤波器后的输出波形分别为

$$y_1(t)=\begin{cases}[a+n_{1c}(t)]\cos\omega_1 t-n_{1s}(t)\sin\omega_1 t & \text{发送“1”时}\\ n_{1c}(t)\cos\omega_1 t-n_{1s}(t)\sin\omega_1 t & \text{发送“0”时}\end{cases}\tag{6.3.8}$$

$$y_2(t)=\begin{cases}n_{2c}(t)\cos\omega_2 t-n_{2s}(t)\sin\omega_2 t & \text{发送“1”时}\\ [a+n_{2c}(t)]\cos\omega_2 t-n_{2s}(t)\sin\omega_2 t & \text{发送“0”时}\end{cases}\tag{6.3.9}$$

其中 $y_1(t)$ 和 $y_2(t)$ 分别代表中心频率为 f_1 和 f_2 的带通滤波器的输出。

1. 非相干解调时的误码率

非相干解调原理框图如图 6.10 所示。假定 $V_1(t)$ 和 $V_2(t)$ 分别表示中心频率为 f_1 和 f_2 的子路在采样判决器前的输入，$n_1(t)$ 和 $n_2(t)$ 均是服从均值为 0、方差为 σ_n^2 的高斯窄带过程。

当发送“1”码时，由前面的分析可以得到

$$\begin{cases}V_1(t)=\sqrt{[a+n_{1c}(t)]^2+n_{1s}^2(t)}\\ V_2(t)=\sqrt{n_{2c}^2(t)+n_{2s}^2(t)}\end{cases}\tag{6.3.10}$$

我们知道，$V_1(t)$ 的一维分布为广义瑞利分布，而 $V_2(t)$ 的一维概率分布为瑞利分布。显然，当 $V_1(t)$ 的采样值 V_1 小于 $V_2(t)$ 的采样值 V_2 时，则发生判决错误，引起误码。此时的误码率为

$$\begin{aligned}P_{e1}&=P(V_1<V_2)=\int_1^{\infty}f_1(V_1)\left[\int_{V_2=V_1}^{\infty}f_2(V_2)\mathrm{d}V_2\right]\mathrm{d}V_1\\&=\int_0^{\infty}\frac{V_1}{\sigma_n^2}\mathrm{I}_0\left(\frac{aV_1}{\sigma_n^2}\right)\exp\left(\frac{-2V_1^2-a^2}{2\sigma_n^2}\right)\mathrm{d}V_1\end{aligned}\tag{6.3.11}$$

经过进一步分析，可求得

$$P_{e1}=\frac{1}{2}e^{-r/2} \tag{6.3.12}$$

同理可求得发送“0”码时的误码率为

$$P_{e0}=P(V_1\geqslant V_2)=\frac{1}{2}e^{-r/2} \tag{6.3.13}$$

因此,2FSK 非相干接收系统的总误码率为

$$P_e=P(1)P_{e1}+P(0)P_{e0}=\frac{1}{2}e^{-r/2} \tag{6.3.14}$$

2. 相干解调时的误码率

相干解调的原理框图如图 6.11 所示。式(6.3.8)和式(6.3.9)分别和本地载波相乘后,经过低通滤波,得到采样判决器的两个输入波形分别为

$$x_1(t)=\begin{cases}a+n_{1c}(t), & 发送“1”时\\ n_{1c}(t), & 发送“0”时\end{cases} \tag{6.3.15}$$

$$x_2(t)=\begin{cases}n_{2c}(t), & 发送“1”时\\ a+n_{2c}(t), & 发送“0”时\end{cases} \tag{6.3.16}$$

其中,$x_1(t)$和 $x_2(t)$分别表示中心频率为 f_1 和 f_2 两个子路在采样判决器前的输入波形。

当发送“1”码时,由前面的分析可以得到

$$\begin{cases}x_1(t)=a+n_{1c}(t)\\ x_2(t)=n_{2c}(t)\end{cases} \tag{6.3.17}$$

这里,$n_{1c}(t)$及 $n_{2c}(t)$分别表示 $n_1(t)$及 $n_2(t)$的同相分量 $n_{1c}(t)$及 $n_{2c}(t)$。由前面分析知,$n_{1c}(t)$及 $n_{2c}(t)$都是均值为 0、方差为 σ_n^2 的高斯随机过程,故采样值 $x_1=a+n_{1c}$是均值为 a、方差为 σ_n^2 的高斯随机变量,采样值 $x_2=n_{2c}$是均值为 0、方差为 σ_n^2 的高斯随机变量。

当发送“1”码时,如果采样值 $x_1<x_2$,则造成将中心频率 f_1 的信号错误判决为中心频率 f_2 的信号,从而发生误码。此时的误码率为

$$P_{e1}=P(x_1<x_2)=P[(a+n_{1c})<n_{2c}]=P(a+n_{1c}-n_{2c}<0) \tag{6.3.18}$$

令 $z=a+n_{1c}-n_{2c}$,显然 z 也是一个高斯随机变量,且其均值为 a,方差为 $2\sigma_n^2$。令 z 的概率密度为 $f(z)$,有

$$P_{e1}=P(x_1<x_2)=\int_{-\infty}^{0}f(z)\mathrm{d}z=\frac{1}{2}\left(1-\operatorname{erf}\sqrt{r/2}\right) \tag{6.3.19}$$

同理可求得当发送“0”码时的误码率为

$$P_{e0}=P(x_1\geqslant x_2)=\frac{1}{2}\left(1-\operatorname{erf}\sqrt{r/2}\right) \tag{6.3.20}$$

因此,2FSK 相干接收系统的总误码率为

$$P_e=P(1)P_{e1}+P(0)P_{e0}=\frac{1}{2}[1-\operatorname{erf}(\sqrt{r/2})]=\frac{1}{2}\operatorname{erfc}(\sqrt{r/2}) \tag{6.3.21}$$

在大信噪比 $r\gg1$ 条件下,有

$$P_e=\frac{1}{\sqrt{2\pi r}}e^{-r/2} \tag{6.3.22}$$

注意,式(6.3.14)和式(6.3.22)中,$r=a^2/(2\sigma_n^2)$,即解调器输入信噪比。σ_n^2 代表噪声的功率,当带通滤波器的带宽为 $B_{带通}$ 时,$\sigma^2=n_0B_{带通}$。注意此时 $B_{带通}$ 不是 2FSK 信号的带宽,

而是带通滤波器的带宽。

比较以上两种2FSK解调方式,可得如下结论:在大信噪比条件下,2FSK的非相干解调与相干解调相比,在性能上相差较小(具有相同的衰减因子 $e^{-r/2}$),但采用相干解调需要提供本地载波,从而使其在设备上变得较为复杂。因此在能够满足输入信噪比的条件下,一般多采用非相干解调。

【例6.3】 在2FSK系统中,发送"1"码的频率为 $f_1=1.25\ \text{MHz}$,发送"0"码的频率为 $f_2=0.85\ \text{MHz}$,且发送概率相等,码元传输速率 $R_B=0.2\times10^6$ Baud;解调器输入端信号振幅 $a=4\ \text{mV}$,信道加性高斯白噪声双边功率谱密度 $n_0/2=10^{-12}$ W/Hz。

(1) 试求2FSK系统的频带利用率;

(2) 若采用相干解调,求系统的误码率;

(3) 若采用非相干解调,求系统的误码率。

解 (1) 2FSK信号带宽为

$$B_{2FSK}=|f_1-f_2|+2B_s=|f_1-f_2|+2R_B=0.8\ \text{MHz}$$

2FSK系统的带宽至少要等于信号的带宽,因此,2FSK系统的频带利用率为

$$\eta=\frac{R_B}{B_{2FSK}}=\frac{0.2\times10^6}{0.8\times10^6}=\frac{1}{4}\ \text{Baud/Hz}$$

(2) 由于解调器上下两支路带通滤波器带宽为

$$B_{带通}=2R_B=0.4\times10^6\ \text{MHz}$$

则

$$\sigma_n^2=n_0B_{带通}=2\times10^{-12}\times0.4\times10^6=0.8\times10^{-6}\ \text{W}$$

解调器输入端信噪比为

$$r=\frac{a^2}{2\sigma_n^2}=\frac{16\times10^{-6}}{1.6\times10^{-6}}=10$$

采用相干解调时,系统误码率为

$$P_e=\frac{1}{2}\text{erfc}(\sqrt{r/2})=\frac{1}{2}\text{erfc}\sqrt{5}=7.3\times10^{-4}$$

(3) 采用非相干解调时,系统的误码率为

$$P_e=\frac{1}{2}e^{-r/2}=\frac{1}{2}e^{-5}=3.37\times10^{-3}$$

6.4 二进制相移键控

相移键控是利用载波相位的变化来传递数字信息,通常可以分为绝对相移键控(2PSK)和相对相移键控(2DPSK)两种方式。

6.4.1 基本原理

1. 2PSK

如果二进制序列的数字信号"1"和"0"分别用载波的相位 π 和 0 这两个离散值来表示,

而其幅度和频率保持不变，这种调制方式就称为二进制绝对相移键控。也就是说，绝对相移键控是指已调信号的相位直接由数字基带信号控制。设二进制符号及其基带信号波形与前面假设一样，则 2PSK 信号的一般表达式为

$$S_{2PSK}(t)=\sum_{n}a_{n}g(t-nT_{s})\cos\omega_{c}t=s(t)\cos\omega_{c}t \tag{6.4.1}$$

值得注意的是，虽然式(6.4.1)与 2ASK 的表示形式一样，但这里的 a_n 有着不同的含义，即

$$a_n=\begin{cases}+1, & \text{出现概率为 } P\\ -1, & \text{出现概率为 } 1-P\end{cases} \tag{6.4.2}$$

这里 $s(t)$是与 a_n 对应的双极性矩形脉冲序列。在一个码元周期 T_s 内，二进制绝对相移键控信号可以表示为

$$S_{2PSK}(t)=\begin{cases}\cos(\omega_c t+0), & \text{概率为 } P\\ \cos(\omega_c t+\pi), & \text{概率为 } 1-P\end{cases} \tag{6.4.3}$$

即发送二进制符号“0”时(a_n 取$+1$)，$S_{2PSK}(t)$取 0 相位；发送二进制符号“1”时(a_n 取-1)，$S_{2PSK}(t)$取 π 相位。

2PSK 信号的典型时间波形如图 6.14 所示，图中所有数字信号“1”码对应载波信号的 π 相位，而“0”码对应载波信号的 0 相位(也可以反之)。

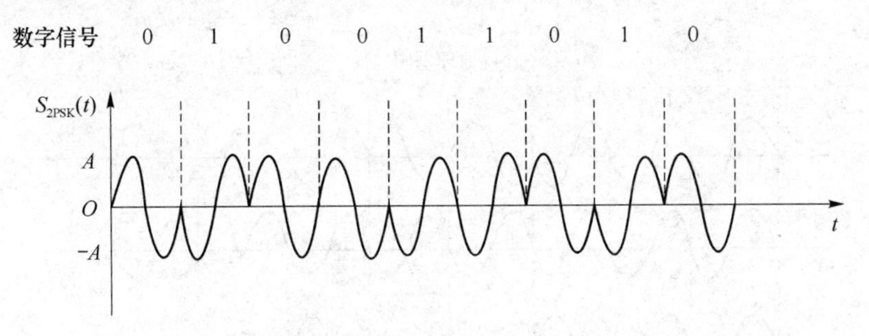

图 6.14　2PSK 波形

2PSK 信号可以采用两种方法实现。一种是如图 6.15(a)所示的模拟调制法，二进制数字序列$\{a_n\}$经码型变换，由单极性码形成幅度为±1 的双极性不归零码，与载波相乘而产生 2PSK 信号。另一种是如图 6.15(b)所示的相移键控法。

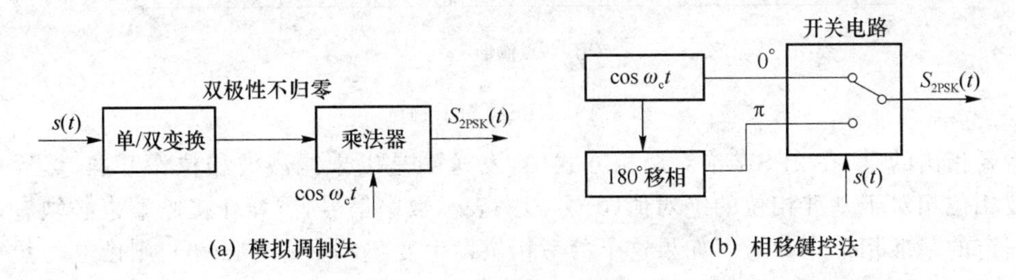

图 6.15　2PSK 的实现方式

2PSK 信号的解调一般采用相干解调。2PSK 相干解调原理框图和各点波形分别如图 6.16(a)和(b)所示。

下面分析图 6.16(a)所示 2PSK 信号相干解调的原理。

设未调载波为 $\cos\omega_c t$，则 2PSK 信号可表示为

$$S_{2PSK}(t)=\cos(\omega_c t+\varphi_n) \tag{6.4.4}$$

由图6.16中 a 点波形知,$\varphi_n=0$ 表示发送二进制数字信息"1",$\varphi_n=\pi$ 表示发送二进制数字信息"0"。

乘法器输出为

$$\cos(\omega_c t+\varphi_n)\cos\omega_c t=\frac{1}{2}\cos\varphi_n+\frac{1}{2}\cos(2\omega_c t+\varphi_n) \tag{6.4.5}$$

经低通滤波器后输出为

$$x(t)=\frac{1}{2}\cos\varphi_n=\begin{cases}\dfrac{1}{2}, & \varphi_n=0\\ -\dfrac{1}{2}, & \varphi_n=\pi\end{cases} \tag{6.4.6}$$

所以,采样判决器的判决准则为

$$\begin{cases}采样值\ x>0,则判为\ 1\\ 采样值\ x<0,则判为\ 0\end{cases}$$

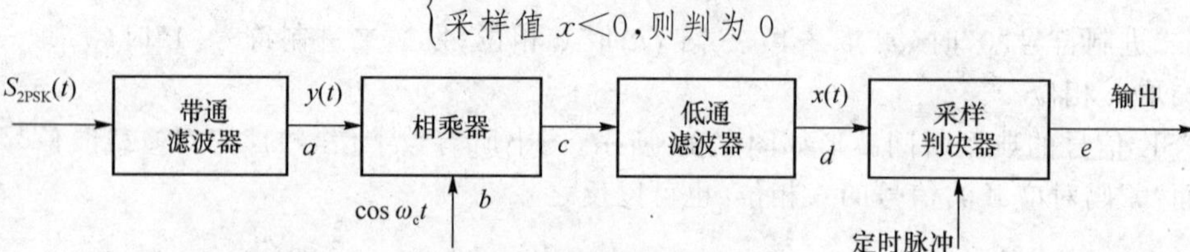

(a) 原理框图

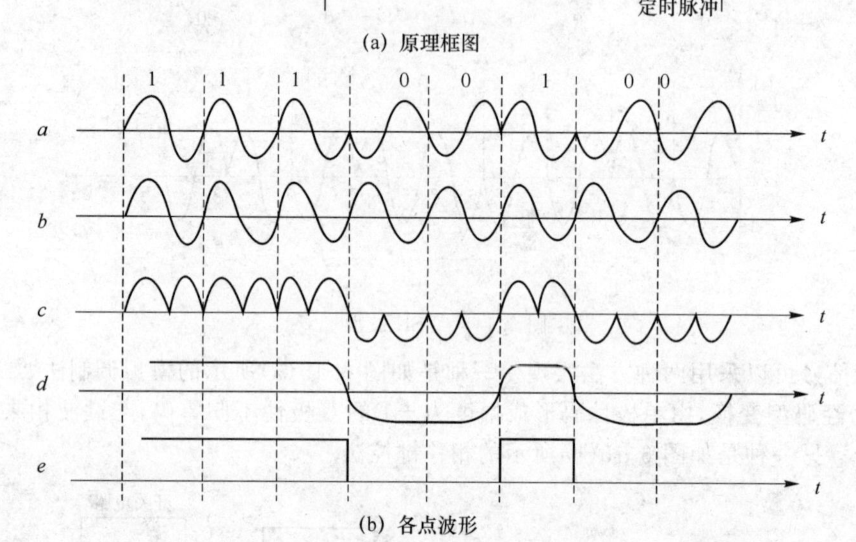

(b) 各点波形

图6.16 2PSK相干解调

需要指出的是,在2PSK绝对调相方式中,发送端是以未调载波相位作基准,然后用已调载波相位相对于基准相位的绝对值(0或π)来表示数字信号,因而在接收端也必须有这样一个固定的基准相位作参考。如果这个参考相位发生变化(0→π或π→0),则恢复的数字信号也就会发生错误("1"→"0"或"0"→"1")。这种现象通常称为2PSK方式的"倒π现象"或"反向工作现象"。为了克服这种现象,实际中一般不采用2PSK方式,而采用相对移相键控(2DPSK)方式。

2. 2DPSK

2DPSK是利用前后相邻码元载波相位的相对变化来表示数字信号。相对调相值 $\Delta\varphi$ 是

指本码元的初相与前一码元的初相之差[①]，并设

$$\begin{cases}\Delta\varphi=\pi\rightarrow \text{数字信息“1”}\\ \Delta\varphi=0\rightarrow \text{数字信息“0”}\end{cases} \tag{6.4.7}$$

2DPSK 的典型时间波形如图 6.17 所示。

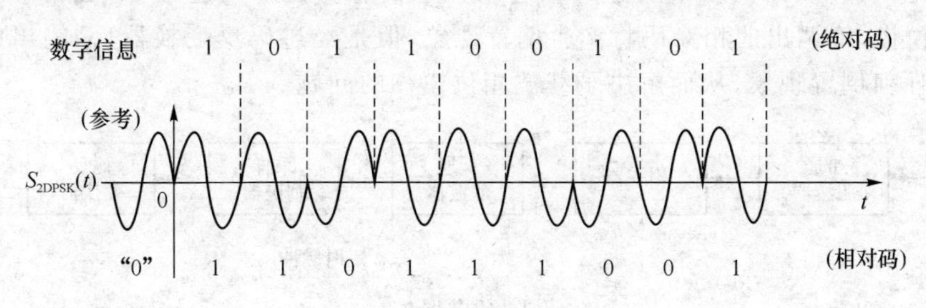

图 6.17　2DPSK 的波形

2DPSK 的产生基本类似于 2PSK，只是调制信号需要经过码型变换，将绝对码变为相对码。2DPSK 产生的原理框图如图 6.18 所示，图(a)为模拟调制法，图(b)为相移键控法，图(c)为典型的原理波形。

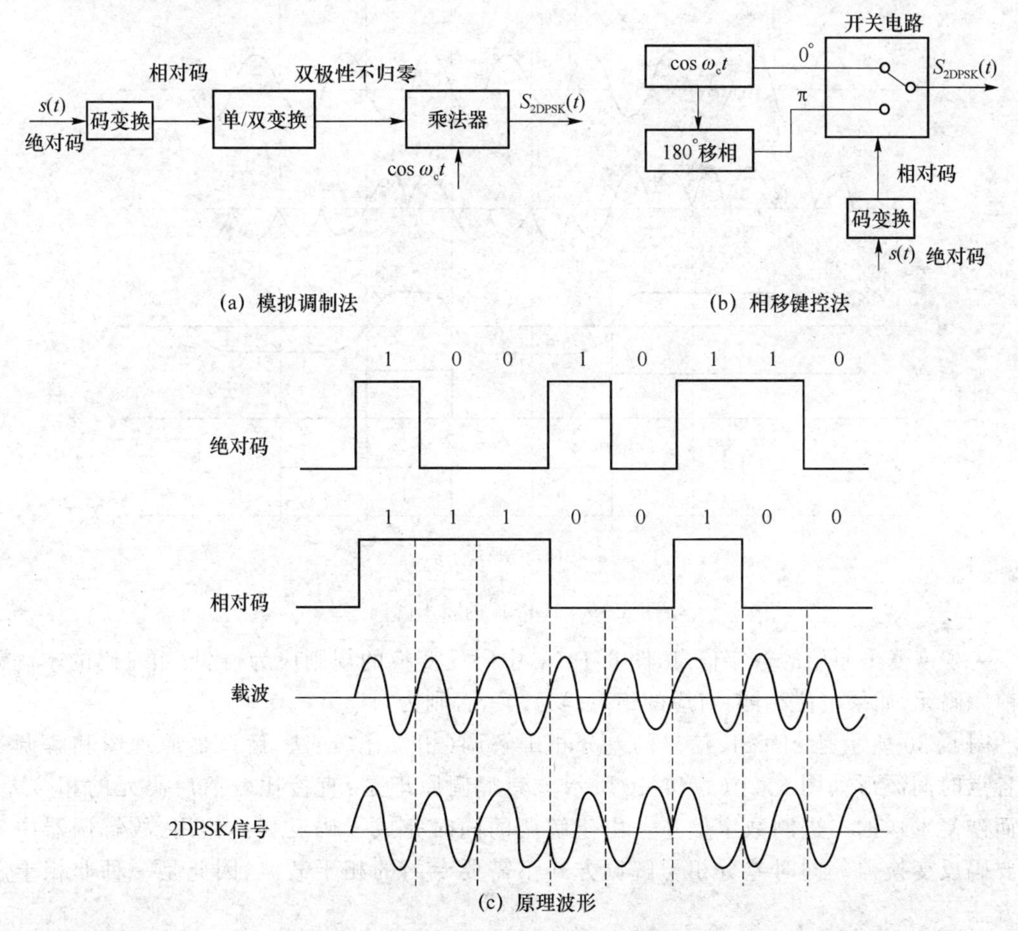

图 6.18　2DPSK 的实现框图及原理波形

① 相对调相值 Δφ 也可以指本码元已调载波的初相与前一码元已调载波的末相之差。

2DPSK信号的解调有相干解调法(极性比较法)和差分相干解调法(相位比较法)两种。图6.19为相干解调法,解调器原理图和解调过程各点时间波形如图6.19(a)和(b)所示。其解调原理是:先对2DPSK信号进行相干解调,恢复出相对码,再通过码反变换器变换为绝对码,从而恢复出发送的二进制数字信息。在解调过程中,若相干载波产生180°相位模糊,解调出的相对码将产生倒置现象,但是经过码反变换器后,输出的绝对码不会发生任何倒置现象,从而解决了载波相位模糊的问题。

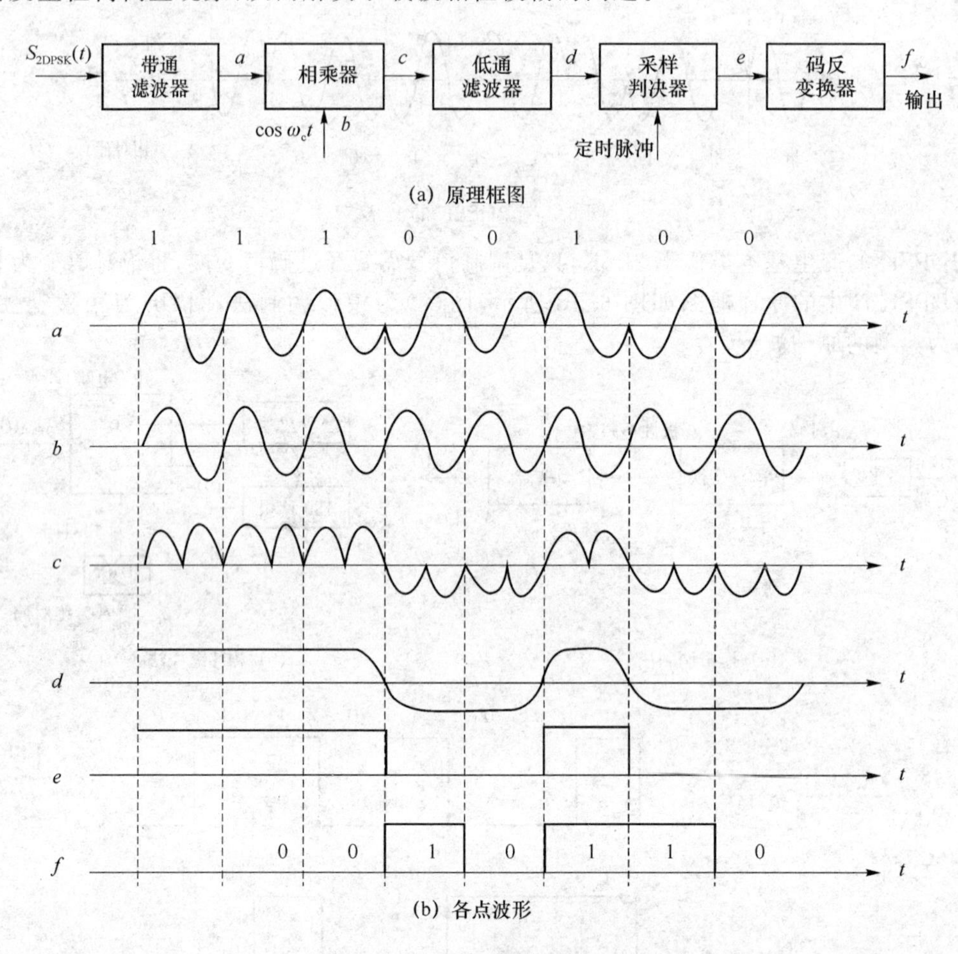

图6.19　2DPSK的相干解调

为了恢复出原始的数字信息,图6.19(a)中码反变换的规则应为:比较相对码的本码元与前一码元,如果电位相同,对应的绝对码为“0”,否则为“1”。

图6.20所示是2DPSK信号的差分相干解调(相位比较)法,解调器原理图和解调过程各点时间波形如图6.20(a)和(b)所示。其解调原理是:直接比较前后码元的相位差,从而恢复发送的二进制数字信息。由于解调的同时完成了码反变换作用,故解调器中不需要码反变换器。同时差分相干解调方式不需要专门的相干载波,因此是一种非相干解调方法。

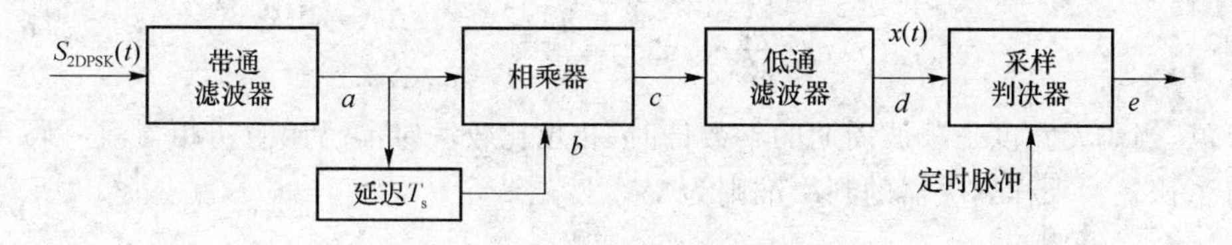

(a) 原理框图

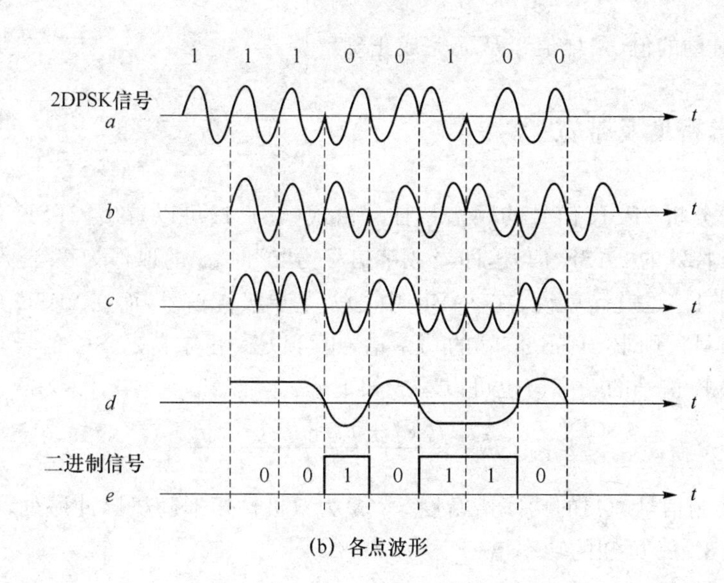

(b) 各点波形

图 6.20　2DPSK 的差分相干解调

下面分析图 6.20(a)所示 2DPSK 信号采用差分相干解调的原理。

设输入已调信号为

a 点：
$$y_1(t)=\cos(\omega_c t+\varphi_n) \tag{6.4.8}$$

输入已调信号经过延时器的输出为

b 点：
$$y_2(t)=\cos[\omega_c(t-T_s)+\varphi_{n-1}] \tag{6.4.9}$$

式中，φ_n 和 φ_{n-1} 分别为本码元载波的初相和前一码元载波的初相。令 $\Delta\varphi_n=\varphi_n-\varphi_{n-1}$，由图 6.20(b)点波形知，$\Delta\varphi_n=0$，对应的绝对码为"0"，否则为"1"。

相乘器输出为

c 点：
$$\begin{aligned} z(t)&=\cos(\omega_c t+\varphi_n)\cos[\omega_c(t-T_s)+\varphi_{n-1}] \\ &=\frac{1}{2}\cos(\Delta\varphi_n+\omega_c T_s)+\frac{1}{2}\cos(2\omega_c t-\omega_c T_s+\varphi_n+\varphi_{n-1}) \end{aligned} \tag{6.4.10}$$

低通滤波器输出为

d 点：
$$\begin{aligned} x(t)&=\frac{1}{2}\cos(\Delta\varphi_n+\omega_c T_s) \\ &=\frac{1}{2}\cos(\Delta\varphi_n)\cos(\omega_c T_s)-\frac{1}{2}\sin(\Delta\varphi_n)\sin(\omega_c T_s) \end{aligned} \tag{6.4.11}$$

如果数字信号传输速率$(1/T_s)$与载波频率 f_c 有整数 k 倍关系，取 $f_c=kf_s$，则 $\omega_c T_s=$

$2\pi k$,则式(6.4.11)可简化为

$$x(t)=\frac{1}{2}\cos\Delta\varphi_n=\begin{cases}1/2, & \Delta\varphi_n=0\\ -1/2, & \Delta\varphi_n=\pi\end{cases} \tag{6.4.12}$$

可见,当码元宽度是载波周期的整数倍时,相位比较法对本码元的初相与前一码元的初相进行了比较。采样判决器的判决准则为

$$\begin{cases}x>0, & 判为\ 0\\ x<0, & 判为\ 1\end{cases}$$

其中,x 为采样时刻的值(采样值),从而完成正确解调。

6.4.2 功率谱密度及带宽

下面我们来分析 2PSK 信号的频谱特性。由式(6.4.1)可以看出,2PSK 信号实质上可以被看成是一个特殊的 2ASK 信号,即当数字信号为"0"时 a_n 的取值为 1;当数字信号为"1"时 a_n 的取值为-1。也就是就说,在 2ASK 中 $g(t)$是单极性信号,而在 2PSK 中则可以看做是一个双极性信号。则求 2PSK 信号的功率谱,也可以采用与求 2ASK 信号功率谱相同的方法。所以,2PSK 信号的功率谱也可以写成如下形式

$$P_{2PSK}(f)=\frac{P_s(f+f_c)+P_s(f-f_c)}{4} \tag{6.4.13}$$

式中,$P_s(f)$是调制信号 $s(t)$的功率谱密度。$s(t)$为双极性矩形随机脉冲序列,当 0、1 等概率出现时,由式(5.3.12)可知的功率谱密度为

$$P_s(f)=T_s\mathrm{Sa}^2(\pi f T_s) \tag{6.4.14}$$

将式(6.4.14)代入式(6.4.13),得

$$P_{2PSK}(f)=\frac{T_s}{4}\{\mathrm{Sa}^2[\pi(f+f_c)T_s]+\mathrm{Sa}^2[\pi(f-f_c)T_s]\} \tag{6.4.15}$$

式(6.4.15)与 2ASK 信号的功率谱表达式(6.2.8)相比较可见,2PSK 信号的功率谱与 2ASK 信号功率谱中的连续谱相同。因此这两种信号的带宽相同。另一方面,当双极性基带信号以相等的概率出现时,2PSK 信号的功率谱中无离散谱分量,而此离散分量就是 2ASK 信号的载波分量。所以,2PSK 信号可以看成是抑制载波的双边带幅移键控信号。为此可以把数字调相信号当成线性调制信号来处理,但是不能把上述概念推广到所有调相信号中去。如在模拟调制中,PM 与 FM 都是非线性调制。

从前面分析可知,无论接收信号是 2DPSK 还是 2PSK 信号,单从接收端看是区分不开的。因此,2DPSK 信号的功率谱密度和 2PSK 信号的功率谱密度是完全一样的。

6.4.3 抗噪声性能

1. 2PSK 的相干解调时的误码率

2PSK 相干解调系统模型如图 6.16(a)所示。在一个码元持续时间 T_s 内,低通滤波器的输出波形可以表示为

$$x(t)=\begin{cases}a+n_c(t), & \text{发送"1"时}\\ -a+n_c(t), & \text{发送"0"时}\end{cases} \tag{6.4.16}$$

式中，当发送“1”时，$x(t)$的一维概率密度函数服从均值为a、方差为σ_n^2的高斯分布。当发送“0”时，$x(t)$的一维概率密度函数服从均值为$-a$、方差为σ_n^2的高斯分布。

$x(t)$经采样后的判决准则为：$x(t)$的采样值x大于0时，判为“1”码；x小于0时，判为“0”码。

当发送“1”码和“0”码的概率相等时，系统总误码率可以由下式计算：

$$P_e=P(1)P_{e1}+P(0)P_{e0}=\frac{1}{2}\text{erfc}(\sqrt{r}) \tag{6.4.17}$$

当$r\gg 1$时，可得

$$P_e\approx\frac{1}{2\sqrt{\pi r}}e^{-r} \tag{6.4.18}$$

式中，$r=a^2/(2\sigma_n^2)$。

2. 2DPSK的差分相干解调时的误码率

现在来分析如图6.20(a)所示的2DPSK的差分相干解调系统的误码率。这里分析误码率需要同时考虑两个相邻的码元。设码元宽度是载波周期的整倍数，且假定在一个码元时间内发送的是“1”，且令前一个码元也为“1”码（也可以令为“0”码），则在差分相干解调系统里加到乘法器的两路波形分别表示为

$$\begin{aligned}y_1(t)&=[a+n_{1c}(t)]\cos\omega_c t-n_{1s}(t)\sin\omega_c t\\ y_2(t)&=[a+n_{2c}(t)]\cos\omega_c t-n_{2s}(t)\sin\omega_c t\end{aligned} \tag{6.4.19}$$

式中，$y_1(t)$为无延迟支路的输入信号；$y_2(t)$为有延迟支路的输入信号。

两路相乘之后，经低通滤波器的输出信号为

$$x(t)=\frac{1}{2}\{[a+n_{1c}(t)][a+n_{2c}(t)]+n_{1s}(t)n_{2s}(t)\} \tag{6.4.20}$$

$x(t)$经采样后的判决准则为：$x(t)$的采样值x大于0时，判为“1”码是正确判决；x小于0时，判为“0”码是错误判决。

经分析求得将“1”码错判为“0”码的条件概率P_{e1}为

$$P_{e1}=\frac{1}{2}e^{-r} \tag{6.4.21}$$

同理可求得将“0”码错判为“1”码的条件概率P_{e0}与式(6.4.21)完全一样。

因此，当发送“1”码和“0”码的概率相等时，2 DPSK的差分相干检测系统的总误码率为

$$P_e=\frac{1}{2}e^{-r} \tag{6.4.22}$$

式中，$r=a^2/(2\sigma_n^2)$。

式(6.4.22)与式(6.4.18)相比可见，2DPSK差分相干解调系统的性能劣于相干解调2PSK系统。

3. 2DPSK相干解调时的误码率

2DPSK的相干解调电路如图6.19(a)所示，它是在如图6.16(a)所示2PSK相干解调电

路的输出端再加码反变换器构成,所以前面讨论的 2PSK 相干解调系统的误码率公式(6.4.18)不是它的最终结果。理论分析可以证明,接入码反变换器后会使误码率增加(1～2倍)。仅就抗噪声性能而言,2DPSK 的相干解调误码率指标仍优于差分相干解调系统,但是,由于 2DPSK 系统的差分相干解调电路比相干解调电路简单得多,因此 2DPSK 系统中大都采用差分相干解调。

比较 2PSK 与 2DPSK 系统性能可得如下结论:①当 r 相同时,2DPSK 系统的误码率比 2PSK 系统误码率大,故 2DPSK 系统的抗噪声性能不及 2PSK 系统;②2PSK 和 2DPSK 解调方法的最佳判决门限均为零;③2DPSK 不存在反向工作现象。

【例 6.4】 在 PSTN(公共交换电话网)信道 600～3 000 Hz 频带内传输 2DPSK 信号。若接收机输入信号幅度为 0.1 V,解调器输入信噪比为 9 dB,试求:

(1) 码元传输速率 R_B;

(2) 接收机输入端高斯噪声双边功率谱密度 $n_0/2$;

(3) 计算差分检测误码率 P_e;

(4) 若保证误码率 P_e 不变,改为 2ASK 传输,接收端采用包络检波,其他参数不变,计算接收端输入信号幅度 a'。

解 (1) 由题意知,信道带宽为 $B=3\,000-600=2\,400$ Hz。由于传输信号的带宽最大等于信道带宽,故 2DPSK 信号带宽 $B_{2PSK}=2R_B=2\,400$ Hz,则 $R_B=1\,200$ Baud。

(2) 解调器输入信噪比为 9 dB,即 $r=10^{0.9}=7.94$,则

$$r=\frac{a^2}{2\sigma_n^2}=\frac{a^2}{2n_0B_{2PSK}}=\frac{0.1^2}{2n_0\times 2\,400}=7.94$$

解得 $n_0=2.62\times10^{-7}$ W/Hz,所以,双边功率谱密度 $n_0/2=1.31\times10^{-7}$ W/Hz。

(3) 差分相干检测系统的误码率为

$$P_e=\frac{1}{2}e^{-r}=\frac{1}{2}e^{-7.94}=1.78\times10^{-4}$$

(4) 2ASK 采用包络检波的误码率为 $P_e=\frac{1}{2}e^{-r'/4}$,现保证误码率 P_e 不变,即

$$P_e=\frac{1}{2}e^{-r'/4}=\frac{1}{2}e^{-r}$$

所以,$r'=4r$,且由题意知噪声功率 $N_i=n_0B_{2PSK}$ 也不变,则

$$\frac{a'^2}{2n_0B_{2PSK}}=\frac{4a^2}{2n_0B_{2PSK}}$$

计算得 $a'=0.2$ V。

6.5 二进制数字调制系统的性能比较

前面对各种二进制数字通信系统的抗噪声性能进行了详细分析。现将各种系统的性能示于表 6.1 中。

表 6.1　二进制数字调制系统的误码率

调制方式	解调方式	误码率 P_e	$r \gg 1$ 时的近似 P_e
2ASK	相干	$P_e=\frac{1}{2}\text{erfc}\left(\sqrt{r}/2\right)$	$P_e=\frac{1}{\sqrt{\pi r}}e^{-r/4}$
	非相干	-	$P_e=\frac{1}{2}e^{-r/4}$
2FSK	相干	$P_e=\frac{1}{2}\text{erfc}\sqrt{\frac{r}{2}}$	$P_e=\frac{1}{\sqrt{2\pi r}}e^{-r/2}$
	非相干	$P_e=\frac{1}{2}e^{-r/2}$	-
2PSK	相干	$P_e=\frac{1}{2}\text{erfc}(\sqrt{r})$	$P_e\approx\frac{1}{2\sqrt{\pi r}}e^{-r}$
2DPSK	差分相干	$P_e=\frac{1}{2}e^{-r}$	-

应该指出，应用这些公式要注意的一般条件是：信道噪声为高斯白噪声，没有考虑码间串扰的影响；采用瞬时采样判决。除此之外，其他条件均在表中表明。表中 $r=\frac{a^2}{2\sigma_n^2}$ 为接收机解调器输入信噪比。误码率 P_e 与输出信噪比 r 的关系曲线如图 6.21 所示。

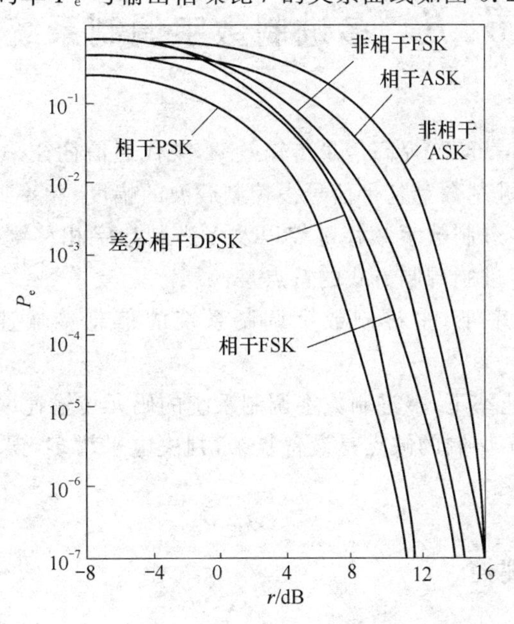

图 6.21　误码率 P_e 与信噪比 r 的关系曲线

由图 6.21 可见，r 增大，P_e 下降。对于同一种调制方式，相干解调的误码率小于非相干解调的误码率，但随着 r 的增大，两者差别减小。

在相同误码率条件下，相干解调 PSK 系统要求的 r 最小，其次是 FSK，ASK 要求的 r 最大。3 种调制对信噪比 r 的要求是：相干解调 2PSK 比 2FSK 小 3 dB，2FSK 比 2ASK 小 3 dB；非相干解调 2DPSK 比 2FSK 小 3 dB，2FSK 比 2ASK 小 3 dB。可见 2PSK、2DPSK、2FSK 的抗干扰能力均优于 2ASK。

在 2FSK 系统中，判决器是根据上下两个支路解调输出样值的大小来作出判决，不需要人为地设置判决门限，因而对信道的变化不敏感。在 2PSK 系统中，当发送符号概率相等时,判决器的最佳判决门限为零,与接收机输入信号的幅度无关。因此,判决门限不随信道特性的变化而变化,接收机总能保持工作在最佳判决门限状态。对于2ASK系统,判决器的最佳判决门限为$a/2$,它与接收机输入信号的幅度a有关。当信道特性发生变化时,接收机输入信号的幅度将随着发生变化,从而导致最佳判决门限也随之而变。这时,接收机不容易保持在最佳判决门限状态,误码率将会增大。可见,从对信道特性变化的敏感程度上看,2ASK调制系统性能最差。

当码元传输速率相同时,2PSK、2DPSK、2ASK系统的带宽均相同,因此它们的频带利用率也相同,而2FSK系统的频带利用率最低。

虽然相干解调系统的性能优于非相干解调系统,但前者要求收发保证严格同步,因而设备复杂。除在高质量传输系统中采用相干解调外,一般都采用非相干解调方法。2PSK系统的抗噪声性能最好,但由于会出现反向工作现象,所以在实际中很少采用,多采用2DPSK系统。

6.6 多进制数字调制系统

为更有效地利用通信资源,提高信息传输效率,现代通信往往采用多进制数字调制。多进制数字调制是利用多进制数字基带信号去控制载波的幅度、频率或相位。因此,相应地有多进制数字幅移键控、多进制数字频移键控以及多进制数字相移键控等3种基本方式。与二进制调制方式相比,多进制调制方式的特点是:

(1) 在相同码元速率下,多进制数字调制系统的信息传输速率高于二进制数字调制系统;

(2) 在相同的信息速率下,多进制数字调制系统的码元传输速率低于二进制调制系统;

(3) 采用多进制数字调制的缺点是设备复杂,判决电平增多,误码率高于二进制数字调制系统。

6.6.1 多进制幅移键控

多进制数字幅移键控(MASK)又称多电平调制。这种方式在原理上是2ASK方式的推广。

1. MASK的时域表达

M进制幅移键控信号中,载波幅度有M种,而在每一码元间隔T_s内发送一种幅度的载波信号,MASK的时域表达式为

$$S_{\text{MASK}}(t)=\left[\sum_n a_n g(t-nT_s)\right]\cos\omega_c t=s(t)\cos\omega_c t \tag{6.6.1}$$

式中

$$a_n=\begin{cases}0, & 概率为 P_1 \\ 1, & 概率为 P_2 \\ 2, & 概率为 P_3, \quad 且有 P_1+P_2+\cdots+P_M=1 \\ \vdots & \\ M-1, & 概率为 P_M\end{cases}$$

MASK 的波形如图 6.22 所示，图(a)为多进制基带信号，图(b)为 MASK 的已调波形。

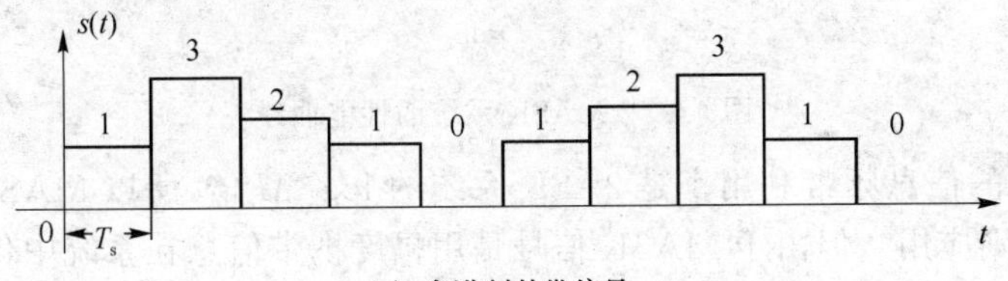

(a) 多进制基带信号

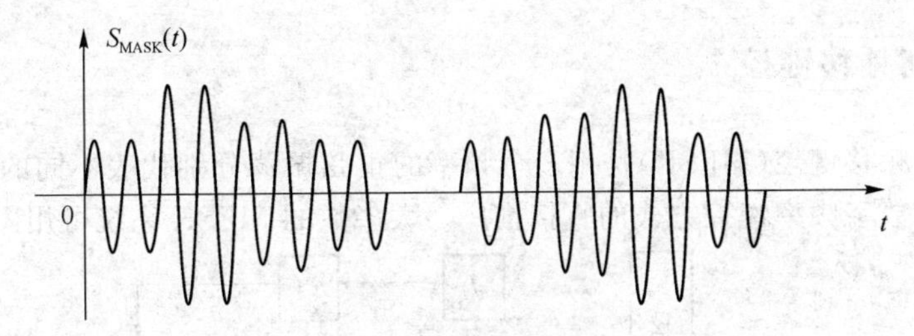

(b) MASK的已调波形

图 6.22　MASK 的调制波形

由于基带信号的频谱宽度与其脉冲宽度有关，而与其脉冲幅度无关，所以 MASK 信号的功率谱的分析同 2ASK。其带宽仍为基带信号带宽 B_s 的两倍。

$$B_{MASK}=2B_s=2f_s=2R_B \tag{6.6.2}$$

其中，R_B 是多进制码元速率。

所以，系统码元频带利用率为

$$\eta=\frac{R_B}{B}=\frac{1}{2}\ \text{Baud/Hz} \tag{6.6.3}$$

系统信息频带利用率为

$$\eta=\frac{R_b}{B}=\frac{R_B}{B}\log_2 M \tag{6.6.4}$$

2. MASK 系统的抗噪声性能

MASK 抗噪声性能的分析方法与 2ASK 系统相同，有相干解调和非相干解调两种方式。若 M 个振幅出现的概率相等，当采用相干解调和最佳判决门限电平时，系统总的误码率为

$$P_{eMASK}=\left(1-\frac{1}{M}\right)\text{erfc}\left(\frac{3}{M^2-1}r\right)^{1/2} \tag{6.6.5}$$

式中，M 为进制数或幅度数；r 为信号平均功率与噪声功率之比。图 6.23 示出了在 $M=2$、4、8、16 时系统相干解调的误码率 P_e 与信噪比 r 的关系曲线。由图 6.23 可见，为了得到相同的误码率 P_e，M 进制数越大，需要的有效信噪比 r 就越高，其抗噪声性能也越差。

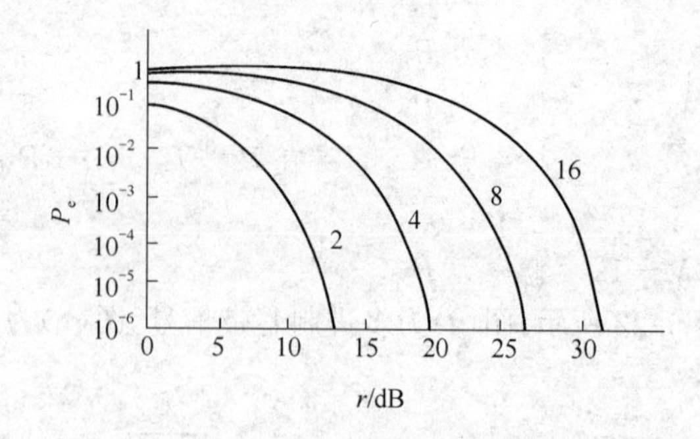

图 6.23　MASK 系统的性能曲线

MASK 系统的信息频带利用率是 2ASK 系统的 $\log_2 M$ 倍,所以 MASK 在高传输速率的通信系统中得到应用。但由于 MASK 信号是用幅度携带信息在系统中传输,抗衰落能力差,只适宜在恒参信道中使用。

6.6.2 多进制频移键控

多进制数字频移键控(MFSK)是用多个频率的正弦振荡分别代表不同的数字信息。它基本上是二进制数字频率键控方式的直接推广。大多数的 MFSK 系统可用图 6.24 表示。

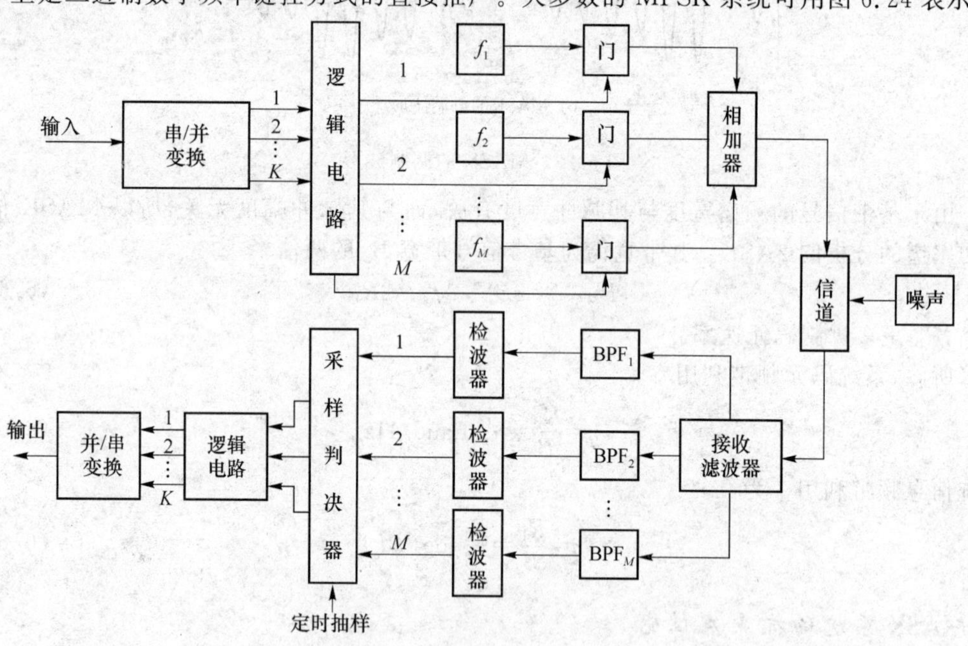

图 6.24　多进制频移键控系统框图

MFSK 系统可看做是 M 个振幅相同,载波频率不同,时间上互不相容的 2ASK 信号的叠加,故带宽为

$$B_{MFSK}=f_H-f_L+2B_s \tag{6.6.6}$$

式中,f_H 为最高载频;f_L 为最低载频;B_s 为基带信号的带宽。

MFSK 用频率传输基带信号,其抗衰落能力比 MASK 强。其主要缺点是信号频带宽,频带利用率低。

MFSK抗噪声性能的分析方法与2FSK系统相同，有相干解调和非相干解调两种方式。图6.25所示为$M=2$、32、1 024时相干解调和非相干解调的误码率曲线。其中实线表示相干解调时的误码率曲线，虚线表示非相干解调时的误码率曲线。

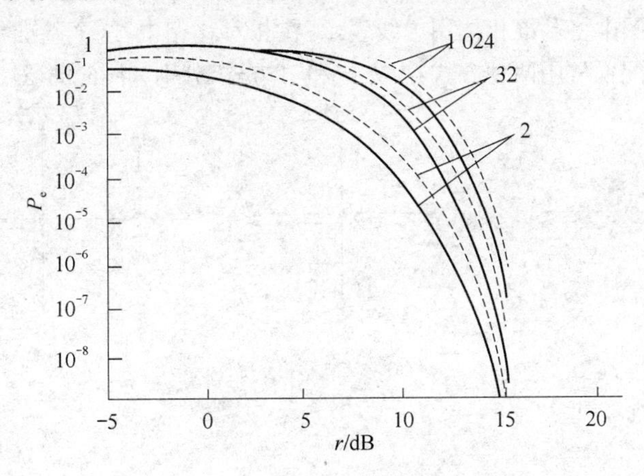

图6.25　MFSK系统的性能曲线

由图6.25可见：第一，M一定时，r越大，P_e越小；r一定时，M越大，P_e越大；第二，同一M下的每对相干和非相干曲线将随信噪比r的增加而趋于同一极限值，即相干解调与非相干解调性能之间的差距将随M的增大而减小。

6.6.3 多进制相移键控

多进制数字相移键控（MPSK和MDPSK）又称多相制，是二进制相移键控方式的推广，也是利用载波的多个不同相位（或相位差）来代表数字信息的调制方式。它和二进制一样，也可分为绝对移相和相对移相。通常，相位数用$M=2^k$计算，分别与k位二进制码元的不同组合相对应。

1. 多进制绝对移相（MPSK）

假设k位二进制码元的持续时间仍为T_s，则M相调制波形可写为如下表达式：

$$\begin{aligned} S_{\mathrm{MPSK}}(t) &= \sum_{k=-\infty}^{\infty} g(t-kT_s)\cos(\omega_c t+\varphi_k) \\ &= \sum_{k=-\infty}^{\infty} a_k g(t-kT_s)\cos\omega_c t - \sum_{k=-\infty}^{\infty} b_k g(t-kT_s)\sin\omega_c t \end{aligned} \tag{6.6.7}$$

式中，φ_k为受调相位，可以有M种不同取值。$a_k=\cos\varphi_k$；$b_k=\sin\varphi_k$。

从式(6.6.7)可见，多相制信号既可以看成是M个幅度及频率均相同、初相不同的2ASK信号之和，又可以看成是对两个正交载波进行多电平双边带调制所得的信号之和。其带宽与MASK带宽相同，即

$$B_{\mathrm{MPSK}}=2B_s \tag{6.6.8}$$

式中，B_s为基带信号的带宽，此时其信息速率与MASK相同，是2ASK及2PSK系统的$\log_2 M$倍。也就是说，MPSK系统的信息频带利用率是2PSK的$\log_2 M$倍。

可见，多相制是一种信息频带利用率高的高效率传输方式。另外它也有较好的抗噪声

性能,因而得到广泛的应用。目前最常用的是四相制和八相制。

MPSK 信号还可以用矢量图来描述,在矢量图中通常以未调载波相位作为参考矢量。图6.26分别画出 $M=2$,$M=4$,$M=8$ 时3种情况下的矢量图。当采用相对移相时,矢量图所表示的相位为相对相位差。因此图中将基准相位用虚线表示,在相对移相中,这个基准相位也就是前一个调制码元的相位。相位配置常用两种方式:A 方式和 B 方式,分别如图6.26(a)、(b)所示。

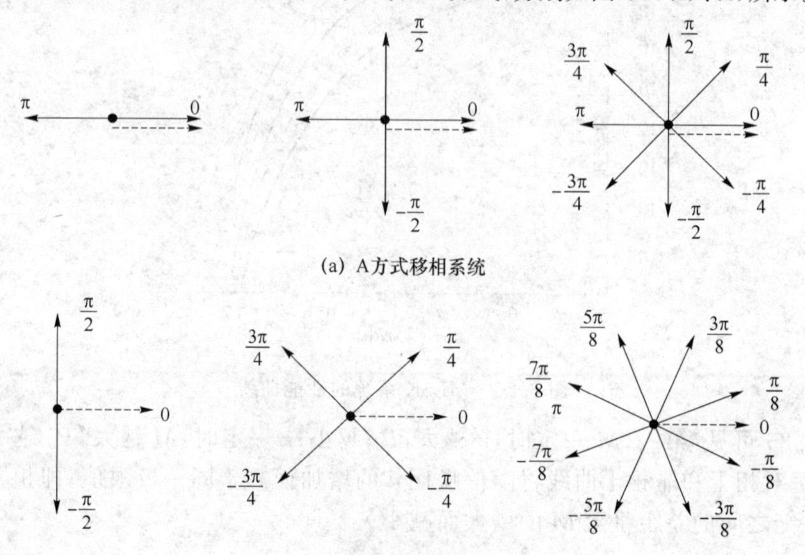

图 6.26 多进制的两种矢量图

下面以四相相移键控 4PSK(QPSK)为例来说明多相制的原理。

表 6.2 双比特码元与载波相位的关系

双比特码元	载波相位 φ_k	
	A 方式	B 方式
00	0	$-3\pi/4$
10	$\pi/2$	$-\pi/4$
11	π	$\pi/4$
01	$-\pi/2$	$3\pi/4$

四相制是用载波的4种不同相位来表征数字信息。由于4种不同相位可代表4种不同的数字信息,因此,对输入的二进制数字序列先进行分组,将每两个比特编为一组,可以有4种组合(00,10,11,01),然后用载波的4种相位来分别表示它们。由于每一种载波相位代表两个比特信息,故每个四进制码元又被称为双比特码元。表6.2是双比特码元与载波相位的一种对应关系。4PSK 的产生方法可采用调相法和相位选择法。图6.27所示为调相法产生B方式4PSK信号的原理框图。

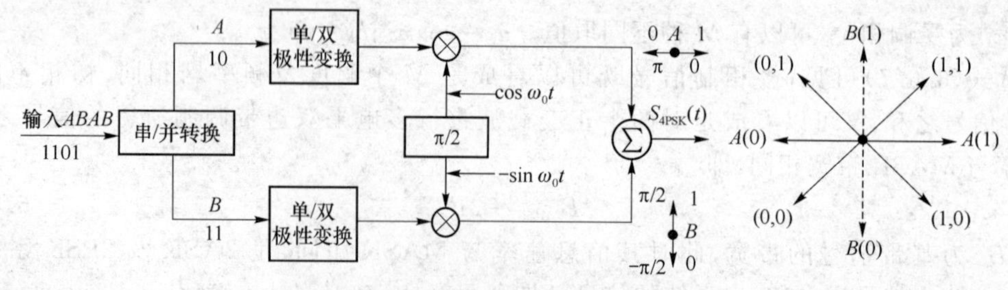

图 6.27 调相法产生 B 方式 4PSK 信号

图6.27中输入的二进制串行码元经串/并转换器变为并行的双比特码流，经极性变换后，将单极性码变为双极性码，然后与载波相乘，完成二进制相位调制，两路信号叠加后，即得到B方式4PSK信号。若需产生A方式4PSK信号，只需把载波相移π/4后再与调制信号相乘即可。

用相位选择法产生4PSK信号的组成方框图如图6.28所示。图中，四相载波发生器分别输出调相所需的4种不同相位的载波。按照串/并变换器输出的双比特码元的不同，逻辑选相电路输出相应的载波。

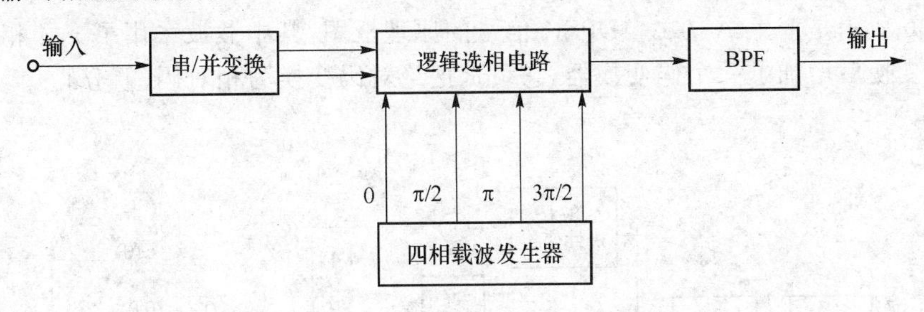

图6.28　相位选择法产生4PSK信号

由于四相绝对移相信号可以看做两个正交2PSK信号的合成，对应图6.27 B方式的4PSK信号的解调，可采用与2PSK信号类似的解调方法进行解调。用两个正交的相干载波分别对两路2PSK进行相干解调，如图6.29所示，再经并/串变换器将解调后的并行数据恢复成串行数据。

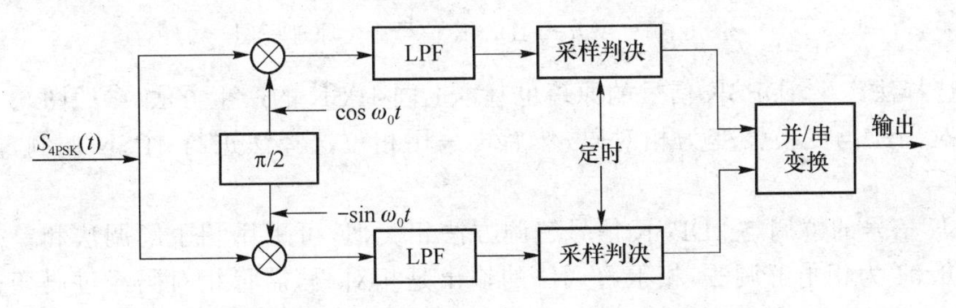

图6.29　B方式4PSK信号相干解调原理框图

需要注意的是，在2PSK信号的相干解调过程中会产生“倒π现象”，即“180°相位模糊现象”。同样对于4PSK相干解调也会产生相位模糊现象，并且是0°、90°、180°和270°四个相位模糊。因此，在实际中更常用的是四相相对移相调制，即4DPSK。

2．多进制的相对移相(MDPSK)

仍以四进制相对相移信号4DPSK为例进行讨论。

所谓四相相对移相调制是利用前后码元之间的相对相位变化来表示数字信息。若以前一码元相位作为参考，并令$\Delta\varphi_k$作为本码元与前一码元的初相差，信息编码与载波相位变化关系仍可采用表6.2来表示，它们之间的矢量关系也可用图6.26表示。不过，这时表6.2中的φ_k应改为$\Delta\varphi_k$；图6.26中的参考相位应是前一码元的相位。四相相对移相调制仍可用式(6.6.7)表示，不过，这时它并不表示数字序列的调相信号波形，而是表示绝对码变换成相对码后的数字序列的调相信号波形。

另外，当相对相位变化等概率出现时，相对调相信号的功率谱密度与绝对调相信号的功率谱密度相同，其带宽也与绝对调相信号带宽相同。

下面讨论4DPSK信号的产生和解调。已经知道，为了得到2DPSK信号，可以先将绝对码变换成相对码，然后用相对码对载波进行绝对移相。4DPSK也可先将输入的双比特码经码变换器变换为相对码，然后用双比特的相对码再进行四相绝对移相，所得到的输出信号便是四相相对移相信号。4DPSK的产生方法基本上同4PSK，仍可采用调相法和相位选择法，只是这时需将输入信号由绝对码转换成相对码。

图6.30所示是产生A方式4DPSK信号的原理框图，其中载波采用了π/4相移器。图中在串/并变换后增加了一个码变换器，它负责把绝对码变换为相对码(差分码)。

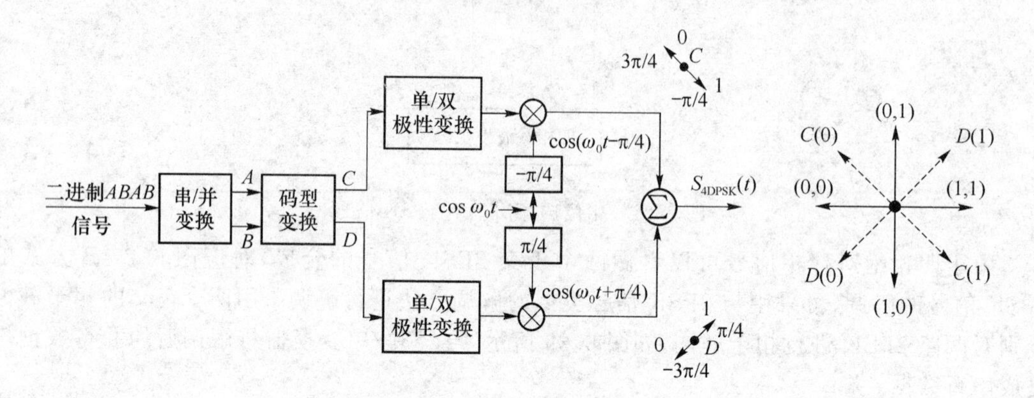

图6.30 A方式4DPSK信号产生原理框图

相位选择法产生4DPSK信号的原理也基本上同4PSK的产生方法(参照图6.28)，但也需要将绝对码经码变换器变为相对码，然后再采用相位选择法进行4PSK调制，即可得到4DPSK信号。

4DPSK信号的解调与2DPSK信号解调方法相类似，可采用相干解调法和差分相干解调法。图6.31为相干解调法，相干解调法的输出是相对码，需将相对码经过码变换器变为绝对码，再经并/串变换，变为二进制数字信息输出。

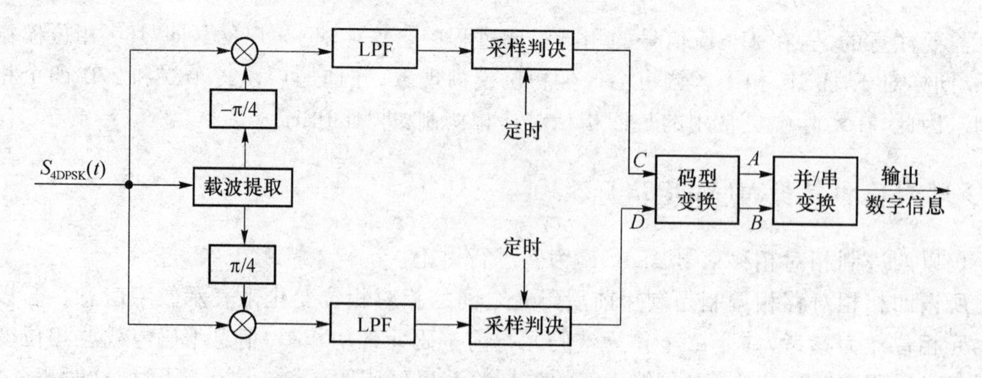

图6.31 4DPSK的相干解调原理框图

图6.32所示为4DPSK信号的差分相干解调原理框图。

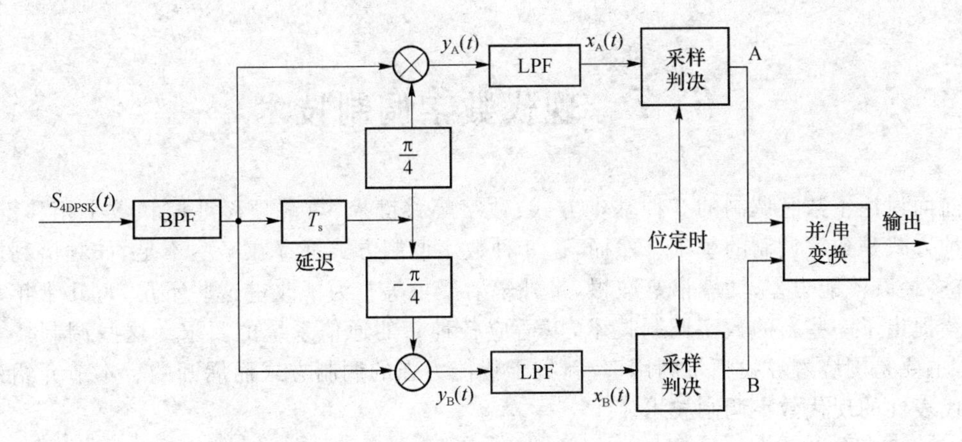

图 6.32　4DPSK 信号的差分相干解调

3. MPSK 和 MDPSK 的抗噪声性能

当信噪比 $r \gg 1$ 时，相干解调的 MPSK 系统和差分相干解调 MDPSK 系统的误码率如下。

相干解调 MPSK：

$$P_e = e^{-r\sin^2(\pi/M)} \tag{6.6.9}$$

差分相干解调 MDPSK：

$$P_e = e^{-2r\sin^2(\pi/2M)} \tag{6.6.10}$$

由式(6.6.9)和式(6.6.10)可见，M 相同时，相干解调 MPSK 系统的抗噪声性能优于差分相干解调 MDPSK 系统，但由于 MDPSK 系统无反向工作问题，接收端设备没有 MPSK 复杂，因而实际比 MPSK 用得多。多进制相移键控系统的误码率曲线如图 6.33 所示。

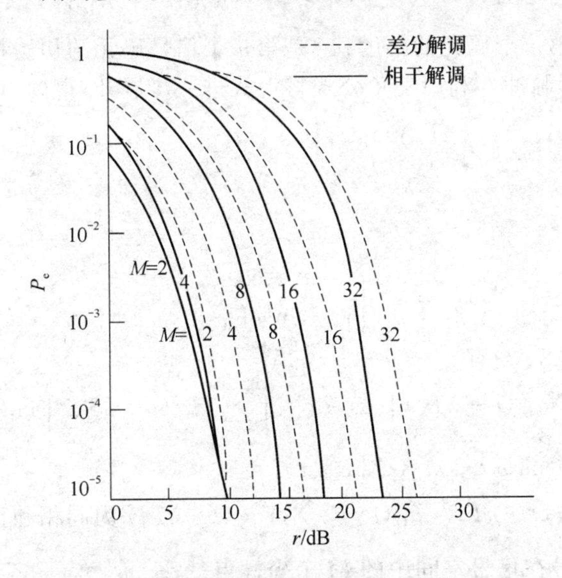

图 6.33　多进制相移键控系统的误码率曲线

6.7 现代数字调制技术

前面讨论了数字调制的3种基本方式：数字幅移键控、数字频移键控和数字相移键控，这3种方式是数字调制的基础。然而，这3种数字调制方式都存在某些不足，如频谱利用率低，抗多径衰落能力差，功率谱衰减慢，带外辐射严重等。为了改进这些不足，近几十年来人们陆续提出了一些新的数字调制技术，以适应各种新的通信系统的要求。这些调制技术的研究，主要是围绕着寻找频带利用率高，抗干扰能力强的调制方式而展开的。本节介绍几种具有代表性的现代数字调制技术。

6.7.1 正交幅度调制

正交幅度调制(QAM)是一种相位和幅度联合键控(APK)的调制方式。它是用两路独立的基带信号对两个相互独立的同频载波进行抑制载波的双边带调制，利用已调信号的频谱在同一带宽内的正交性，实现两路并行的数字信息的传输。在这种调制中，已调载波的幅度和相位都随两个独立的基带信号变化。

1. 正交幅度调制的信号表示

(1) 时域表示

APK是指载波的幅度和相位两个参量同时受基带信号的控制。APK信号的一般表示式为

$$S_{\mathrm{APK}}(t)=\sum_{n}A_n g(t-nT_{\mathrm{s}})\cos(\omega_{\mathrm{c}}t+\varphi_n) \tag{6.7.1}$$

式中，A_n 是基带信号第 n 个码元的幅度；φ_n 是第 n 个信号码元的初始相位；$g(t)$是幅度为1、宽度为 T_{s} 的单个矩形脉冲。利用三角公式将上式进一步展开，得到APK信号的表达式

$$S_{\mathrm{APK}}(t)=\Big[\sum_{n}A_n g(t-nT_{\mathrm{s}})\cos\varphi_n\Big]\cos\omega_{\mathrm{c}}t-\Big[\sum_{n}A_n g(t-nT_{\mathrm{s}})\sin\varphi_n\Big]\sin\omega_{\mathrm{c}}t \tag{6.7.2}$$

令

$$\begin{cases}X_n=A_n\cos\varphi_k\\ Y_n=A_n\sin\varphi_k\end{cases} \tag{6.7.3}$$

将式(6.7.3)代入式(6.7.2)有

$$\begin{aligned}S_{\mathrm{MQAM}}(t)&=\Big[\sum_{n}X_n g(t-nT_{\mathrm{s}})\Big]\cos\omega_{\mathrm{c}}t-\Big[\sum_{n}Y_n g(t-nT_{\mathrm{s}})\Big]\sin\omega_{\mathrm{c}}t\\&=m_{\mathrm{I}}(t)\cos\omega_{\mathrm{c}}t-m_{\mathrm{Q}}(t)\sin\omega_{\mathrm{c}}t\end{aligned} \tag{6.7.4}$$

式中，$m_{\mathrm{I}}(t)=\sum_{n}X_n g(t-nT_{\mathrm{s}})$，$m_{\mathrm{Q}}(t)=\sum_{n}Y_n g(t-nT_{\mathrm{s}})$ 为同相和正交支路的基带信号；X_n、Y_n 决定QAM信号在信号空间中的 M 个坐标点。

(2) 矢量图

如果QAM信号在信号空间中的坐标点数目(状态数)$M=4$，记为4QAM，它的同相和

正交支路都采用二进制信号；如果同相和正交支路都采用四进制信号将得到16QAM信号。以此类推，如果两条支路都采用L进制信号将得到MQAM信号，其中$M=L^2$。

矢量端点的分布图称为星座图。通常可以用星座图来描述QAM信号的信号空间分布状态。MQAM目前研究较多，并被建议用于数字通信中的是十六进制的正交幅度调制(16QAM)或六十四进制的正交幅度调制(64QAM)，下面重点讨论16QAM。

对于$M=16$的16QAM来说，有多种分布形式的信号星座图。两种具有代表意义的信号星座图如图6.34所示。在图6.34(a)中，信号点的分布呈方形，故称为方形16QAM星座，也称为标准型16QAM。在图6.34(b)中，信号点的分布呈星形，故称为星形16QAM星座。

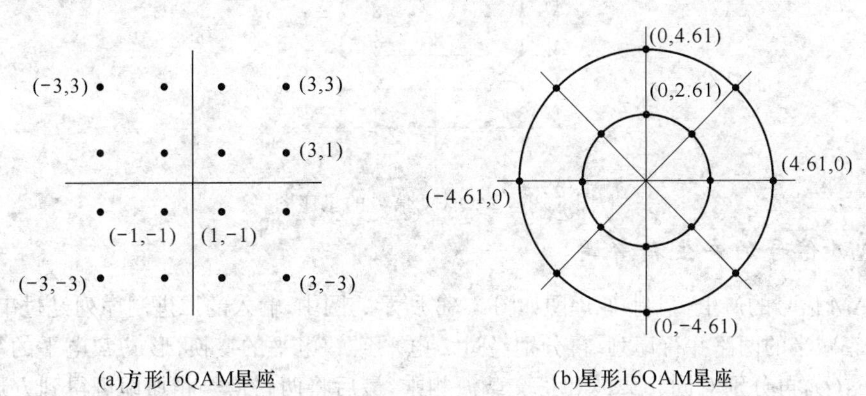

图6.34　16QAM的星座图

若所有信号点等概率出现，则平均发射信号功率为

$$P_s=\frac{1}{M}\sum_{n=1}^{M}(X_n^2+Y_n^2) \tag{6.7.5}$$

假设两种星座图的信号点之间的最小距离都为2，如图6.34所示。对于方形16QAM，信号平均功率为

$$P_s=\frac{1}{M}\sum_{n=1}^{M}(X_n^2+Y_n^2)=\frac{1}{16}(4\times 2+8\times 10+4\times 18)=10 \tag{6.7.6}$$

对于星形16QAM，信号平均功率为

$$P_s=\frac{1}{M}\sum_{n=1}^{M}(X_n^2+Y_n^2)=\frac{1}{16}(8\times 2.61^2+8\times 4.61^2)=14.03 \tag{6.7.7}$$

由此可见，方形和星形16QAM两者功率相差1.4 dB。另外，两者的星座结构也有重要的差别：一是星形16QAM只有两个幅度值，而方形16QAM有三种幅度值；二是星形16QAM只有8种相位值，而方形16QAM有12种相位值。这两点使得在衰落信道中，星形16QAM比方形16QAM更具有吸引力。

但是由于方形星座QAM信号所需的平均发送功率仅比最优的QAM星座结构的信号平均功率稍大，而方形星座的MQAM信号的产生及解调比较容易实现，所以方形星座的MQAM信号在实际通信中得到了广泛的应用。当$M=4, 16, 32, 64$时MQAM信号的星座图如图6.35所示。

为了传输和检测方便，同相和正交支路的L进制码元一般为双极性码元，间隔相同，例如取为$\pm 1, \pm 3, \cdots, \pm(L-1)$。由图6.35容易看出，如果$M=L^2$为2的偶数次方，则方形星座的MQAM信号可等效为同相和正交支路的L进制抑制载波的ASK信号之和。

如果状态数$M \neq L^2$,比如$M=32$,亦需利用36QAM的星座图,将最远的角顶上的4个星点空置,如图6.35所示,这样可以在同样抗噪性能下节省发送功率。

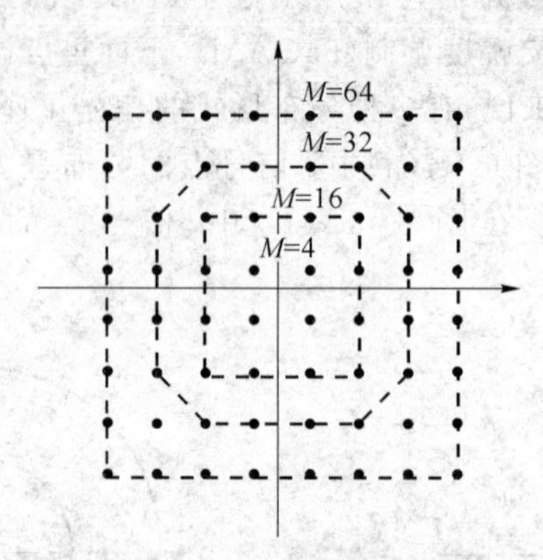

图6.35　MQAM信号的星座图

2. MQAM信号的产生和解调

MQAM信号的产生(调制)原理图如图6.36所示。图中,输入的二进制序列经过串/并变换器输出速率减半的两路并行序列,再分别经过2电平到L电平的变换,形成L电平的基带信号$m_I(t)$和$m_Q(t)$,再分别对同相载波和正交载波相乘,最后将两路信号相加即可得到方形星座的MQAM信号。

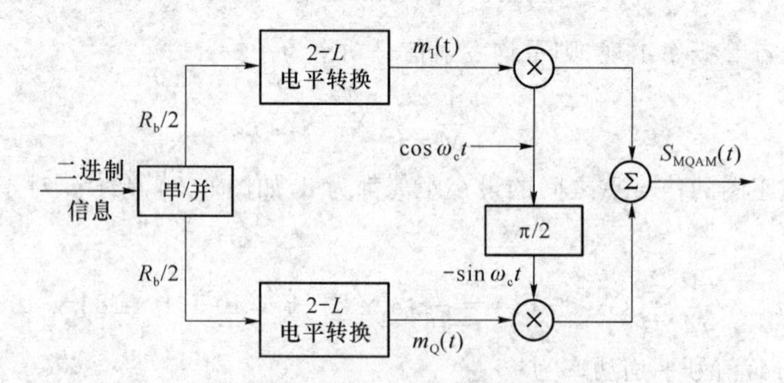

图6.36　MQAM信号调制原理图

MQAM信号可以采用正交相干解调方法,其解调器原理图6.37所示。多电平判决器对多电平基带信号进行判决和检测。

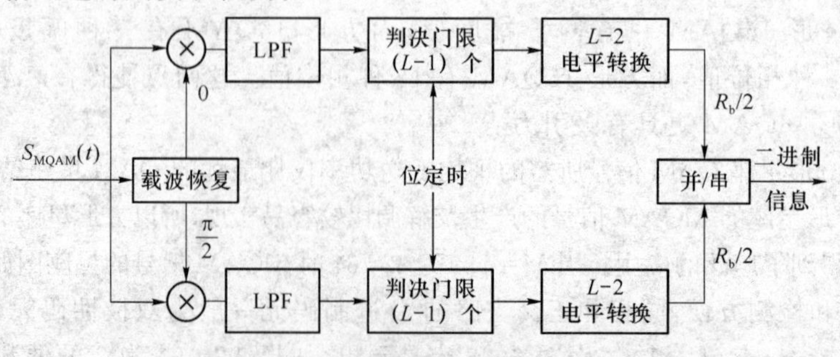

图6.37　MQAM信号相干解调原理图

3. MQAM 信号的频带利用率

现在讨论当 $M=4,16,64,256,\cdots$ 时 MQAM 的频带利用率。MQAM 信号是由同相和正交支路的 $\sqrt{M}$ 进制的 ASK 信号叠加而成，所以它的功率谱是两支路信号功率谱的叠加。

当基带信号采用不归零的矩形脉冲时，MQAM 信号的第一零点带宽（主瓣宽度）为 $B=2R_B$，即码元频带利用率为

$$\eta=\frac{R_B}{B}=\frac{1}{2}\ \text{Baud/Hz} \tag{6.7.8}$$

MQAM 是利用已调信号在同一带宽内频谱正交的性质来实现两路并行的数字信息传输，所以与一路 L 进制的 ASK 信号相比较，相同带宽的 MQAM 信号可以传送 2 倍的信息量。所以，当基带信号采用不归零的矩形脉冲时，MQAM 信号的信息频带利用率为

$$\eta=\frac{R_b}{B}=\frac{\log_2 M}{2}=\log_2 L\quad \text{bit/(s}\cdot\text{Hz)} \tag{6.7.9}$$

式(6.7.9)也可以通过 $R_b=R_B\log_2 M$ 利用式(6.7.8)得到。

当基带信号采用滚降频谱特性的波形时，MQAM 信号的信息频带利用率为

$$\eta=\frac{R_b}{B}=\frac{\log_2 M}{1+\alpha}\quad \text{bit/(s}\cdot\text{Hz)} \tag{6.7.10}$$

可见，在给定的信息速率 R_b 和进制数 M 的条件下，MQAM 信号的信息频带利用率与 MPSK、MASK 是相同的。在给定的信息速率 R_b 下，随着进制数 M 的增加，MQAM 的信息频带利用率将提高。

4. MQAM 信号的抗噪性能分析

在矢量图中可以看出各信号点之间的距离，相邻点的最小距离直接代表噪声容限的大小。比如，随着进制数 M 的增加，在信号空间中各信号点间的最小距离减小，相应的信号判决区域随之减小，因此，当信号受到噪声和干扰的损害时，接收信号错误概率将随之增大。下面我们从这个角度出发，来比较一下相同进制数时 PSK 和 QAM 的抗噪性能。

假设已调信号的最大幅度为 1，则 MPSK 信号星座图上信号点间的最小距离为

$$d_{\text{MPSK}}=2\sin\left(\frac{\pi}{M}\right) \tag{6.7.11}$$

而 MQAM 信号方形星座图上信号点间的最小距离为

$$d_{\text{MQAM}}=\frac{\sqrt{2}}{L-1}=\frac{\sqrt{2}}{\sqrt{M}-1} \tag{6.7.12}$$

式中，L 为星座图上信号点在水平轴和垂直轴上投影的电平数，$M=L^2$。

可以看出，当 $M=4$ 时，4PSK 和 4QAM 的星座图相同，$d_{14\text{PSK}}=d_{4\text{QAM}}$。当 $M=16$ 时，假设最大功率（最大幅度）相同，在最大幅度为 1 的条件下，$d_{16\text{QAM}}=0.47$，而 $d_{16\text{PSK}}=0.39$，$d_{16\text{QAM}}$ 超过 $d_{16\text{PSK}}$ 大约 1.64 dB。

而实际上，一般以平均功率相同的条件来比较各信号点之间的最短距离。可以证明，MQAM 信号的最大功率与平均功率之比为

$$\frac{\text{最大功率}}{\text{平均功率}}=\frac{L(L-1)^2}{2\sum\limits_{i=1}^{L/2}(2i-1)^2} \tag{6.7.13}$$

这样,在平均功率相同条件下,d_{16QAM}超过d_{16PSK}大约4.19 dB。这表明,16QAM系统的抗干扰能力优于16PSK。

6.7.2 偏移四相移相键控

前面讨论过QPSK信号,其频带利用率较高。但当码组00→11或01→10时,会产生180°载波相位跳变。这种相位跳变会引起包络起伏,当通过非线性器件后,使已经滤出的带外分量又被恢复出来,导致频谱扩散,增加对相邻信道的干扰。为了消除180°的相位跳变,在QPSK的基础上提出了偏移四相移相键控(OQPSK)。

OQPSK是QPSK的改进型。它与QPSK有同样的相位关系,也是把输入码流分成两路,然后进行正交调制。不同点在于它将同相和正交两支路的码流在时间上错开半个码元周期。由于两支路码元有半周期的偏移,每次只有一路可能发生极性翻转,不会发生两支路码元极性同时翻转的现象。因此,OQPSK信号相位只能跳变0°、±90°,不会出现180°的相位跳变。

OQPSK信号的调制原理框图如图6.38所示。图中$T_s/2$的延迟电路是为了保证I、Q两路码元偏移半个码元周期。带通滤波器(BPF)的作用是形成QPSK信号的频谱形状,保证包络恒定。除此之外,其他均与QPSK作用相同。

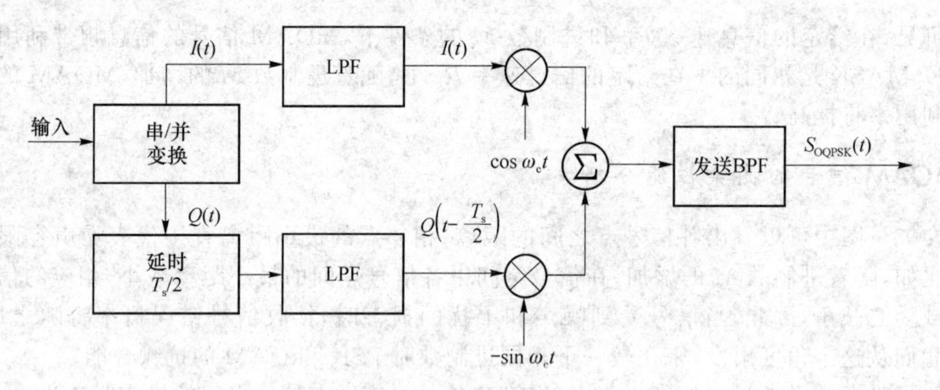

图6.38 OQPSK调制原理框图

OQPSK信号可采用正交相干解调方式解调,其原理框图如图6.39所示。由图可看出,它与QPSK信号的解调原理基本相同,其差别仅在于对Q支路信号采样判决时间比I支路延迟了$T_s/2$,这是因为在调制时Q支路信号在时间上偏移了$T_s/2$,所以采样判决时刻也偏移了$T_s/2$,以保证对两支路交错采样。

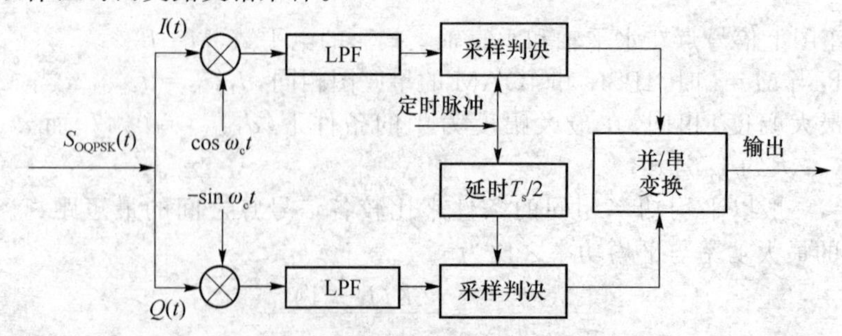

图6.39 OQPSK解调原理框图

由于 OQPSK 信号也可以看做由同相支路和正交支路的 2PSK 信号的叠加，所以 OQPSK 信号的功率谱与 QPSK 信号的功率谱形状相同，故两者带宽也相同。图 6.39 OQPSK 相干解调的误码性能也与 QPSK 相同。

OQPSK 克服了 QPSK 的 180°的相位跳变，信号通过 BPF 后包络起伏小，性能得到了改善，因此受到广泛重视，其特别适合于移动通信系统中使用。

6.7.3 π/4 四相移相键控

π/4 四相移相键控（π/4-QPSK）是 QPSK 与 OQPSK 的折中，其最大相位跳变为 ±135°。因此通过带通滤波器后的 π/4-QPSK 信号比通过带通滤波器后的 QPSK 有较小的包络起伏，但比 OQPSK 通过带通滤波器后的信号包络起伏大。

π/4-QPSK 可以采用相干解调，也可以采用非相干解调。如果采用相干解调，π/4-QPSK 信号的抗噪声性能和 QPSK 信号的相同。但是，带限后的 π/4-QPSK 信号保持恒包络的性能比带限后的 QPSK 好，但不如 OQPSK，这是因为三者最大相位变化 OQPSK 最小，π/4-QPSK 其次，QPSK 最大。

需要指出的是，π/4-QPSK 的优势还在于它可以采用差分检测，差分检测是一种非相干解调，这大大简化了接收机的设计。

π/4-QPSK 调制解调方框图如图 6.40 所示。接收端采用中频差分检测和鉴频器检测等。

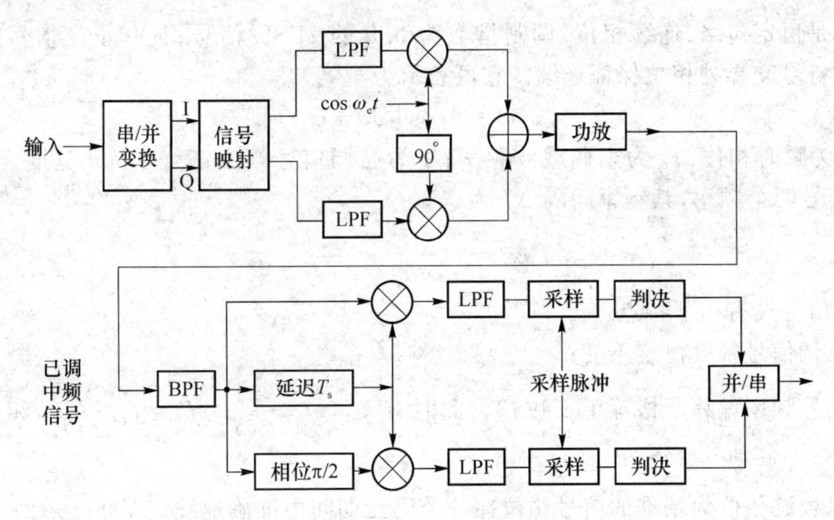

图 6.40　π/4-QPSK 调制解调方框图

π/4-QPSK 调制的频率效率较高。在高斯白噪声信道中，差分检测 π/4-QPSK 的误码性能比 QPSK 低 3 dB，相干解调的 π/4-QPSK 与 QPSK 有相同的误码性能。π/4-QPSK 调制是美国数字蜂窝移动通信系统标准（IS-54）和日本数字蜂窝移动通信系统（PDC）标准调制方式。

6.7.4 最小移频键控

OQPSK和π/4-QPSK虽然避免了QPSK信号相位突变180°现象,改善了包络起伏,但是并没有从根本上解决包络起伏问题。究其原因,包络起伏是由相位的非连续变化引起的。因此,我们自然会想到使用相位连续变化的调制方式,这种方式称为连续相位调制(CPM)。

最小移频键控(MSK)是一种特殊的2FSK信号,它是二进制连续相位频移键控(CPFSK)的一种特殊情况。在6.3.1节中讨论的2FSK信号通常是由两个独立的振荡源产生的,在频率转换处相位不连续,因此,会造成功率谱产生很大的旁瓣分量,若通过带限系统后,会产生信号包络的起伏变化,这种起伏是不需要的。为了克服以上缺点,对于2FSK信号作了改进,引入MSK调制方式。

MSK有时也称为快速移频键控(FFSK),所谓"最小"是指这种调制方式能以最小的调制指数(0.5)获得正交信号;而"快速"是指在给定同样的频带内,MSK能比2PSK的数据传输速率更高,且在带外的频谱分量要比2PSK衰减得快。它是一种高效调制方式,特别适合于移动无线通信系统中使用,它有很多好的特性,例如恒定包络、频谱利用率高、误比特率低和自同步性能等。下面从MSK信号、MSK调制解调以及频谱特性等方面简单介绍MSK的原理。

1. MSK信号

MSK是恒定包络、连续相位、调制指数为0.5的2FSK信号,具有正交信号的最小频差,在相邻符号交界处相位保证连续。它可表示为

$$S_{\mathrm{MSK}}(t)=A\cos\left[\omega_c t+\varphi(t)\right] \tag{6.7.14}$$

其中,$\varphi(t)$为瞬时相位;f_c为未调载波频率;A为已调信号幅度;T_s为码元宽度。若f_1、f_2为MSK信号两个频率,其频率间隔Δf为

$$\Delta f=f_2-f_1=\frac{1}{2T_s} \tag{6.7.15}$$

MSK信号具有如下特点:

(1) 已调信号幅度恒定不变;

(2) 信号频率偏移严格等于$\pm 1/4T_s$,此时有$f_1=f_c-\dfrac{1}{4T_s}$,$f_2=f_c+\dfrac{1}{4T_s}$,相应的调频指数$\Delta f/f_s=0.5$;

(3) 以载波相位为基准的信号相位在一个码元期间内准确地线性变化$\pm\pi/2$;

(4) 在一个码元期间内,信号应包括四分之一载波周期的整数倍;

(5) 在码元转换时刻,信号的相位是连续的,或是说信号相位无突跳。

考虑到以上特点,载波f_c和瞬时相位$\varphi(t)$可表示为

$$f_c=\frac{1}{2}(f_1+f_2) \tag{6.7.16}$$

$$\varphi(t)=\pm\frac{2\pi\Delta f}{2}t+\varphi(0) \tag{6.7.17}$$

式中,$\varphi(0)$为初相位。由此,式(6.7.14)可表示为

$$S_{\mathrm{MSK}}(t)=A\cos\left[\omega_c t+\frac{a_n\pi t}{2T_s}+\varphi(0)\right],0\leqslant t\leqslant T_s \tag{6.7.18}$$

这里 $a_n=\pm1$，分别表示数字信号的"1"和"0"。

由式(6.7.10)可知，在每个码元期间载波相位变化 $+\pi/2$ 或 $-\pi/2$，取决于 a_n 取"1"还是取"0"。假设初相位 $\varphi(0)=0$，则 $\varphi(\mathrm{t})$ 随时间变化规律可用图 6.41(a)所示的网格图表示。每条相位路径都表示了不同二进制序列的相位变化。由于每比特相位变化 $\pm\pi/2$，因此累计相位 $\varphi(t)$ 在每码元结束时必定为 $\pi/2$ 的整数倍。图 6.41(b)是二进制序列为 1101000 的相位路径。

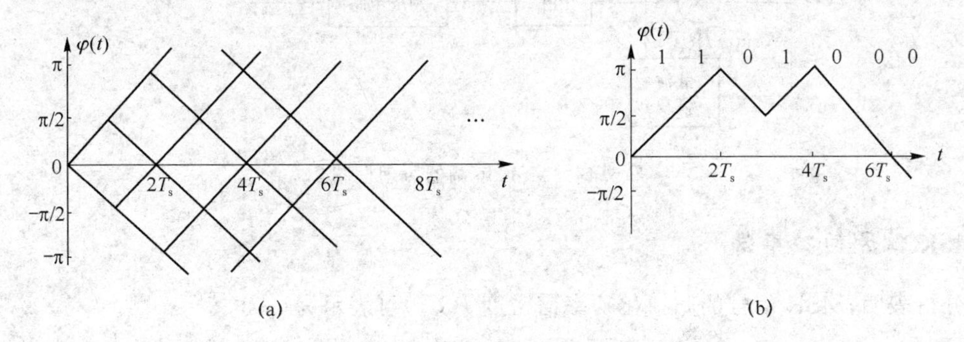

图 6.41　MSK 的相位网格图

2. MSK 信号的产生与解调

MSK 信号的实现框图如图 6.42 所示。图中输入是二进制码元 ±1，经过差分编码后再进行串/并变换得到两路并行不归零双极性码，且相互错开一个 T_s 波形，然后再将它们分别和 $\cos\frac{\pi t}{2T_s}$ 与 $\sin\frac{\pi t}{2T_s}$ 以及 $\cos\omega_c t$ 和 $\sin\omega_c t$ 相乘，上下两路相加后就得到 MSK 信号。

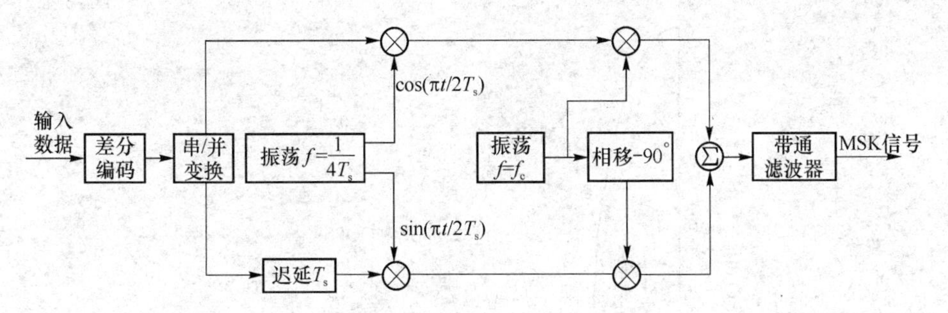

图 6.42　MSK 信号的产生方框图

现在来讨论 MSK 信号的解调。由于 MSK 信号是一种 FSK 信号，所以它可以采用相干解调和非相干解调，其电路形式很多，这里只介绍一种相干解调器，如图 6.43 所示。MSK 信号经带通滤波器滤除带外噪声，然后借助正交的相干载波与输入信号相乘，将上下两路信号区分开，再经低通滤波后输出。同相支路在 $2kT_s$ 时刻采样，正交支路在 $(2k+1)T_s$ 时刻采样，判决器根据采样后的信号极性进行判决，大于 0 判为"1"，小于 0 判为"0"，经并/串变换，变为串行数据，与调制器相对应，因在发送端经差分编码，故接收端输出需经差分解码后，即可恢复原始数据。

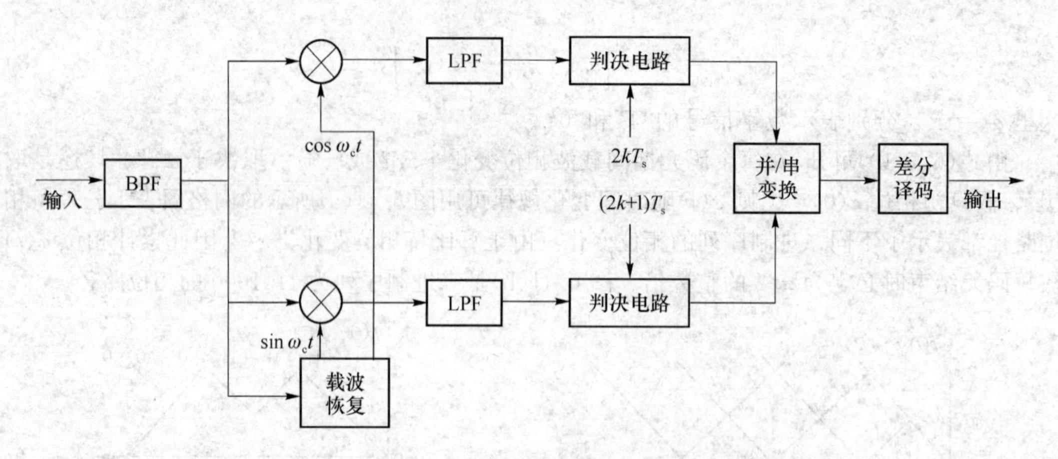

图 6.43　MSK 解调器原理框图

3. MSK 信号的功率谱

分析表明,MSK 信号的归一化功率谱密度 $P_s(f)$可表示为

$$P_s(f)=\frac{16T_s}{\pi^2}\left[\frac{\cos 2\pi(f-f_c)T_s}{1-16(f-f_c)^2T_s^2}\right]^2 \tag{6.7.19}$$

式中,f_c 为载频;T_s 为码元宽度。

按照式(6.7.19)画出的功率谱曲线如图 6.44 所示(用实线示出)。应当注意,图中横坐标是以载频为中心画的,即横坐标代表频率($f-f_c$);T_s 表示二进制码元间隔。图中还给出了其他几种调制信号的功率谱密度曲线作比较。由图可见,与 QPSK 和 OQPSK 信号相比,MSK 信号的功率谱更为集中,即其旁瓣下降得更快,故它对相邻频道的干扰较小。

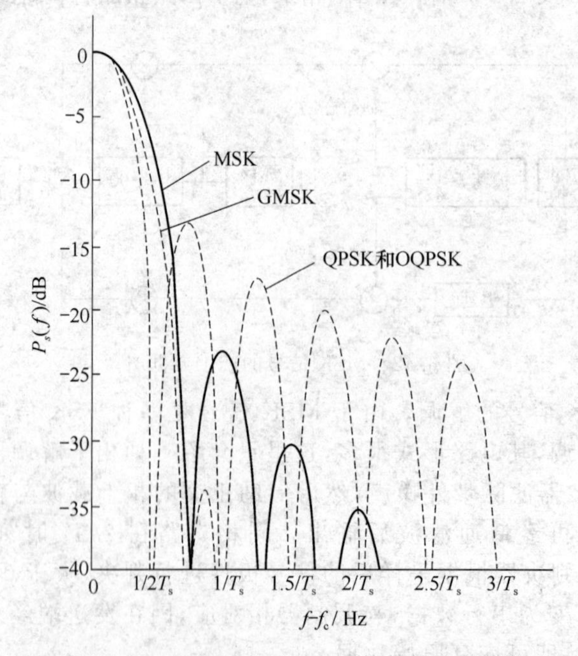

图 6.44　MSK、GMSK 和 OQPSK 等信号的功率谱密度

6.7.5 高斯最小移频键控

MSK信号虽然具有频谱特性和误码性能较好的特点,然而,在一些通信场合,例如在移动通信中,MSK所占带宽仍较宽。此外,其频谱的带外衰减仍不够快,以至于在25 kHz信道间隔内传输16 kbit/s的数字信号时,将会产生邻道干扰。为此,人们设法对MSK的调制方式进行改进:在频率调制之前用一个低通滤波器对基带信号进行预滤波,它通过滤出高频分量,给出比较紧凑的功率谱,从而提高谱利用率。

为了获得窄带输出信号的频谱,预滤波器必须满足以下条件:

(1) 带宽窄并且具有陡峭的截止特性;

(2) 脉冲响应的过冲较小;

(3) 保证输出脉冲的面积不变,以保证 $\pi/2$ 的相移。

要满足这些特性,选择高斯型滤波器是合适的。此高斯型滤波器的传输函数为

$$H(f)=\exp\left[-\left(\frac{\ln 2}{2}\right)\left(\frac{f}{B}\right)^2\right] \tag{6.7.20}$$

式中,B为高斯滤波器的3 dB带宽。

将式(6.7.20)作傅里叶逆变换,得到此滤波器的冲激响应为

$$h(t)=\frac{\sqrt{\pi}}{\alpha}\exp\left(-\frac{\pi^2}{\alpha^2}t^2\right) \tag{6.7.21}$$

式中,$\alpha=\sqrt{(\ln 2)/2}/B$。由于$h(t)$为高斯型特性,故称为高斯型滤波器。

调制前,先利用高斯滤波器将基带信号成形为高斯型脉冲,再进行MSK调制,如图6.45所示,这样的调制方式称为高斯最小频移键控,缩写为GMSK。习惯上使用BT_s来定义GMSK,式中,B为3 dB带宽,T_s为码元间隔。

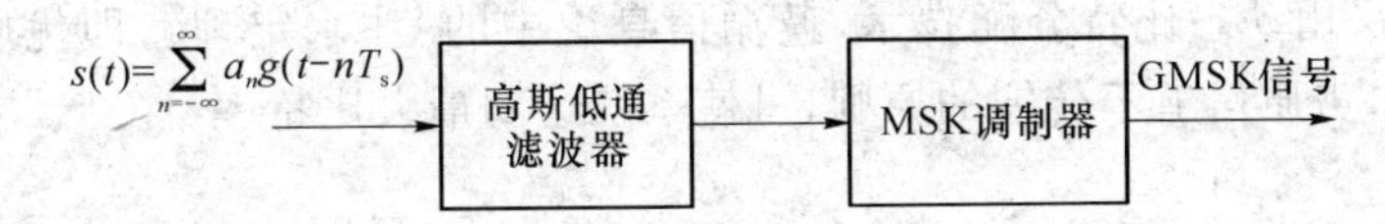

图6.45　GMSK信号的产生

GMSK既可以像MSK那样相干解调,也可以像FSK那样非相干解调。它最大的优势是信号具有恒定的振幅及信号的功率谱利用率较高。

GMSK信号的功率谱很难分析计算,用计算机仿真方法得到的结果如图6.44所示。由图可见,GMSK具有功率谱集中的优点。需要指明的是,GMSK信号频谱特性的改善是通过降低误比特率性能换来的,预滤波器的带宽越窄,输出功率谱就越紧凑,但误比特率性能变得越差。所以,从频谱利用率和误码率综合考虑,BT_s应该折中选择。目前数字蜂窝移动通信GSM系统采用$BT_s=0.3$的GMSK调制方式。

6.8 正交频分复用

前面介绍的ASK、PSK、FSK、MSK、QAM等调制方式在某一时刻都只用单一的载波频率来发送信号,而多载波调制是同时发射多路不同载波的信号。正交频分复用(OFDM)是

一种多载波传输技术。多载波传输技术不是如今才发展起来的新技术，早期主要用于军用的无线高频通信系统，由于其实现的复杂限制了它的进一步应用。直到20世纪80年代，人们采用离散傅里叶变换来实现多个载波的调制，简化了系统结构，使得OFDM技术更趋于实用化。

6.8.1 多载波调制技术

多载波调制技术是一种并行体制，它将高速率的数据序列经串/并变换后分割为若干路低速数据流，每路低速数据采用一个独立的载波进行调制，叠加在一起构成发送信号，在接收端用同样数量的载波对发送信号进行相干接收，获得低速率信息数据后，再通过并/串变换得到原来的高速信号。多载波传输系统原理框图如图6.46所示。

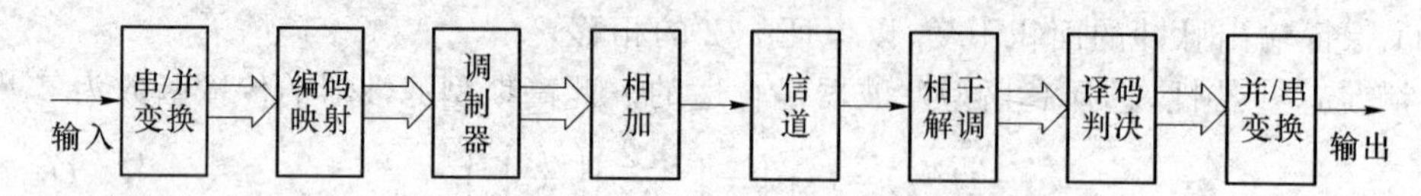

图6.46　多载波传输系统原理框图

与单载波系统相比，多载波调制技术具有很多优点：

(1) 抗多径干扰和频率选择性衰落的能力强，因为串/并变换降低了码元速率，从而增大码元宽度，减少多径时延在接收信息码元中所占的相对百分比，以削弱多径干扰对传输系统性能的影响，而且如果在每一路符号中插入保护时隙大于最大时延，可以进一步消除符号间干扰(ISI)。

(2) 多载波系统抗脉冲干扰的能力要比单载波系统大得多，因为OFDM信号的解调是在一个很长的符号周期内积分，从而使脉冲噪声的影响得以分散。

(3) 它可以采用动态比特分配技术，遵循信息论中的“注水定理”，即优质信道多传输，较差信道少传输，劣质信道不传输的原则，可使系统达到最大比特率。

6.8.2 OFDM原理

OFDM在发送端的调制原理框图如图6.47所示。其基本思想是把高速率的信源信息流通过串/并变换，变换成低速率的N路并行数据流，然后用N个相互正交的载波进行PSK或QAM调制，将N路调制后的信号相加即得OFDM发射信号。图6.47中，f_0为最低子载波频率，$f_N=f_0+N\Delta f$，Δf为载波间隔。

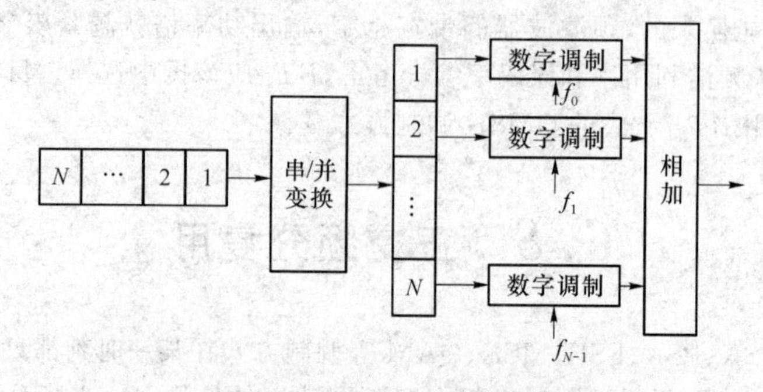

图6.47　OFDM调制原理框图

正交频分复用(OFDM)作为一种多载波传输技术，要求各子载波保持相互正交。所谓子载波之间的正交性是指一个OFDM符号周期内的每个子载波都相差整数倍个周期，而且各个相邻子载波之间相差一个周期。正是由于子载波的这一特点，所以它们之间是正交的。

为了保证 N 个子载波相互正交，也就是在信道传输符号的持续时间 T_s 内它们乘积的积分值为0。由三角函数系的正交性

$$\int_0^{T_s}\cos 2\pi\frac{mt}{T_s}\cos 2\pi\frac{nt}{T_s}\mathrm{d}t=\begin{cases}0, & m\neq n,\\ \pi, & m=n,\end{cases}\quad m,n=1,2,\cdots \tag{6.8.1}$$

$$\int_0^{T_s}\sin 2\pi\frac{mt}{T_s}\sin 2\pi\frac{nt}{T_s}\mathrm{d}t=\begin{cases}0, & m\neq n,\\ \pi, & m=n,\end{cases}\quad m,n=1,2,\cdots \tag{6.8.2}$$

$$\int_0^{T_s}\cos 2\pi\frac{mt}{T_s}\sin 2\pi\frac{nt}{T_s}\mathrm{d}t=0,\quad m,n=1,2,\cdots \tag{6.8.3}$$

因此，要求保证同相载波和正交载波同时都正交，就需要载波频率间隔

$$\Delta f=f_n-f_{n-1}=\frac{1}{T_s},\quad n=1,2,\cdots,N-1 \tag{6.8.4}$$

OFDM系统一般采用矩形脉冲成形，它能保证子载波信号的正交性，无载波间干扰。

假设对 N 路并行码采用BPSK调制，则OFDM信号表示为

$$S_m(t)=\sum_{n=0}^{N-1}A_n\cos\omega_n t \tag{6.8.5}$$

其中，A_n 为第 n 路并行码，为+1或−1；ω_n 为第 n 路码的子载波角频率，$\omega_n=2\pi f_n$。

OFDM信号由 N 个信号叠加而成，每个信号频谱为 $\mathrm{Sa}\left(\frac{\omega T_s}{2}\right)$ 函数(中心频率为子载波频率)，相邻信号频谱之间有1/2重叠，OFDM信号的频谱结构示意图如图6.48所示。

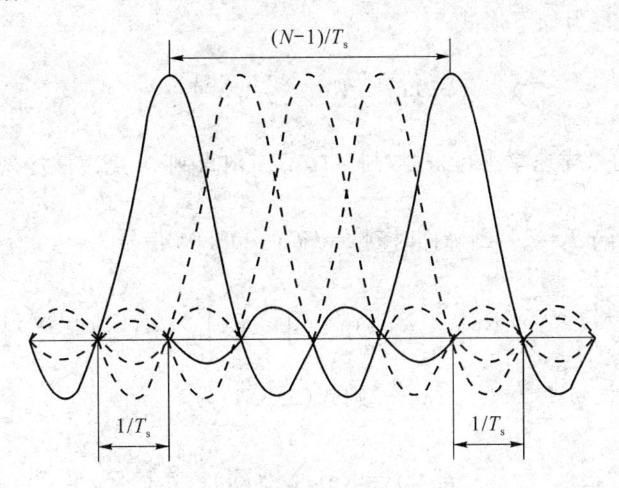

图6.48　OFDM信号的频谱结构示意图

忽略旁瓣的功率，OFDM的频谱宽度为

$$B=(N-1)\frac{1}{T_s}+\frac{2}{T_s}=\frac{N+1}{T_s} \tag{6.8.6}$$

由于信道中每 T_s 内传 N 个并行的码元，所以码元速率 $R_B=\frac{N}{T_s}$，所以频带利用率

$$\frac{R_B}{B}=\frac{N}{N+1} \tag{6.8.7}$$

可见，与用单个载波的串行体制相比，OFDM 系统的频带利用率提高了近一倍。

在接收端，对 $S_m(t)$ 用频率为 f_n 的正弦载波在 $[0,T_s]$ 进行相关运算。就可得到各子载波上携带的信息 A_n，然后通过并/串变换，恢复出发送的二进制数据序列。由此可得如图 6.49所示的 OFDM 的解调原理框图。

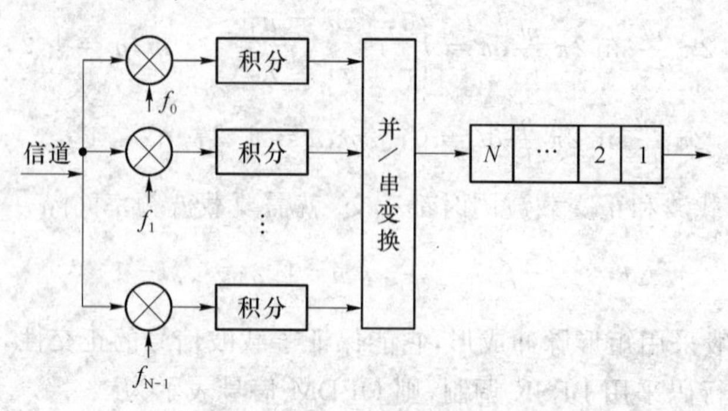

图 6.49　OFDM 解调原理框图

上述的实现方法所需设备非常复杂，特别是当 N 很大时，需要大量的正弦波发生器、调制器和相关解调器等设备，费用非常昂贵。20 世纪 80 年代，人们提出采用离散傅里叶逆变换(IDFT)来实现多个载波的调制，可以降低 OFDM 系统的复杂度和成本，从而使得 OFDM 技术更趋于实用化。

将式(6.8.5)改写为如下形式

$$S_m(t)=\mathrm{Re}\Big[\sum_{n=0}^{N-1}A_n \mathrm{e}^{\mathrm{j}\omega_n t}\Big] \tag{6.8.8}$$

如果对 $S_m(t)$ 以 $\frac{N}{T_s}$ 的采样速率进行采样，则在 $[0,T_s]$ 内得到 N 点离散序列 $d(n)$，$n=0,1,\cdots,N-1$。这时，采样间隔 $T=\frac{T_s}{N}$，则采样时刻 $t=kT$ 的 OFDM 信号为

$$S_m(kT)=\mathrm{Re}\Big[\sum_{n=0}^{N-1}d(n)\mathrm{e}^{\mathrm{j}\omega_n kT}\Big]=\mathrm{Re}\Big[\sum_{n=0}^{N-1}d(n)\mathrm{e}^{\mathrm{j}\omega_n kT_s/N}\Big] \tag{6.8.9}$$

为了简便起见，设 $\omega_n=2\pi f_n=2\pi\frac{n}{T_s}$，则式(6.8.9)为

$$S_m(kT)=\mathrm{Re}\Big[\sum_{n=0}^{N-1}d(n)\mathrm{e}^{\mathrm{j}2\pi\frac{nk}{N}}\Big] \tag{6.8.10}$$

将式(6.8.10)与离散傅里叶逆变换(IDFT)形式

$$g(kT)=\sum_{n=0}^{N-1}G\Big(\frac{n}{NT}\Big)\mathrm{e}^{\mathrm{j}2\pi nk/N} \tag{6.8.11}$$

相比较可以看出，式(6.8.11)的实部正好是式(6.8.10)。可见，OFDM 信号的产生可以基于快速离散傅里叶变换实现。在发送端对串/并变换的数据序列进行 IDFT，将结果经信道

发送至接收端，然后对接收到的信号再作 DFT，取其实部，就可以不失真地恢复出原始的数据。用 DFT 实现 OFDM 的原理如图 6.50 所示。

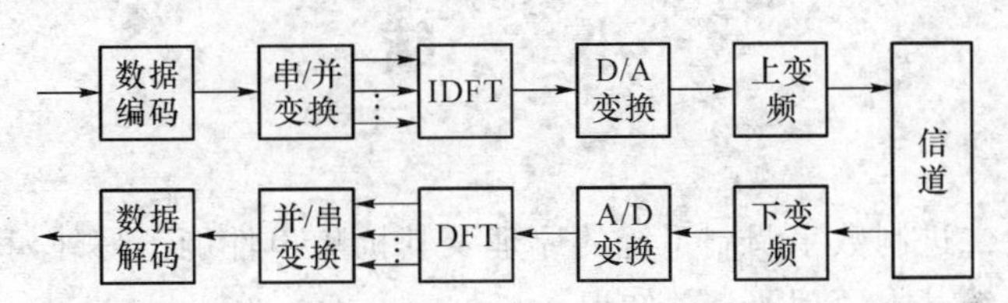

图 6.50　用 DFT 实现 OFDM 的原理框图

6.8.3 OFDM 技术特点及应用

OFDM 技术有如下优点：①把高速率数据流通过串/并转换，使得每个子载波上的数据符号持续长度相对增加，从而有效地减少因无线信道的时间弥散所带来的符号间干扰，同时可以采用频域均衡技术减少接收机内均衡的复杂度；②传统的频分多路传输方法是将频带分为若干个不相交的子频带来并行传输数据流，各个子信道之间要保留足够的保护频带，而 OFDM 系统由于各个子载波之间存在正交性，允许子信道的频谱相互重叠，因此与常规的 FDM 频分复用系统相比，OFDM 系统可以最大限度地利用频谱资源，提高了频谱利用率，如图 6.51 所示；③各个子信道的正交调制和解调可以通过采用离散傅里叶逆变换（IDFT，Inverse Discrete Fourier Transform）和离散傅里叶变换（DFT，Discrete Fourier Transform）的方法来实现。在子载波数很大的系统中，可以通过采用快速傅里叶变换（FFT，Fast Fourier Transform）来实现。而随着大规模集成电路技术与 DSP 技术的发展，快速傅里叶逆变换（IFFT）与 FFT 都是非常容易实现的。

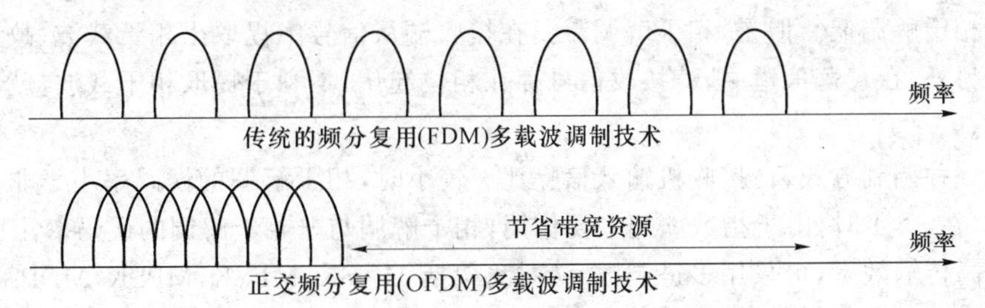

图 6.51　FDM 与 OFDM 频宽利用率的比较

正是由于 OFDM 具有极高的频谱利用率和优良的抗多径干扰能力，因此目前 OFDM 多载波调制技术已成功地应用于接入网中的数字环路（DSL）、数字音频广播（DAB）、高清晰度电视（HDTV）的地面广播系统、欧洲数字视频广播（DVB）、无线局域网（WLAN）和无线城域网（WMAN）等系统。在新一代无线通信系统中，为了传输更高比特速率，有效措施之一就是采用 OFDM 方式来实现多载波调制技术。

小　结

本章重点讨论二进制数字调制系统的原理及其抗噪声性能。另外,我们也简单介绍了多进制数字调制系统基本原理及相关知识。

实际通信中大多数信道都具有带通传输特性,不能直接传送基带信号,必须借助载波调制进行频率搬移,将数字基带信号变成适于信道传输的数字频带信号。另外,提高载波频率在理论就可以增加传输带宽,通常也就可以提供大的信息传输容量。因此,数字通信系统总是倾向于采用高频载波传输,这样便可以增加带宽或者提高信息传输容量。

根据已调信号参数改变类型的不同,基本的数字调制可以分为幅移键控(ASK)、频移键控(FSK)和相移键控(PSK)。其中幅移键控属于线性调制,而频移键控属于非线性调制。

在选择调制解调方式时,如果把系统的抗噪声性能放在首位,可选用 2PSK 系统,但由于 2PSK 信号存在相位不确定性,在实用中常以性能略差一些的 2DPSK 代替它;如果要求较高的频带利用率,则应选择相干 2PSK 和 2DPSK,而 2FSK 最不可取;但在随参信道传输中,由于接收信号的幅度和相位受信道传输特性的变化影响很大,2FSK 信号就显出具有较强的抗衰落能力,故在随参信道中,常采用 2FSK 调制方式。

为提高传输效率,可采用多进制数字键控,包括 MASK、MFSK、MPSK、MDPSK 等。多进制键控的一个码元中包含更多的信息量。但是,为了得到相同的误码率,多进制信号需要占用更宽的频带或使用更大的功率作为代价。

各种键控信号的解调方法可以分为两大类,即相干解调和非相干解调。相干解调的误码率比非相干解调低。但是,相干解调需要在接收端从信号中提取出相干载波,故设备相对较复杂。另外,在衰落信道中,若接收信号存在相位起伏,不利于提取相干载波,就不宜采用相干解调。

对同一种调制方式,在接收机输入信噪比 r 较小时,相干解调的误码率小于非相干解调的误码率;在 $r \gg 1$ 时,由于指数项起主要作用,相干解调与非相干解调的误码率几乎相等。

为提高传输效率,可采用多进制数字键控,包括 MASK,MFSK,MPSK,MDPSK 等。多进制键控的一个码元中包含更多的信息量。但是,为了得到相同的误码率,多进制信号需要占用更宽的频带或使用更大的功率作为代价。

为了适应各种新的通信系统的要求。提高频带利用率和抗干扰能力。可采用 QAM、OQPSK、MSK、GMSK 以及正交频分复用(OFDM)等几种具有代表性的现代数字调制技术。

思考题

1. 为什么数字信号要采用载波传输?
2. 数字调制和模拟调制有哪些异同?

3. 2FSK 信号调制与解调有哪些方式？2FSK 信号可以采用包络检波解调的条件是什么？

4. 2ASK、2FSK 和 2PSK 在波形、频带利用率上以及抗噪声性能上有何区别？

5. 从波形上看，是否可以区分移相键控是 2PSK 方式还是 2DPSK 方式？

6. 2FSK 信号属于线性调制还是非线性调制？

7. 求解 2ASK 和 2PSK 的功率谱时有何异同点。

8. 什么是绝对移相？什么是相对移相？它们有何区别？

9. 简述多进制数字调制的特点。

10. 比较 16MQAM 和 16PSK 的抗噪声性能。

11. OQPSK 的特点是什么？

12. 简要说明 MSK 信号与 2FSK 信号的异同点。

13. 什么是 GMSK？其中文全称是什么？

14. 简述 OFDM 与 FDM 的区别。

15. 与一般 2FSK 信号相比，MSK 信号有哪些优点？

习　题

6.1　已知某 2ASK 系统的码元传输速率为 10^3 Baud，所用的载波信号为 $A\cos(4\pi\times10^3 t)$。

(1) 设所传送的数字信息为 011001，试画出相应的 2ASK 信号波形示意图；

(2) 求 2ASK 信号的带宽。

6.2　如果 2FSK 调制系统的传码率为 1 200 Baud，发“1”和发“0”时的波形分别为 $s_1(t)=A\cos(7\,200\pi t+\varphi_1)$ 及 $s_0(t)=A\cos(12\,000\pi t+\varphi_2)$，试求：

(1) 若发送的数字信息为 001110，试画出 FSK 信号波形；

(2) 若发送数字信息是等可能的，试画出它的功率谱草图。

6.3　已知数字信息$\{a_n\}=1011010$，码元速率为 1 200 Baud，载波频率为 1 200 Hz。

(1) 试分别画出 2PSK、2DPSK 及相对码$\{b_n\}$的波形。

(2) 求 2PSK、2DPSK 信号的频带宽度。

6.4　假设在某 2DPSK 系统中，载波频率为 2 400 Hz，码元速率为 1 200 Baud，已知相对码序列为 1100010111。

(1) 试画出 2DPSK 信号波形(注：相位偏移 $\Delta\varphi$ 可自行假设)；

(2) 若采用差分相干解调法接收该信号时，试画出解调系统的各点波形；

6.5　已知二元序列为 1100100010，采用 2DPSK 调制，若采用相对码调制方案，设计发送端方框图，列出序列变换过程及码元相位，并画出已调信号波形(设一个码元周期内含一个周期载波)；画出接收端方框图，画出各点波形(假设信道不限带)。

6.6　已知发送载波幅度 $A=10$ V，在 4 kHz 带宽的电话信道中分别利用 2ASK、2FSK 及 2PSK 系统进行传输，信道衰减为 1 dB/km，$n_0=10^{-8}$ W/Hz，若采用相干解调，求当误码率 $P_e=10^{-5}$时，各种传输方式分别传信号多少千米？

6.7　按接收机难易程度及误比特率为 10^{-4}时所需的最低峰值信号功率将 2ASK、2FSK 和 2PSK 进行比较、排序。

6.8 若采用2ASK方式传送二进制数字信息,已知码元传输速率为$R_B=2\times10^6$ Baud,接收端解调器输入信号的振幅$a=40\ \mu V$,信道加性噪声为高斯白噪声,且其单边功率谱密度$n_0=6\times10^{-18}$ W/Hz。试求:

(1) 相干接收时,系统的误码率;

(2) 非相干接收时,系统的误码率。

6.9 已知数字信息为"1"时,发送信号的功率为1 kW,信道衰减为60 dB,接收端解调器输入的噪声功率为10^{-4} W。试求非相干2ASK系统及相干2PSK系统的误码率。

6.10 2PSK相干解调中相乘器所需的相干载波若与理想载波有相位差θ,求相位差对系统误比特率的影响。

6.11 在二进制2ASK系统中,如果相干解调时的接收机输入信噪比为9 dB,欲保持相同的误码率,当采用包络解调时,试求接收机的输入信噪比。

6.12 已知码元传输速率$R_B=10^3$ Baud,接收机输入噪声的双边功率谱密度$n_0/2=10^{-10}$ W/Hz,今要求误码$P_e=10^{-5}$。试分别计算出相干2ASK、非相干2FSK、差分相干2DPSK以及2PSK等系统所要求的输入信号功率。

6.13 已知发送数字信息序列为01011000110100,双比特码元与载波相位的关系如表6.2所示,分别画出A方式下4PSK及4DPSK信号的波形。

6.14 采用8PSK调制传输4 800 bit/s数据,求8PSK信号的带宽。

6.15 已知4PSK信号采用调相法来产生,如图P6.1所示。假设数字基带信号波形采用矩阵脉冲。

(1) 写出双比特码元和载波相位的对应关系;

(2) 计算4PSK系统的信息频带利用率。

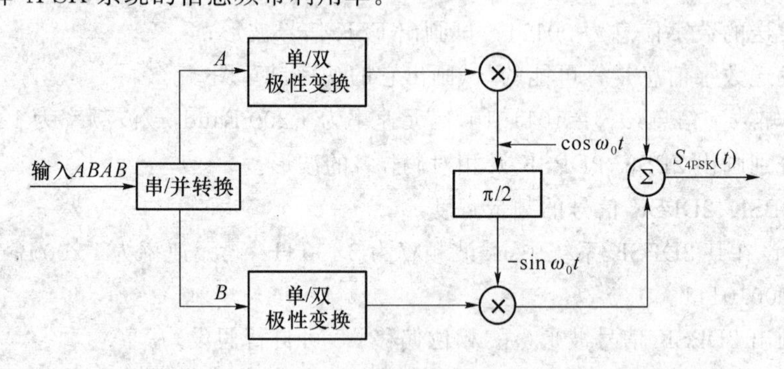

图 P6.1

6.16 求传码率为200 Baud,采用八进制ASK系统的带宽和信息速率。若是采用二进制ASK系统,其带宽和信息速率又为多少?

6.17 设八进制FSK系统的频率配置使得功率谱主瓣恰好不重叠,求传码率为200 Baud时系统的传输带宽及信息速率。

6.18 已知码元传输速率为200 Baud,求八进制PSK系统的带宽及信息传输速率。

6.19 已知电话信道可用的信号传输频带为600~3 000 Hz,取载波为1 800 Hz,试说明:

(1) 采用$\alpha=1$升余弦基带信号QPSK调制可以传输2 400 bit/s数据;

(2) 采用$\alpha=0.5$余弦基带信号8PSK调制可以传输4 800 bit/s数据;

6.20　已知二进制信息 0111 1000 0001 进入图 6.36 所示的 QAM 信号调制原理图，假设 $M=16$，同相支路和正交支路的四进制基带信号与二进制信息对应关系为 $+3\rightarrow1$，$+1\rightarrow110$，$-1\rightarrow01$，$-3\rightarrow00$，不考虑预调制低通滤波器。

(1) 画出同相支路和正交支路的基带信号波形和频带信号波形；

(2) 画出对应的星座图；

(3) 画出对应的解调原理图。

6.21　计算 64QAM 信号的最大信息频带利用率。

6.22　电话信道可以通过 300～3 300 Hz 频带的所有频率。设计一个调制解调器，符号传输速率为 2 400 符号/秒，而信息速率为 9 600 bit/s，试选择合适的 QAM 信号、载波频率、滚降因子 α，并设计一个最佳接收的系统方框图。

6.23　设发送数字序列为 $\{-1,+1,+1,-1,-1,-1,+1,-1\}$，试画出 MSK 信号相位变化图形。如果码元速率为 1 000 Baud，载频为 3 000 Hz，试画出 MSK 信号的波形。

6.24　一个 GMSK 信号的 $BT_s=0.3$，码元速率 $R_B=270$ kBaud，试计算高斯滤波器的 3 dB 带宽 B。

模拟信号的数字化

7.1 引　　言

第1章已经指出，按照携带信息的信号是模拟信号还是数字信号，可以相应地把通信系统分为模拟通信系统和数字通信系统。如果在数字通信系统中传输模拟消息，通常将这种传输方式称为模拟信号的数字化。这时在系统的发送端应包括一个模/数(A/D)转换装置，而在接收端应包括一个数/模(D/A)转换装置。本章将讨论这个模/数转换装置和数/模转换装置，以便在数字通信系统中传输模拟信息。而且这里将重点分析模拟语音信号的数字传输。

模拟信号数字化的方法大致可分为波形编码、参量编码和混合编码三大类。波形编码是直接对语音信号离散样值进行编码处理和传输，比特率通常在16～64 kbit/s范围内，接收端重建信号的质量好；参量编码是利用信号处理技术，提取语音信号的特征参量，对模型参量或其预测值进行编码；混合编码是前两种方法的混合应用。本章只介绍波形编码。

波形编码主要包括脉冲编码调制(PCM)和增量调制(ΔM)。采用脉冲编码调制的模拟信号的数字传输系统如图7.1所示。

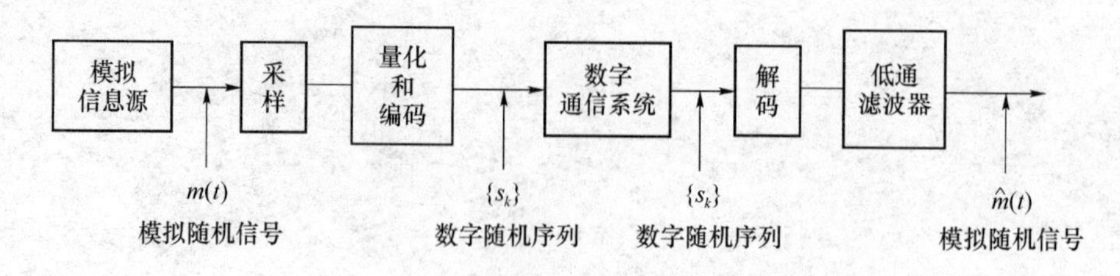

图7.1　模拟信号的数字传输

由图7.1可见，PCM主要包括采样、量化和编码3个过程。采样是指把模拟信号在时间上离散化，变成采样信号；量化是指把采样信号在幅度上离散化，变成有限个离散电平；编码是将量化后的信号编码形成一个二进制码组输出。在具体实现上，编码与量化通常是同时完成的，换句话说，量化实际上是在编码过程中实现的。国际标准化的PCM码组（电话语音）是八位码组代表一个采样值。从通信中的调制概念来看，可以认为PCM编码过程是模拟信号调制一个二进制脉冲序列，其载波是二进制脉冲序列，所以PCM称为脉冲编码调制。

通过PCM编码后得到的数字基带信号可以直接在系统中传输（即基带传输），也可以将基带信号的频带搬移到适合光纤、无线信道等传输频带上再进行传输（即频带传输）。

接收端的数/模变换包含了解码和低通滤波器两部分。解码是编码的反过程，它将接收到的PCM信号还原为采样信号（实际为量化值，它与发送端的采样值存在一定的误差，即量化误差）。低通滤波器的作用是恢复或重建原始的模拟信号。它可以看做是采样的逆变换。

本章主要介绍基于PCM的模拟信号数字化技术以及时分复用的相关概念。

7.2 采样定理

所谓采样是把时间上连续的模拟信号变成一系列时间上离散的采样序列的过程。那么，这些时间上离散的样值序列是否包含原连续信号的全部信息？如果包含，经过量化、编码、传输和解码后，接收端能否还原成原来时间上连续的模拟信号？这些就是采样定理要解决的问题。

由于实际应用中，模拟信号有低通型信号和带通型信号，所以介绍采样定理也分低通信号采样定理和带通信号采样定理两种情况进行介绍。所谓低通信号是指信号的最低频率小于信号带宽，比如语音信号属于低通信号。所谓带通信号是指信号的最低频率大于信号的带宽，如一般的频带信号都属于带通信号。

7.2.1 低通信号采样定理

一个频带限制在$(0, f_H)$内、时间连续的模拟信号$m(t)$，如果采样频率$f_s \geqslant 2f_H$，则可以通过低通滤波器由样值序列$m_s(t)$无失真地重建原始信号$m(t)$。这就是低通信号采样定理。

采样与恢复的过程如图7.2所示。采样器可以看做是相乘器，采样过程相当于模拟信号对脉冲序列$\delta_{T_s}(t)$（载波）的调制过程，在接收端，已采样信号$m_s(t)$通过低通滤波还原成原来的模拟信号。

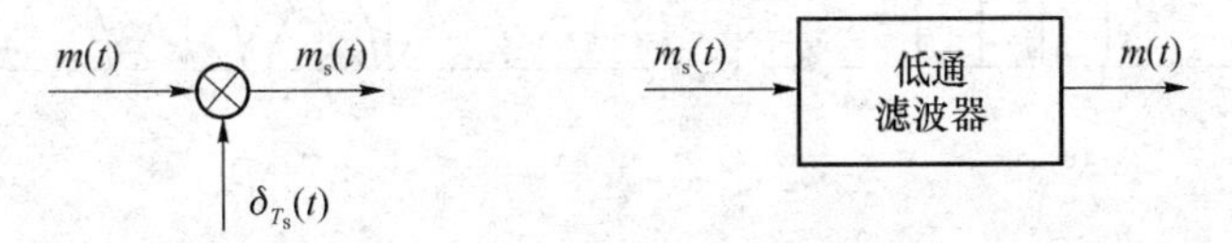

图7.2　采样与恢复

下面证明低通采样定理。

设 $m(t)$ 为低通模拟信号，采样脉冲序列是一个周期性冲激函数 $\delta_{T_s}(t)$，则采样信号为

$$m_s(t)=m(t)\delta_{T_s}(t) \tag{7.2.1}$$

式中

$$\delta_{T_s}(t)=\sum_{n=-\infty}^{\infty}\delta(t-nT_s) \tag{7.2.2}$$

$\delta_{T_s}(t)$ 的频谱为

$$\delta_{T_s}(\omega)=\frac{2\pi}{T_s}\sum_{n=-\infty}^{\infty}\delta(\omega-n\omega_s) \tag{7.2.3}$$

式中，$\omega_s=2\pi f_s=2\pi/T_s$ 是采样脉冲序列的基波角频率，$T_s=1/f_s$ 为采样间隔。

根据频率卷积定理可得式(7.2.1)的频域表达式

$$\begin{aligned}M_s(\omega)&=\frac{1}{2\pi}[M(\omega)*\delta_{T_s}(\omega)]\\&=\frac{1}{2\pi}\left[M(\omega)*\frac{2\pi}{T_s}\sum_{n=-\infty}^{\infty}\delta(\omega-n\omega_s)\right]\\&=\frac{1}{T_s}\sum_{n=-\infty}^{\infty}M(\omega-n\omega_s)\end{aligned} \tag{7.2.4}$$

其中，$M(\omega)$ 为低通信号 $m(t)$ 的频谱。

式(7.2.4)表明，采样后信号的频谱 $M_s(\omega)$ 是无穷多个间隔为 ω_s 的 $M(\omega)$ 相叠加而成的。这就意味着 $M_s(\omega)$ 中包含 $M(\omega)$ 的全部信息。$M_s(\omega)$ 的频谱图如图7.3(f)所示。

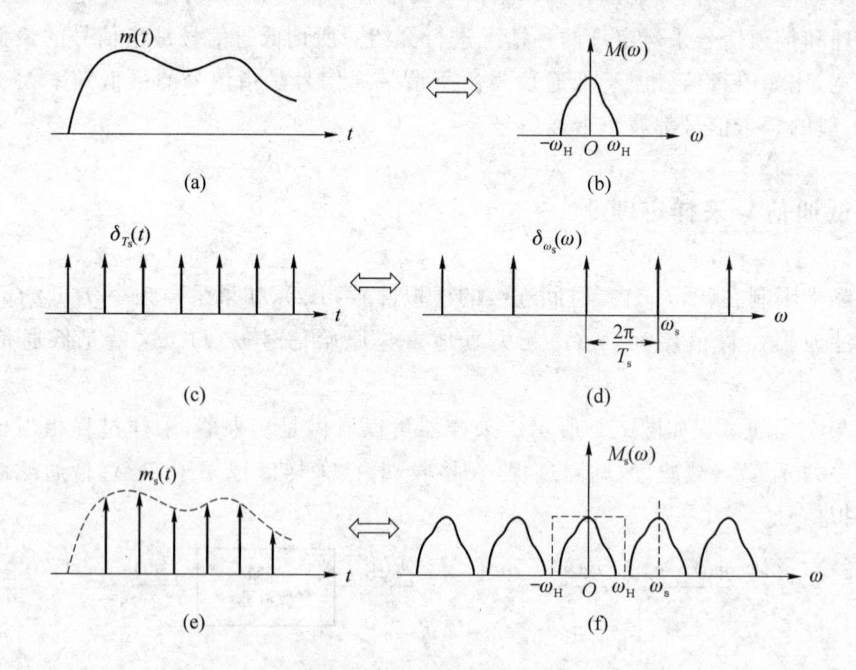

图7.3 采样定理的全过程

由式(7.2.4)和图7.3可以得到如下结论：①采样后信号的频谱 $M_s(\omega)$ 具有无穷大的带宽；②只要采样频率 $f_s\geqslant 2f_H$，频谱 $M_s(\omega)$ 无混叠现象，在接收端，经截止频率为 f_H 的理想

低通滤波器后，可无失真地恢复原始信号；③如果采样频率 $f_s<2f_H$，则 $M_s(\omega)$会出现频谱混叠现象(如图 7.4 所示)，则接收端不可能无失真地恢复原始信号。

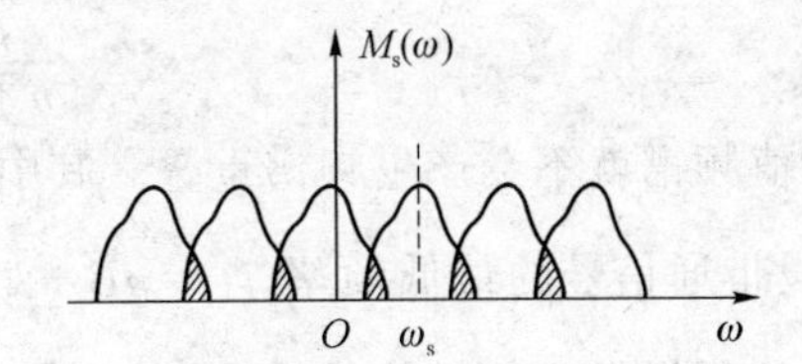

图 7.4　采样频率 $f_s<2f_H$ 时产生的混叠现象

对于频谱限制于 f_H 的低通信号来说，$2f_H$ 就是无失真重建原始信号所需的最小采样频率，即 $f_{s(\min)}=2f_H$，此时的采样频率通常称为奈奎斯特采样速率。那么最大采样间隔即为 $T_{s(\max)}=1/(2f_H)$，此采样间隔通常称为奈奎斯特采样间隔。但是如果采用奈奎斯特速率 $f_{s(\min)}$采样，则采样信号频谱 $M_s(\omega)$中的各相邻边带之间没有防卫带。这时要将$M(\omega)$从 $M_s(\omega)$中分离出来就需要一个滤波特性十分陡峭的理想低通滤波器，而理想低通滤波器是不能物理实现的，一般都应该有一定的防卫带。例如语音信号频率一般为300～3 400 Hz，ITU-T规定单路语音信号的采样速率f_s 为 8 000 Hz。此时的防卫带为 $f_s-2f_H=8\,000-6\,800=1\,200$ Hz。f_s越高对防止频谱混叠越有利，但后面将会看到f_s的提高使码元速率提高，这是我们不希望的，因此采样频率一般选择为$(2.5\sim5)f_H$。

7.2.2 带通信号采样定理

前面讨论的采样定理是针对低通信号的情况而言的。对于带通信号，如果仍然按照低通信号的采样频率 $f_s\geqslant 2f_H$ 采样，虽然仍能满足样值频谱不产生重叠的要求，但采样信号的频谱中会有大段的频谱得不到利用，导致信道利用率低，如图 7.5 所示。

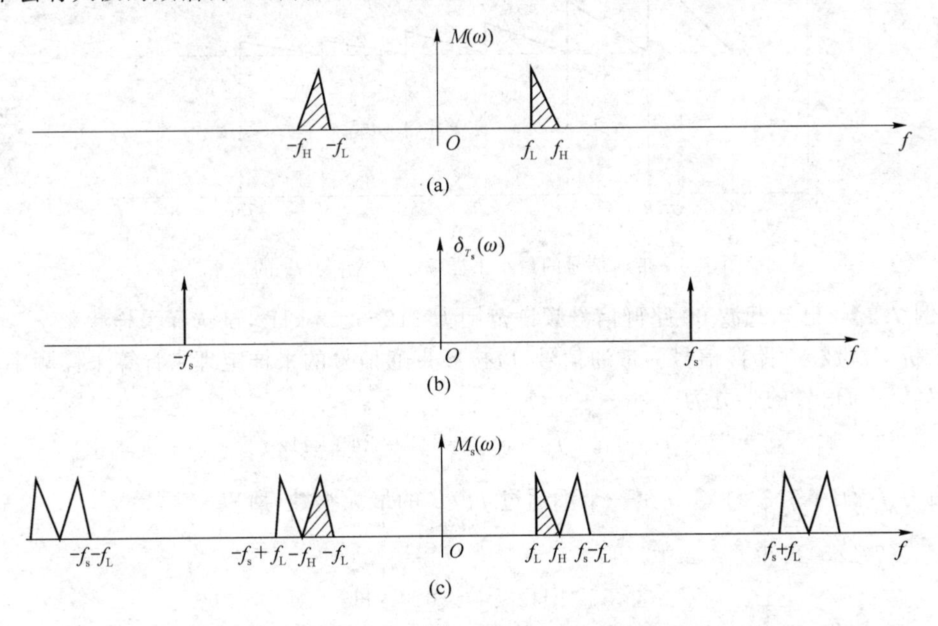

图 7.5　$f_s=2f_H$ 时带通信号的采样频谱

实际上采样频率没有必要选得那样高，完全可以选得低些，只要采样信号的频谱不出现重叠并且接收端能无失真地还原原始信号即可。那么采样频率 f_s 到底该如何选择就是带通采样定理要解决的问题。

带通信号的采样定理指出:如果模拟信号 $m(t)$ 是带通信号,频率限制在 f_L 和 f_H 之间,信号带宽 $B=f_H-f_L$,则其采样频率 f_s 满足

$$\frac{2f_H}{n+1}\leqslant f_s\leqslant\frac{2f_L}{n} \tag{7.2.5}$$

时,样值频谱就不会产生频谱重叠。其中 n 是一个不超过 f_L/B 的最大整数。

设带通信号的最低频率 $f_L=nB+kB$, $0\leqslant k<1$,即最高频率 $f_H=(n+1)B+kB$,由式(7.2.5)可得带通信号的最低采样频率

$$f_{s(\min)}=\frac{2f_H}{n+1}=2B\left(1+\frac{k}{n+1}\right)\quad 0\leqslant k<1 \tag{7.2.6}$$

它介于 $2B$ 和 $4B$ 之间,即 $2B\leqslant f_{s(\min)}\leqslant 4B$。

图7.6是根据式(7.2.6)画出的折线。当 f_L/B 为整数时,$f_{s(\min)}$ 等于 $2B$,其他情况时均大于 $2B$。当 f_L 从 B 变成 $2B$ 时,此时 $n=1$,而 k 从0变成1,此时 $f_{s(\min)}=2B(1+k/2)$,f_s 线性地从 $2B$ 增加到 $3B$,这是折线的第一段。容易看出:随着 n 的增加,折线的斜率越来越小,当 f_L 远远大于带宽 B(比如窄带信号)时,采样速率都可以近似取为 $2B$。由于通信系统中的带通信号(比如已调信号)一般为窄带信号,因此带通信号通常可按 $2B$ 速率采样。

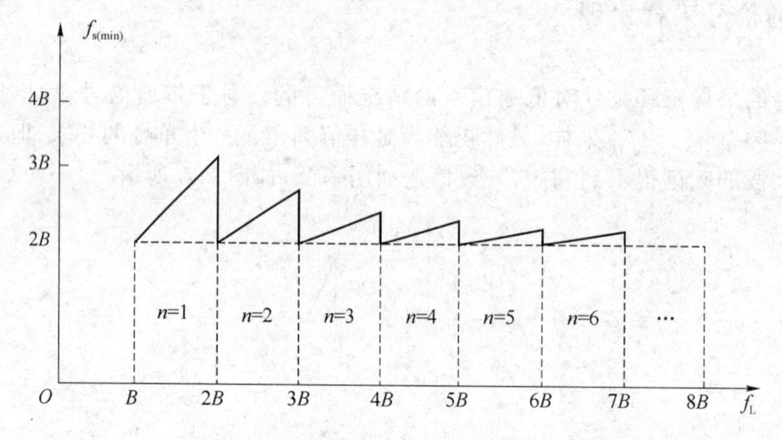

图7.6 带通信号的最小采样频率 $f_{s(\min)}$ 与 f_L 的关系

【例7.1】 已知载波60路群信号频谱范围为312~552 kHz,试选择采样频率。

分析 载波60路群信号为带通信号,应按照带通信号的采样定理来计算采样频率。

解 带通信号的带宽为

$$B=f_H-f_L=552-312=240\ \text{kHz}$$

因为 $f_L/B=\frac{312}{240}=1.3$,$n$ 是一个不超过 f_L/B 的最大整数,所以 $n=1$。

由式(7.2.5)可得

$$552\ \text{kHz}\leqslant f_s\leqslant 624\ \text{kHz}$$

7.2.3 模拟脉冲调制

在前面讨论的采样定理中,采样脉冲序列是理想冲激脉冲序列 $\delta_{T_s}(t)$,称为理想采样。

但实际上不可能产生理想的冲激，所以理想采样并不能实现。通常只能采用窄脉冲串来实现，这种情况下采样定理仍然正确。另外，从通信中的调制概念来看，可以把时间上离散的脉冲序列看做非正弦载波，用基带信号 $m(t)$ 去控制脉冲串的某个参量，使其按 $m(t)$ 的规律变化的过程叫脉冲调制。通常，按基带信号改变脉冲参量（幅度、宽度和位置）的不同，脉冲调制分为脉幅调制（PAM）、脉宽调制（PDM）和脉位调制（PPM）。其已调波形如图 7.7 所示。

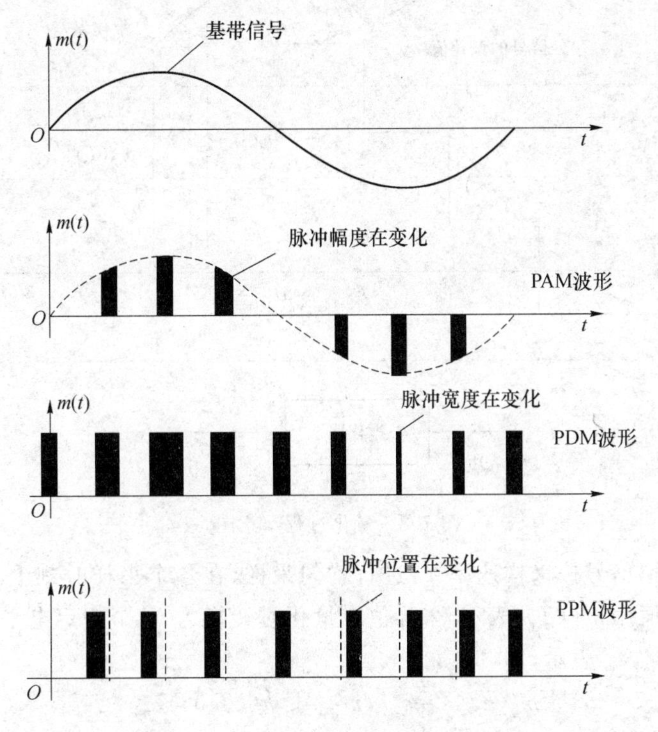

图 7.7　模拟脉冲调制

由于采样信号是用时间连续的模拟信号去改变脉冲载波的幅度得到的。因此，采样信号又称为 PAM 信号。上述脉冲调制的特点是已调信号在时间上虽然是离散的，但仍然是模拟调制，因为其代表信息的参量仍然是可以连续变化的。这些已调信号当然也属于模拟信号。为了将模拟信号变成数字信号，必须采用量化的方法。7.3 节就将讨论采样信号的量化。

7.3　模拟信号的量化

模拟信号经过采样后，在时间上是离散了，但其幅度取值仍然是连续的。而要采用 PCM 方式传输，进入编码器的信号必须只有有限个不同的幅度，才能用一定字长的二进制数码来表示。这就要求将幅度取值连续的无限的 PAM 样值信号变成幅度取值离散的有限的 PAM 量化信号。

利用预先规定的有限个电平来表示模拟采样值的过程称为量化。也就是说，量化是将取值连续的采样变成取值离散的采样，也就是对信号“分层”或“分级”的意思。量化的物理过程如图7.8所示。

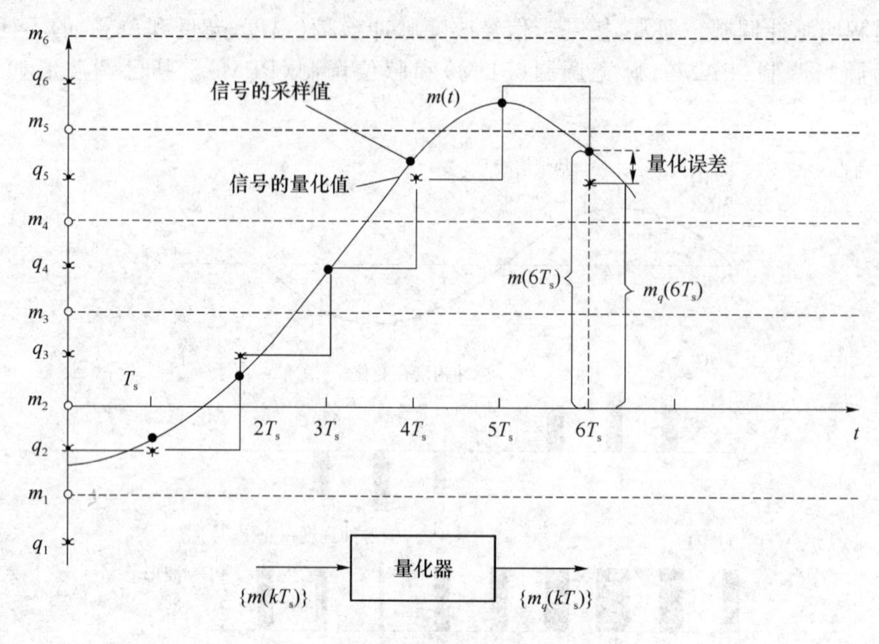

图7.8　量化过程示意图

图7.8中，模拟信号按采样速率 f_s 进行均匀采样，在各个采样时刻上的采样值用“·”表示，第 k 个采样值用 $m(kT_s)$ 表示，采样值在量化时转换为 M 个规定电平 $q_1,q_2,\cdots,q_M$ 之一。量化值用符号“*”表示，即

$$m_q(kT_s)=q_i \quad m_{i-1}\leqslant m(kT_s)<m_i \tag{7.3.1}$$

量化器的输出是一个数字序列信号 $\{m_q(kT_s)\}$。

从上面的结果可以看出，量化后的信号 $m_q(kT_s)$ 是对原来采样值 $m(kT_s)$ 的近似。当采样速率一定时，量化级数目(量化电平数)增加并且量化电平选择适当时，可以使 $m_q(kT_s)$ 与 $m(kT_s)$ 的近似程度提高。

量化值(离散值)与采样值(连续值)之间的误差称为量化误差，用 $e(kT_s)$ 表示。

$$\text{量化误差}\ e(kT_s)=|\text{量化值}-\text{采样值}|=|m_q(kT_s)-m(kT_s)| \tag{7.3.2}$$

其中，T_s 表示采样间隔。

量化误差一旦形成以后，在接收端是无法去掉的，这个量化误差像噪声一样影响通信质量，因此也称为量化噪声。由量化误差产生的功率称为量化噪声功率，通常用 N_q 表示。

在衡量量化器性能时，单看绝对误差的大小是不够的，因为信号有大有小，同样大的量化噪声对大信号的影响可能不算什么，但对小信号却可能造成严重的后果，因此在衡量量化器性能时应看信号功率与量化噪声功率的相对大小，用量化信噪比表示，即

$$\frac{S}{N_q}=\frac{E(m^2)}{E[(m-m_q)^2]} \tag{7.3.3}$$

其中，S 表示输入量化器的信号功率，N_q 表示量化噪声功率，采样值 $m(kT_s)$ 简记为 m，量化

值 $m_q(kT_s)$ 简记为 m_q。

实际应用中有两种量化方法：均匀量化和非均匀量化。下面分别进行介绍。

7.3.1 均匀量化

把输入信号的取值域按等距离分割的量化称为均匀量化。设均匀等分为 M 个间隔，M 称为量化级数或量化电平数。量化间隔(或量化阶距)Δ 取决于输入信号的变化范围和量化级数。在均匀量化中，每个量化区间的量化电平通常取在各区间的中点，图7.8即是均匀量化的例子。其量化间隔(量化台阶)Δ 取决于输入信号的变化范围和量化电平数。若设输入信号的最小值和最大值分别用 a 和 b 表示，量化电平数为 M，则均匀量化时的量化间隔为

$$\Delta=\frac{b-a}{M} \tag{7.3.4}$$

量化器输出 m_q 为

$$m_q=q_i,\quad m_{i-1}<m\leqslant m_i \tag{7.3.5}$$

式中，m_i 表示第 i 个量化级的起始电平，$m_i=a+i\Delta$；q_i 表示第 i 量化区间的量化电平，可表示为

$$q_i=\frac{m_i+m_{i-1}}{2}\quad i=1,2,\cdots,M \tag{7.3.6}$$

下面分析均匀量化时的量化信噪比。

设模拟随机信号 $m(t)$ 是均值为零，概率密度为 $f(x)$ 的平稳随机过程，则信号功率为

$$S=E[(m)^2]=\int_a^b x^2 f(x)\mathrm{d}x \tag{7.3.7}$$

量化噪声功率为

$$N_q=E[(m-m_q)^2]=\int_a^b (x-m_q)^2 f(x)\mathrm{d}x=\sum_{i=1}^{M}\int_{m_{i-1}}^{m_i}(x-q_i)^2 f(x)\mathrm{d}x \tag{7.3.8}$$

式中，E 表示求统计平均；(a,b) 表示量化器输入信号 x 的取值域，$m_i=a+i\Delta$。

若给出信号特性和量化特性，便可求出量化信噪比。

【例7.2】 设一个均匀量化器的量化间隔为 Δ，量化级数为 M，输入信号在区间 $[-a,a]$ 内均匀分布，试计算该量化器的量化噪声功率和对应的量化信噪比。

解　量化噪声的平均功率由式(7.3.8)得

$$\begin{aligned}N_q&=\sum_{i=1}^{M}\int_{m_{i-1}}^{m_i}(x-q_i)^2 f(x)\mathrm{d}x=\sum_{i=1}^{M}\int_{m_{i-1}}^{m_i}(x-q_i)^2\frac{1}{2a}\mathrm{d}x\\&=\sum_{i=1}^{M}\int_{-a+(i-1)\Delta}^{-a+i\Delta}\left(x+a-i\Delta+\frac{\Delta}{2}\right)^2\frac{1}{2a}\mathrm{d}x=\frac{M(\Delta)^3}{24a}=\frac{\Delta^2}{12}\end{aligned} \tag{7.3.9}$$

由此可见，均匀量化器的量化噪声功率 N_q 仅与量化间隔 Δ 有关，一旦量化间隔给定，无论采样值大小如何，均匀量化噪声功率 N_q 都相同。

又因为信号功率为

$$S=\int_{-a}^{a}x^2 f(x)\mathrm{d}x=\int_{-a}^{a}x^2\frac{1}{2a}\mathrm{d}x=\frac{a^2}{3}=\frac{M^2\Delta^2}{12} \tag{7.3.10}$$

因而,量化信噪比为

$$\frac{S}{N_q}=M^2 \tag{7.3.11}$$

如果以分贝(dB)为单位,则表示为

$$\left(\frac{S}{N_q}\right)_{\mathrm{dB}}=10\lg\left(\frac{S}{N_q}\right)=20\lg M \tag{7.3.12}$$

由式(7.3.12)可见,量化器的量化信噪比随着量化级数 M 的增加而提高。通常量化级数的选取应根据对量化器的量化信噪比的要求来确定。

上述均匀量化的特点是,无论信号大小如何,量化间隔都相等,量化噪声功率固定不变。因此,均匀量化有一个明显的不足:小信号的量化信噪比太小,不能满足通信质量要求,而大信号的量化信噪比较大,远远地满足要求。通常,把满足信噪比要求的输入信号取值范围定义为动态范围,可见,均匀量化时的信号动态范围受到较大的限制。产生这一现象的原因是无论信号大小如何,均匀量化的量化间隔 Δ 为固定值。为了解决小信号的量化信噪比太小这个问题,若仍采用均匀量化,需要减小量化间隔,即增加量化级数,但是量化级数 M 过大时,一是大信号的量化信噪比更大,二是使编码复杂,三是使信道利用率下降。为了克服均匀量化的缺点,实际中,往往采用非均匀量化。

7.3.2 非均匀量化

非均匀量化根据信号的不同区间来确定量化间隔,即量化间隔与信号的大小有关。当信号幅度小时,量化间隔小,其量化误差也小;当信号幅度大时,量化间隔大,其量化误差也大。它与均匀量化相比,有两个突出的优点:首先,当输入量化器的信号具有非均匀分布的概率密度(实际中常常是这样的)时,非均匀量化器的输出端可以得到较高的平均信号量化噪声功率比;其次,非均匀量化时,量化噪声功率的均方根值基本上与信号采样值成比例。因此,量化噪声对大、小信号的影响大致相同,即改善了小信号时的信号量噪比。

在实际应用中,非均匀量化的实现方法通常是采用压缩扩张技术,其特点是在发送端将采样值进行压缩处理后再均匀量化,在接收端进行相应的扩张处理,采用压扩技术的PCM系统框图如图7.9所示。

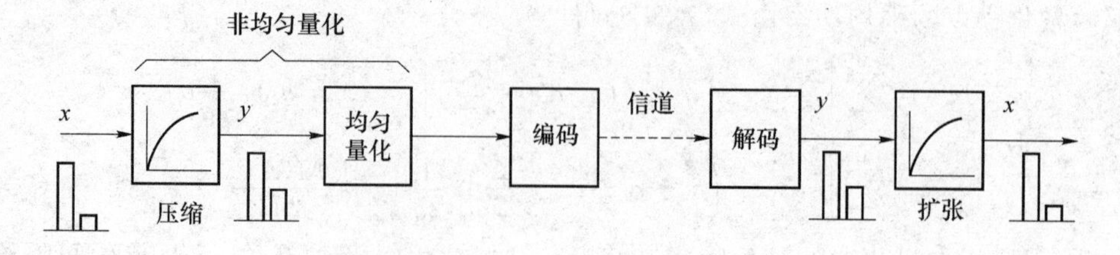

图7.9 采用压扩技术的PCM系统框图

所谓压缩实际上是对大信号进行压缩,而对小信号进行放大的过程。信号经过这种非线性压缩电路处理后,改变了大信号和小信号之间的比例关系,使大信号的比例基本不变或变得较小,而小信号相应地按比例增大,即“压大补小”。在接收端将收到的相应信号进行扩张，以恢复原始信号对应关系。压缩特性和扩展特性示意图如图7.10所示。

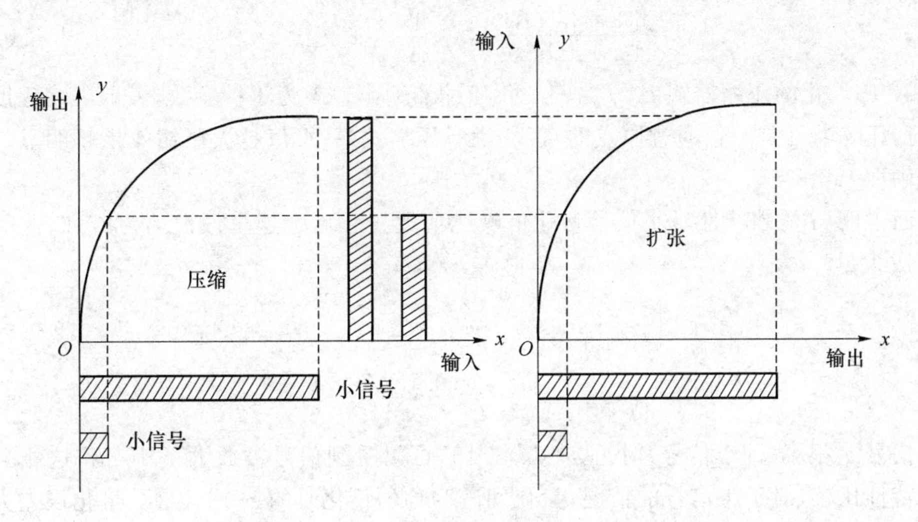

图7.10　压缩特性和扩张特性示意图

寻找一种什么样的函数关系 $y=f(x)$ 来满足上述的压缩特性？一般来说，压缩特性的选取与信号的统计特性有关。理论上，具有不同概率分布的信号都有一个相对应的最佳压缩特性，使量化噪声达到最小。但在实际应用时还应考虑压缩特性易于电路实现以及压缩特性的稳定性等问题。目前在数字通信系统中采用的有 μ 压缩律和 A 压缩律两种对数压缩特性，它们接近于最佳特性并且易于进行二进制编码。美国和日本采用 μ 压缩律，我国和欧洲各国采用 A 压缩律。下面分别介绍 μ 压缩律和 A 压缩律的原理。这里只讨论 $x\geqslant0$ 的范围，$x\leqslant0$ 的关系曲线和 $x\geqslant0$ 的关系曲线是以原点奇对称的。

1. μ 压缩律

所谓 μ 压缩律就是压缩器的压缩特性具有如下关系：

$$y=\frac{\ln(1+\mu x)}{\ln(1+\mu)},\quad 0\leqslant x\leqslant1 \tag{7.3.13}$$

式中，x 和 y 分别表示归一化的压缩器输入和输出电压，即

$$x=\frac{\text{压缩器的输入电压}}{\text{压缩器可能的最大输入电压}},y=\frac{\text{压缩器的输出电压}}{\text{压缩器可能的最大输出电压}}$$

μ 为压缩参数，表示压缩程度。μ 越大，压缩效果越明显。$\mu=0$ 对应于均匀量化。一般取 $\mu=100$左右，也有取 $\mu=255$ 的。在小输入电平时，即 $\mu x\ll1$ 时，μ 的特性近似于线性，而在高输入电平，即 $\mu x\gg1$ 时，μ 的特性近似为对数关系。

2. A 压缩律

所谓 A 压缩律就是压缩器的压缩特性具有如下关系：

$$y=\begin{cases}\dfrac{Ax}{1+\ln A}, & 0\leqslant x\leqslant \dfrac{1}{A}\\[2ex] \dfrac{1+\ln (Ax)}{1+\ln A}, & \dfrac{1}{A}\leqslant x\leqslant 1\end{cases} \tag{7.3.14}$$

式中,x 为归一化的压缩器输入,y 为归一化压缩器输出。A 为压扩参数,表示压缩程度。当 $A=1$ 时,压缩特性是一条通过原点的直线,没有压缩效果;A 值越大压缩效果越明显。在国际标准中取 $A=87.6$。

下面说明 A 压缩特性对小信号量化信噪比的改善程度。这里假设 $A=87.6$,此时可得到 x 的放大量

$$\frac{\mathrm{d}y}{\mathrm{d}x}=\begin{cases}\dfrac{A}{1+\ln A}=16, & 0\leqslant x\leqslant \dfrac{1}{A}\\[2ex] \dfrac{A}{(1+\ln A)Ax}=\dfrac{0.1827}{x}, & \dfrac{1}{A}\leqslant x\leqslant 1\end{cases} \tag{7.3.15}$$

当信号 x 很小(即小信号)时,从式(7.3.15)可以看到信号被放大了 16 倍,这相当于与无压缩特性比较,对于小信号的情况,量化间隔为均匀量化时的 1/16,因此,量化误差大大减低。而对于大信号的情况,例如 $x=1$,量化间隔比均匀量化时增大了 5.47 倍,量化误差增大了。这样实际上就实现了“压大补小”的效果。

前面只讨论了 $x\geqslant 0$ 的范围,实际上 x 和 y 均在(−1,+1)之间变化,因此 x 和 y 的对应关系曲线是在第一象限和第三象限奇对称。

3. 数字压扩技术

由式(7.3.13)得到的 μ 律压扩特性和按式(7.3.14)得到的 A 律压扩特性都是连续曲线,μ 和 A 的取值不同其压扩特性亦不同,而在电路上实现这样的函数规律是相当复杂的。为此,人们提出了数字压扩技术,所谓数字压扩是利用数字电路形成许多折线来近似非线性压缩曲线(A 律或 μ 律)从而达到压扩目的。目前,有两种常用的数字压扩技术:一种是 13 折线 A 律压扩,它的特性近似 $A=87.6$ 的 A 律压扩特性;另一种是 15 折线 μ 律压扩,其特性近似 $\mu=255$ 的 μ 律压扩特性。A 律 13 折线主要用于中国和欧洲各国,μ 律 15 折线主要用于美国、加拿大和日本等国。ITU-T 建议 G.711 规定上述两种折线近似压缩律为国际标准,且在国际间数字系统相互连接时,要以 A 律为标准。下面主要介绍 13 折线 A 律压扩技术,简称 13 折线法。关于 15 折线 μ 律压扩请读者阅读有关文献。

国际通用的 A 律 13 折线压缩特性如图 7.11 所示。图中的 x 和 y 分别表示归一化输入和输出。构成折线的方法是:

(1) 对 x 轴在 0~1(归一化)范围内不均匀分成 8 段,分段的规律是每次以 1/2 对分,第一次在 0 到 1 之间的 1/2 处对分,第二次在 0 到 1/2 之间的 1/4 处对分,第三次在 0 到 1/4 之间的 1/8 处对分,其余类推。可以得到分段点为$\frac{1}{2},\frac{1}{4},\frac{1}{8},\frac{1}{16},\frac{1}{32},\frac{1}{64},\frac{1}{128}$。

(2) 对 y 轴在 0~1(归一化)范围内采用均匀分段方式,均匀分成 8 段,每段间隔均为 1/8。

(3) 将 x,y 各个对应段的交点连接起来,构成 8 个折线段。

以上得到的是第一象限的折线,由于语音信号是双极性信号,因此在负方向也有与正方

向对称的一组折线。由于靠近零点的负方向与正方向的第 1、2 段斜率都等于 16，可以合并为一条折线，因此，正、负双向共有 13 段折线，故称其为 13 折线。在原点上，折线的斜率等于 16，而由式(7.3.15)知 A 律曲线在原点的斜率等于$\dfrac{A}{1+\ln A}$，令两者相等，可得 $A=87.6$。因此，可以用 13 折线来逼近 $A=87.6$ 的压扩特性。表 7.1 为 13 折线分段时的 x 值和 A 律压扩特性($A=87.6$)的 x 值的比较表。

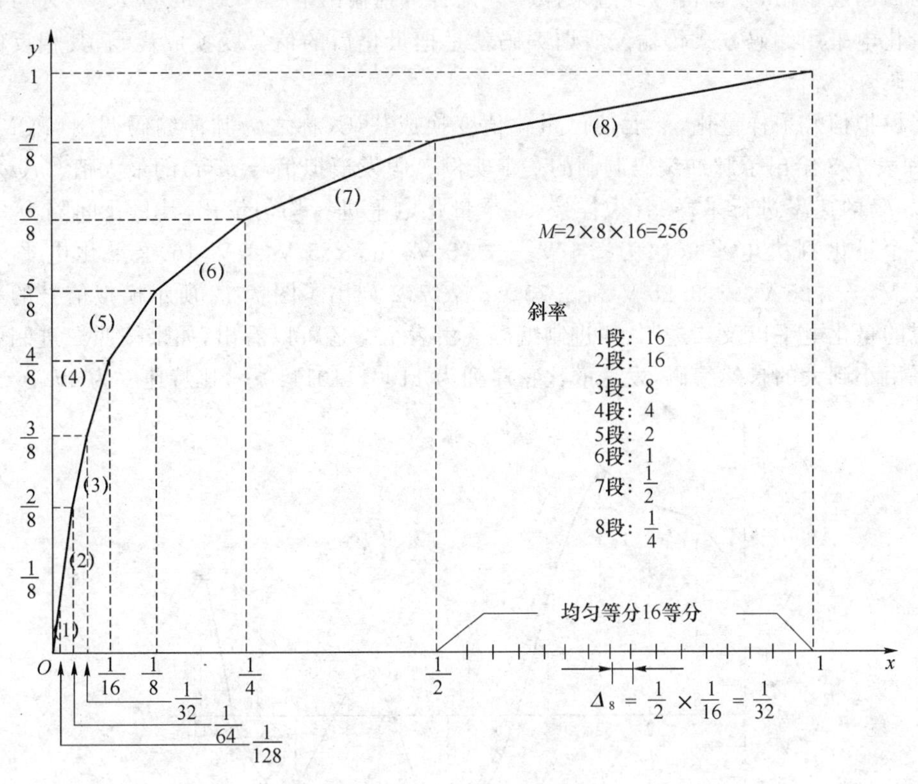

图 7.11　A 律 13 折线压扩特性

表 7.1　13 折线分段时的 x 值和 A 律压扩特性($A=87.6$)的 x 值的比较表

y	0	$\frac{1}{8}$	$\frac{2}{8}$	$\frac{3}{8}$	$\frac{4}{8}$	$\frac{5}{8}$	$\frac{6}{8}$	$\frac{7}{8}$	1
A 律压扩曲线的 x	0	$\frac{1}{128}$	$\frac{1}{60.6}$	$\frac{1}{30.6}$	$\frac{1}{15.4}$	$\frac{1}{7.79}$	$\frac{1}{3.93}$	$\frac{1}{1.98}$	1
按折线分段的 x	0	$\frac{1}{128}$	$\frac{1}{64}$	$\frac{1}{32}$	$\frac{1}{16}$	$\frac{1}{8}$	$\frac{1}{4}$	$\frac{1}{2}$	1

段落序号	1	2	3	4	5	6	7	8
斜率	16	16	8	4	2	1	1/2	1/4

表 7.1 中第二行的 x 值是根据 $A=87.6$ 时计算得到的，第三行的 x 值是 13 折线分段时的值。可见，13 折线各段落的分界点与 $A=87.6$ 压扩特性的曲线十分逼近。

7.4 脉冲编码调制

前面已经指出,模拟信号经过采样和量化后得到输出电平序列$\{m_q(kT_s)\}$,才可以将每一个量化电平用编码方式传输。所谓编码就是把量化后的信号变换成代码,其相反的过程称为解码。

将模拟信号采样量化,然后使已量化值变换成代码,称之为脉冲编码调制(PCM)。图7.12和表7.2给出了脉冲编码调制的一个实例。假设模拟信号$m(t)$的最大值$|m(t)|$小于4 V,以f_s的速率进行采样,且采样按16个量化电平进行均匀量化,其量化间隔为0.5 V。因此各个量化判决电平依次为-4 V,-3.5 V,…,3.5 V,4 V,16个量化电平分别为-3.75 V,-3.25 V,…,3.25 V和3.75 V。表7.2列出了图7.12所示模拟信号的采样值和相应的量化电平以及二进制、四进制编码。由表7.2还可以看出,如果按照二进制脉冲编码电平由小到大的自然编码,发送的比特序列为110011101110…,比特速率为$4f_s$。

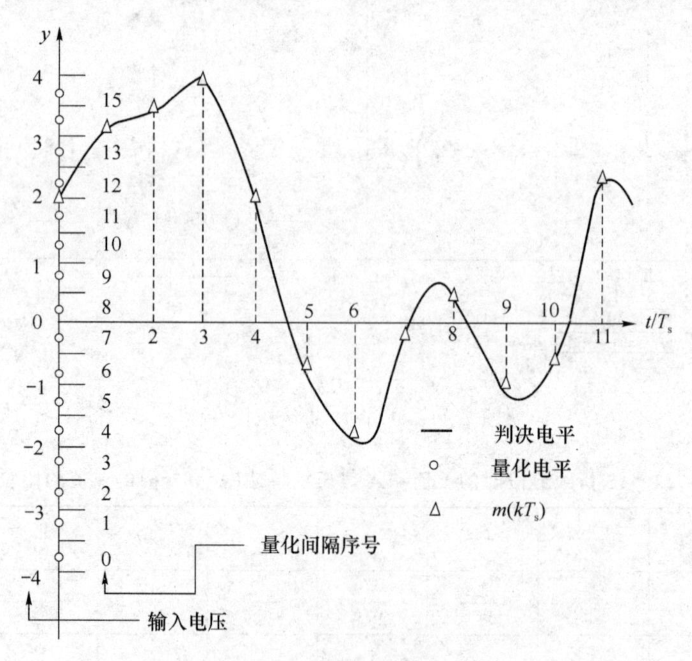

图7.12 PCM举例

表7.2 模拟信号的量化和编码

模拟信号的采样值/V	2.1	3.2	3.4	3.9	1.9	−0.75	−1.76	−0.2	0.4
量化电平/V	2.25	3.25	3.25	3.75	1.75	−0.75	−1.75	−0.25	0.25
量化间隔序号	12	14	14	15	11	6	4	7	8
二进制编码	1100	1110	1110	1111	1011	0110	0100	0111	1000
四进制编码	30	32	32	33	23	12	10	13	20

可以看出，脉冲编码调制能将模拟信号变换成数字信号，它是实现模拟信号数字传输的重要方法之一。在讨论编码原理以前，需要明确常用的编码码型及码位数的选择和安排。

7.4.1 自然二进制码和折叠二进制码

常用的二进制码型有自然二进制码和折叠二进制码两种。以4位二进制码为例，将这两种编码列于表7.3中，在表中16个量化值分成两部分。第0至第7个量化值对应于负极性电平；第8至第15个量化值对应于正极性电平。显然可见，对于自然二进制码，这两部分之间没有什么联系。但是，对于折叠二进制码则不然，除了其最高位符号相反外，其上下两部分还呈现映像关系，或称折叠关系。这种码在应用时可以用最高位表示电平的极性正负，而用其他位来表示电平的绝对值。也就是说，在用最高位表示极性后，双极性信号可以采用单极性编码的方法处理，从而使编码电路和编码过程大大简化。

表7.3　常用的二进制码型

量化电平极性	量化级序号	自然二进码	折叠二进码
正极性部分	15	1111	1111
	14	1110	1110
	13	1101	1101
	12	1100	1100
	11	1011	1011
	10	1010	1010
	9	1001	1001
	8	1000	1000
负极性部分	7	0111	0000
	6	0110	0001
	5	0101	0010
	4	0100	0011
	3	0011	0100
	2	0010	0101
	1	0001	0110
	0	0000	0111

折叠二进码的另一个优点是误码对小信号影响较小。比如一个小信号码组1000，在传输或处理过程中发生1个符号错误，变成0000。从表7.3中可见，若它为自然二进码，则误差是8个量化级，若它为折叠二进码，则误差只有1个量化级。但是，若一个大信号码组1111，在传输的过程中误为0111，若其为自然码，其误差仍为8个量化级；但若为折叠码，则误差增大为15个量化级。这表明，折叠码对于小信号有利。由于语音信号小幅度出现的概

率大,所以折叠码有利于减小语音信号的平均量化噪声。

基于以上的原因,在 PCM 系统中广泛采用折叠二进码。

无论是自然码还是折叠码,码组中符号的位数都直接和量化值的数目有关。量化间隔越多,量化值也越多,则码组中符号的位数也随之增多,同时,量化信噪比也越大。当然,位数增多后,会使信号的输出量和存储量增大,编码器也将较复杂。在语音通信中,通常采用 8 位的 PCM 编码就能够保证满意的通信质量。

下面结合我国采用 13 折线的编码,介绍一种码位排列方法。

7.4.2 13 折线的码位安排

在 A 律 13 折线编码中,普遍采用 8 位折叠二进码,对应有 $M=2^8=256$ 个量化级,即正、负输入幅度范围内各有 128 个量化级。考虑到正、负双向共有 16 个段落,这需要将每个段落再等分为 16 个量化级。按折叠二进码的码型,这 8 位码的安排如下:

极性码　段落码　段内码

C_1　$C_2C_3C_4$　$C_5C_6C_7C_8$

(1) C_1 称为极性码,表示信号样值的正负极性。正极性时 C_1 为"1",负极性时 C_1 为"0"。

(2) $C_2C_3C_4$ 称为段落码,由于 A 律 13 折线有 8 大段,各个折线段的长度均不相同。为了表示信号样值属于哪一段,要用三位码表示。且由于每一段的起点电平各不相同,如第 1 段为 0,第 2 段为 16 等,因此用这三位段落码既表示不同的段,也表示不同的起点电平。

(3) $C_5C_6C_7C_8$ 称为段内码,用来代表段内等分的 16 个量化级。由于各段长度不同,把它等分为 16 小段后,每一小段的量化值也不同。第 1 段和第 2 段为 $\frac{1}{128}$;等分 16 单位后,每一量化单位为 $\frac{1}{128}\times\frac{1}{16}=\frac{1}{2\,048}$;而第 8 段为 $\frac{1}{2}$,每一量化单位为 $\frac{1}{2}\times\frac{1}{16}=\frac{1}{32}$,如果以第 1、2 段中的每一小段 $\frac{1}{2\,048}$ 作为一个最小的均匀量化级 Δ,则在第 1~8 段落内的每一小段段内均匀量化级依次应为 1Δ、1Δ、2Δ、4Δ、8Δ、16Δ、32Δ、64Δ。它们之间的关系如表 7.4 所示。

表 7.4　各折线段落长度与斜率

各折线段落	1	2	3	4	5	6	7	8
各段落长度(以 Δ 计)	16	16	32	64	128	256	512	1 024
各段内均匀量化级(以 Δ 计)	Δ	Δ	2Δ	4Δ	8Δ	16Δ	32Δ	64Δ
斜率	16	16	8	4	2	1	1/2	1/4

综合上述码位安排,得到段落码和段内码与所对应的段落及电平之间关系表如表 7.5 所示。

表 7.5　段落电平关系表

量化段	电平范围	段落码			起始电平	量化间隔	段内码对应的电平(Δ)			
序号	(Δ)	C_2	C_3	C_4	(Δ)	Δ_i(Δ)	C_5	C_6	C_7	C_8
1	0～16	0	0	0	0	1	8	4	2	1
2	16～32			1	16	1	8	4	2	1
3	32～64		1	0	32	2	16	8	4	2
4	64～128			1	64	4	32	16	8	4
5	128～256	1	0	0	128	8	64	32	16	8
6	265～512			1	256	16	128	64	32	16
7	512～1 024		1	0	512	32	256	128	64	32
8	1 024～2 048			1	1 024	64	512	256	128	64

【例 7.3】　设输入信号采样值 $I_s=+1\ 255\Delta$，写出按 A 律 13 折线编成的 8 位码 $C_1C_2C_3C_4C_5C_6C_7C_8$，并计算量化电平和量化误差。

解　编码过程如下：

(1) 确定极性码 C_1：由于输入信号采样值 I_s 为正，故极性码 $C_1=1$。

(2) 确定段落码 $C_2C_3C_4$。

因为 $1\ 255>1\ 024$，所以位于第 8 段落，段落码为 111。

(3) 确定段内码 $C_5C_6C_7C_8$。

因为 $1\ 255=1\ 024+3\times64+39$，所以段内码 $C_5C_6C_7C_8=0011$，编出的 PCM 码字为 11110011。它表示输入信号采样值 I_s 处于第 8 段序号为 3 的量化级。量化电平取在量化级的中点，则为 $1\ 248\Delta$，故量化误差等于 7Δ。

7.4.3　逐次比较型编解码原理

1. A 律 13 折线编码器

实现编码的具体方法和电路很多，A 律 13 折线编码器目前常采用逐次比较型编码器。它由整流器、极性判决、保持电路、比较判决器及本地解码电路等组成，如图 7.13 所示。

编码器根据输入的采样值脉冲 I_s 编出相应的 8 位二进制折叠码 $C_1C_2C_3C_4C_5C_6C_7C_8$。除第一位极性码外，其他 7 位幅度码是通过逐次比较来确定。预先规定好的一些作为比较用的标准电流(或电压)，用符号 I_w 表示。当采样值脉冲 I_s 到来后，用逐步逼近的方法有规律地用标准值 I_w 和样值脉冲 I_s 比较，每次比较得出一位码，直到得到所有的码元，完成对输入样值的非线性编码。

(1) 极性判决电路

极性判决电路用来确定信号的极性。输入 PAM 信号是双极性信号，当采样值为正时，在位脉冲到来时刻得到“1”码；当采样值为负时，得到“0”码。

(2) 整流器

PAM 信号经整流器后变成单极性信号。

(3) 保持电路

保持电路的作用是在整个比较过程中保持输入信号的幅度不变。由于逐次比较型编码器编 7 位码(极性码除外)需要在一个采样周期 T_s 以内完成 I_s 与 I_w 的 7 次比较,在整个比较过程中都应保持输入信号的幅度不变,因此要求将样值脉冲展宽并保持。

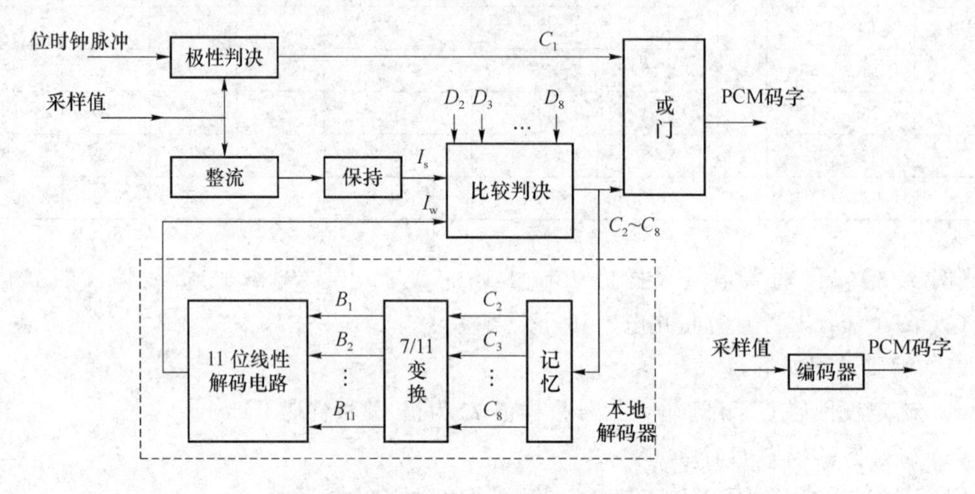

图 7.13　逐次比较型编码器的原理框图

(4) 比较判决器

比较判决器是编码器的核心。它的作用是通过比较样值 I_s 和标准值 I_w 进行非线性量化和编码。当 $I_s > I_w$ 时,得到"1"码,反之得到"0"码。由于在 13 折线法中用 7 位二进制代码来代表幅度码,所以需要对样值进行 7 次比较,其比较是按时序位脉冲 $D_2, \cdots, D_8$ 逐位进行的,根据比较结果形成 $C_2, \cdots, C_8$ 各位幅度码。每次所需的标准值 I_w 均由本地解码电路提供。

段落码标准值的确定以量化段落为单位逐次对分,比如:段落码 C_2 的标准值 I_w 为 128Δ,因为 $C_2=0$ 表示第 1~4 段,$C_2=1$ 表示第 5~8 段。如果已经确定 $C_2=0$,C_3 的标准值为 32Δ,因为 $C_3=0$ 表示第 1~2 段,$C_3=1$ 表示第 3~4 段。段落码 $C_2C_3C_4$ 标准值的确定过程如图 7.14 所示。

段内码的标准值以段内的量化级为单位逐次对分,具体方法与段落码标准值的确定过程类似。

(5) 本地解码电路

本地解码电路的作用是产生比较判决器所需的标准值。它包括记忆电路、7/11 变换电路和 11 位线性解码电路。记忆电路用来寄存 7 位二进代码,除 C_2 码外,其余各次比较都要依据前几次比较的结果来确定标准值 I_w。因此,7 位码字中的前 6 位状态均应由记忆电路寄存下来。

7/11 变换电路是将 7 位非线性幅度码 $C_2 \sim C_8$ 变换成 11 位线性幅度码 $B_1 \sim B_{11}$。$B_1 \sim B_{11}$ 各位码的权值如表 7.6 所示。

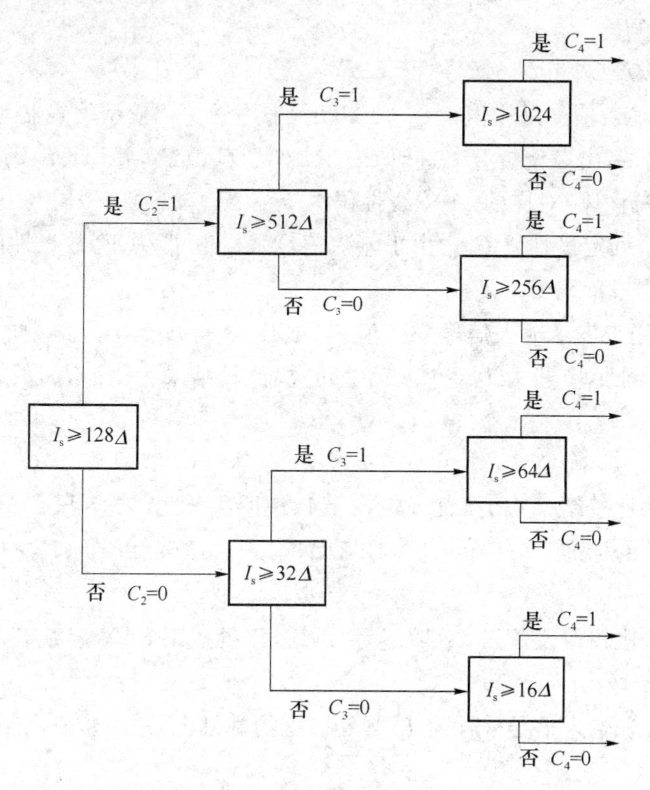

图 7.14　段落码标准值的确定过程

表 7.6　$B_1 \sim B_{11}$ 各位码的权值

幅度码	B_1	B_2	B_3	B_4	B_5	B_6	B_7	B_8	B_9	B_{10}	B_{11}
权值(Δ)	1 024	512	256	128	64	32	16	8	4	2	1

由于 A 律 13 折线编码得到 7 位幅度码，加至记忆电路的码也只有 7 位，而线性解码电路需要 11 个基本的权值支路，即 $B_1 \sim B_{11}$ 各位码的权值，这就要求有 11 个控制脉冲对其控制。因此，需通过 7/11 逻辑变换电路将 7 位非线性码转换成 11 位线性码。11 位线性解码电路利用 11 个基本的权值支路来产生各种标准值 I_w。确定 $C_2 \sim C_8$ 的标准值等于几个基本权值相加，因此，需要进行 7/11 变换。

非线性码与线性码的变换原则是：变换前后非线性码与线性码的码字电平相同。

① 非线性码的码字电平，即编码器输出非线性码所对应的电平，也称为编码电平，用 I_C 表示。

$$I_C = I_{B_i} + (2^3 C_5 + 2^2 C_6 + 2^1 C_7 + 2^0 C_8)\Delta_i \tag{7.4.1}$$

其中，I_{B_i} 表示段落码对应的段落起始电平，Δ_i 表示该段落内的量化间隔。编码电平与采样值的差值称为编码误差。需要注意的是，编码电平是量化级的最低电平，它比量化电平低 $\Delta_i/2$。

② 线性码的码字电平表示为 I_{CL}

$$I_{CL}=(1\,024B_1+512B_2+256B_3+\cdots+2B_{10}+B_{11})\Delta \tag{7.4.2}$$

其中,Δ 表示量化单位。

下面通过一个例子来说明编码过程。

【例7.4】 设输入信号采样值 $I_s=+1\,255\Delta$,采用逐次比较型编码器,按 A 律13折线编成8位折叠二进码,写出8位折叠二进码 $C_1C_2C_3C_4C_5C_6C_7C_8$,并计算编码电平,写出7位非线性幅度码(不含极性码)对应的11位线性码。

解 (1) 首先,确定极性码 C_1。由于输入信号采样值 I_s 为正,故极性码 $C_1=1$。

(2) 然后,确定段落码 $C_2C_3C_4$。

段落码 C_2 是用来表示输入信号采样值 I_s 处于13折线8个段落中的前四段还是后四段,故确定 C_2 的标准值应选为 $I_w=128\Delta$。第一次比较结果为 $I_s>I_w$,故 $C_2=1$,说明 I_s 处于后四段。

C_3 是用来进一步确定 I_s 处于5~6段还是7~8段,故确定 C_3 的标准值应选为 $I_w=512\Delta$。第二次比较结果为 $I_s>I_w$,故 $C_3=1$,说明 I_s 处于7~8段。

同理,确定 C_4 的标准值应选为 $I_w=1\,024\Delta$,第三次比较结果为 $I_s>I_w$,所以 $C_4=1$,说明 I_s 处于第8段。

经过以上三次比较得段落码 $C_2C_3C_4$ 为"111",I_s 处于第8段,起始电平为 $1\,024\Delta$。

(3) 最后,确定段内码 $C_5C_6C_7C_8$。

段内码是在已知输入信号采样值 I_s 所处段落的基础上,进一步表示 I_s 在该段落的哪一量化级。

由于第8段的16个量化间隔均为 64Δ,故确定 C_5 的标准值应选为 I_w=段落起始电平+8×量化间隔$=1\,024+8\times64=1\,536\Delta$。第四次比较结果为 $I_s<I_w$,故 $C_5=0$,可知 I_s 处于前8级(0~7量化间隔)。

同理,确定 C_6 的标准值为 $I_w=1\,024+4\times64=1\,280\Delta$。第五次比较结果为 $I_s<I_w$,故 $C_6=0$,表示 I_s 处于前4级(0~4量化间隔)。

确定 C_7 的标准值为 $I_w=1\,024+2\times64=1\,152\Delta$。第六次比较结果为 $I_s>I_w$,故 $C_7=1$,表示 I_s 处于2~3量化间隔。

最后,确定 C_8 的标准值为 $I_w=1\,024+3\times64=1\,216\Delta$。第七次比较结果为 $I_s>I_w$,故 $C_8=1$,表示 I_s 处于序号为3的量化间隔。

由以上过程可知,非均匀量化和编码实际上是通过非线性编码一次实现的。经过以上7次比较,编出的PCM码字为11110011。它表示输入信号采样值 I_s 处于第8段序号为3的量化级,因此编码电平为

$$I_C=I_{B_i}+(2^3C_5+2^2C_6+2^1C_7+2^0C_8)\Delta_i=1\,024\Delta+3\times64\Delta=1\,216\Delta$$

由于非线性码与线性码的变换原则是变换前后非线性码与线性码的码字电平相同,所以根据式(7.4.2)可知:将编码电平从十进制变换为二进制,就得到等效的11位线性码。

因为$(1216)_{10}=(10011000000)_2$,所以7位非线性码1110011对应的11位线性码为10011000000。

2. A 律 13 折线解码器

解码器的作用是把收到的 PCM 信号还原成相应的 PAM 样值信号，即进行 D/A 变换。还原出的样值信号电平为量化电平，它近似等于原始的 PAM 样值信号，但存在一定的误差，即量化误差。A 律 13 折线解码器原理如图 7.15 所示。它与逐次比较型编码器中的本地解码器基本相同，所不同的是增加了极性控制部分，并用带有寄存器读出的 7/12 位码变换电路代替了本地解码器中的 7/11 位码变换电路。

串/并变换记忆电路的作用是将接收的串行 PCM 码变为并行码，并记忆下来。极性控制部分的作用是根据接收到的极性码 C_1 是"1"还是"0"来控制解码后 PAM 信号的极性，恢复原信号极性。

解码器中采用 7/12 变换电路，它和编码器中的本地解码器采用的 7/11 变换类似。但是需要指明的是：7/11 变换是将 7 位非线性码转变为 11 位线性码，使得量化误差有可能大于本段落量化间隔的一半。7/12 变换为了保证最大量化误差不超过 $\Delta_i/2$，人为地补上了半个量化级，即 $\Delta_i/2$。所以解码器输出的电平称为解码电平（即量化电平），用 I_D 表示。

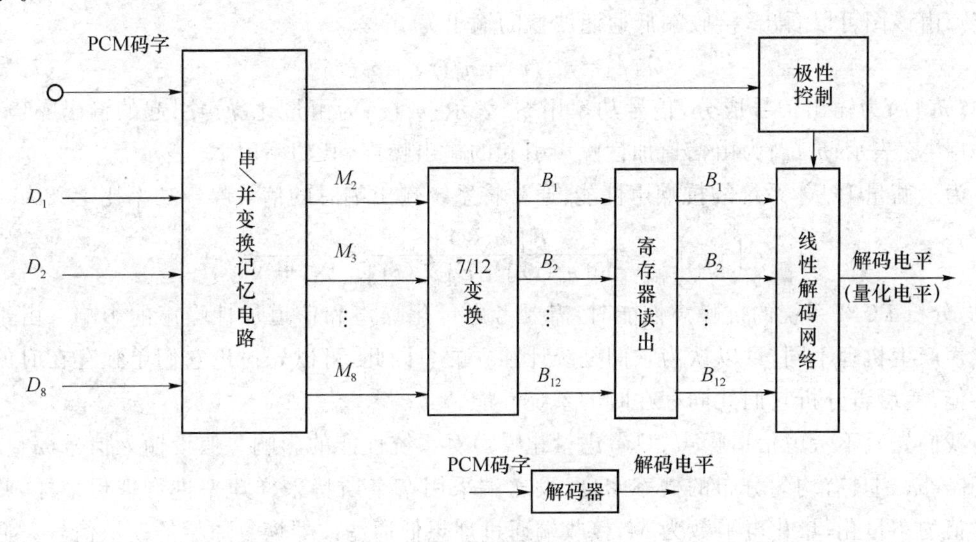

图 7.15　解码器的原理图

$$I_D = I_C + \Delta_i/2 = I_{B_i} + (2^3 C_5 + 2^2 C_6 + 2^1 C_7 + 2^0 C_8 + 2^{-1})\Delta_i \tag{7.4.3}$$

解码器输出的解码电平和样值之差称为解码误差（即量化误差）。

寄存器读出电路是将输入的串行码在存储器中寄存起来，待全部接收后再一起读出，送入解码网络，实质上是进行串/并变换。12 位线性解码电路与编码器中解码网络类同。它是在寄存器读出电路的控制下，输出相应的 PAM 信号。

【例 7.5】 采用 13 折线 A 律编解码电路，设接收端收到的码字为"01010011"，最小量化单位为 1 个单位。试计算解码器输出的解码电平。

解　极性码为 0，所以极性为负。

段落码为101,段内码为0011,所以信号位于第6段落序号为3的量化级。由表7.5可知,第6段落的起始电平为256Δ,量化间隔为16Δ。由题意知,$\Delta=1$。

因为解码器输出的量化电平位于量化级的中点,所以解码器输出的解码电平(即量化电平)为

$$-(256+3\times16+8)\Delta=-312\Delta$$

【例7.6】 采用13折线A律编解码电路,设接收端收到的码字为“10000011”,最小量化单位为1个单位。已知段内码为自然二进码,试写出解码电平和7/12变换得到的12位码。

解 因为接收端收到的码字为“10000011”,位于第1段落第3量化级,所以量化电平(即解码电平)为3.5Δ。

因为$(3.5\Delta)_{10}=(00000000011.1)_2$,所以12位码$B_1\sim B_{12}$为000000000111。

7.4.4 PCM系统的抗噪声性能

前面较详细地讨论了脉冲编码调制的原理,下面分析图7.1所示的PCM系统的抗噪声性能。由该图可以看出,接收端低通滤波器的输出为

$$\hat{m}(t)=m_o(t)+n_q(t)+n_e(t) \tag{7.4.4}$$

式中,$m_o(t)$为输出信号成分,信号功率用S_o表示;$n_q(t)$为由量化噪声引起的输出噪声,其功率用N_q表示;$n_e(t)$为由信道加性噪声引起的输出噪声,其功率用N_e表示。

为了衡量PCM系统的抗噪声性能,通常将系统输出端总的信号噪声功率比定义为

$$\left(\frac{S_o}{N_o}\right)_{\text{PCM}}=\frac{E[m_o^2(t)]}{E[n_q^2(t)]+E[n_e^2(t)]}=\frac{S_o}{N_q+N_e} \tag{7.4.5}$$

可见,分析PCM系统的抗噪声性能时,需要考虑量化噪声和信道加性噪声的影响。由于两种噪声产生机理不同,可以认为它们是统计独立的。因此,可以先讨论它们单独存在时的系统性能,然后再分析它们共同存在时的系统性能。

我们先暂不考虑信道噪声,只考虑量化噪声对系统性能的影响。假设输入信号$m(t)$在区间$[-a,a]$具有均匀分布的概率密度,发送端采用奈奎斯特采样速率进行理想采样,并对采样值均匀量化,量化电平数为M,接收端通过理想低通滤波器恢复原始的模拟信号。通过推导,可以得到PCM系统输出端的平均量化信噪比为

$$\frac{S_o}{N_q}=M^2 \tag{7.4.6}$$

如果采用二进制编码,编码位数为k,则

$$\frac{S_o}{N_q}=2^{2k} \tag{7.4.7}$$

可见,PCM系统输出端的量化信噪比随着编码位数k按指数规律增加。

下面再来分析信道加性噪声对PCM系统的影响。信道噪声对PCM系统性能的影响表现在接收端的判决误码上,二进制“1”码可能误判为“0”码,而“0”码可能误判为“1”码。由于PCM信号中每一码字代表着一定的量化值,所以若出现误码,被恢复的量化值将与发送

端原采样值不同，从而引起误差，带来新的输出噪声，即误码噪声。

在假设加性噪声为高斯白噪声的情况下，每一码字中出现的误码可以认为是彼此独立的，并设每个码元的误码率皆为 P_e。另外，考虑到实际中 PCM 的每个码字中出现多于 1 位误码的概率很低，所以通常只需要考虑仅有 1 位误码的码字错误。

假设 PCM 为 k 位二进制码，码字中各个码元所代表的量化采样值不同，与码型有关。以自然二进制码为例，若最低位的 1 码代表 Δ，第 i 位的 1 码代表 $2^{i-1}\Delta(i=1,2,\cdots,k)$。因此，第 i 位码元发生误码，则误差为 $\pm(2^{i-1}\Delta)$，产生的噪声功率为 $(2^{i-1}\Delta)^2$。由于已经假设每位码元所产生的误码率均为 P_e，所以由误码产生的平均功率为

$$N_e = P_e \sum_{i=1}^{k} (2^{i-1}\Delta)^2 = \Delta^2 P_e \frac{2^{2k}-1}{3} \approx \Delta^2 P_e \frac{2^{2k}}{3} \tag{7.4.8}$$

同时考虑量化噪声和信道加性噪声时，由式(7.4.7)和式(7.4.8)得到 PCM 系统输出端的总信噪功率比为

$$\left(\frac{S_o}{N_o}\right)_{PCM} = \frac{S_o}{N_q + N_e} = \frac{(S_o/N_q)}{1+4P_e 2^{2k}} \tag{7.4.9}$$

式中，S_o/N_q 表示 PCM 系统输出端的平均量化信噪比。

由式(7.4.9)可知，在小信噪比的条件下，即 $4P_e 2^{2k} \gg 1$ 时，误码噪声起主要作用，忽略量化信噪比，此时

$$\left(\frac{S_o}{N_o}\right)_{PCM} \approx \frac{S_o}{N_e} = \frac{1}{4P_e} \tag{7.4.10}$$

总信噪比与误码率成反比。

在大信噪比的条件下，即 $4P_e 2^{2k} \ll 1$ 时，可以忽略误码带来的影响，只考虑量化噪声的影响就可以了，此时

$$\left(\frac{S_o}{N_o}\right)_{PCM} \approx \frac{S_o}{N_q} = 2^{2k} \tag{7.4.11}$$

一般说来，基带传输的 PCM 系统中，误码率容易降到 10^{-6} 以下，所以可采用式(7.4.11)来估计 PCM 系统的性能。

【例 7.7】 单路语音信号的最高频率为 4 000 Hz，采样频率为奈奎斯特采样频率，以 PCM 方式传输。采样后按照 256 级量化。设传输信号的波形为矩形脉冲，占空比为 1。计算 PCM 基带信号第一零点带宽。

分析　由第 5 章例 5.2 知，PCM 基带信号第一零点带宽 $B=1/\tau$，所以应该先计算二进制脉冲宽度 τ。

解　因为采样频率为奈奎斯特采样频率，所以

$$f_s = 2f_H = 8\ 000 \text{ Hz}$$

因为量化级数 $M=256$，所以

$$R_B = \log_2 M \cdot f_s = 8 \times 8\ 000 = 64\ 000 \text{ Baud}$$

因为二进制码元速率 R_B 与二进制码元宽度 T_b 也是呈倒数关系的，所以

$$T_b = 1/R_B$$

因为占空比为1,所以$\tau=T_b$,则PCM基带信号第一零点带宽为

$$B=1/\tau=64\,000\ \text{Hz}$$

也可以采用下列思路来计算二进制码元宽度T_b。已知采样频率f_s,可以得到采样间隔T_s。如果二进制编码位数为k,则$k=\log_2 M$,二进制码元宽度$T_b=T_s/k$。

7.5 语音压缩编码

7.5.1 语音压缩编码技术的概念

现有的PCM编码需要采用64 kbit/s的A律或μ律对数压扩的方法,才能符合长途电话传输语音的质量标准。在最简单的二进制基带传输系统中,传送64 kbit/s数字信号的最小频带理论值为32 kHz。而模拟单边带多路载波电话占用的频带仅4 kHz,故PCM占用频带要比模拟单边带通信系统宽很多。因此,在频带宽度严格受限的传输系统中,能传送的PCM电话路数要比模拟单边带通信方式传送的电话路数少得多。这样,对于费用昂贵的长途大容量传输系统,尤其是对于卫星通信系统,采用PCM数字通信方式时的经济性能很难和模拟通信相比较。至于在超短波波段的移动通信网中,由于其频带有限,64 kbit/s的PCM更难以获得应用。因此,几十年来人们一直致力于研究压缩数字化语音频带的工作,也就是在相同质量指标的条件下,努力降低数字化语音数码率,以提高数字通信系统的频带利用率。

通常,人们把话路速率低于64 kbit/s的语音编码方法,称为语音压缩编码技术。常见的语音压缩编码有差值脉冲编码调制(DPCM)、自适应差值脉冲编码调制(ADPCM)、增量调制(DM或ΔM)、自适应增量调制(ADM)、参量编码、子带编码(SBC)等。

如果对语音编码进行分类,可以粗略地分为波形编码、参量编码和混合编码三类。

波形编码是直接对信号波形的采样值或采样值的差值进行编码。PCM、DPCM、ADPCM、DM、ADM等都属于波形编码,其速率通常在16~64 kbit/s。

参量编码是直接提取语音信号的一些特征参量,比如声源、声道的参数,对其进行编码。参量编码通常是对数字化后的信号进行分析,再提取其特征参量,这些参量携带着原信号的主要信息,对它们编码只需较少的比特数,可以大大地压缩信息速率。其速率通常在4.8 kbit/s以下。

混合编码是在参量编码的基础上引入了一些波形编码的特征,在编码率增加不多的情况下,较大幅度地提高了传输语音质量。

一般来说,采用波形编码的系统,压缩率较低,但是其质量几乎与压缩前没有大的变化,它可用于公用通信网;采用参量编码的系统,其压缩率较高而通信质量较差,一般不能用于公用网,它比较适用于军事和保密通信。混合编码质量介于以上两者之间,主要用于

移动网。

下面简单介绍增量调制、差值脉冲编码调制、自适应差值脉冲编码调制和子带编码。

增量调制(ΔM 或 DM)将信号当前样值与前一个采样时刻的量化电平之差进行量化，而且只对这个差值的符号进行编码。因为量化仅限于正和负两个电平，只需要用一个比特来传输一个样值。如果差值为正，则编为“1”；如果差值为负，则编为“0”。只要采样频率足够高，量化间隔大小合适，接收端恢复的信号与原信号非常接近，量化噪声就很小。

差值脉冲编码调制(DPCM)综合了 PCM 和 DM 的特点。它是对“样值与预测值的差值”进行量化，然后用 l 位二进码来表示这个差值。实验表明：在满足通信质量情况下，相对于 PCM，可以大大压缩传输的信息速率。

自适应差值脉冲编码调制(ADPCM)是在 DPCM 的基础上发展起来的。为了尽量减小量化误差，同时为了提高预测值的精确性，在 DPCM 的基础上用自适应量化取代了固定量化，用自适应预测取代了固定预测。自适应量化指量化阶距随信号的变化而变化，使量化误差减小；自适应预测指预测器系数随信号的统计特性而自适应调整，提高了预测信号的精度，从而得到高预测增益。通过这两点改进，大大提高了 ADPCM 系统的编码动态范围和信噪比，从而提高了系统性能。它能在 32 kbit/s 信息速率的条件下达到了 64 kbit/s PCM 系统信息速率的语音质量要求。近年来，它已成为长途传输中一种新型的国际通用的语音编码方法。相应地，ITU-T 也形成了关于 ADPCM 系统的规范建议 G. 721、G. 726 等。

子带编码首先通过若干个带通滤波器把语音信号频带分割成若干个子带，各子带的带宽应以各频段对主观听觉贡献相等的原则来分配；每个比较窄的子带信号用单独的 ADPCM 编码器分别编码。SBC 的主要优点在于可以通过分配给各子带不同的量化间隔和编码比特数以控制信噪比，能够以较低的总码率获得较好的语音质量。子带编码既不是纯波形编码，也不是纯参量编码，它属于混合编码。

7.5.2 差值脉冲编码调制

为了降低数字电话信号的信息速率，办法之一就是采用差分脉冲编码调制(DPCM，Differential PCM)，简称差分脉码调制。DPCM 的主要原理基于预测编码的思想，下面先介绍预测编码的概念。

所谓预测编码就是根据过去的信号样值预测下一个样值，并把预测值与当前采样值之差(此差值称为预测误差)加以量化、编码以后进行传输的方式。

语音信号等连续变化的信号，其相邻采样值之间有一定的相关性，这个相关性使信号中含有冗余信息。由于采样值与其预测值之间有较强的相关性，也就是说，采样值和其预测值非常接近，使此预测误差的可能取值范围比采样值的变化范围小。所以，可以少用几位编码比特来对预测误差编码，从而降低信息传输速率。此预测误差的变化范围较小，它包含的冗余度也小。也就是说，利用减小冗余度的办法，降低了编码速率。

DPCM 系统的原理图如图 7.16 所示。其中 x_n 表示模拟信号的样值。在发送端，首先根据前面的 K 个样值预测当前时刻的样值 $\tilde{x}_n$，得到当前样值 x_n 与预测值 $\tilde{x}_n$ 之间的差值，然后对差值进行量化编码。

预测器输出的预测值 $\tilde{x}_n$ 与其输入样值 x_n' 的关系满足

$$\tilde{x}_n = \sum_{i=1}^{K} a_i x'_{n-i} \tag{7.5.1}$$

这里,a_i 和 K 是预测器的参数,为常数,该式表示 $\tilde{x}_n$ 是先前 K 个样值的加权和。

量化器输入为预测误差为

$$e_n = x_n - \tilde{x}_n \tag{7.5.2}$$

量化器输出为量化后的预测误差 e_{qn},将 e_{qn} 编码成二进制数字序列,通过信道传送到接收端,同时该误差 e_{qn} 与预测值 $\tilde{x}_n$ 相加得到预测器的输入样值 x_n'。

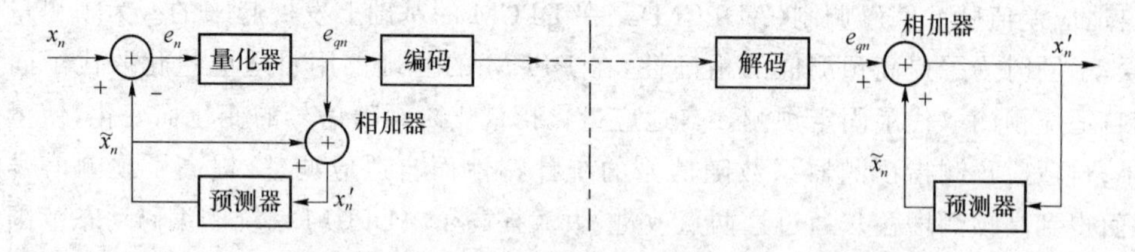

图 7.16 DPCM 系统原理图

在接收端,"预测器和相加器"组成结构和发送端相同,显然,如果信道传输无误码,两个相加器输入端的信号完全相同。

DPCM 系统的量化误差 n_q 定义为输入信号样值 x_n 与输出样值 x'_n 之差,即

$$n_q = x_n - x'_n = (e_n + \tilde{x}_n) - (\tilde{x}_n + e_{qn}) = e_n - e_{qn} \tag{7.5.3}$$

可见,DPCM 的量化误差 n_q 等于量化器的量化误差。量化误差 n_q 与信号样值 x_n 都是随机变量,因此 DPCM 系统量化信噪比可表示为

$$\left(\frac{S_o}{N_q}\right)_{\text{DPCM}} = \frac{E(x_n^2)}{E(n_q^2)} = \frac{E(x_n^2)E(e_n^2)}{E(e_n^2)E(n_q^2)} = G_p\left(\frac{S_o}{N_q}\right)_q \tag{7.5.4}$$

式中,$\left(\frac{S_o}{N_q}\right)_q$ 是把差值序列作为输入信号时量化器的量化信噪比。G_p 可理解为 DPCM 系统相对于 PCM 系统而言的信噪比增益,称为预测增益。

如果能够选择合理的预测规律,差值功率 $E(e_n^2)$ 就能远小于信号功率 $E(x_n^2)$,G_p 就会大于 1,该系统就能获得增益。当 $G_p \gg 1$ 时,DPCM 系统的量化信噪比远大于量化器的量化信噪比。因此,要求 DPCM 系统达到与 PCM 系统相同的信噪比,则可降低对量化器信噪比的要求,即可减小量化级数,从而减少码位数,降低比特率,进而压缩信号带宽。

为了改善 DPCM 的性能,将自适应技术引入量化和预测过程,由此发展成了自适应差分脉码调制(ADPCM,Adaptive DPCM)。

7.5.3 增量调制

增量调制可以看做是 DPCM 的一个特例。它将信号当前样值与前一个采样时刻的

量化电平之差进行量化，而且只对这个差值的符号进行编码。如果差值为正，则编为“1”；如果差值为负，则编为“0”。在接收端，每收到一个“1”码，解码器的输出相对于前一个时刻的值就上升一个量化间隔，每收到一个“0”码，解码器的输出相对于前一个时刻的值就下降一个量化间隔。

如果采样频率很高（远大于奈奎斯特速率），采样间隔很小，那么语音信号的相邻样点之间的幅度变化不会很大，相邻采样值的相对大小（差值）同样能反映模拟信号的变化规律。若将这些差值编码传输，同样可传输模拟信号所含的信息，此差值又称“增量”。这种用差值编码进行通信的方式，就称为“增量调制”，简称为 ΔM 或 DM。

1．增量调制的原理

下面通过图 7.17 来说明“增量调制”的原理。图中，$m(t)$ 代表时间连续变化的模拟信号，可以用一个时间间隔为 $\Delta t(=T_s)$，相邻幅度差为 $+\sigma$ 或 $-\sigma$ 的阶梯波形 $m'(t)$ 来逼近它。前提条件是采样间隔 T_s 足够小，即采样频率 $f_s=1/T_s$ 足够高，且量化阶 σ 足够小。

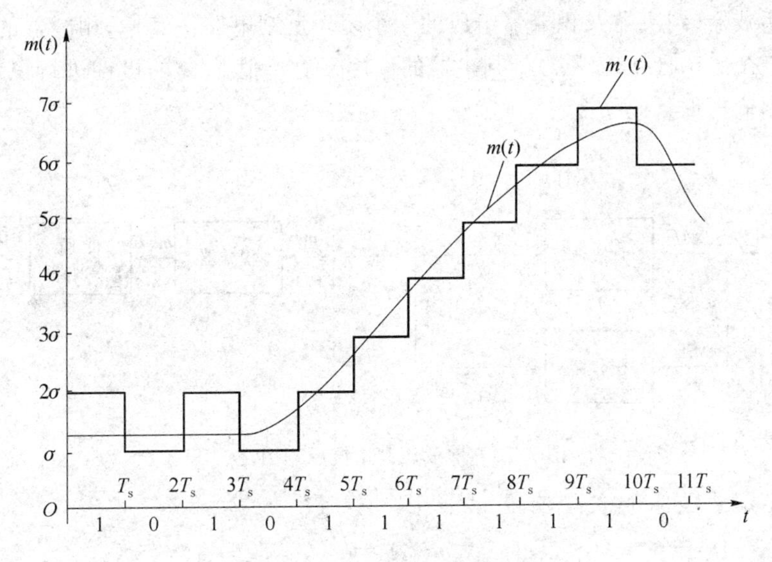

图 7.17　增量编码波形示意图

阶梯波 $m'(t)$ 有两个特点：第一，在每个时间间隔 T_s 内，$m'(t)$ 的幅值不变；第二，相邻间隔的幅值差不是上升一个量化阶（$+\sigma$），就是下降一个量化阶（$-\sigma$）。利用这两个特点，用“1”码和“0”码分别代表 $m'(t)$ 上升或下降一个量化阶，则 $m'(t)$ 就被一个二进制序列 $p(t)$ 表征（见图 7.17 中横轴下面的二进制码序列），从而实现了模/数转换。

容易理解，在接收端可由二进制序列恢复出阶梯波：只要收到“1”码则上升一个量阶，收到“0”码则下降一个量阶。这样解码后，二进制代码变为阶梯波 $m'(t)$。这种功能的解码器可用一个简单的 RC 积分电路来完成，如图 7.18(a)所示。图 7.18(b)表示了当积分器输入 $p(t)$ 为 1101111 时积分器的输出波形。

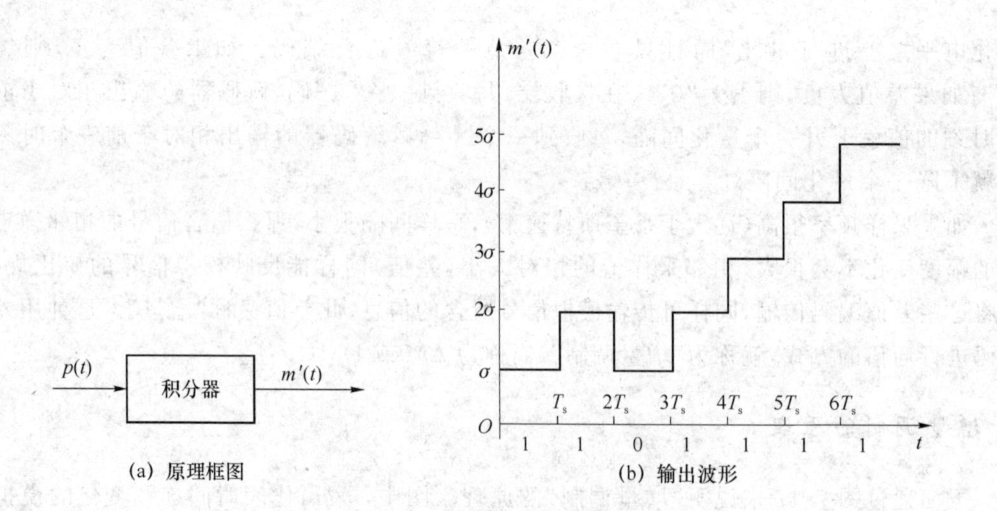

图 7.18 积分器解码原理

从 ΔM 编解码的基本思想出发,可以得到如图 7.19 所示的增量调制系统原理图。发送端编码器是相减器、判决器及积分器组成的一个闭环反馈电路。其中,相减器的作用是取出差值 $e(t)$,使 $e(t)=m(t)-m'(t)$。判决器的作用是对差值 $e(t)$ 的极性进行识别和判决,以便在采样时刻输出增量码 $p(t)$。

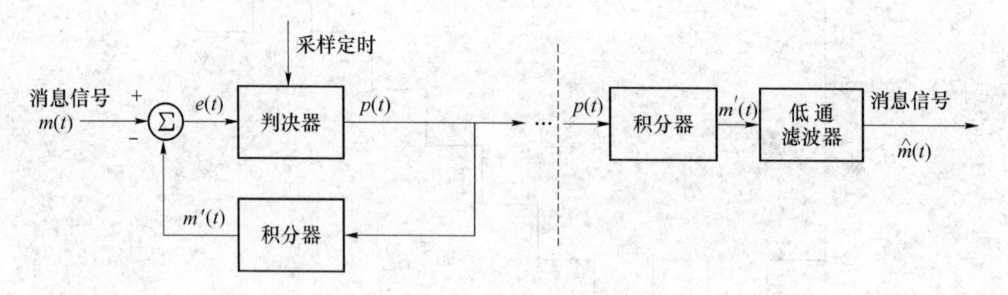

图 7.19 增量调制系统原理图之一

如果在给定采样时刻 t_i 上,有

$$e(t_i)=m(t_i)-m'(t_i)>0 \tag{7.5.5}$$

则判决器输出"1"码。

如果在给定采样时刻 t_i 上,有

$$e(t_i)=m(t_i)-m'(t_i)<0 \tag{7.5.6}$$

则判决器输出"0"码。

接收端解码电路由积分器和低通滤波器组成,用来从 $p(t)$ 恢复出 $m'(t)$。低通滤波器的作用是滤除 $m'(t)$ 中的高次谐波,使输出波形平滑,更加逼近原来的模拟信号 $m(t)$。

由于 ΔM 是前后两个样值差值的量化编码,所以它实际上是最简单的一种 DPCM 方案,预测值仅用前一个样值来代替,即当图 7.16 所示的 DPCM 系统的预测器是一个延迟单元,量化电平取为 2 时,该 DPCM 系统就是一个简单 ΔM 系统,如图 7.20 所示。

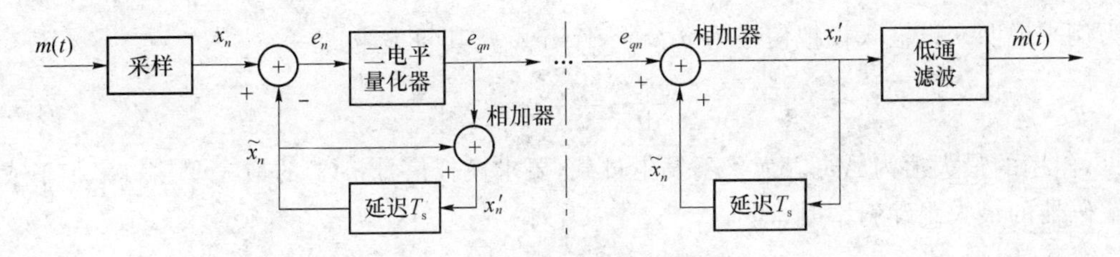

图 7.20　增量调制系统原理图之二

2. 增量调制的过载特性

容易看出，当输入模拟信号 $m(t)$ 斜率陡变时，如果阶梯波 $m'(t)$ 跟不上信号 $m(t)$ 的变化，$m'(t)$ 与 $m(t)$ 之间的误差 $e(t)$ 将明显增大，引起解码后信号的严重失真，这种现象叫过载现象，产生的误差称为过载量化误差，如图 7.21(a)所示，这是在正常工作时必须而且可以避免的噪声。

设采样间隔为 T_s，则一个量阶 σ 上的最大斜率 K 为

$$K=\frac{\sigma}{T_s}=\sigma f_s \tag{7.5.7}$$

称 K 为解码器的最大跟踪斜率。当

$$\frac{\mathrm{d}m(t)}{\mathrm{d}t}>\sigma f_s$$

时，将产生过载现象。显然，为了不发生过载，必须增大 σ 和 f_s。

如果阶梯波 $m'(t)$ 能够跟上输入信号 $m(t)$ 的变化，则不会发生过载现象。这时 $m'(t)$ 与 $m(t)$ 之间仍存在一定的误差 $e(t)$，它局限于 $[-\sigma,\sigma]$ 区间内，这种误差称为一般量化误差，如图 7.21(b)所示。

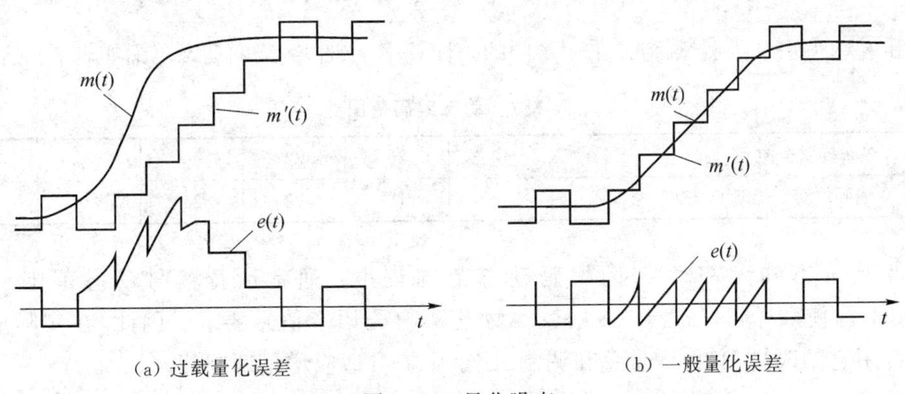

(a) 过载量化误差　　(b) 一般量化误差

图 7.21　量化噪声

从图 7.21 可见，σ 增大，过载量化误差将减少，但是一般量化误差也将增大，因此 σ 值应适当选择。不过，提高 f_s 对减小一般量化误差和过载量化误差都有利。因此 ΔM 系统中的采样频率要比奈奎斯特采样频率高得多。ΔM 系统中采样频率的典型值为 16 kHz 或 32 kHz。

3. 增量调制的动态编码范围

在正常通信中，不希望发生过载现象，这实际上是对输入信号的一个限制。现以正弦信

号为例来说明。设输入模拟信号为$m(t)=A\sin\omega_k t$，其斜率为

$$\frac{dm(t)}{dt}=A\omega_k\cos\omega_k t \tag{7.5.8}$$

可见，斜率的最大值为$A\omega_k$。为了不发生过载，要求模拟信号$m(t)$的最大变化斜率小于或等于解码器的最大跟踪斜率时，即

$$\left|\frac{dm(t)}{dt}\right|_{max}\leqslant\sigma f_s \tag{7.5.9}$$

所以，临界过载振幅(允许的最大信号幅度)为

$$A_{max}=\frac{\sigma f_s}{\omega_k}=\frac{\sigma f_s}{2\pi f_k} \tag{7.5.10}$$

可见，当信号斜率一定时，允许的信号幅度随信号频率的增加而减小，这将导致语音高频段的量化信噪比下降。

同样，对能正常开始编码的最小信号振幅也有要求。当输入信号峰-峰值小于σ时，则增量调制器输出的二进制序列为0和1交替变化的码序列，它无法反映$m(t)$的变化；只有当输入信号峰-峰值大于σ(即信号单峰值大于$\sigma/2$)时，输出的二进制序列才开始随$m(t)$的变化而变化。所以能正常开始编码的最小信号振幅A_{min}为

$$A_{min}=\frac{\sigma}{2} \tag{7.5.11}$$

将编码的动态范围定义为最大允许编码电平A_{max}最小编码电平A_{min}之比，即

$$[D_C]_{dB}=20\lg\frac{A_{max}}{A_{min}} \tag{7.5.12}$$

这是编码器能够正常工作的输入信号振幅范围。将式(7.5.10)和式(7.5.11)代入式(7.5.12)得

$$[D_C]_{dB}=20\lg\left(\frac{\sigma f_s}{2\pi f_k}/\frac{\sigma}{2}\right)=20\lg\left(\frac{f_s}{\pi f_k}\right) \tag{7.5.13}$$

通常采用$f_k=800$ Hz为测试标准，采用不同的采样频率f_s时，编码的动态范围如表7.7所示。

表7.7 动态编码范围

采样频率为f_s/kHz	10	20	32	40	80	100
编码的动态范围D_C/dB	12	18	22	24	30	32

由表7.7可知，ΔM系统的编码动态范围较小。通常话音信号动态范围要求为40～50 dB，即使采样频率$f_s=100$ kHz，ΔM也不符合语音信号要求。因此，在实际应用中的ΔM常用它的改进型，如增量总和调制、数字压扩自适应增量调制等。

4. 增量调制系统的量化信噪比

如前所述，增量调制和PCM相似，在模拟信号的数字化过程中也会带来量化误差$e(t)=m(t)-m'(t)$，它表现为两种形式，即过载量化误差和一般量化误差。由于在正常工作时过载噪声必须而且可以避免，因此这里仅考虑一般量化噪声。下面以图7.19为基础来讨论增量调制系统的量化信噪比。

在不过载情况下，误差$e(t)=m(t)-m'(t)$限制在$(-\sigma,\sigma)$内变化，假定$e(t)$值在

$(-\sigma,+\sigma)$之间均匀分布，即概率密度函数为 $f(e)=\frac{1}{2\sigma}$，则 ΔM 调制的量化噪声的平均功率为

$$E[e^2(t)]=\int_{-\sigma}^{\sigma}e^2 f(e)\mathrm{d}e=\int_{-\sigma}^{\sigma}e^2\frac{1}{2\sigma}\mathrm{d}e=\frac{\sigma^2}{3} \tag{7.5.14}$$

为了便于分析，可近似认为量化噪声的功率谱在$(0,f_s)$频带内均匀分布，则量化噪声的单边功率谱密度为

$$P(f)=\frac{E[e^2(t)]}{f_s}=\frac{\sigma^2}{3f_s} \tag{7.5.15}$$

若接收端低通滤波器的截止频率为 f_m，则经低通滤波器后输出的量化噪声功率为

$$N_q=P(f)f_m=\frac{\sigma^2 f_m}{3f_s} \tag{7.5.16}$$

由此可见，ΔM 系统输出的量化噪声功率与量化台阶 σ 及比值(f_m/f_s)有关，而与信号幅度无关。当然，这一条性质是在未过载的前提下才成立的。

对于频率为 f_k 的正弦信号，由式(7.5.10)可知，在临界条件下，系统将有最大的信号功率输出：

$$S_o=\frac{A_{\max}^2}{2}=\frac{\sigma^2 f_s^2}{8\pi^2 f_k^2} \tag{7.5.17}$$

因此，ΔM 系统最大的量化信噪比为

$$\frac{S_o}{N_q}=\frac{3}{8\pi^2}\frac{f_s^3}{f_k^2 f_m} \tag{7.5.18}$$

它表明 ΔM 系统的量化信噪比与采样频率 f_s 的三次方成正比，f_s 每提高一倍，量化信噪比将提高 9 dB；而量化信噪比与信号频率 f_k 的平方成反比，f_k 每提高一倍，量化信噪比下降 6 dB。对于 ΔM 系统而言，提高采样频率 f_s 将能明显地提高量化信噪比。

7.6 图像压缩编码

人类传递信息的主要媒体是语音和图像，而且在人类接收的信息中，视觉信息约占 70% 以上，可见图像是一种非常重要的信息传递媒体。目前通信业务主要的还是语音业务，但是随着通信的发展，业务将拓广为含语音、数据与图像的多媒体业务。

7.6.1 图像的描述

自然界的图像可分为静止图像和活动图像两类，也可以分为黑白图像和彩色图像。活动图像是时间的函数；彩色图像是波长的函数。图像的信息可由光强度函数 I 描述，可见静止的彩色图像是位置和波长的函数；活动的彩色图像是位置、波长和时间的函数。它们分别表示为

$$I=f(x,y,\lambda) \tag{7.6.1}$$

$$I=f(x,y,\lambda,t) \tag{7.6.2}$$

黑白电视图像不考虑光的波长,强度函数为

$$I=f(x,y,t) \tag{7.6.3}$$

强度函数 I 连续的图像称为模拟图像,例如,目前我国大部分电视仍是模拟图像。随着数字化技术的发展,图像信号数字化描述、存储和传输是必然发展趋势,目前在国际上数字图像正在逐步取代模拟图像,在不久的将来我国的数字电视将逐步取代模拟电视。

7.6.2 模拟图像的数字化

和语音信号的数字化类似,模拟图像的数字化一般包括采样、量化和编码三个步骤。

首先将模拟图像的空间位置通过采样实现离散化,即将一幅图像空间划分成 M(行)×N(列)个小区域,一个小区域称为一个像素(取样点),一幅图像由 $M\times N$ 个像素描述,像素的位置用(x,y)坐标定位;然后将采样值(灰度和色彩)离散化,即将原本是连续变化的样本值量化,通常用 l 位二进码描述灰度和色彩值。从而,一幅数字图像数据量为 $M\times N\times l$ 比特。例如,一秒钟活动视频画面约占 22.12 MB 空间,650 MB 的 CD-ROM 只能播放近 30 秒图像信息;一幅中等分辨率(640 × 480)彩色图像(每像素 24 bit)的数据量约为 7.37 Mbit/帧,如果帧速率为 25 帧/秒,则视频信号的传输速率约为 184 Mbit/s。如此大的数据量和传输速率,即使在现在的技术水平,存储、处理和传输也是比较困难的。因此,对图像数据进行实时压缩和解压缩是非常必要的。

压缩后的数字图像信息传输主要采用数字传输方式,目前数字电视、高清晰度电视和多媒体图像传输中都正努力采用数字传输方式。

7.6.3 图像压缩编码技术

从图像信息本身来说,数据压缩是可能的。首先,原始信源数据存在大量冗余,如运动视频内像素间的空域相关和帧间相关都形成了很大的信源冗余;其次,对每秒显示 25 帧图像的视频信号而言,前后相邻的图像之间一般也具有很强的相似性,表现为时间上的冗余;另外,图像信号离散化后,只要这些离散值出现的概率不相等,就还存在统计冗余,将这些冗余去除或降低可以大大压缩数据量。另外,通过分析人类视觉的生理特性知,人类视觉器官具有某种不敏感性,如人眼的掩盖效应(对边缘变化不敏感),以及对亮度信息敏感而对颜色分辨力弱等,基于这些不敏感性,可以对某些非冗余信息进行压缩,从而大幅度地提高压缩比。一般而言,通过选择适当的数据压缩技术,图像数据量可以压缩到原来的1/10~1/100。

近 20 年来,由于超大规模集成电路(VLSI)和计算机技术的迅速发展,在市场和应用的推动下,视频压缩编码技术取得了巨大进展,下面就几种常用的图像压缩编码方法作简单介绍。

(1) 预测编码

常用的预测编码是差分编码调制(DPCM),其目的是利用邻近像素之间的相关性来压缩数码率，以去除图像数据间的空域冗余度和时间冗余度。它既可在一帧图像内进行帧内预测编码，也可在多帧图像间进行帧间预测编码。由于图像信号是二维的，一个像素与上下左右的像素都有相关性，因此预测是二维的。而对于活动图像，相邻帧之间也有相关性，故可以进行三维预测。

(2) 变换编码

变换编码也是一种降低信源空间冗余度的压缩方法。它利用变换域参数分布特征来实现压缩编码。常用的编码有卡南-洛伊夫变换（K-L 变换）、离散傅里叶变换、离散余弦变换和沃尔什（Walsh）变换等正交变换。由于变换所产生的变换域系数之间的相关性很小，可以分别独立地对其进行处理；而且经变换后，大都能将能量集中在少量变换域系数上，通过量化删去对图像信号贡献小的系数，只用保留的系数来恢复原始图像，并不会引起明显的失真。

在最小均方误差准则下，最佳的正交变换是卡南-洛伊夫变换，其变换后的系数之间是互不相关的。但是由于计算的复杂性和实现上的困难，K-L 变换的实际应用甚少。离散余弦变换（DCT）是一种性能接近 K-L 变换的正交变换，并具有多种快速算法，因而在数据压缩中被广泛地采用。

(3) 熵编码

熵编码旨在去除信源的统计冗余，熵编码不会引起信息的损失，因而又称为无损编码。在视频编码中应用较多的有游程长度编码和霍夫曼编码。

7.7 时分复用

时分复用（TDM，Time division Multiplexing）是利用各信号的采样值在时间上不相互重叠来达到在同一信道中传输多路信号的一种方法。具体来说，把时间分成均匀的时间间隔，将各路信号的传输时间分配在不同的时间间隔内，以达到互相分开的目的，其中每路所占有的时间间隔称为路时隙。

由采样定理可知，采样的一个重要特点是占用时间的有限性，这就可使得多路信号的采样值在时间上互不重叠。在信道上传输时，各路信息的采样只是周期地占用采样间隔的一部分，因此，在分时使用信道的基础上，可用一个信源信息相邻样值间空闲时间区段来传输其他多个彼此无关的信源信息，这样便可构成一种时分多路复用系统。

7.7.1 PCM 时分多路复用系统

PCM 时分多路复用通信系统的原理框图如图 7.22 所示。为简化起见，只给出 3 路复用情况。

各路信号先经低通滤波器（截止频率为 3.4 kHz）LPF 将频带限制在 0.3～3.4 kHz，即防止高于 3.4 kHz 的信号通过，避免采样后的 PAM 信号产生折叠噪声。然后各路语音信号经各自的采样门进行采样,采样间隔均为 $T_s = 125\ \mu s$,采样脉冲出现时刻依次错后,因此各路样值序列在时间上是分开的,从而达到合路的目的。TDM 合路 PAM 波形如图 7.23 所示。

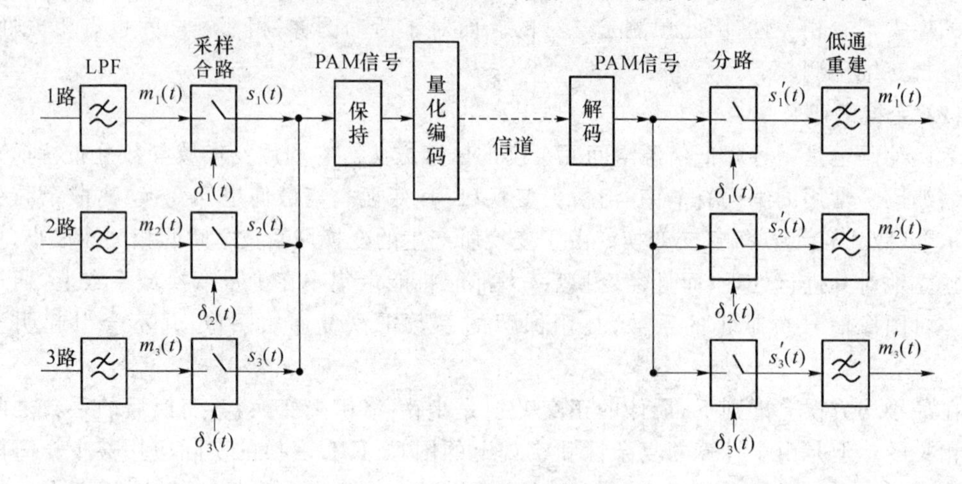

图 7.22　PCM 时分复用原理框图

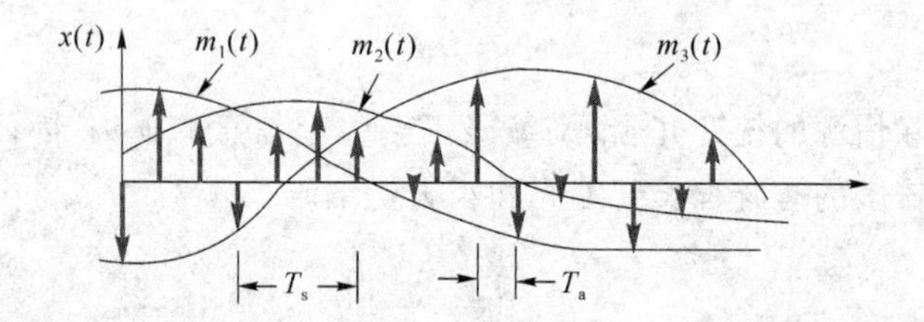

图 7.23　三路时 TDM 合路 PAM 波形

采样时各路每轮一次的时间称为一帧,长度记为 T_s,一帧中相邻两路样值脉冲之间的时间间隔称为路时隙 T_a,$T_a = T_s/n$。图 7.23 中,复用路数 $n=3$,则路时隙 $T_a = T_s/3$。

由于编码需要一定的时间,为了保证编码的精度,要将样值展宽占满整个时隙,因此合路 PAM 信号送到保持电路,它将每一个样值记忆一个路时隙,然后经过量化编码变成 PCM 信码,每一路的码字依次占用一个路时隙。

在接收端,解码后还原成合路 PAM 信号,再经过分路开关把各路 PAM 信号区分开来,最后经过低通滤波器重建原始的语音信号。

以上是以 3 路为例介绍的,一般地,复用的路数是 n 路,道理一样。另外,发送端的 n 个采样门通常用一个旋转开关 K_1 来实现,接收端的 n 个分路门用旋转开关 K_2 来实现,如图 7.24 所示。

时分复用 PCM 系统(TDM-PCM)的二进制代码在每一个采样周期内有 nk 个,这里 n 表示复用路数,$k=\log_2 M$ 表示每个采样值编码的二进制码元位数。M 为对采样值进行量化的量化级数。设各路信号的采样频率为 f_s,则二进制码元速率可以表示为 $R_B = nkf_s$。

【例 7.8】　对 10 路最高频率为 3 400 Hz 的话音信号进行 TDM-PCM 传输,采样频率为 8 000 Hz。采样合路后对每个采样值按照 8 级量化,并编为自然二进码,码元波形是宽度为 τ 的矩形脉冲,且占空比为 0.5。计算 TDM-PCM 基带信号的第一零点带宽。

解　二进制码元的速率为

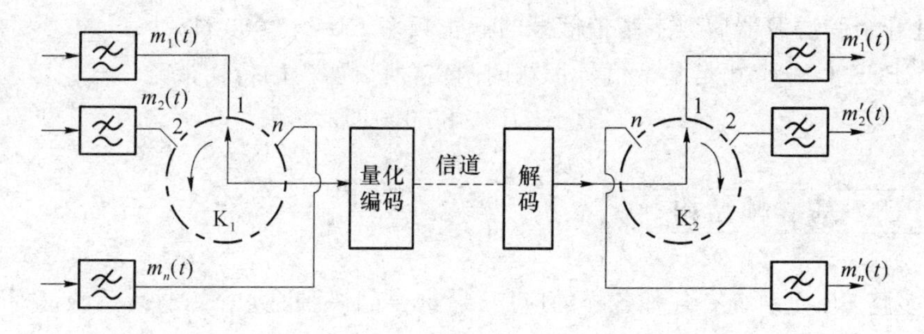

图 7.24　时分多路复用示意图

$$R_B = nkf_s = n \cdot \log_2 M \cdot f_s = 10 \times 3 \times 8\,000 = 240\,000 \text{ Baud}$$

由于二进制码元速率 R_B 与二进制码元宽度 T_b 之间成倒数关系，即

$$T_b = \frac{1}{R_B}$$

因为占空比为 0.5，所以 $\tau = 0.5T_b$，则 PCM 基带信号第一零点带宽为

$$B = 1/\tau = 480\,000 \text{ Hz}$$

【例 7.9】　对 10 路最高频率为 4 000 Hz 的话音信号进行 TDM-PCM 传输，采样频率为奈奎斯特采样频率。采样合路后对每个采样值按照 8 级量化，并编为自然二进码。

(1) 计算传输此 TDM-PCM 信号所需的奈奎斯特带宽；

(2) 如果码元波形是宽度为 τ 的矩形脉冲，且占空比为 0.5，计算 TDM-PCM 基带信号的第一零点带宽；

(3) 如果 PCM 信号通过 $\alpha = 1$ 的升余弦频谱特性的滤波器，再进行 2PSK 调制，计算所需的传输带宽。

解　因为采样频率为奈奎斯特采样频率，所以

$$f_s = 2f_H = 8\,000 \text{ Hz}$$

则二进制码元的速率为

$$R_B = nlf_s = n \cdot \log_2 M \cdot f_s = 10 \times 3 \times 8\,000 = 240\,000 \text{ Baud}$$

(1) 由奈奎斯特第一准则可知

$$\left(\frac{R_B}{B}\right)_{\max} = 2 \text{ Baud/Hz}$$

所以奈奎斯特带宽 $B = 120\,000$ Hz。

(2) 因为二进制码元速率 R_B 与二进制码元宽度 T_b 是成倒数关系的，所以

$$T_b = 1/R_B$$

因为占空比为 0.5，所以

$$\tau = 0.5T_b$$

则 PCM 基带信号第一零点带宽

$$B = 1/\tau = 480\,000 \text{ Hz}$$

(3) 因为

$$\left(\frac{R_B}{B}\right)_{\max} = \frac{2}{1+\alpha} = 1 \text{ Baud/Hz}$$

所以,通过升余弦滤波器后数字基带信号的截止频率 $B=240\ 000$ Hz。

因为 2PSK 信号带宽是基带信号带宽的两倍,所以所需的传输带宽

$$B'=2B=480\ 000\ \text{Hz}$$

7.7.2 PCM 基群帧结构

时分多路 PCM 系统有各种各样的应用,最重要的一种是 PCM 电话系统。对于多路数字电话系统,有两种标准化制式,即 PCM 30/32 路(A 律压扩特性)制式和 PCM 24 路(μ 律压扩特性)制式,并规定国际通信时,以 A 律压扩特性为准(即以 PCM 30/32 路制式为准)。凡是两种制式的转换,其设备接口均由采用 μ 律压扩特性的国家负责解决。通常称 PCM 30/32路和 PCM 24 路时分多路系统为 PCM 基群(即一次群)。我国和欧洲采用 PCM 30/32 路制式,其帧和复帧结构如图 7.25 所示。

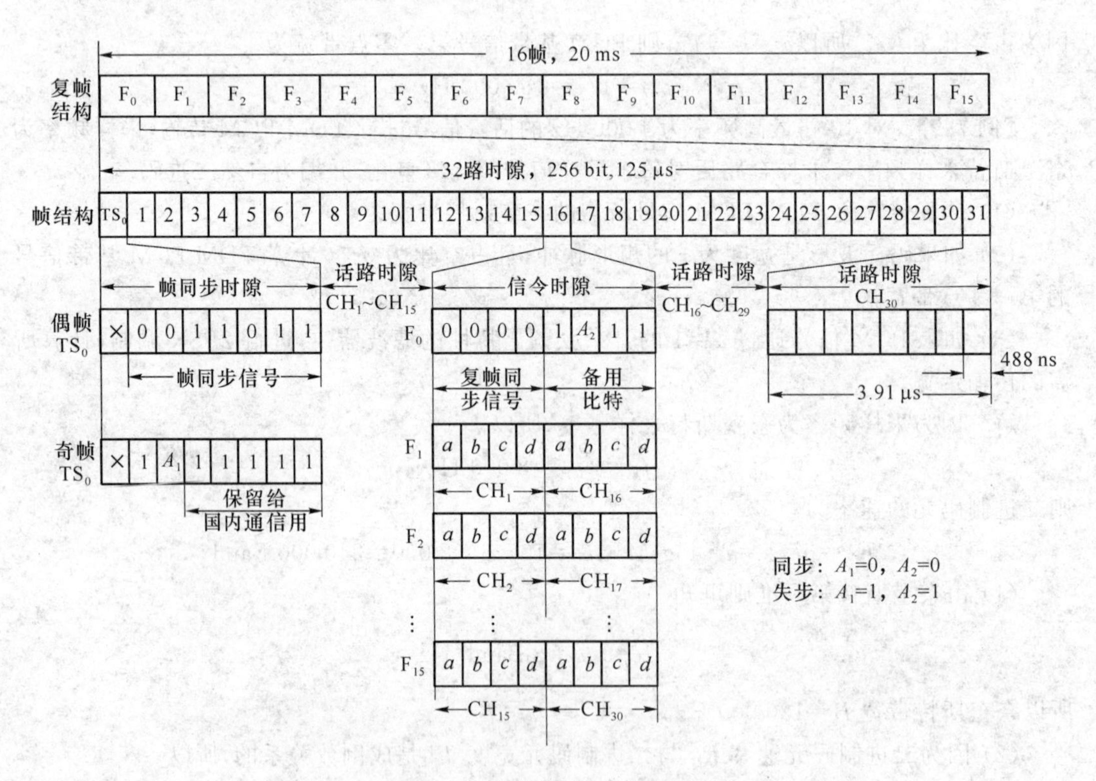

图 7.25 PCM 30/32 路帧和复帧结构

从图 7.25 中可以看到,在 PCM 30/32 路的制式中,由于采样频率为 8 000 Hz,因此,采样周期(即 PCM 30/32 路的帧周期)为 $1/8\ 000=125\ \mu s$;每一帧内包含 32 个路时隙(每个时隙对应 1 个样值,1 个样值编 8 位码),其中包括:

(1) 30 个话路时隙:$TS_1\sim TS_{15}$,$TS_{17}\sim TS_{31}$

$TS_1\sim TS_{15}$ 分别传输第 1~15 路($CH_1\sim CH_{15}$)话音信号,$TS_{17}\sim TS_{31}$ 分别传输第 16~30 路($CH_{16}\sim CH_{30}$)话音信号。在话路时隙中,第 1 比特为极性码,第 2~4 比特为段落码,第 5~8 比特为段内码。

(2) 帧同步时隙：TS_0

为了在接收端正确地识别每帧的开始，以实现帧同步：

偶帧 TS_0——发送帧同步码“0011011”。偶帧 TS_0 的 8 位码中第 1 位码保留给国际用，暂定为“1”，后 7 位为帧同步码。

奇帧 TS_0——发送帧失步告警码。奇帧 TS_0 的 8 位码中第 1 位码保留给国际用，暂定为“1”，第 2 位固定为“1”，以便在接收端区分是偶帧还是奇帧。第 3 位码 A_1 为帧失步时向对端发送的告警码(简称对告码)。当帧同步时，$A_1=0$，帧失步时，$A_1=1$。以便告诉对端，接收端已经出现帧失步，无法工作。其第 4～8 位码可供传送其他信息(如业务联络等)。这几位码未使用时，固定为“1”码。这样，奇帧 TS_0 时隙的码型为“11 $A_1$11111”。

(3) 信令时隙：TS_{16}

为了起各种控制作用，每一路语音信号都有相应的信令信号。由于信令信号频率很低，其采样频率取 500 Hz，即其采样周期为$\frac{1}{500}=125\ \mu s\times 16=16T_s$，而且只编 4 位码(称为信令码或标志信号码)，所以对于每个话路的信令码，只要每隔 16 帧轮流传送一次就够了。将每一帧的 TS_{16} 传送两个话路信令码(前四位码为一路，后四位码为另一路)，这样 15 个帧(F_1～F_{15})的 TS_{16} 可以轮流传送 30 个话路的信令码(具体参见图 7.25)。而 F_0 帧的 TS_{16} 传送复帧同步码和复帧失步告警码。

16 个帧称为一个复帧(F_1～F_{15})。为了保证收、发两端各路信令码在时间上对准，每个复帧需要送出一个复帧同步码，以保证复帧得到同步。复帧同步码安排在 F_0 帧的 TS_{16} 中的前四位，码型为“0000”，另外 F_0 帧的 TS_{16} 时隙的第 6 位 A_2 为复帧失步对告码。复帧同步时，$A_2=0$，复帧失步时，$A_2=1$。第 5、7、8 位码也可供传送其他信息用。如暂不用，则固定为“1”码。需要注意的是信令码 a、b、c、d 不能为全“0”，否则就不能和复帧同步码区分开。

从时间上讲，对于 PCM 30/32 路系统，帧周期为 1/8 000＝125 μs；一个复帧由 16 个帧组成，这样复帧周期为 2 ms；一帧内要时分复用 32 路，则每路占用的时隙为 125 μs/32＝3.9 μs；每时隙包含 8 位码，则每位码元占 488 ns。

从传码率上讲，也就是每秒钟能传送 8 000 帧，而每帧包含 32×8＝256 bit，因此，总传码率为 256 bit/帧×8 000 帧/s＝2 048 kbit/s。对于每个话路来说，每秒钟要传输 8 000 个样值，每个样值编 8 位码，所以可得每个话路数字化后信息传输速率为 8×8 000＝64 kbit/s。

可见，PCM 基群(30/32 路系统)的传输速率为 2.048 Mbit/s，简称 2M 线或 E_1 线。图 7.26 所示为 E_1 线实例图。

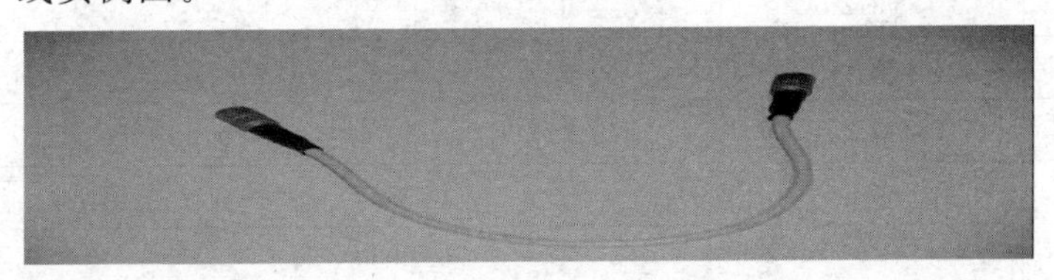

图 7.26　E_1 线实例图

PCM 24 路制式基群帧结构如图 7.27 所示，由 24 路组成，每路话音信号采样速率 $f_s=8\ 000$ Hz，每帧时间间隔为 125 μs。一帧共 24 个时隙。各个时隙从 0 到 23 顺序变化，分别记为 TS_0、TS_1、…、TS_{23}。这 24 路时隙都为话路时隙，每个话路时隙编 8 位码。为了提供帧同步，在 TS_{23} 时隙后面插入 1 比特帧同步码(第 193 比特)。这样，每帧时间间隔 125 μs，共包含193个比特,则每位比特的时间宽度为125 μs/193≈0.647 μs,每路占用的时隙为8×0.647=5.18 μs,信息传输速率为R_b=8 000×(24×8+1)=1.544 Mbit/s。

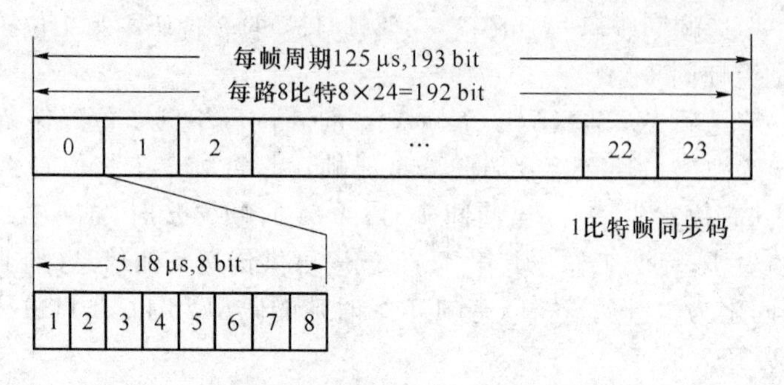

图7.27 PCM 24路帧结构

PCM 24路制式与PCM 30/32路的帧结构不同,12帧构成一个复帧,复帧周期为1.5 ms。12帧中奇数帧的第193比特构成101010帧同步码组。而偶数帧的第193比特构成复帧同步码000111。这种帧结构同步建立时间要比PCM 30/32路帧结构长。

7.7.3 PCM数字复接系列

PCM 30/32路基群和PCM 24路基群所传输的数字话路数比较少,如果要传输更多路数的数字电话,则需要以基群为基础,通过复接,得到二次群、三次群等更高速率的群路信号。

根据不同的需要和不同传输介质的传输能力,要有不同话路数和不同速率的复接,形成一个系列(或等级),由低向高逐级复接,这就是数字复接系列。PCM数字复接系列各等级的信息速率、路数如表7.8所示。基群、二次群、三次群、四次群等为准同步数字系列(PDH),STM-1、STM-4、STM-16、STM-64、STM-256等属于同步数字系列(SDH),STM-N为SDH的第N级同步传输模块。

表7.8 PCM数字复接系列

群路等级	μ律(北美、日本)		A律(欧洲、中国)	
	信息速率/kbit·s^{-1}	路数	信息速率/kbit·s^{-1}	路数
基群	1 544	24	2 048	30
二次群	6 312	96	8 448	120
三次群	3 206或44 736	480或672	34 368	480
四次群	97 728或274 176	1 440或4 032	139 264	1 920
STM-1	155 520			
STM-4	622 080			
STM-16	2 488 320			
STM-64	9 953 280			
STM-256	39 813 120			

在 PDH 中,4 个低次群复接为 1 个高次群。各低次群的信息速率标称值相等,但实际值有一定偏差,需将各低次群信息调整到一个较高的速率后再进行同步复接。复接后的数据流中,除 4 个低次群的所有数据外,还加入了高次群的帧同步码、告警码,以及插入指示码、插入码等,因此高次群信息速率增加的倍数大于话路增加的倍数。这种复接方式称为准同步复接。

在 SDH 中,也是将 4 个低次群复接为 1 个高次群,但各低次群的信息速率完全相同。复接时不需要进行码速调整,也不需要增加其他开销,高次群信息速率增加的倍数与话路增加的倍数相同。这种复接方式称为同步复接。

PDH 中有 A 律和 μ 律两类标准,它们具有不同的帧结构、数据速率,而 STM-1 将 μ 律及 A 律两类 PDH 系列统一起来,从而实现了数字传输体制的全球统一标准。

应该说明的是,各种等级的群路不但可以传输数字电话,也可以传输其他相同速率的数字信号,如可视电话、数字电视等。

小　结

本章主要介绍基于 PCM 的模拟信号数字化技术以及时分复用的相关概念。

脉冲编码调制(PCM)对模拟信号的处理具体包括采样、量化和编码三个步骤。它的功能是完成模/数变换,实现模拟信号的数字化。PCM 通信系统由三部分组成:①发送端的模/数变换,包括采样、量化、编码;②信道;③接收端的数/模变换,包括解码和低通滤波。

采样是将幅度和时间连续的模拟信号变成时间离散幅度连续的样值序列。对于频率受限于 f_H 的低通信号的采样频率应为 $f_s \geqslant 2f_H$。带通信号的采样频率为 $\frac{2f_H}{n+1} \leqslant f_s \leqslant \frac{2f_L}{n}$,其中 n 是一个不超过 f_L/B 的最大整数。采样频率的选择应保证采样信号的周期性频谱无混叠现象。

量化是把模拟信号样值变换到最接近的量化电平的过程。量化分为均匀量化和非均匀量化。均匀量化是指大、小信号的量化间隔相等。它的缺点是在量化级数大小适当时,小信号的量化信噪比太小,不满足要求;而大信号的量化信噪较大,远远地满足要求。解决的办法是采用非均匀量化。非均匀量化的特点是:小信号的量化间隔小,大信号的量化间隔大。非均匀量化是在量化级数 M 不变的前提下,利用适度降低大信号的量化信噪比来提高小信号的量化信噪比,使大、小信号的量化信噪比都满足要求。实现非均匀量化的方法有模拟压扩法和直接非均匀编码法。

编码是用二进制码元来表示有限个量化电平。常用的二进制码型主要有自然二进码和折叠二进码。

PCM 系统中噪声主要有信道噪声和量化噪声两类。两种噪声产生机理不同,可以认为它们是统计独立的。

现有的 PCM 编码需要采用 64 kbit/s 的 A 律或 μ 律对数压扩的方法才能符合长途电话

传输语音的质量标准。通常,人们把话路速率低于64 kbit/s的语音编码方法,称为语音压缩编码技术。常见的语音压缩编码有差值脉冲编码调制(DPCM)、自适应差值脉冲编码调制(ADPCM)、增量调制(DM或ΔM)、自适应增量调制(ADM)、参量编码、子带编码(SBC)等。

时分复用是利用各信号的采样值在时间上占有各自的时隙来达到在同一信道中传输多路信号的一种方法。

时分多路PCM系统有各种各样的应用,最重要的一种是PCM电话系统。对于多路数字电话系统,有两种标准化制式,即PCM 30/32路(A律压扩特性)制式和PCM 24路(μ律压扩特性)制式,并规定国际通信时,以A律压扩特性为准(即以PCM 30/32路制式为准)。

PCM 30/32路系统,从时间上讲,帧周期为1/8 000=125 μs;一个复帧由16个帧组成,这样复帧周期为2 ms;一帧内要时分复用32路,则每路占用的时隙为125 μs/32=3.9 μs;每时隙包含8位码,则每位码元占488 ns。

PCM 30/32路系统,从传码率上讲,每秒钟能传送8 000帧,而每帧包含32×8=256 bit,因此,总传码率为256 bit/帧×8 000帧/s=2 048 kbit/s。对于每个话路来说,每秒钟要传输8 000个样值,每个样值编8位码,所以可得每个话路数字化后信息传输速率为8×8 000=64 kbit/s。

思考题

1. PCM通信系统中的模/数变换和数/模变换分别包含哪几个步骤?
2. 低通信号和带通信号的采样频率如何确定?
3. 什么是奈奎斯特采样速率和奈奎斯特采样间隔?
4. 发生频谱混叠的原因是什么?
5. 量化的目的是什么?
6. 什么是均匀量化?它的缺点是什么?如何解决?
7. 什么是非均匀量化?
8. 语音信号的编码中有哪些常用的码型?折叠二进码有哪些优点?
9. A律13折线的码字中的8位码是如何安排的?
10. PCM系统中影响系统性能的噪声有哪些?
11. 什么是差分脉冲编码调制?什么是增量调制?
12. 什么是语音压缩编码技术?
13. 什么是多路复用?
14. 多路复用技术主要有哪些方法?
15. PCM 30/32路的帧结构中TS_0和TS_{16}的作用有哪些?

习 题

7.1 已知一基带信号$m(t)=\cos 2\pi t+2\cos 4\pi t$,对其进行理想采样。

(1) 为了在接收端能不失真的从已采样信号$m_s(t)$中恢复$m(t)$,试问采样间隔应如何选择?

(2) 若采样间隔取为0.2 s,试画出已采样信号的频谱图。

7.2　已知某信号 $m(t)$ 的频谱 $M(\omega)$ 如图 P7.1(b)所示。将它通过传输函数为 $H_1(\omega)$ 的滤波器后再进行理想采样。

(1) 采样速率应为多少？

(2) 若设采样速率 $f_s=3f_1$，试画出已采样信号 $m_s(t)$ 的频谱。

(3) 接收端的接收网络应具有怎样的传输函数 $H_2(\omega)$，才能由 $m_s(t)$ 不失真地恢复 $m(t)$。

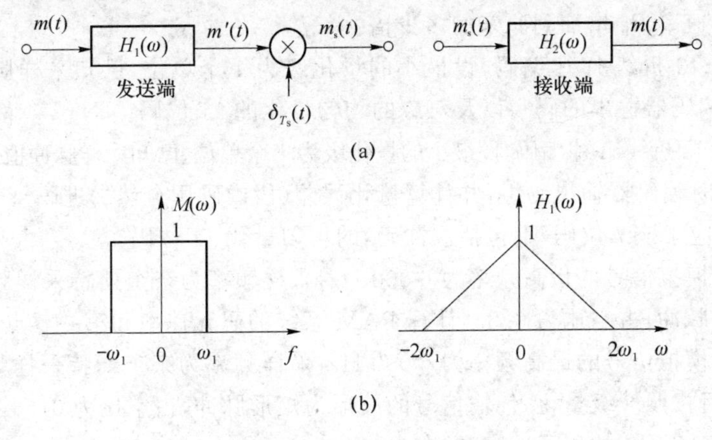

图 P7.1

7.3　已知一个低通信号 $m(t)$ 的最高频率为 f_H，如果采样脉冲序列 $s(t)$ 采用周期性三角形脉冲序列，如图 P7.2 所示，用 $s(t)$ 对信号 $m(t)$ 进行采样，试确定采样信号的频谱，并画出示意图。

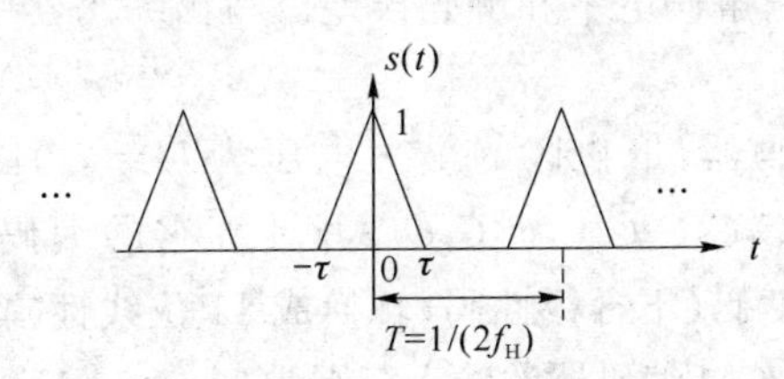

图 P7.2　周期性三角形脉冲序列

7.4　已知信号 $m(t)=\cos(2\pi t)$，以每秒钟 4 次的速率进行采样。

(1) 画出理想采样信号的频谱图；

(2) 如果脉冲宽度 $\tau=0.1$ s，脉冲幅度 $A=1$，画出自然采样信号和平顶采样信号的频谱图。

7.5　某路模拟信号的最高频率为 6 000 Hz，采样频率为奈奎斯特采样频率，设传输信号的波形为矩形脉冲，脉冲宽度为 1 μs。计算 PAM 系统的第一零点带宽。

7.6　将正弦信号 $m(t)=\sin(1\,600\pi t)$ 以 4 kHz 速率进行采样，然后输入 A 律 13 折线 PCM 编码器。计算在一个正弦信号周期内所有样值 $m(kT)=\sin\dfrac{2n\pi}{5}$ 的 PCM 编码的输出码字。

7.7　已知信号 $m(t)=\cos 100\pi t\cos 2\,000\pi t$，对 $m(t)$ 进行理想采样。

(1) 如果将 $m(t)$ 作为低通信号处理，则采样频率如何选择？

(2) 如果将 $m(t)$ 作为带通信号，则采样频率如何选择？

7.8 已知模拟信号采样值的概率密度 $f(x)=\begin{cases}1-x, & 0\leqslant x\leqslant 1\\ 1+x, & -1\leqslant x\leqslant 0\\ 0, & \text{其他}\end{cases}$,如果按照四电平均匀量化,计算量化噪声功率和对应的量化信噪比。

7.9 单路信号的最高频率为4 kHz,采用PCM调制,若量化级数由128增加到256,传输该信号的信息速率 R_b 增加到原来的多少倍?

7.10 采用13折线A律编码,设最小的量化级为1个单位,已知采样脉冲值为−630单位,写出此时编码器输出的码字以及对应的均匀量化的11位码。

7.11 采用13折线A律编码,设最小的量化级为1个单位,已知采样脉冲值为+635单位。

(1) 试求此时编码器输出码组,并计算量化误差(段内码用自然二进码);

(2) 写出对应于该7位码(不包括极性码)的均匀量化11位码。

7.12 单路模拟信号的最高频率为6 000 Hz,采样频率为奈奎斯特采样频率,设传输信号的波形为矩形脉冲,占空比为0.5。计算PAM系统的码元速率和第一零点带宽。

7.13 单路模拟信号的最高频率为6 000 Hz,采样频率为奈奎斯特采样频率。以PCM方式传输,采样后按照8级量化,传输信号的波形为矩形脉冲,占空比为0.5。

(1) 计算PCM系统的码元速率和信息速率;

(2) 计算PCM基带信号的第一零点带宽。

7.14 设输入信号采样值 $I_s=-870\Delta$,写出按A律13折线编成8位码 $C_1C_2C_3C_4C_5C_6C_7C_8$,并计算编码电平和编码误差,解码电平和解码误差。写出编码器中11位线性码和解码器中12位线性码。

7.15 A律13折线编码器,量化区的最大电压为 $U=2\ 048$ mV,已知一个采样值为 $u=398$ mV,试写出8位码 $C_1C_2C_3C_4C_5C_6C_7C_8$,并计算它的编码电平、解码电平和量化误差,并将所编成的非线性幅度码(不含极性码)转换成11位线性幅度码。

7.16 某A律13折线PCM编码器的输入范围为[−5,5] V,如果样值幅度为−2.5 V,试计算编码器的输出码字及其对应的量化电平和量化误差。

7.17 采用A律13折线编解码电路,设接收端收到的码字为"10000111",最小量化单位为1个单位。试问解码器输出为多少单位?对应的12位线性码是多少?

7.18 信号 $m(t)=M\sin 2\pi f_0 t$ 进行简单增量调制,若台阶 σ 和采样频率选择得既保证不过载,又保证不致因信号振幅太小而使增量调制器不能正常编码,试证明此时要求 $f_s>\pi f_0$。

7.19 对10路最高频率为4 000 Hz的话音信号进行TDM-PCM传输,采样频率为奈奎斯特采样频率,采样合路后对每个采样值按照256级量化。

(1) 计算TDM-PCM信号的传输速率;

(2) 设传输信号的波形为矩形脉冲,占空比为1,试计算TDM-PCM信号的第一零点带宽。

7.20 对10路最高频率为4 000 Hz的话音信号进行TDM-PCM传输,采样频率为奈奎斯特采样频率,采样合路后对每个采样值按照256级量化。

(1) 计算 $\alpha=1$ 升余弦特性的无码间干扰系统的最小传输带宽;

(2) 计算理想低通特性的无码间干扰系统的最小传输带宽。

7.21　有 10 路时间连续的模拟信号，其中每路信号的频率范围为 300 Hz～30 kHz，分别经过截止频率为 7 kHz 的低通滤波器。然后对此 10 路信号分别采样，时分复用后进行量化编码，基带信号波形采用矩形脉冲，进行 2PSK 调制后送入信道。

(1) 每路信号的最小采样频率为多少？

(2) 如果采样速率为 16 000 Hz，量化级数为 8，则输出的二进制基带信号的码元速率为多少？

(3) 信道中传输信号带宽为多少？

7.22　3 路独立信源的最高频率分别为 1 kHz，2 kHz，3 kHz，如果每路信号的采样频率为 8 kHz，采用时分复用的方式进行传输，每路信号均采用 8 位二进制编码。

(1) 计算帧长和每帧时隙；

(2) 计算信息速率；

(3) 计算理论最小带宽。

7.23　PCM 30/32 路系统中一秒传多少帧？一帧有多少比特？信息速率为多少？第 20 话路在哪一个时隙中传输？第 20 话路信令码的传输位置在哪里？

7.24　对 5 路模拟信号按 A 律 13 折线编码得到 PCM 信号，然后进行 TDM-PCM 传输，如果经过 $\alpha=1$，截止频率为 640 kHz 的升余弦滤波器进行无码间串扰传输。

(1) 计算该系统最大的码元速率；

(2) 计算每路模拟信号的最高频率分量。

第8章 信道编码

8.1 引　言

信道编码是为了保证通信系统的传输可靠性，克服信道中的噪声和干扰，而专门设计的一类抗干扰技术和方法。信道编码又称为纠错编码或抗干扰编码，具体的做法是在信息码之外人为地附加一些监督码，监督码不携带用户信息，在接收端利用监督码与信息码之间的规律发现和纠正信息码在传输中的差错。对用户来说监督码是多余的，最终也不传送给用户，但它提高了传输的可靠性。一般来说，引入的监督码越多，码的纠错检错能力越强，但降低了信道的传输效率。信道编码的目的是寻找一种编码方法以最少的监督码元为代价，换取最大程度的可靠性的提高。

从不同的角度出发，纠错编码可以有不同的分类方法。

(1) 按码组的功能，分为检错码和纠错码。检错码能在译码器中发现错误；纠错码不仅能发现错误，还能自动纠正错误。

(2) 按码组中监督码元与信息码元之间的关系，分为线性码和非线性码。线性码是指监督码元与信息码元之间的关系为线性关系，即监督关系方程是线性方程；非线性码是指一切监督关系方程不满足线性规律，二者之间成非线性关系。

(3) 按码组中信息码元和监督码元的约束关系，分为分组码和卷积码。分组码是指监督码元仅仅监督本码组中的信息码元；卷积码的监督码元不但与本码组的信息码元有关，还与前面若干组信息码元有关。

信道编码的数字通信模型如图 8.1 所示。进入信道编码器的是二进制信息码元序列 M，信道编码根据一定的规律在信息码元中加入监督码元，输出码字序列 C。由于信道中存在噪声和干扰，接收码字序列 R 与发送码字序列 C 之间存在差错。信道译码根据某种译码规则，从接收到的码字 R 给出与发送的信息序列 M 最接近的估值序列 $\hat{M}$。

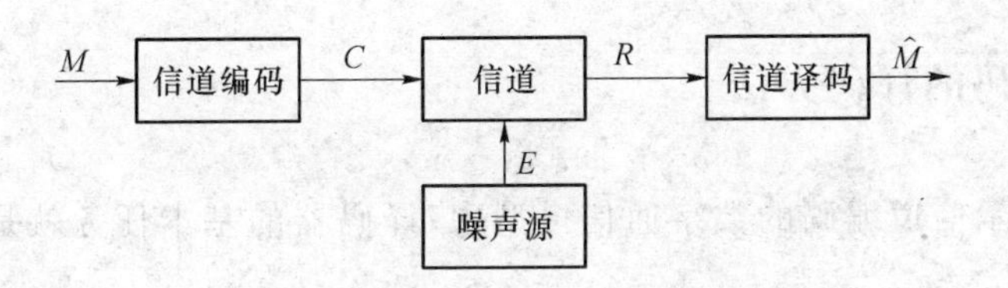

图8.1 信道编码的数字通信模型

8.2 信道编码的基本原理

近年来，随着计算机、卫星通信及高速数据网的飞速发展，数据的交换、处理和存储技术得到了广泛的应用，人们对数据传输和存储系统的可靠性提出了越来越高的要求。因此，如何提高数据传输的可靠性，成为现代数字通信设计工作者所面临的重要课题。

1948年，香农提出了关于在有噪信道中传输信号的重要理论——香农第二定理，该定理指出，在信息传输速率R小于信道容量C的条件下，则一定存在一种编码方法，使译码差错概率随着码长的增加，按指数规律下降到任意小的值。后人沿着香农指明的可行方向，寻求有效而可靠的编码方法，经过半个多世纪的努力，目前已有了许多编译码方法，并形成了一门新的技术——信道编码技术。

8.2.1 信道编码的检错和纠错能力

对于二进制码组，码组中非0码元的数目称为该码组的码重，如码组1100101，码重为4。

两个等长码组之间相应位取值不同的数目称为这两个码组之间的码距d，如0011010和1001001之间的码距$d=4$。

码组集合中各码组之间距离的最小值称为码组的最小汉明距离，简称最小码距，用$d_{\min}$表示。最小码距体现了该码组的纠错检错能力，最小码距越大，说明码字间最小差别越大，抗干扰能力越强，码的检错纠错能力越强。因此码距是极其重要的参数，它是衡量码纠错检错能力的依据。

若检错能力用e表示，纠错能力用t表示，可以证明，码的检错纠错能力与最小码距之间有如下关系：

① 为了能检测e个错码，要求最小码距$d_{\min}\geqslant e+1$；

② 为了能纠正t个错码，要求最小码距$d_{\min}\geqslant 2t+1$；

③ 为了能纠正t个错码，同时能检测$e(e>t)$个错码（简称为纠检结合），则要求最小码距$d_{\min}\geqslant e+t+1(e>t)$。

8.2.2 信道编码的译码方法

如图10.1所示信道编码的数字通信模型中,译码器的基本任务就是根据一套译码规则,由接收序列 R 给出与发送的信息序列 M 最接近(最好是相同)的估值序列 $\hat{M}$。由于 M 与码字 C 之间存在一一对应关系,这等价于译码器根据 R 产生一个 C 的估值序列 $\hat{C}$。显然,当且仅当 $\hat{C}=C$ 时,$\hat{M}=M$,这时译码器正确译码。

1. 最大后验概率(MAP)译码

如果译码器输出的 $\hat{C}\neq C$,则译码器产生了错误译码。之所以产生错误译码首先是由于信道干扰很严重,超过了码本身的纠错能力;其次是由于译码设备的故障。以下分析都是在假定设备正常情况下给定的。对于接收到的码 R,译码器的条件译码错误概率定义为

$$P(E|R)=P(\hat{C}\neq C|R) \tag{8.2.1}$$

所以译码器的错误概率为

$$P_e=\sum_R P(E\mid R)P(R) \tag{8.2.2}$$

$P(R)$ 是接收 R 的概率,与译码方法无关,所以译码错误概率最小的最佳译码规则是使

$$\min P_e=\min P(E|R)=\min_R P(\hat{C}\neq C|R) \tag{8.2.3}$$

而

$$\min P(\hat{C}\neq C|R)\Rightarrow\max P(\hat{C}=C|R) \tag{8.2.4}$$

因此,如果译码器对输入的 R,能在 2^k 个码字中选择一个使 $P(\hat{C}=C|R)$ $(i=1,2,\cdots,2^k)$ 最大的码字 C_i 作为 C 的估值序列 $\hat{C}$,则这种译码规则一定使译码器输出错误概率最小,称这种译码规则为最大后验概率译码。

MAP译码准则等同于最小传输错误概率准则,所以从错误概率最小这一角度来说,MAP是最优的。但在实际应用中,找出后验概率 $P(C|R)$ 相当困难。当满足一定条件时,MAP译码可以转变成最大似然译码和最小汉明距离译码。

2. 最大似然(ML)译码

由贝叶斯公式

$$P(C_i|R)=\frac{P(C_i)P(R|C_i)}{P(R)} \tag{8.2.5}$$

可知,若发送端发送每个码字的概率 $P(C_i)$ 均相同,且由于 $P(R)$ 与译码方法无关,所以

$$\max_{i=1,2,\cdots,2^k} P(C_i|R)\Rightarrow\max_{i=1,2,\cdots,2^k} P(R|C_i) \tag{8.2.6}$$

一个译码器的译码规则,若能在 2^k 个码字中选择某一个 C_i 使式(8.2.6)成为最大,这种译码

规则称为最大似然译码，$P(R|C_i)$称为似然函数。对于离散无记忆信道(DMC)，最大似然译码是使译码错误概率最小的一种最佳译码准则，但此时要求发送端发送每一码字的概率$P(C_i)$ $(i=1,2,\cdots,2^k)$均相等，否则它不是最佳的。

3. 最小汉明距离译码

通常情况下($P_e \leqslant 0.5$)，在传输过程中没有错误的可能性比出现一个错误的可能性大，出现一个错误的可能性比出现两个错误的可能性大，等等。译码器在2^k个码字集中，寻求与接收码字R的汉明距离最小的码字C_i，作为最可能发送的码字而接收，这就是最小汉明距离译码。可以证明：在高斯白噪声信道中，最大似然译码就是最小汉明距离译码。

在重复码情况下，最小汉明距离译码方案就是根据收到序列中0和1的多少来判断信息组是0还是1。如接收序列中1的个数大于$n/2$，则判为1；否则，判为0。这种译码方案就是大数准则译码。

8.3　线性分组码

线性分组码既是分组码，又是线性码。线性码是指信息位和监督位满足一组线性方程的码。分组码的编码包括两个基本步骤：首先将信源输出的信息序列以k个信息码元为一组，然后根据一定的编码规则由这k个信息码元产生r个监督码元，构成$n=k+r$个码元组成的码字，表示为(n,k)线性分组码。

码长为n，信息位数为k，则监督位数$r=n-k$，编码效率为$R=k/n$。

(n,k)线性分组码可以表示2^n个状态，但只有2^k个是许用码字，其余(2^n-2^k)个为禁用码字。如果在接收端收到禁用码字，则认为发现了错码。

信息位不变，监督位附加于其后，这种码称为系统码。一般来说，系统码的译码相对非系统码要简单一些，但两者的纠错能力完全等价，因此一般总希望线性分组码采用系统码形式。一个n长的码字C可以用矢量$\boldsymbol{C}=(C_0,C_1,\cdots,C_{n-2},C_{n-1})$表示。线性分组码$(n,k)$为系统码的结构如图8.2所示，码字的前$k$位为信息码元，与编码前原样不变，后$r$位为监督码元。

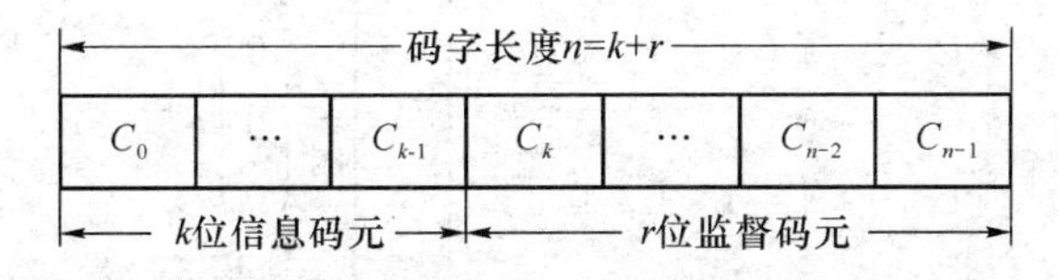

图8.2　线性分组码为系统码的结构

线性分组码的主要性质如下：

(1) 封闭性：线性分组码中任意两个码字之和仍是分组码中的一个码字；

(2) 线性分组码各码字之间的最小距离等于非零码的最小码重。

8.3.1 线性分组码的编码

1. 监督矩阵

输入的信息码元为

$$\boldsymbol{M}=(M_0,M_1,M_2,M_3)$$

输出的码组为

$$\boldsymbol{C}=(C_0,C_1,C_2,C_3,C_4,C_5,C_6)$$

编码的线性方程组为

信息位

$$\begin{cases}C_0=M_0\\C_1=M_1\\C_2=M_2\\C_3=M_3\end{cases}\tag{8.3.1}$$

监督位

$$\begin{cases}C_4=M_0+M_1+M_2\\C_5=M_0+M_1+M_3\\C_6=M_0+M_2+M_3\end{cases}\tag{8.3.2}$$

可见,在输出的码组中,前4位是信息位,后3位是监督位,监督位是前4个信息码元的线性组合。

式(8.3.2)可写为

$$\begin{cases}C_4=C_0+C_1+C_2\\C_5=C_0+C_1+C_3\\C_6=C_0+C_2+C_3\end{cases}\tag{8.3.3}$$

将式(8.3.3)改写成

$$\begin{cases}C_0+C_1+C_2+C_4=0\\C_0+C_1+C_3+C_5=0\\C_0+C_2+C_3+C_6=0\end{cases}\tag{8.3.4}$$

将上述线性方程写为矩阵形式

$$\begin{pmatrix}1&1&1&0&1&0&0\\1&1&0&1&0&1&0\\1&0&1&1&0&0&1\end{pmatrix}\begin{pmatrix}C_0\\C_1\\C_2\\C_3\\C_4\\C_5\\C_6\end{pmatrix}=\begin{pmatrix}0\\0\\0\end{pmatrix}(\text{模}\ 2)\tag{8.3.5}$$

上式还可以简记为

$$\boldsymbol{H}\cdot\boldsymbol{C}^{\mathrm{T}}=\boldsymbol{0}^{\mathrm{T}}\ \text{或}\ \boldsymbol{C}\cdot\boldsymbol{H}^{\mathrm{T}}=\boldsymbol{0}\tag{8.3.6}$$

式中

$$\boldsymbol{H}=\begin{pmatrix}1&1&1&0&1&0&0\\1&1&0&1&0&1&0\\1&0&1&1&0&0&1\end{pmatrix} \tag{8.3.7}$$

$$\boldsymbol{C}=(C_0 \quad C_1 \quad C_2 \quad C_3 \quad C_4 \quad C_5 \quad C_6) \tag{8.3.8}$$

$\boldsymbol{H}$ 为线性分组码的监督矩阵，只要监督矩阵给定，编码时监督位和信息位的关系就完全确定了。$\boldsymbol{H}$ 的行数就是监督关系式的个数，等于监督位的数目 r，而 $\boldsymbol{H}$ 的列数就是码长 n，故 $\boldsymbol{H}$ 为 $r\times n$ 阶矩阵。

式(8.3.7)中的矩阵 $\boldsymbol{H}$ 可以分为两部分

$$\boldsymbol{H}=\begin{pmatrix}1&1&1&0&1&0&0\\1&1&0&1&0&1&0\\1&0&1&1&0&0&1\end{pmatrix}=(\boldsymbol{P}\,\vdots\,\boldsymbol{I}_r) \tag{8.3.9}$$

其中，$\boldsymbol{P}$ 为 $r\times k$ 阶矩阵，$\boldsymbol{I}_r$ 为 $r\times r$ 阶单位方阵，这样的监督矩阵称为典型形式的监督矩阵。

2. 生成矩阵

将式(8.3.1)和式(8.3.2)改写成相应的矩阵形式为

$$(C_0,C_1,C_2,C_3,C_4,C_5,C_6)=(M_0,M_1,M_2,M_3)\begin{pmatrix}1&0&0&0&1&1&1\\0&1&0&0&1&1&0\\0&0&1&0&1&0&1\\0&0&0&1&0&1&1\end{pmatrix}=\boldsymbol{M}\cdot\boldsymbol{G} \tag{8.3.10}$$

$\boldsymbol{G}$ 为线性分组码的生成矩阵，是 $k\times n$ 阶矩阵。如果 $\boldsymbol{G}=(\boldsymbol{I}_k\boldsymbol{Q})$，$\boldsymbol{I}_k$ 为 $k\times k$ 阶单位矩阵，则称为典型生成矩阵。一旦生成矩阵 $\boldsymbol{G}$ 给定，给出信息码元 $\boldsymbol{M}$ 就能得到码字 $\boldsymbol{C}$。

典型监督矩阵 $\boldsymbol{H}$ 和典型生成矩阵 $\boldsymbol{G}$ 之间有如下关系：

典型生成矩阵 $\boldsymbol{G}=(\boldsymbol{I}_k\boldsymbol{Q})$，$\boldsymbol{Q}$ 为 $k\times r$ 阶矩阵，$\boldsymbol{Q}$ 为矩阵 $\boldsymbol{P}$ 的转置，即

$$\boldsymbol{Q}=\boldsymbol{P}^{\mathrm{T}} \tag{8.3.11}$$

故将 $\boldsymbol{Q}$ 的左边加上一个 $k\times k$ 阶单位方阵，就构成典型生成矩阵。

因此，找到了码的生成矩阵 $\boldsymbol{G}$，编码的方法就完全确定了。由典型生成矩阵得出的码组为系统码；若生成矩阵是非典型形式的，则可以经过运算先化成典型形式，再用式(8.3.10)将信息位与典型生成矩阵相乘，求得整个码组，即

$$\boldsymbol{C}=\boldsymbol{M}\cdot\boldsymbol{G} \tag{8.3.12}$$

8.3.2 线性分组码的译码

若在接收端，接收码组为

$$\boldsymbol{R}=(r_0,r_1,r_2,\cdots,r_{n-1}) \tag{8.3.13}$$

则发送码组和接收码组之差为

$$\boldsymbol{R}-\boldsymbol{C}=\boldsymbol{E}(\text{模 }2) \tag{8.3.14}$$

$\boldsymbol{E}$ 为错误图样，且

$$E=(e_0,e_1,e_2,\cdots,e_{n-1}) \tag{8.3.15}$$

其中

$$e_i=\begin{cases}0, & r_i=C_i\\1, & r_i\neq C_i\end{cases}$$

因此,$e_i=0$ 表示该位接收码元无错;$e_i=1$ 则表示该位接收码元有错。

若接收码组中无错码,即 $\boldsymbol{E}=\boldsymbol{0}$,则 $\boldsymbol{R}=\boldsymbol{C}$,代入式(8.3.6)有

$$\boldsymbol{R}\cdot\boldsymbol{H}^{\mathrm{T}}=\boldsymbol{0} \tag{8.3.16}$$

当接收码组有错时,式(8.3.16)不成立,其右端不等于零,即

$$\boldsymbol{R}\cdot\boldsymbol{H}^{\mathrm{T}}=(\boldsymbol{C}+\boldsymbol{E})\cdot\boldsymbol{H}^{\mathrm{T}}=\boldsymbol{C}\cdot\boldsymbol{H}^{\mathrm{T}}+\boldsymbol{E}\cdot\boldsymbol{H}^{\mathrm{T}}=\boldsymbol{0}+\boldsymbol{E}\cdot\boldsymbol{H}^{\mathrm{T}}=\boldsymbol{E}\cdot\boldsymbol{H}^{\mathrm{T}}=\boldsymbol{S} \tag{8.3.17}$$

$\boldsymbol{S}=\boldsymbol{R}\cdot\boldsymbol{H}^{\mathrm{T}}$ 称为校验子(或监督子、伴随式),它只与错误图样 $\boldsymbol{E}$ 有关,而与发送的具体码字 $\boldsymbol{C}$ 无关。若 $\boldsymbol{S}=\boldsymbol{0}$,则判断在传输过程中没有错码出现,它表明接收的码字是一个许用码字,当然如果错码超过了纠错能力,也无法检测出错码;若 $\boldsymbol{S}\neq\boldsymbol{0}$,则判断有错码出现。

不同的错误图样有不同的校验子,它们有一一对应的关系,可以从校验子与错误图样的关系表中确定错码的位置。

接收端对接收码组译码步骤如下:

① 计算校验子 $\boldsymbol{S}$;

② 根据校验子检出错误图样 $\boldsymbol{E}$;

③ 计算发送码组的估值 $\boldsymbol{C}'=\boldsymbol{R}\oplus\boldsymbol{E}$。

【例 8.1】 设线性分组码的监督矩阵为

$$\boldsymbol{H}=\begin{pmatrix}1&1&0&1&0&0\\0&1&1&0&1&0\\1&0&1&0&0&1\end{pmatrix}$$

(1) 确定 (n,k) 线性分组码的 n 和 k;

(2) 写出生成矩阵;

(3) 写出该码的全部码字;

(4) 说明纠错能力。

解 (1) 由监督矩阵得,$r=3$,$n=6$,$k=6-3$;

(2) $\boldsymbol{H}=\begin{pmatrix}1&1&0&1&0&0\\0&1&1&0&1&0\\1&0&1&0&0&1\end{pmatrix}=(\boldsymbol{P}\mid\boldsymbol{I}_r)$

即

$$\boldsymbol{P}=\begin{pmatrix}1&1&0\\0&1&1\\1&0&1\end{pmatrix},\boldsymbol{Q}=\boldsymbol{P}^{\mathrm{T}}=\begin{pmatrix}1&0&1\\1&1&0\\0&1&1\end{pmatrix}$$

得到生成矩阵

$$\boldsymbol{G}=\begin{pmatrix}1&0&0&1&0&1\\0&1&0&1&1&0\\0&0&1&0&1&1\end{pmatrix}$$

(3) 因为 $\boldsymbol{C}=\boldsymbol{M}\cdot\boldsymbol{G}$,可以得到该码的全部码字为

000000,001011,010110,100101,011101,101110,110011,111000

(4) 因为线性分组码的最小距离等于非零码的最小码重,故 $d_{\min}=3$,因此可以纠正1位错误。

8.3.3 汉明码

(n,k)线性分组码的伴随式有 2^{n-k} 个可能的组合。设该码的纠错能力为 t,则对于任何一个重量不大于 t 的错误图样,都应有一个伴随式与之对应。即伴随式的数目满足

$$2^{n-k} \geqslant \binom{n}{0}+\binom{n}{1}+\cdots+\binom{n}{t}=\sum_{i=0}^{t}\binom{n}{i} \tag{8.3.18}$$

式中,2^{n-k} 为伴随式数目,$\sum_{i=0}^{t}\binom{n}{i}$ 为所有错误个数小于或等于 t 的错误图样数。

式(8.3.18)称为汉明限。该限是构造任何二进制码所必须满足的,也就是构造码的必要条件。如果某一线性分组码能使式(8.3.18)中等号成立,即错误图样总数正好等于伴随式数目,则称这种码为完备码。

汉明码是可纠正 $t=1$ 位错误的完备码。它是汉明于1949年提出的一种能纠正单个随机错误的线性分组码,其主要参数如下:

码长:$n=2^r-1$

监督位:$n-k=r$,且 $r\geqslant 3$

信息位:$k=n-r=2^r-1-r$

最小距离:$d_{\min}=3$

纠错能力:$t=1$

汉明码的监督矩阵有 r 行 n 列,它的 n 列分别由除了全0之外的 r 位码组构成,每个码组只在某列中出现一次。例如 $r=3$,可得到一个 $n=2^3-1=7$ 的(7,4)汉明码,其监督矩阵中的列由所有非0的3比特二进制矢量组成:

$$\boldsymbol{H}=\begin{pmatrix}1&0&1&1&1&0&0\\1&1&1&0&0&1&0\\0&1&1&1&0&0&1\end{pmatrix}$$

其对应的生成矩阵为

$$\boldsymbol{G}=\begin{pmatrix}1&0&0&0&1&1&0\\0&1&0&0&0&1&1\\0&0&1&0&1&1&1\\0&0&0&1&0&0&1\end{pmatrix}$$

当码长 n 很大时,编码效率 $R=k/n$ 接近于1,所以汉明码是一类高效率的纠错码。它不仅性能好而且编译码电路非常简单,易于工程实现,是工程中常用的一种纠错码。

8.3.4 循环码

循环码是线性分组码中最重要的一个子类,它是以现代代数理论作为基础建立起来的。循环码检错纠错的能力较强,可采用码多项式描述,能够用移位寄存器来实现,译码电路简单。

1. 循环码的码多项式

循环码除了具有线性分组码的一般性质外,还具有循环性,即循环码中任一许用码组经过循环移位后所得到的码组仍然是它的一许用码组。对任意一个码长为 n 的循环码,一定可以找到一个唯一的 $n-1$ 次多项式表示,即在两者之间可以建立一一对应的关系。

若码组 $\boldsymbol{A}=(a_{n-1},a_{n-2},\cdots,a_1,a_0)$,则相应的多项式表示为

$$A(x)=a_{n-1}x^{n-1}+a_{n-2}x^{n-2}+\cdots+a_1x+a_0 \tag{8.3.19}$$

可见,码多项式的系数即为码组中的各个分量值,多项式中的 x^i 的存在只是表示该对应码位上是"1"码,否则为"0"码。

码多项式的按模运算如下

$$\frac{A(x)}{p(x)}=Q(x)+\frac{r(x)}{p(x)} \tag{8.3.20}$$

式中,$A(x)$为码多项式;$p(x)$为不可约多项式;$Q(x)$为商;$r(x)$为余式。

例如:

$$x^5+x^3+1\equiv x^3+x+1(\text{模 } x^4+1) \tag{8.3.21}$$

$$\begin{array}{r} x \\ x^4+1\overline{\big)\,x^5+x^3+1} \\ \underline{x^5+x\qquad} \\ x^3+x+1 \end{array}$$

应特别注意的是,在模2运算中,加法代替了减法,故余项不是 x^3-x+1。

2. 循环码的生成多项式和生成矩阵

在循环码中,一个(n,k)码有 2^k 个不同的码组。若用 $g(x)$表示其中前$(k-1)$位皆为"0"的码组,则 $g(x),xg(x),\cdots,x^{k-1}g(x)$都是码组,而且是 k 个线性无关的码组。$g(x)$必须是一个常数项不为"0"的 $n-k$ 次多项式,并且还是(n,k)码中次数为 $n-k$ 的唯一的一个多项式。我们称这个唯一的$(n-k)$次多项式 $g(x)$为循环码的生成多项式。确定了 $g(x)$,整个(n,k)循环码就被确定了。

循环码的生成矩阵 $\boldsymbol{G}$ 为

$$\boldsymbol{G}(x)=\begin{pmatrix} x^{k-1}g(x) \\ x^{k-2}g(x) \\ \vdots \\ xg(x) \\ g(x) \end{pmatrix} \tag{8.3.22}$$

例如,(7,3)循环码的生成多项式 $g(x)=x^4+x^2+x+1$,代入式(8.3.22)可得

$$\boldsymbol{G}(x)=\begin{pmatrix} x^2g(x) \\ xg(x) \\ g(x) \end{pmatrix}=\begin{pmatrix} x^6+0+x^4+x^3+x^2+0+0 \\ 0+x^5+0+x^3+x^2+x+0 \\ 0+0+x^4+0+x^2+x+1 \end{pmatrix} \tag{8.3.23}$$

此生成矩阵不是典型的,可通过线性变换转换成典型的生成矩阵,为

$$\boldsymbol{G}=\begin{pmatrix} 1 & 0 & 0 & 1 & 0 & 1 & 1 \\ 0 & 1 & 0 & 1 & 1 & 1 & 0 \\ 0 & 0 & 1 & 0 & 1 & 1 & 1 \end{pmatrix} \tag{8.3.24}$$

与线性分组码一样,将信息位与典型生成矩阵相乘,得到循环码的全部码组。

3. 循环码的编码

设信息位的码多项式为

$$m(x)=m_{k-1}x^{k-1}+m_{k-2}x^{k-2}+\cdots+m_1x+m_0 \tag{8.3.25}$$

循环码的编码步骤如下:

① 计算 $x^{n-k}m(x)$;

② 计算 $x^{n-k}m(x)/g(x)$,得余式 $r(x)$;

③ 得到码多项式 $A(x)=x^{n-k}m(x)+r(x)$。

【例 8.2】 设(7,3)循环码的生成多项式 $g(x)=x^4+x^3+x^2+1$,信息码为 110,求发送的码字。

解

$$m(x)=x^2+x$$

$$x^{n-k}m(x)=x^4(x^2+x)=x^6+x^5$$

$$\frac{x^{n-k}m(x)}{g(x)}=\frac{x^6+x^5}{x^4+x^3+x^2+1}=(x^2+1)+\frac{x^3+1}{x^4+x^3+x^2+1},$$

得到码多项式 $A(x)=x^{n-k}m(x)+r(x)=x^6+x^5+x^3+1$,即发送的码字为 1101001。

4. 循环码的检错和纠错

假设发送的码多项式为 $C(x)$,错误图样为 $E(x)$,则接收端收到的码多项式 $R(x)=C(x)+E(x)$,由于 $C(x)$ 必被 $g(x)$ 整除,则

$$\frac{R(x)}{g(x)}=\frac{C(x)+E(x)}{g(x)}=\frac{E(x)}{g(x)} \tag{8.3.26}$$

$g(x)$ 除 $E(x)$ 所得的余式为校验子(或监督子、伴随式),用 $S(x)$ 来表示,则

$$S(x)\equiv E(x)\equiv R(x) \quad 〔模\ g(x)〕 \tag{8.3.27}$$

循环码在接收端检测错误的原理是:将接收码字 $R(x)$ 用生成多项式 $g(x)$ 去除,求得校验子 $S(x)$。如果 $S(x)=0$,则判断码字无错误;如果 $S(x)\neq 0$,则判断码字有错误。

在接收端纠正错误的原理相对复杂,为了能够纠错,要求每个可纠正的错误图样必须与一个特定的检验子一一对应。通过计算校验子 $S(x)$,就可确定错误位置,从而纠错。

例如,生成多项式为 $g(x)=x^3+x+1$ 的(7,4)循环码的错误图样与校验子之间的对应关系如表 8.1 所示。

表 8.1　$g(x)=x^3+x+1$ 的 (7,4) 循环码的纠错校验表

错误图样 $E(x)$	1000000	0100000	0010000	0001000	0000100	0000010	0000001	0000000 无错
$S(x)$	101	111	110	011	100	010	001	000

根据纠错检验表,如果接收的码字为 0111100,则校验子 $S(x)=\dfrac{R(x)}{g(x)}=110$,可得错误图样为 0010000,即第 3 位错,则纠正接收码字的错误后,得到的码字为 0101100。

【例 8.3】 已知循环码的生成多项式 $g(x)=x^3+x+1$,当输入的信息码是 1 000 时,求码组;若接收码组 $R(x)=x^6+x^5+x+1$,试问该码组在传输中是否发生错误?

解　循环码编码步骤如下:

```
           1011
1011 ) 1000 000
       1011
         1100
         1011
          1110
          1011
           101
```

整个码组为 1000101。

循环码的译码步骤如下:

```
           1110
1011 ) 1100 011
       1011
         1110
         1011
           1011
           1011
             01
```

该码组在传输中发生了错误。

8.3.5 线性分组码的应用

循环码特别适合误码检测,在实际应用中许多用于误码检测的码都属于循环码,用于误码检测的循环码称做循环冗余校验码,简称 CRC 码。

在数据通信中,常用的 CRC 码有:

① CRC-12

生成多项式为

$$g(x)=x^{12}+x^{11}+x^3+x^2+x+1 \tag{8.3.28}$$

② CRC-16

生成多项式为

$$g(x)=x^{16}+x^{15}+x^2+1 \tag{8.3.29}$$

③ CRC-CCITT

生成多项式为

$$g(x)=x^{16}+x^{12}+x^5+1 \tag{8.3.30}$$

④ CRC-32

生成多项式为

$$g(x)=x^{32}+x^{26}+x^{23}+x^{22}+x^{16}+x^{12}+x^{11}+x^{10}+x^8+x^7+x^5+x^4+x^2+x+1 \tag{8.3.31}$$

在 GSM 系统中,话音信息、控制信息和同步信息在传输过程中都使用了 CRC 校验。话音以 260 bit 为一帧,分为 3 类:Ⅰa 类、Ⅰb 类和Ⅱ类。Ⅰa 类对误码最为敏感,需特别关注,

信道编码首先对它进行 CRC 编码，用来检测话音在传输过程中的质量，其生成多项式为$g(x)=x^3+x+1$。

在 CDMA 蜂窝移动通信系统中，前向业务信道、半速率前向业务信道、前向链路的同步信道、寻呼信道和其他逻辑信道中都使用了 CRC 校验。其中前向业务信道是一个(184,172)分组码，其生成多项式为 $g(x)=x^{12}+x^{11}+x^{10}+x^9+x^8+x^4+x+1$，半速率前向业务信道为 $g(x)=x^8+x^7+x^4+x^3+x+1$。

8.4 卷积码

卷积码不同于前面讲的线性分组码和循环码，它是一类有记忆的非分组码。卷积码一般可表示为(n,k,m)，k 表示编码器输入端信息位数目，n 表示编码器输出端码元个数，m 表示编码器中寄存器的节数。从编码器输入端看，卷积码仍然是每 k 位数据一组，分组输入。从编码器输出端看，卷积码是非分组的，它输出的 n 位码元不仅与当时输入的 k 位信息位有关，而且还与前 m 个连续时刻输入的信息有关，故编码器中应包含 m 级寄存器以记录这些信息。m 级移位寄存器的编码器，其约束长度 $L=m+1$，编码效率为 $R=k/n$。

卷积码的典型结构可看做一个有 k 个输入端，n 个输出端，并且具有 m 级寄存器的有记忆时序网络。卷积码的典型编码器结构如图 8.3 所示。

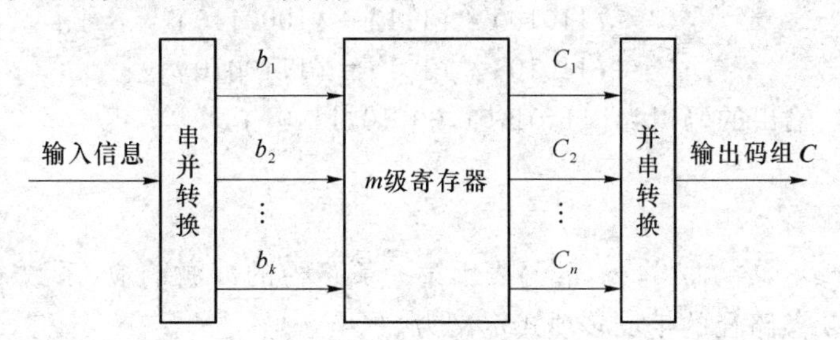

图 8.3 卷积码编码器结构

8.4.1 卷积码的解析表示

卷积码的描述可以分为两大类型：解析法和图形法。解析法用数学公式直接表达，有离散卷积法、码生成多项式法；图形法包括树图、状态图以及网格图。

下面以(2,1,2)卷积码为例，如图 8.4 所示，对上述方法分别予以介绍。

1. 离散卷积法

设输入信息位为 $b=(b_0,b_1,b_2,\cdots,b_k,\cdots)$，经编码后输出为两路码组，分别是

$$C^1=(C_0^1,C_1^1,C_2^1,\cdots,C_n^1,\cdots) \tag{8.4.1}$$

$$C^2=(C_0^2,C_1^2,C_2^2,\cdots,C_n^2,\cdots) \tag{8.4.2}$$

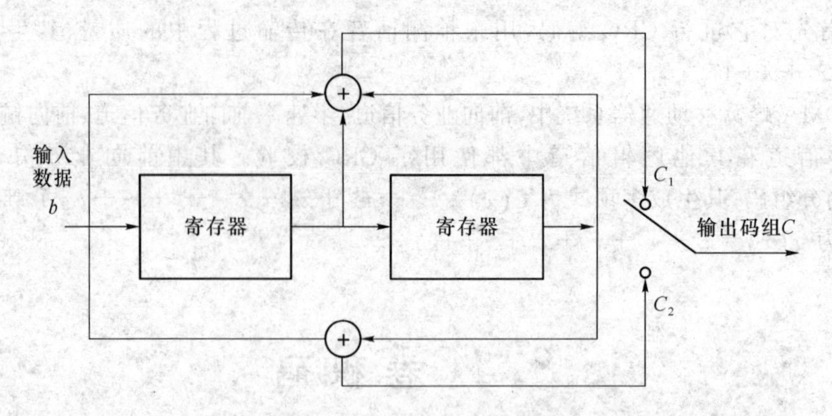

图 8.4 (2,1,2)卷积码编码器

对应的两个输出序列分别是信息位与 g^1、g^2 的离散卷积,为

$$\begin{aligned} C^1 &= b * g^1 \\ C^2 &= b * g^2 \end{aligned} \tag{8.4.3}$$

式中,g^1 和 g^2 为两路输出的编码器脉冲冲激响应,即当输入序列为(1,0,0,0,…)的单位脉冲时,图 8.4 中上下两个支路观察到的输出值,即

$$\left.\begin{aligned} g^1 &= (111) \\ g^2 &= (101) \end{aligned}\right\} \tag{8.4.4}$$

若输入信息位为(11010),则有

$$C^1 = (11010) * (111) = (1000110) \tag{8.4.5}$$

$$C^2 = (11010) * (101) = (1110010) \tag{8.4.6}$$

经过并/串变换后,输出的码组为(11,01,01,00,10,11,00)。

2. 码多项式法

设生成序列($g_0^{(i)}, g_1^{(i)}, g_2^{(i)}, \cdots, g_k^{(i)}$)表示第 i 条路径的冲激响应,系数 $g_0^{(i)}, g_1^{(i)}, \cdots, g_k^{(i)}$ 为 0 或 1,对应第 i 条路径的生成多项式定义为

$$g^{(i)}(D) = g_0^{(i)} + g_1^{(i)}D + g_2^{(i)}D^2 + \cdots + g_k^{(i)}D^k \tag{8.4.7}$$

其中,D 表示单位时延变量,D^k 表示相对于时间起点 k 个单位时间的时延。

上述(2,1,2)卷积码,输入数据序列(11010)以及 g^1、g^2 对应的码多项式分别为

$$b(x) = 1 + D + D^3$$

$$g^1 = 1 + D + D^2$$

$$g^2 = 1 + D^2$$

输出的码组多项式为

$$\begin{aligned} C^1(D) &= b(D) \times g^1(D) = (1 + D + D^3)(1 + D + D^2) \\ &= 1 + D + D^2 + D + D^2 + D^3 + D^3 + D^4 + D^5 \\ &= 1 + D^4 + D^5 \end{aligned} \tag{8.4.8}$$

$$\begin{aligned} C^2(D) &= b(D) \times g^2(D) = (1 + D + D^3)(1 + D^2) \\ &= 1 + D^2 + D + D^3 + D^3 + D^5 \\ &= 1 + D + D^2 + D^5 \end{aligned} \tag{8.4.9}$$

对应的码组为

$$C^1=(1000110) \tag{8.4.10}$$

$$C^2=(1110010) \tag{8.4.11}$$

经过并/串变换后，输出的码组为(11,01,01,00,10,11,00)。

8.4.2 卷积码的图形描述

1. 状态图

卷积码除了上述几种解析表达方式以外，还可以采用3种比较形象的图形表示法。状态图则是3种图形法的基础。下面仍以(2,1,2)卷积码为例说明编码的过程。

由于$n=2,k=1,m=2$，所以在某一时刻，编码器总的可能状态个数为$2^2=4$，分别为$E_0=00,E_1=01,E_2=10,E_3=11$。对每个输入的二进制信息比特，编码器状态变化有两种可能，输出的分支码字也只有两种可能。用图来表示上述输入信息比特所引起状态的变化以及输出的分支码字，这就是编码器的状态图。

若输入的数据序列为(11010)，按下面的步骤可得到一个完整的状态图，如图8.5所示。

① 对图8.4中寄存器清0，寄存器的初始状态为00。

② 输入1，输出的两支路分别为$C_0^1=1\oplus 0\oplus 0=1,C_0^2=1\oplus 0=1$，故$C=(1,1)$，寄存器状态为10；若输入0，$C=(0,0)$，寄存器状态为00。

③ 输入1，输出$C=(0,1)$，寄存器状态为11；若输入0，输出$C=(1,0)$，寄存器状态为01。

④ 输入0，输出$C=(0,1)$，寄存器状态为01；若输入1，输出$C=(1,0)$，寄存器状态为11。

⑤ 输入1，输出$C=(0,0)$，寄存器状态为10；若输入0，输出$C=(1,1)$，寄存器状态为00。

⑥ 输入0，$C=(0,0)$，寄存器状态为00。

图8.5中圆圈内的数字表示状态，共有4个状态，两状态转移的箭头表示状态转移的方向，连线的格式表示状态转移的条件，虚线表示输入信息为1，实线表示输入信息为0，并且在连线上方的括号内注明输入信息，括号外的数字则表示对应的输出码字。

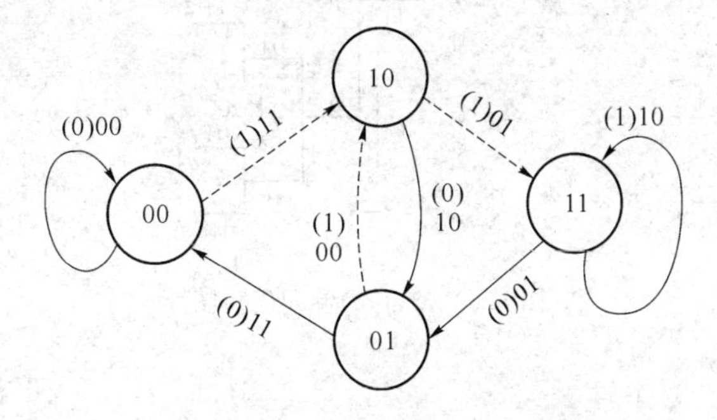

图8.5 (2,1,2)卷积码状态图

状态图结构简单，表明了在某一时刻编码器的输入比特和输出码字的关系，但其时序关系不够清晰，不能描述随着信息比特的输入，编码器状态与输出码字随时间的变化情况，并且输入数据信息很多时将产生重复。为了解决时序关系，在状态图的基础上以时间为横轴将状态图展开，形成了时序不重复的树图。

2. 树图

树图是以时序关系为横轴将状态图进行展开,展示出编码器的所有输入和输出的可能性。(2,1,2)卷积码的树图,如图 8.6 所示。

树图展示了编码器的所有输入输出的可能情况,展示了一目了然的时序关系。每一个输入数据序列都可以在树图上找到一条唯一的不重复的路径,当输入的数据序列为(11010)时,在树图中用虚线标出了其轨迹,得到输出码字为(11,01,01,00,…),与前面编码的结果一致。但树图会随着输入数据的增加而不断地一分为二向后展开,必然会产生大量的重复状态,故树图结构复杂,且不断重复,如图 8.6 从第 4 条支路开始,上半部分与下半部分完全相同。

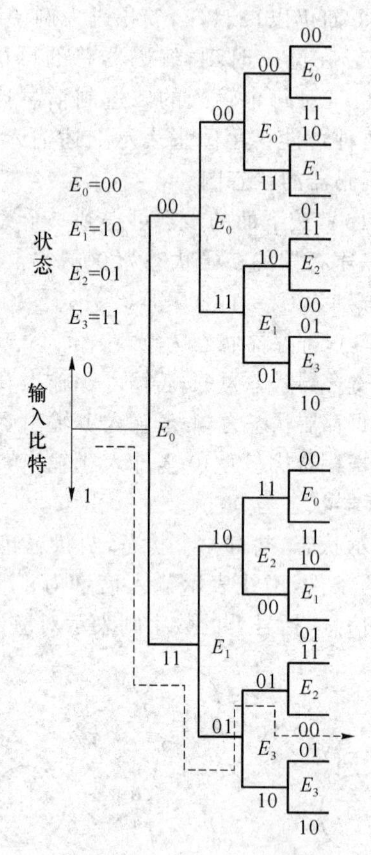

图 8.6 (2,1,2)卷积码树图

3. 网格图

网格图既有明显时序关系又不产生重复图形结构,是 3 种图形表示法中最有用、最有价值的图形形式,特别适合用于卷积码的译码,备受重视。

网格图也称篱笆图,是由状态图和树图演变而来,实际就是在时间轴上展开编码器在各时刻的状态图。它既保留了状态图简洁的状态关系,又保留了树图时序展开的直观特性。

网格图将树图中所有重复状态合并折叠起来，以(2,1,2)卷积码为例，它在横轴上仅仅保留4个基本状态 $E_0=00$，$E_1=10$，$E_2=01$，$E_3=11$，在图中用黑色小圆圈表示。随着时间的推移和信息比特的输入，编码器从一种状态转移到另一种状态，状态每变化一次就输出一个分支码字。两点的连线则表示一个确定的状态转移方向，输入信息若为1，为下分支，用虚线表示；输入信息若为0，为上分支，用实线表示。连线上面的数字就是相应的输出码字。

(2,1,2)卷积码的网格图，如图8.7所示。

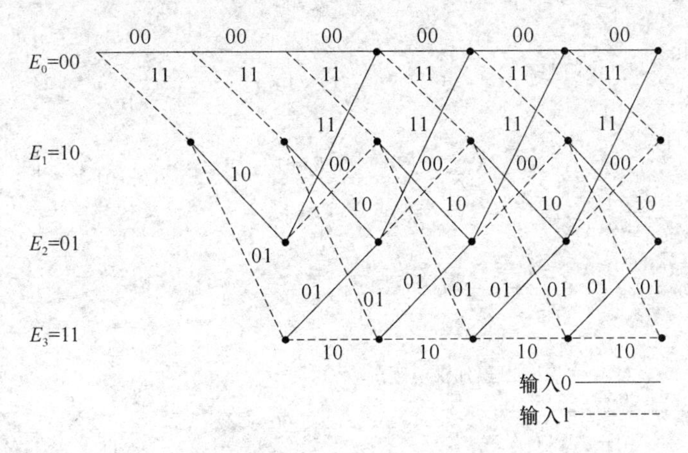

图8.7 (2,1,2)卷积码网格图

输入信息序列、编码器输出序列和网格图中一条路径是唯一对应的。当输入的数据序列为(11010)时，找出编码时网格图中的路径，得到编码器输出序列为(11,01,01,00,10,11)。同样，对编码器输出序列(11,10,11,00,11,01)，可以很方便地从网格图中找到相应的输入信息为(100011)。

8.4.3 卷积码的维特比译码

译码器的作用就是要根据某种准则以尽可能低的错误概率对输入信息作出估计。卷积码的译码可以分为两类：代数译码的门限译码、概率译码的序列译码与维特比译码。前者利用编码本身的代数结构进行解码，后者要利用信道的统计特性。维特比译码是目前最常采用的译码方法，该算法是1967年由Viterbi提出，本节仅介绍维特比译码。

卷积码译码通常采用最大似然准则，对于二进制对称信道，它等效于最小汉明距离准则。最大似然算法的基本思想是：把接收序列和所有可能发送序列进行比较，选择一个码距最小的序列作为发送序列。如果发送一个 k 位的信息，则有 2^k 种可能序列，计算机应存储这些序列以用做比较。最大似然译码在实际应用中受到限制，问题在于当 k 较大时，存储量太大，计算量也很大。

维特比译码是基于最大似然准则的最重要的卷积码译码方法。它不是一次计算比较所有路径，而是采用逐步比较的方法来逼近发送序列的路径。所谓逐步比较就是把接收序列的第 i 个分支码字和网格图上相对应的两个时刻 t_i 和 t_{i+1} 之间的各支路作比较，即和编码器在此期间可能输出的分支码字作比较,计算它们的汉明距离,并把它们分别累加到 t_i 时刻之前的各支路累加汉明距离上。比较进入下一节点的各支路累加结果并进行选择,保留汉明距离最小的一条路径,作为幸存路径。最后到达终点的一条幸存路径即为解码路径。

(2,1,2)卷积码的维特比译码步骤,如图8.8所示。

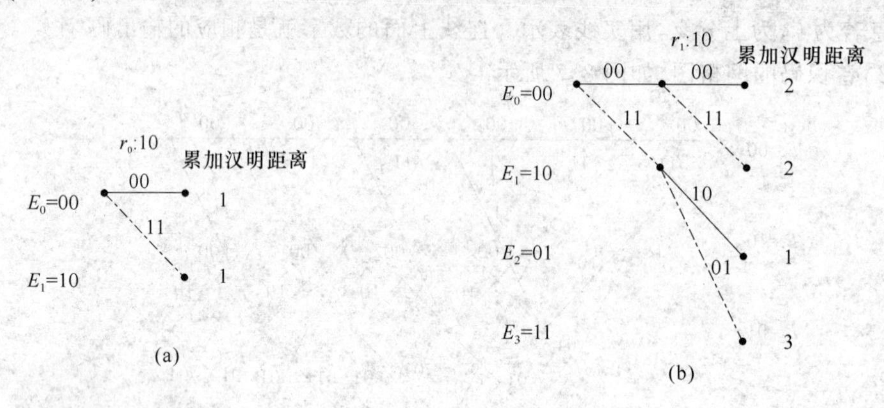

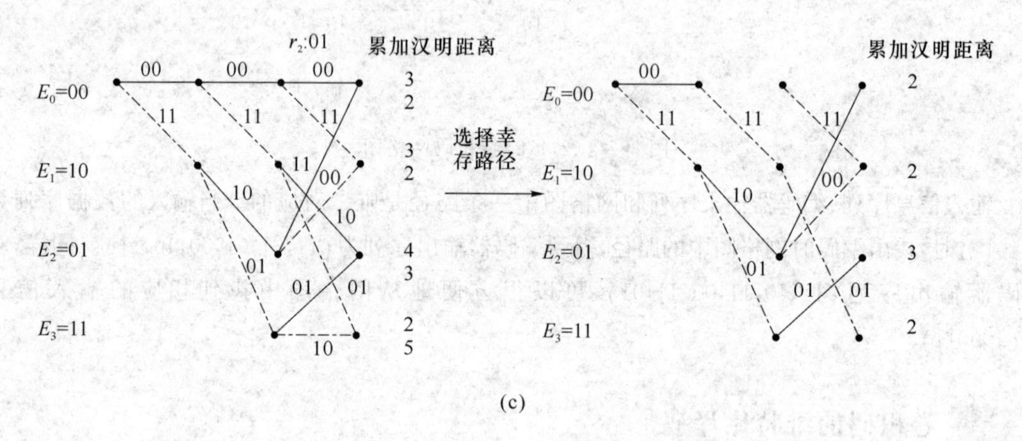

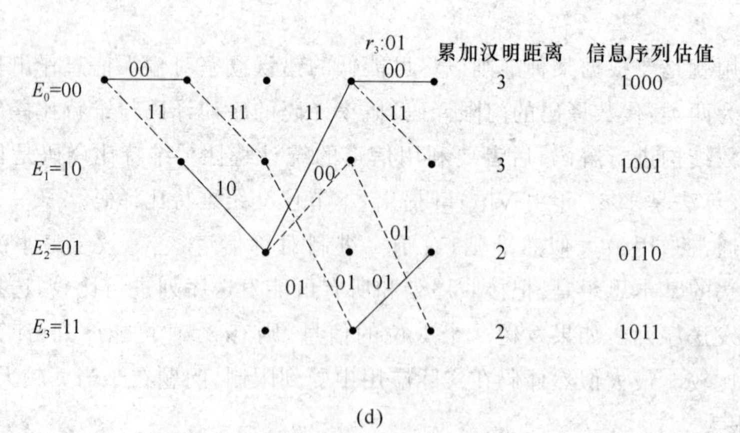

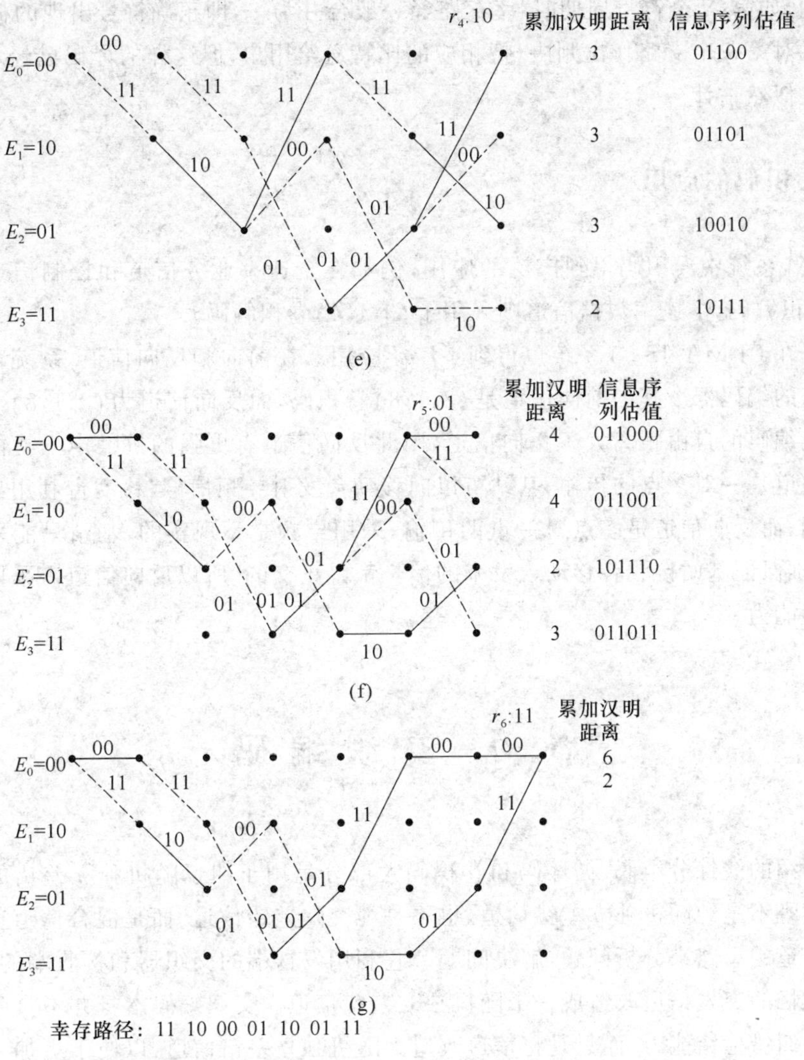

图 8.8 维特比译码过程

通常设编码器的初始状态为 $E_0=00$，为了使编码器对信息序列编码后回到初始状态，在输入的信息位后面加 $m=2$ 个 0，以便正确接收序列所对应的路径终止于 E_0。若输入信息为(10111)，加 2 个拖尾比特后，输入数据序列为(1011100)，由网格图可得到对应的编码后序列为

$$C=(c_0,c_1,c_2,c_3,c_4,c_5,c_6)=(11,10,00,01,10,01,11)$$

经过信道传输后，在接收端收到的信号序列为

$$R=(r_0,r_1,r_2,r_3,r_4,r_5,r_6)=(1\underline{0},10,0\underline{1},01,10,01,11)$$

其中有下划线的表示发生了误码。

上述译码结果确定了一条最大似然路径，对应的符号序列可以作为译码输出结果发送给用户，但是当接收序列很长时，维特比译码对存储器要求很高。但我们发现，当译码进行

到一定时刻,如第 N 个符号周期时,幸存路径一般合并为一,即正确符号出现的概率趋于1,这样就可以对第一个支路作出判决,把相应的比特送给用户,但这样的译码已经不是真正意义上的最大似然估计。

8.4.4 卷积码的应用

在GSM系统中卷积码得到广泛的应用,例如在全速率业务信道和控制信道就采用了(2,1,4)卷积编码,半速率数据信道则采用了(3,1,4)卷积编码。

卷积码在CDMA/IS-95系统也得到了广泛应用。在前向和反向信道,系统都使用了约束长度为9的编码器。其中前向信道是(2,1,8)卷积码,而反向信道为(3,1,8)卷积码。由于反向信道编码的自由距离大于正向信道,因此反向信道有更强的抗噪声干扰能力。这是由于前向信道是一对多点的传输,基站可以向移动台发射导频信号,移动台利用导频信号进行相干解调,而反向信道是多点对一点的传输,采用导频是不现实的,基站只能采用非相干解调,故很难保证基站接收各移动台发来的信号都是正交的,所以反向信道需采取许多措施提高抗干扰能力。

8.5 交织编码

前面介绍的线性分组码、循环码和卷积码大部分是用于纠正随机独立差错的。而实际的移动信道既不是纯随机独立差错信道,也不是纯突发差错信道,而是混合信道。交织编码按照改造信道的思路来分析问题,解决问题。它利用发送端的交织器和接收端的解交织器,将一个有记忆的突发信道改造成一个随机独立差错信道。交织编码本身并不具备信道编码的最基本的纠错检错能力,而只是将信道改造为随机独立差错信道,以便于更加充分地利用纠正随机独立差错的信道编码。从严格意义上说,交织编码并不是一类信道编码,而只是一种信息处理手段。

交织编码的实现方式有:分组交织、帧交织、随机交织、混合交织等。现以最简单的分组交织为例,介绍其实现的基本原理,实现框图如图8.9所示。

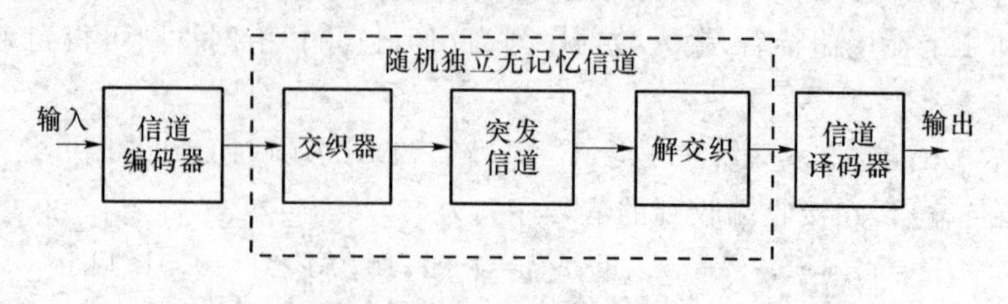

图8.9 分组交织器实现框图

交织、解交织步骤如下:

① 输入数据经信道编码后为($c_1c_2c_3\cdots c_{20}$)

② 发送端交织器为一个行列交织矩阵存储器，它按行写入、按列读出，即为

$$\text{读出顺序}\downarrow\begin{pmatrix} c_1 & c_2 & c_3 & c_4 & c_5 \\ c_6 & c_7 & c_8 & c_9 & c_{10} \\ c_{11} & c_{12} & c_{13} & c_{14} & c_{15} \\ c_{16} & c_{17} & c_{18} & c_{19} & c_{20} \end{pmatrix}$$

③ 交织器输出送入突发信道的信号为

$$(c_1 c_6 c_{11} c_{16} c_2 c_7 c_{12} c_{17} c_3 c_8 c_{13} c_{18} c_4 c_9 c_{14} c_{19} c_5 c_{10} c_{15} c_{20})$$

④ 假设在突发信道中受到两个突发干扰，第一个突发干扰影响 4 位，产生于 c_{11} 至 c_7，第二个突发干扰影响 4 位，产生于 c_{18} 至 c_{14}，则突发信道的输出信号为

$$(c_1 c_6 c'_{11} c'_{16} c'_2 c'_7 c_{12} c_{17} c_3 c_8 c_{13} c'_{18} c'_4 c'_9 c'_{14} c_{19} c_5 c_{10} c_{15} c_{20})$$

⑤ 在接收端，将受突发干扰的信号送入解交织器，解交织器也是一个行列交织矩阵存储器，按列写入按行读出，即为

$$\begin{pmatrix} c_1 & c'_2 & c_3 & c'_4 & c_5 \\ c_6 & c'_7 & c_8 & c'_9 & c_{10} \\ c'_{11} & c_{12} & c_{13} & c'_{14} & c_{15} \\ c'_{16} & c_{17} & c'_{18} & c_{19} & c_{20} \end{pmatrix}$$

$$\xrightarrow{\text{读出顺序}}$$

⑥ 解交织器输出信号为

$$(c_1 c'_2 c_3 c'_4 c_5 c_6 c'_7 c_8 c'_9 c_{10} c'_{11} c_{12} c_{13} c'_{14} c_{15} c'_{16} c_{17} c'_{18} c_{19} c_{20})$$

可见，经过交织和解交织后，将原来信道中连错 4 位的突发差错，变成了随机独立差错。

小　　结

信道编码又称为纠错编码或抗干扰编码，具体的做法是在信息码之外人为地附加一些监督码，监督码不携带用户信息，在接收端利用监督码与信息码之间的规律，发现和纠正信息码在传输中的差错。信道编码的目的是寻找一种编码方法以最少的监督码元为代价，换取最大程度的可靠性的提高。

码组集合中各码组之间距离的最小值称为码组的最小汉明距离，简称最小码距，用 $d_{\min}$ 表示。最小码距体现了该码组的纠错检错能力，最小码距越大，说明码字间最小差别越大，抗干扰能力越强，码的检错纠错能力越强。因此码距是极其重要的参数，它是衡量码纠错检错能力的依据。

线性分组码既是分组码，又是线性码。线性码是指信息位和监督位满足一组线性方程的码。分组码的编码包括两个基本步骤：首先将信源输出的信息序列以 k 个信息码元为一组，然后根据一定的编码规则由这 k 个信息码元产生 r 个监督码元，构成 $n=k+r$ 个码元组成的码字，表示为 (n,k) 线性分组码。接收端对接收码组译码步骤如下：计算校验子 S；根据

校验子检出错误图样 E;计算发送码组的估值 $C'=R\oplus E$。

循环码是线性分组码中最重要的一个子类,它除了具有线性分组码的一般性质外,还具有循环性,即循环码中任一许用码组经过循环移位后所得到的码组仍然是它的一许用码组。循环码检错纠错的能力较强,可采用码多项式描述,能够用移位寄存器来实现,译码电路简单。循环码在接收端检测错误的原理是:将接收码字 $R(x)$ 用生成多项式 $g(x)$ 去除,求得校验子 $S(x)$,如果 $S(x)=0$,则判断码字无错误,如果 $S(x)\neq 0$,则判断码字有错误。在接收端纠正错误的原理相对复杂,为了能够纠错,要求每个可纠正的错误图样必须与一个特定的检验子一一对应。通过计算校验子 $S(x)$,就可确定错误位置,从而纠错。

卷积码不同于前面讲的线性分组码和循环码,它是一类有记忆的非分组码。它输出的 n 位码元不仅与当时输入的 k 位信息位有关,而且还与前 m 个连续时刻输入的信息有关,故编码器中应包含 m 级寄存器以记录这些信息。卷积码的描述可以分为两大类型:解析法和图形法。解析法用数学公式直接表达,包括离散卷积法、生成矩阵法、码生成多项式法;图形法包括树图、状态图以及网格图。网格图既有明显时序关系又不产生重复图形结构,是3种图形表示法中最有用、最有价值的图形形式,特别适合用于卷积码的译码,备受重视。维特比译码是目前最常采用的译码方法,它不是一次计算比较所有路径,而是采用逐步比较的方法来逼近发送序列的路径。

前面介绍的线性分组码、循环码和卷积码大部分是用于纠正随机独立差错的。而实际的移动信道既不是纯随机独立差错信道,也不是纯突发差错信道,而是混合信道。交织编码按照改造信道的思路来分析问题,解决问题。它利用发送端的交织器和接收端的解交织器,将一个有记忆的突发信道改造成一个随机独立差错信道。从严格意义上说,交织编码并不是一类信道编码,而只是一种信息处理手段。

思考题

1. 纠错编码可以有哪些分类方法?
2. 最小码距与码的检错、纠错能力的关系如何?
3. 什么样的码称为系统码?
4. 汉明码的校验子与监督矩阵之间存在什么关系?
5. 什么是循环码?如何选择循环码的生成多项式?
6. 什么是卷积码?
7. 卷积码有几种常见的译码方法?
8. 移动通信中,为什么要采用交织编码?

习 题

8.1 求下列二元码字之间的汉明距离:

(1) 000000,101101

(2) 1001101,0011010

8.2 已知一线性分组码的全部码字为000000、001110、010101、011011、100011、101101、110110、111000,若用于检错,能检出几位错码?若用于纠错,能纠正几位错码?

8.3　已知(8,4)线性分组码输出的码组为$C=(C_0,C_1,C_2,C_3,C_4,C_5,C_6,C_7)$，其监督方程组为

$$\begin{cases}C_4=C_0+C_1+C_3\\C_5=C_0+C_2+C_3\\C_6=C_1+C_2+C_3\\C_7=C_0+C_1+C_2\end{cases}$$

试求：(1)监督矩阵；(2)生成矩阵；(3)当信息位是1001时，求整个码组；(4)接收到的码组为10110101时，求校验子S并说明它是否出错；(5)求最小码距。

8.4　已知某(7,3)循环码的生成多项式为$g(x)=x^4+x^3+x^2+1$，试求：

(1) 当信息位为101时，写出编码过程，并求出整个发送码组。

(2) 若接收码组$R(x)=x^6+x^2+x+1$，试问该码组在传输中是否发生错误？为什么？

8.5　(2,1,2)卷积码编码器如图8.4所示。

(1) 画出状态图；

(2) 设输入信息序列为01101，画出编码网格图；

(3) 求对应输入信息序列01101的编码输出，并在图中找出编码时网格图中的路径；

(4) 如果接收码序列为(10,10,00,01,00,01,11)，用维特比算法译码搜索最可能发送的信息序列。

8.6　设线性分组码的生成矩阵为

$$\boldsymbol{G}=\begin{pmatrix}1&0&0&1&0&1\\0&1&0&0&1&1\\0&0&1&1&1&0\end{pmatrix}$$

(1) 确定n和k；

(2) 写出监督矩阵；

(3) 写出该码的全部码字。

8.7　已知(7,4)循环码的全部码组为

0000000、0001011、0010110、0011101

0100111、0101100、0110001、0111010

1000101、1001110、1010011、1011000

1100010、1101001、1110100、1111111

试写出该循环码的生成多项式$g(x)$和生成矩阵$\boldsymbol{G}$。

8.8　一码长$n=15$的汉明码，监督位为多少？编码效率为多少？

第9章 同步系统

9.1 引 言

在通信系统中,同步是一个非常重要的问题。通信系统能否有效地可靠地工作,在很大程度上依赖于有无良好的同步系统。

当采用同步解调或相干检测时,接收端需要提供一个和发射载波同频、同相的本地载波,而这个本地载波的频率和相位信息必须来自接收信号,或是说需要从接收信号中提取载波同步信息。这个本地载波的获取就称为载波提取,或称为载波同步。

在数字通信中,除了有载波同步的问题外,还存在位同步的问题。因为信息是一串相继的信号码元的序列,解调时常需知道每个码元的起止时刻,以便判决。例如用取样判决器对信号进行取样判决时,一般均应对准每个码元最大值的位置。因此,需要在接收端产生一个"码元定时脉冲序列",这个定时脉冲序列的重复频率要与发送端的码元速率相同,相位(位置)要对准最佳取样判决位置(时刻)。这样的一个码元定时脉冲序列就被称为"码元同步脉冲"或"位同步脉冲",而把位同步脉冲的取得称为位同步提取。

数字通信中的信息数字流,总是用若干码元组成一个"字",又用若干"字"组成一"句"。因此,在接收这些数字流时,同样也必须知道这些"字"、"句"的起止时刻。而在接收端产生与"字"、"句"起止时刻相一致的定时脉冲序列,就被称为"字"同步和"句"同步,统称为群同步或帧同步。

此外,在有多个用户的通信网中,还有使网内各站点之间保持同步的网同步问题。为了保证通信网内各用户之间可靠地进行数据交换,必须要求整个数字通信网内有一个统一的时间节拍标准。

同步系统的好坏将直接影响通信质量的好坏,甚至会影响通信能否正常工作。可以说,在同步通信系统中,"同步"是进行信息传输的前提,正因为如此,为了保证信息的可靠传输,要求同步系统应有更高的可靠性。

本章将分别讨论载波同步、位同步、群同步和网同步的基本原理和性能。

9.2 载波同步

载波同步的方法有直接法(自同步法)和插入导频法(外同步法)两种。直接法不需要专门传输导频(同步信号),而是接收端直接从接收信号中提取载波;插入导频法是在发送有用信号的同时,在适当的频率位置上,插入一个(或多个)称做导频的正弦波(同步载波),接收端就利用导频提取出载波。下面分别加以介绍。

9.2.1 直接法(自同步法)

有些信号(如抑制载波的双边带信号等)虽然本身不包含载波分量,但对该信号进行某些非线性变换以后,就可以直接从中提取出载波分量来,这就是直接法提取同步载波的基本原理。下面介绍几种实现直接提取载波的方法。

1. 平方变换法和平方环法

设调制信号为 $m(t)$,$m(t)$ 中无直流分量,则抑制载波的双边带信号为

$$s(t)=m(t)\cos\omega_c t \tag{9.2.1}$$

接收端将该信号进行平方变换后,得到

$$s^2(t)=m^2(t)\cos^2\omega_c t=\frac{1}{2}m^2(t)+\frac{1}{2}m^2(t)\cos 2\omega_c t \tag{9.2.2}$$

式(9.2.2)包含两倍载频($2f_c$)的分量,用窄带滤波器将此分量滤出,然后经过一个二分频电路,就能提取出载频 f_c 分量,这就是所需的同步载波。平方变换法提取载频的原理方框图如图 9.1 所示。

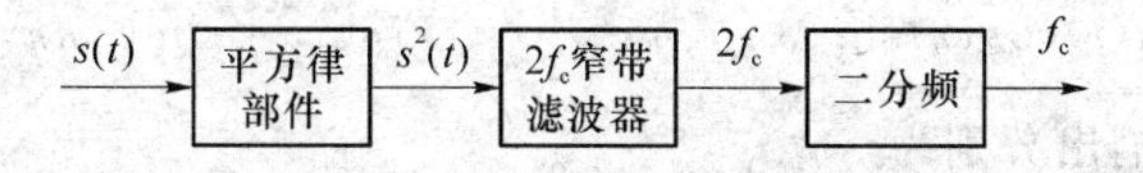

图 9.1 平方变换法提取载波

为改善平方变换的性能,可以在平方变换法的基础上,把窄带滤波器用锁相环替代,构成如图 9.2 所示框图,这样就实现了平方环法提取载波。由于锁相环具有良好的跟踪、窄带滤波和记忆性能,因此平方环法比一般的平方变换法具有更好的性能,因而得到广泛的应用。

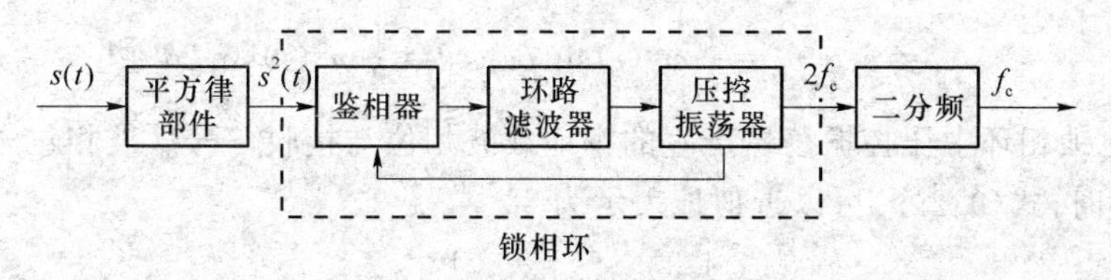

图 9.2 平方环法提取载波

应当注意,在图 9.1 和图 9.2 中都用了一个二分频电路,该二分频电路的输入是 $\cos 2\omega_c t$,经过二分频电路以后得到的可能是 $\cos 2\omega_c t$,也可能是 $\cos(2\omega_c t+\pi)$。也就是说,提取出的载频是准确的,但是相位是模糊的。相位模糊对模拟通信关系不大,因为人耳听不出相位的变化。但对数字通信的影响就不同了,它有可能使 2PSK 相干解调后出现“反向工作”的问题。解决的办法是采用 2DPSK 代替 2PSK。

2. 科斯塔环法

科斯塔环法(Costas)又称为同相正交环法。它也是利用锁相环提取载频,但是不需要预先做平方处理,并且可以直接得到输出解调信号。该方法的原理方框图如图 9.3 所示。

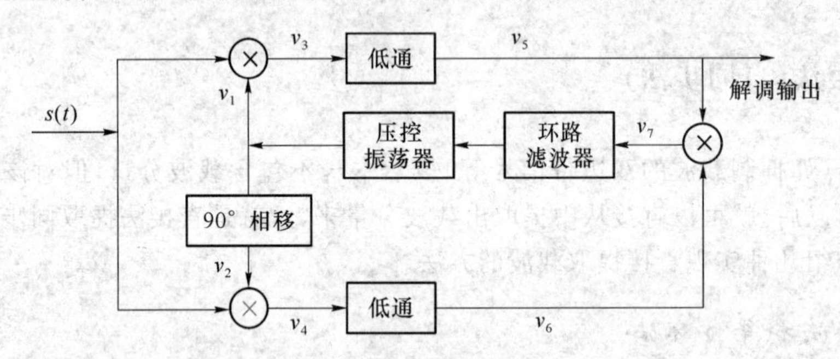

图 9.3 科斯塔环法原理方框图

设输入的抑制载波双边带信号为 $s(t)$,如式(9.2.1)所示,并设图 9.3 中 v_1 和 v_2 两点的本地载波为

$$v_1=\cos(\omega_c t+\theta) \tag{9.2.3}$$

$$v_2=\sin(\omega_c t+\theta) \tag{9.2.4}$$

输入信号和本地载波相乘后得到 v_3 和 v_4 为

$$v_3=m(t)\cos\omega_c t\cos(\omega_c t+\theta)=\frac{1}{2}m(t)\left[\cos\theta+\cos(2\omega_c t+\theta)\right] \tag{9.2.5}$$

$$v_4=m(t)\cos\omega_c t\sin(\omega_c t+\theta)=\frac{1}{2}m(t)\left[\sin\theta+\sin(2\omega_c t+\theta)\right] \tag{9.2.6}$$

经低通滤波器以后的输出分别为

$$v_5=\frac{1}{2}m(t)\cos\theta \tag{9.2.7}$$

$$v_6=\frac{1}{2}m(t)\sin\theta \tag{9.2.8}$$

v_5 和 v_6 相乘后得

$$v_7=v_5\cdot v_6=\frac{1}{4}m^2(t)\sin\theta\cos\theta=\frac{1}{8}m^2(t)\sin 2\theta \tag{9.2.9}$$

式中,θ 为本地锁相环中压控振荡器产生的本地载波相位与接收信号载波相位之差(误差)。

当 θ 较小时,式(9.2.9)可以近似地表示为

$$v_7\approx\frac{1}{8}m^2(t)(2\theta)=\frac{1}{4}m^2(t)\theta \tag{9.2.10}$$

电压 v_7 经过环路滤波器后加到压控振荡器上,控制其振荡频率使它与 ω_c 同频。环路滤

波器是一个低通滤波器，它只允许接近直流的电压通过，此电压用来调整压控振荡器输出的相位 θ，使 θ 尽可能地小。此时压控振荡器的输出电压 $v_1=\cos(\omega_c t+\theta)$ 就是从接收信号中提取的载波，而 $v_5=[m(t)\cos\theta]/2\approx m(t)/2$ 就是解调输出电压。

科斯塔环法的优点在于可以直接解调出 $m(t)$。但这种方法的电路比较复杂一些。另外，由锁相环理论可知，锁相环使 θ 值接近等于 0 的稳定点有两个，即 θ 等于 0 和 π。因此，科斯塔环法提取载频相位也存在相位模糊问题。

3. 从多相移相信号中提取载波

对于多相移相信号，同样可以利用多次方变换法和多相科斯塔环法从已调信号中提取载波信息。如以四相移相信号为例，图 9.4 是用多次方变换法从四相移相信号中提取同步载波的方法。

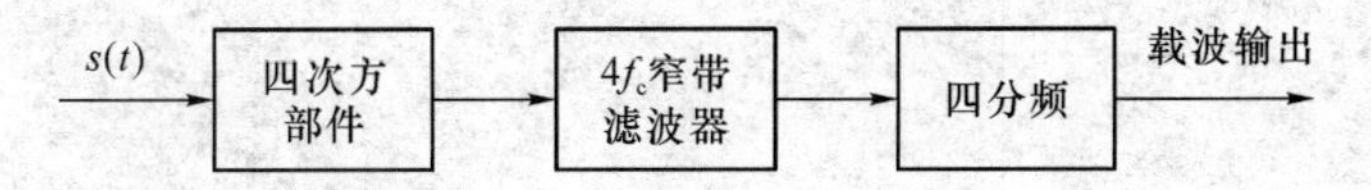

图 9.4　四次方变换法提取载波

不失一般性，我们设一个 QPSK 信号的表达式为

$$s(t)=m_1(t)\cos\omega_c t+m_2(t)\sin\omega_c t \tag{9.2.11}$$

式中，$m_1(t)=\pm1$；$m_2(t)=\pm1$。

对其平方后，得到

$$s^2(t)=1\pm\sin 2\omega_c t \tag{9.2.12}$$

当四种不同相位等概率出现时，上式中的"$\pm$"号表示其中 $2f_c$ 分量的平均功率等于 0，即其频谱中没有 $2f_c$ 的分量。因此，需要滤除其中的直流分量后，再次平方，得到

$$s^4(t)=\sin^2(2\omega_c t)=\frac{1}{2}-\frac{1}{2}\cos 4\omega_c t \tag{9.2.13}$$

表示在 4 次倍频的信号中含有 $4f_c$ 的分量。将它滤出并 4 分频，即可得到载频 f_c 分量。

除了上述多次方变换法以外，还可以用多相科斯塔环法提取同步载波。图 9.5 是一个四相科斯塔环法提取同步载波的方框图，压控振荡器的输出就是所需的载波信号。其原理类似于图 9.3，这里不再繁述。

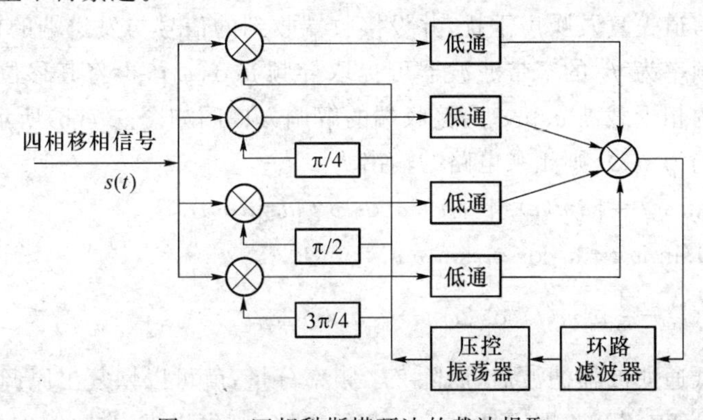

图 9.5　四相科斯塔环法的载波提取

应该注意的是，上述两种方法所提取的载波同样存在相位含糊问题，常见的解决办法是

采用四相相对移相。

9.2.2 插入导频法

插入导频法主要用于接收信号频谱中没有离散载频分量,或即使含有一定的载频分量,也很难从接收信号中分离出来的情况。对这些信号的载波提取,可以用插入导频法。

所谓插入导频,就是在已调信号频谱中额外插入一个低功率的线谱(此线谱对应的正弦波称为导频信号),在接收端利用窄带滤波器把它提取出来,经过适当的处理形成接收端的相干载波。插入导频的传输方法有多种,基本原理相似。这里仅介绍在抑制载波的双边带信号中插入导频法。

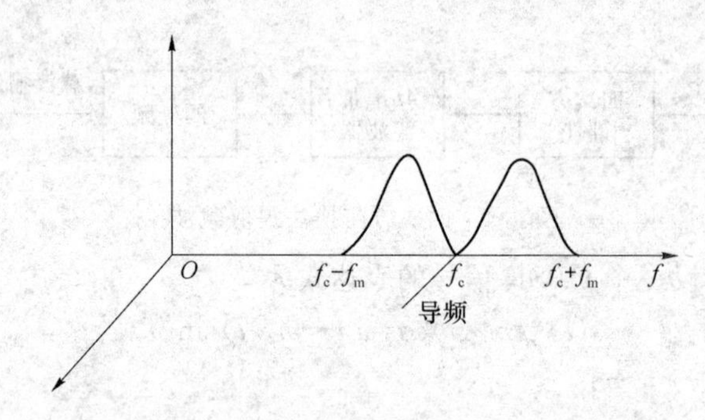

图 9.6 插入的导频和已调信号频谱示意图

对于抑制载波的双边带调制而言,在载频处,已调信号的频谱分量为零,同时对调制信号 $m(t)$进行适当的处理,就可以使已调信号在载频附近的频谱分量很小,这样就可以插入导频,这时插入的导频对信号的影响最小。图 9.6 所示为插入的导频和已调信号频谱示意图。在此方案中插入的导频并不是加在调制器的那个载波,而是将该载波移相 90°后的所谓"正交载波"。根据上述原理,就可构成插入导频的发送端方框图如图 9.7(a)所示。

设调制信号 $m(t)$中无直流,$m(t)$频谱中的最高频率为 f_m。受调制载波为 $a\sin\omega_c t$,将它经一π/2 相移后形成插入导频(正交载波)$-a\cos\omega_c t$,则发送端输出的信号为

$$s(t)=am(t)\sin\omega_c t-a\cos\omega_c t \tag{9.2.14}$$

如果不考虑信道失真及噪声干扰,并设接收端收到的信号与发送端的信号完全相同,则此信号通过中心频率为 f_c 的窄带滤波器可提取导频 $a\cos\omega_c t$,再将其移位 π/2 后得到与调制载波同频同相的相干载波 $a\sin\omega_c t$,接收端的解调方框图如图 9.7(b)所示。

设接收信号仍为 $s(t)$,则相乘电路的输出为

$$\begin{aligned}v(t)&=as(t)\sin\omega_c t=[am(t)\sin\omega_c t-a\cos\omega_c t]a\sin\omega_c t\\&=a^2m(t)\sin^2\omega_c t-a^2\cos\omega_c t\sin\omega_c t\\&=\frac{1}{2}a^2m(t)-\frac{1}{2}a^2m(t)\cos 2\omega_c t-\frac{1}{2}a^2\sin 2\omega_c t\end{aligned} \tag{9.2.15}$$

此乘积信号经过低通滤波器滤波后,滤除 $2f_c$ 频率分量,就可以恢复出原调制信号 $m(t)$。如果发送端导频不是正交载波,即不经过 π/2 相移电路,则可以推出式(9.2.15)的计算结果中将增加一直流分量。此直流分量通过低通滤波器后将对数字基带信号产生不良影响。这就

是发送端采用正交载波作为导频的原因。

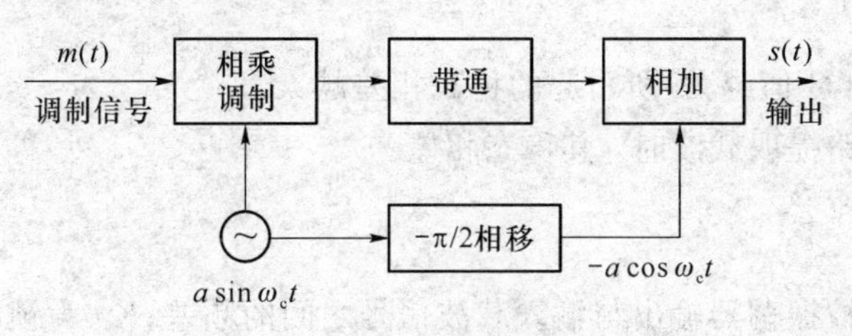

(a) 发送端原理方框图

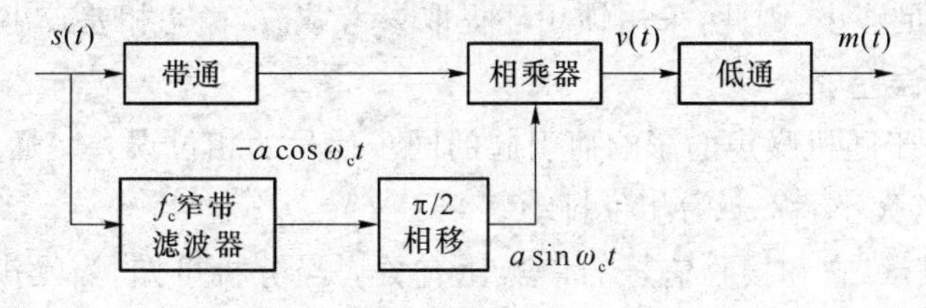

(b) 接收端原理方框图

图 9.7　插入导频法原理方框图

SSB 和 2PSK 的插入导频方法与 DSB 相同。VSB 的插入导频技术较复杂，通常采用双导频法，基本原理与 DSB 类似。这里不再繁述。

9.2.3 载波同步系统的性能

载波同步系统的性能指标主要有效率、精度、同步建立时间和同步保持时间。对载波同步系统的主要性能要求是高效率、高精度，同步建立时间快、保持时间长等。下面对它们进行简单讨论。

1. 高效率

高效率是指为了获得载波信号而尽量少消耗发送功率。在这方面，直接法由于不需要专门发送导频，因而效率高，而插入导频法由于插入导频要消耗一部分发送功率，因而效率要低一些。

2. 高精度

高精度是指接收端提取的同步载波与需要的载波标准比较，应该有尽量小的相位误差。相位误差通常由稳态相位误差和随机相位误差组成。

(1) 稳态相位误差

稳态相位误差是指接收信号中的载波与同步电路提取出的参考载波，在稳态情况下的相位差。对于不同的同步提取法，其稳态相差的计算方法也不同。

当利用窄带滤波器提取载波时，滤波器的中心频率 f_0 和载波频率 f_c 不相等时，会使提取的同步载波信号产生一稳态相位误差 $\Delta\varphi$。设此窄带滤波器为一个单调谐回路，其 Q 值一定，则由其引起的稳态相位误差为

$$\Delta\varphi \approx 2Q\frac{\Delta f}{f_0} \tag{9.2.16}$$

由此可见,电路的Q值越大,所引起的稳态相差越大。

当利用锁相环电路提取载波时,其稳态相差为

$$\Delta\varphi = \frac{\Delta f}{K_V} \tag{9.2.17}$$

式中,Δf为锁相环压控振荡器输出与输入载波信号之间的频差;K_V为锁相环的直流增益。

为减少$\Delta\varphi$,应使锁相环压控振荡器的频率准确稳定,减小Δf,增大K_V。只要K_V足够大就可以保证$\Delta\varphi$足够小,因此,采用锁相环提取参考载波,稳态相差较小。

(2) 随机相位误差

随机误差是由于随机噪声的影响而引起的同步信号的相位误差。通常用相位误差的均方根值σ_φ来表示其大小,称σ_φ为相位抖动。

σ_φ是一个随机量,它和接收信号的信噪比有关。经分析可知,当噪声为高斯白噪声时,随机相位误差σ_φ的方差σ_φ^2与信噪比r的关系为

$$\sigma_\varphi^2 = 1/(2r) \tag{9.2.18}$$

式中,$r=\dfrac{A^2}{2\sigma_n^2}$为信噪比;$\sigma_n^2$为噪声的方差;$A$为正弦波的振幅。显然,信噪比$r$越大,$\sigma_\varphi$越小。

当采用窄带滤波器提取同步载波时,对于给定的噪声功率谱密度,窄带滤波器的通频带越窄,使通过的噪声功率越小,信噪比越大,这样由式(9.2.18)可知,相位抖动就越小;另一方面,通频带越窄,要求滤波器的Q值越大,则由式(9.2.16)可知,稳态相位误差$\Delta\varphi$就越大。所以,稳态相位误差和随机相位误差对于Q值的要求是矛盾的。

3. 同步建立时间和保持时间

从开机或失步到同步所需要的时间称为同步建立时间。显然我们要求此时间越短越好。从开始失去信号到失去载频同步的时间称为同步保持时间。显然希望此时间越长越好。长的同步保持时间有可能使信号短暂丢失时,或接收断续信号时,不需要重新建立同步,保持连续稳定的本地载频。

在同步电路中的低通滤波器和环路滤波器都是通频带很窄的电路。一个滤波器的通频带越窄,其惰性越大。也就是说,一个滤波器的通频带越窄,则当在其输入端加入一个正弦振荡时,其输出端振荡的建立时间越长;当其输入振荡截止时,其输出端振荡的保持时间也越长。显然,这个特性和我们对于同步性能的要求是矛盾的,即建立时间短和保持时间长是相互矛盾的,在设计同步系统时要折中考虑。

9.3 位同步

在数字通信系统中,发送端按照确定的时间顺序,逐个传输数码脉冲序列中的每个码

元。而在接收端必须有准确的采样判决时刻才能正确判决所发送的码元，因此，接收端必须提供一个确定采样判决时刻的定时脉冲序列。这个定时脉冲序列的重复频率必须与发送的数码脉冲序列一致，同时在最佳判决时刻(或称为最佳相位时刻)对接收码元进行采样判决。可以把在接收端产生这样的定时脉冲序列称为码元同步，或称位同步。

实现位同步的方法和载波同步类似，也有直接法(自同步法)和插入导频法(外同步法)两种，而在直接法中也分为滤波法和锁相法。下面将分别介绍这两类同步技术，重点介绍直接法(自同步法)。

9.3.1 插入导频法

插入导频法与载波同步时的插入导频法类似，它也是在发送端信号中插入频率为码元速率($1/T$)或码元速率的倍数的位同步信号。在接收端利用一个窄带滤波器，将其分离出来，并形成码元定时脉冲。

插入位同步信息的方法有多种。从时域考虑，可以连续插入，并随信号码元同时传输；也可以在每组信号码元之前增加一个“位同步头”，由它在接收端建立位同步，并用锁相环使同步状态在相邻两个“位同步头”之间得以保持。从频域考虑，可以在信号码元频谱之外占用一段频谱，专门用于传输同步信息；也可以利用信号码元频谱中的“空隙”处，插入同步信息。

插入导频法的优点是接收端提取位同步的电路简单；缺点是需要占用一定的频带带宽和发送功率，降低了传输的信噪比，减弱了抗干扰能力。然而，在宽带传输系统中，如多路电话系统中，传输同步信息占用的频带和功率为各路信号所分担，每路信号的负担不大，所以这种方法还是比较实用的。

9.3.2 自同步法

当系统的位同步采用自同步方法时，发送端不专门发送导频信号，而直接从数字信号中提取位同步信号，这种方法在数字通信中经常采用，而自同步法具体又可分为滤波法和锁相法。

1. 滤波法

由第5章可知，非归零的二进制随机脉冲序列的频谱中没有位同步的频率分量，不能用窄带滤波器直接提取位同步信息。但是通过适当的非线性变换就会出现离散的位同步分量，然后用窄带滤波器或用锁相环进行提取，便可以得到所需要的位同步信号。下面介绍几种具体的实现方法。

(1) 微分整流法

图9.8(a)所示为微分整流滤波法提取位同步信息的原理框图。图中，输入信号为二进制不归零码元，它首先通过微分和全波整流后，将不归零码元变成归零码元。这样，在码元

序列频谱中就有了码元速率分量(即位同步分量)。将此分量用窄带滤波器滤出,经过移相电路调整其相位后就可以由脉冲形成器产生出所需要的码元同步脉冲。图 9.8(b)给出了该电路各点的波形。

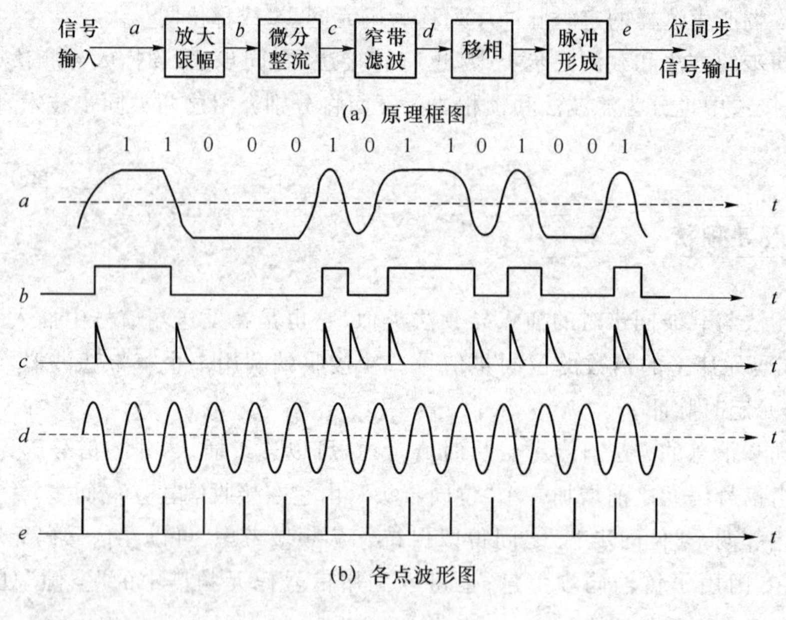

图 9.8 微分整流法

(2) 包络检波法

在某些数字微波中继通信系统中,经常在中频上用对频带受限的 2PSK 信号进行包络检波的方法来提取位同步信号,图 9.9 所示为其原理框图,其对应的波形图如图 9.10 所示。频带受限的 2PSK 信号波形如图 9.10(a)所示。当接收端带通滤波器的带宽小于信号带宽时,频带受限的 2PSK 信号在相邻码元相位反转点处形成幅度的“陷落”。经包络检波后得到图 9.10(b)所示的波形,该波形可看成是一直流与图 9.10(c)所示的波形相减,而图 9.10(c)波形是具有一定脉冲形状的归零脉冲序列,含有位同步信息,再通过窄带滤波器(或锁相环),然后经脉冲整形,就可得到位同步信号。

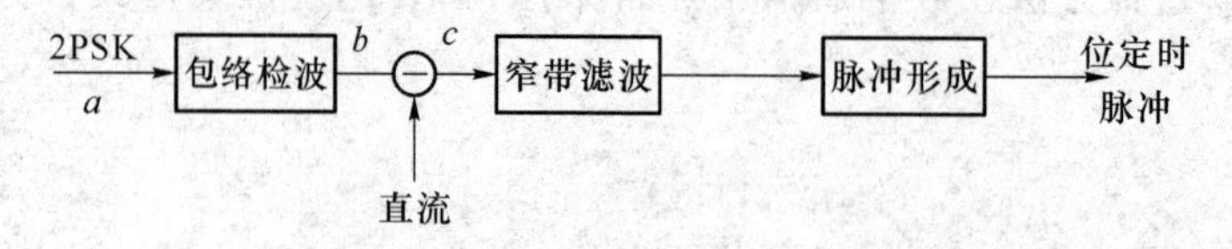

图 9.9 包络检波法的原理框图

(3) 延迟相乘法

图 9.11 所示为延迟相乘法提取位同步的原理框图及波形图,其工作过程与 2DPSK 信号差分相干解调完全相同。只是延迟电路的延迟时间 $\tau<T_s$。2PSK 信号一路经过移相器与另一路经延迟时间为 τ 的信号相乘,取出基带信号,得到脉冲宽度为 τ 的基带脉冲序列。因为 $\tau<T_s$,是归零码,它含有位同步频率分量,通过窄带滤波器即可获得同步信号。

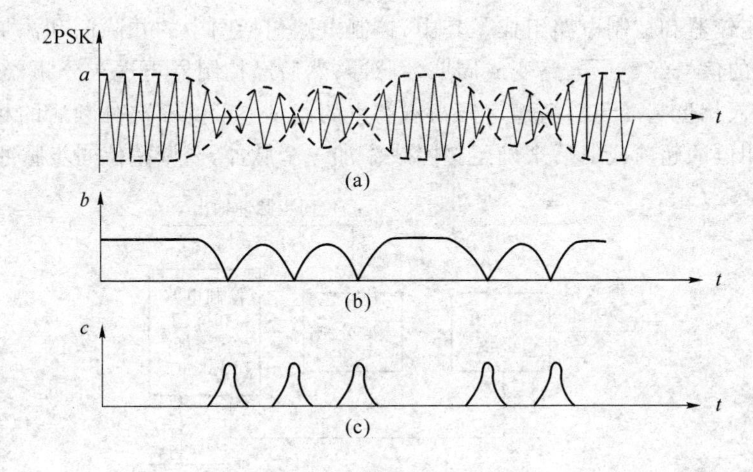

图 9.10　包络检波法各点波形图

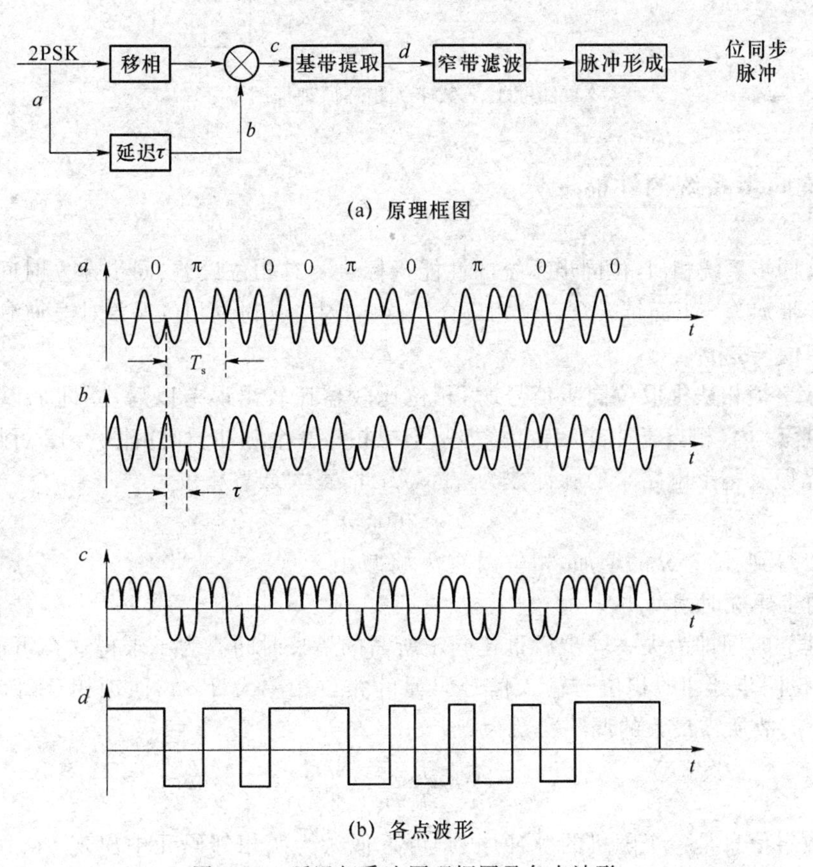

图 9.11　延迟相乘法原理框图及各点波形

2. 锁相法

与载波同步的提取类似，把采用锁相环来提取位同步信号的方法称为锁相法。在数字通信中，这种锁相电路常采用数字锁相环来实现。

采用数字锁相法提取位同步原理方框图如图 9.12 所示，它由高稳定度振荡器（晶振）、分频器、相位比较器和控制电路组成。其中,控制电路包括图中的扣除门和添加门。高稳定度振荡器产生的信号经整形电路变成周期性脉冲,然后经控制器再送入分频器,输出位同步脉冲序列。输入相位基准与由高稳定振荡器产生的经过整形的 n 次分频后的相位脉冲进行比较,由两者相位的超前或滞后来确定扣除或添加一个脉冲,以调整位同步脉冲的相位。

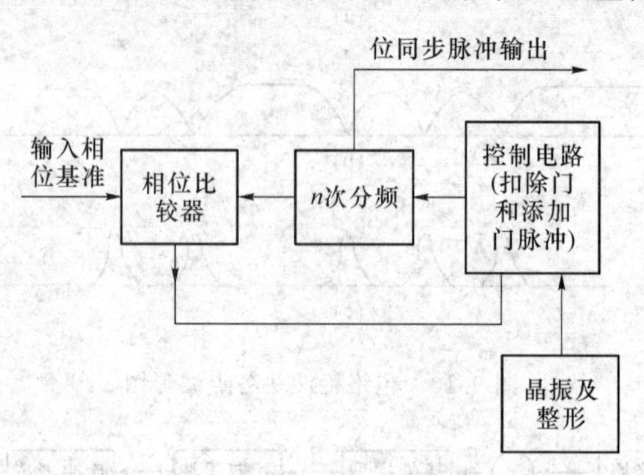

图 9.12　数字锁相环原理框图

9.3.3 位同步系统的性能

与载波同步系统相似,位同步系统的性能指标主要有相位误差、同步建立时间、同步保持时间及同步带宽等。下面结合数字锁相环介绍这些指标,并讨论相位误差对误码率的影响。

(1) 相位误差 θ_e

利用数字锁相法提取位同步信号时,相位比较器比较出误差以后,立即加以调整,在一个码元周期 T_s 内(相当于360°相位内)加一个或扣除一个脉冲。而由图9.12可见一个码元周期内由晶振及整形电路来的脉冲数为 n 个,因此,最大调整相位为

$$\theta_e = 360°/n \tag{9.3.1}$$

从上式可以看到,随着 n 的增加,相位误差 θ_e 将减小。

(2) 同步建立时间 t_s

同步建立时间即为失去同步后重建同步所需的最长时间。为了求得这个可能出现的最长时间,令位同步脉冲的相位与输入信号码元的相位相差为 $T_s/2$,而锁相环每调整一步仅能调整 T_s/n,故所需最大的调整次数为

$$N = \frac{T_s/2}{T_s/n} = \frac{n}{2} \tag{9.3.2}$$

由于数字信息是一个随机的脉冲序列,可近似认为两相邻码元中出现01、10、11、00的概率相等,其中有过零点的情况占一半。而数字锁相法都是从数据过零点中提取标准脉冲,因此平均来说,每 $2T_s$ 可调整一次相位,故同步建立时间为

$$t_s = 2T_s \cdot N = nT_s \tag{9.3.3}$$

为了使同步建立时间 t_s 减小,要求选用较小的 n,这就和相位误差 θ_e 对 n 的要求相矛盾。

(3) 同步建立时间 t_c

同步建立后,一旦输入信号中断,或者遇到长连0码、长连1码时,由于接收的码元没有

过零脉冲，锁相系统就因为没有输入相位基准而不起作用，另外收发双方的固有位定时重复频率之间总存在频差 Δf，接收端位同步信号的相位就会逐渐发生漂移，时间越长，相位漂移量越大，直至漂移量达到某一准许的最大值，就算失步了。

设收发两端固有的码元周期分别为 $T_1=1/f_1$ 和 $T_2=1/f_2$，则

$$|T_1-T_2|=|1/f_1-1/f_2|=\frac{|f_1-f_2|}{f_1 f_2}=\frac{\Delta f}{f_0^2} \tag{9.3.4}$$

式中的 f_0 为收发两端固有码元重复频率的几何平均值，且有 $T_0=1/f_0$，这样由式(9.3.4)可得

$$f_0|T_1-T_2|=\frac{\Delta f}{f_0}=\frac{|T_1-T_2|}{T_0} \tag{9.3.5}$$

式(9.3.5)说明，当收发两端存在频差 Δf 时，每经过 T_0 时间，收发两端就会产生 $|T_1-T_2|$ 的时间漂移。反过来，若规定两端容许的最大时间漂移为 T_0/K（K 为常数），需要经过多长时间才会达到此值呢？这样求出的时间就是同步保持时间 t_c，代入式(9.3.5)后，得

$$\frac{T_0/K}{t_c}=\frac{\Delta f}{f_0}$$

解得

$$t_c=\frac{1}{\Delta f\cdot K} \tag{9.3.6}$$

若同步保持时间 t_c 的指标给定，也可由上式求出对收发两端振荡器频率稳定度的要求为

$$\Delta f=\frac{1}{t_c\cdot K}$$

此频率误差是由收发两端振荡器造成的。若两振荡器的频率稳定度相同，则要求每个振荡器的频率稳定度不能低于

$$\frac{\Delta f}{2f_0}=\pm\frac{1}{2f_0 K t_c} \tag{9.3.7}$$

显然，要想延长同步保持时间 t_c，需要提高接收、发送两端振荡器的频率稳定度。

(4) 同步带宽 Δf_s

由(9.3.4)看到，$T_1\neq T_2$ 时每经过 T_0 时间，该误差会引起 $\Delta T=\Delta f/f_0^2$ 的时间漂移。根据数字锁相环的工作原理，锁相环每次所能调整的时间为 T/n（$T/n\approx T_0/n$），如果对随机数字信号来说，平均每两个码元周期才能调整一次，那么平均一个码元周期内，锁相环能调整的时间只有 $T_0/(2n)$。很显然，如果输入信号码元的周期与接收端固有位定时脉冲的周期之差为

$$|\Delta T|=|T_1-T_2|>\frac{T_0}{2n} \tag{9.3.8}$$

则锁相环将无法使接收端位同步脉冲的相位与输入信号的相位同步，这时，由频差所造成的相位差就会逐渐积累而使系统失去同步。因此，我们根据

$$|\Delta T|=\frac{T_0}{2n}=\frac{1}{2nf_0} \tag{9.3.9}$$

求得

$$\frac{\Delta f_s}{f_0^2}=\frac{1}{2nf_0} \tag{9.3.10}$$

所以同步带宽

$$|\Delta f_s| = \frac{f_0}{2n} \tag{9.3.11}$$

(5) 位同步相位误差对性能的影响

由前面分析知,位同步的最大相位误差 $\theta_e = 360°/n$。有时不用相位差而用时间差 T_e 来表示相位误差。设每码元的周期为 T,则 $T_e = T/n$。由于相位误差的存在将直接影响采样判决时间,使采样判决点的位置偏离其最佳位置。基带传输和频带传输的解调过程中都是在采样点的最佳时刻进行判决,所得的误码率公式也都是在最佳采样时刻得到的。当位同步信号存在相位误差时,必然引起误码率 P_e 增高。以 2PSK 信号为例,在最佳接收判决时,$\theta_e = 0$。由第6章误码率公式

$$P_e = \frac{1}{2}\text{erfc}(\sqrt{r})$$

可计算出有相位误差时的平均误码率为

$$P_e = \frac{1}{4}\text{erfc}(\sqrt{r}) + \frac{1}{4}\text{erfc}\left[\sqrt{r\left(1 - \frac{2T_e}{T}\right)}\right] \tag{9.3.12}$$

9.4 群同步

数字通信时,一般总是以若干个码元组成一个字,若干个字组成一个句,即组成一个个的“群”进行传输。群同步的任务就是在位同步的基础上识别出这些数字信息群(字、句、帧)“开头”和“结尾”的时刻,使接收设备的群定时与接收到的信号中的群定时处于同步状态。实现群同步,通常采用的方法是起止式同步法和插入特殊同步码组的同步法。而插入特殊同步码组的方法有两种:一种为集中插入方式;另一种为分散插入方式。

9.4.1 起止式同步法

数字电传机中广泛使用的是起止式同步法。在电传机中,常用的是五单位码。为标志每个字的开头和结尾,在五单位码的前后分别加上1个单位的起码(低电平)和1.5个单位的止码(高电平),共7.5个码元组成一个字,如图9.13所示。接收端根据高电平第一次转到低电平这一特殊标志来确定一个字的起始位置,从而实现字同步。这种同步方式中的止脉冲宽度与码元宽度不一致,这会给同步数字传输带来不便。另外,在这种同步方式中,7.5个码元中只有5个码元用于传递消息,因此传输效率较低。

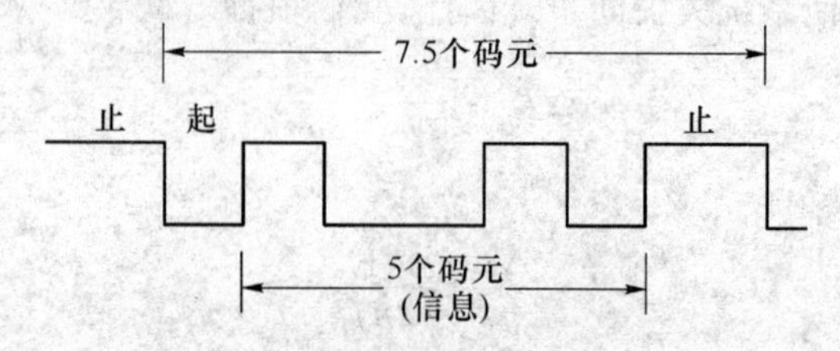

图9.13 起止式同步法传输的字符格式

但起止式同步法的优点是结构简单,易于实现,它特别适合于异步低速数字传输方式。

9.4.2 集中插入法

集中插入法又称连贯插入法。它是指在每一信息群的开头集中插入作为群同步码组的特殊码组,该码组应在信息码中很少出现,即使偶尔出现,也不可能依照群的规律周期出现。接收端按群的周期连续数次检测该特殊码组,这样便获得群同步信息。

集中插入法的关键是寻找实现群同步的特殊码组。对该码组的基本要求是:具有尖锐单峰特性的自相关函数;便于与信息码区别;码长适当,以保证传输效率。符合上述要求的特殊码组有:全0码、全1码、1与0交替码、巴克码、电话基群帧同步码0011011。目前常用的群同步码组是巴克码。

(1) 巴克码

巴克码是一种有限长的非周期序列。它的定义如下:一个n位长的码组$\{x_1,x_2,x_3,\cdots,x_n\}$,每个码元$x_i$的取值为+1或-1,若它的局部相关函数

$$R(j)=\sum_{i=1}^{n-j}x_ix_{i+j}=\begin{cases}n, & j=0\\0,+1,-1, & 0<j<n\\0, & j\geqslant n\end{cases}\tag{9.4.1}$$

则称这种码组为巴克码,其中j表示错开的位数。目前已找到的所有巴克码组如表9.1所示。其中的+、-号表示x_i的取值为+1、-1,分别对应二进制码的“1”或“0”。以7位巴克码组{+++--+-}为例,它的局部自相关函数如下:

当$j=0$时,
$$R(j)=\sum_{i=1}^{7}x_i^2=1+1+1+1+1+1+1=7\tag{9.4.2}$$

当$j=1$时,
$$R(j)=\sum_{i=1}^{6}x_ix_{i+1}=1+1-1+1-1-1=0\tag{9.4.3}$$

表9.1 巴克码组

n	巴克码组
2	++(11)
3	++-(110)
4	+++-(1110);++-+(1101)
5	+++-+(11101)
7	+++--+-(1110010)
11	+++---+--+-(11100010010)
13	+++++--++-+-+(1111100110101)

同样可求出$j=3,5,7$时$R(j)=0$;$j=2,4,6$时$R(j)=-1$。根据这些值,利用相关函数偶函数性质,可以作出7位巴克码的$R(j)$与j的关系曲线,如图9.14所示。由图可见,其自相关函数在$j=0$时具有尖锐的单峰特性。这一特性正是集中插入群同步码组的主要要求之一。

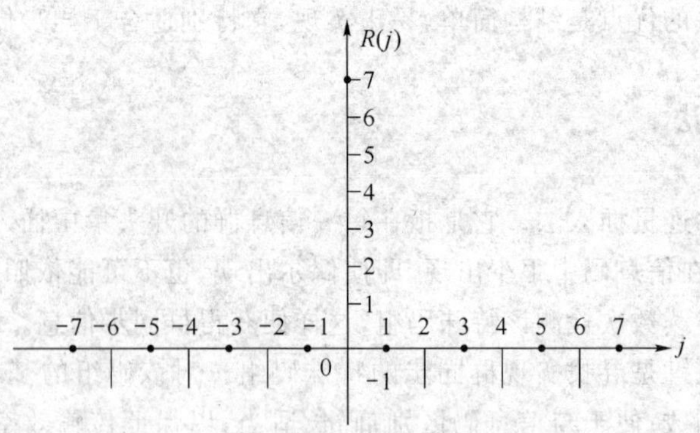

图 9.14　7 位巴克码的自相关函数

(2) 巴克码识别器

巴克码识别器是比较容易实现的，仍以 7 位巴克码为例，用 7 级移位寄存器、相加器和判决器就可以组成一个巴克码识别器，如图 9.15 所示。当输入码元的"1"进入某移位寄存器时，该移位寄存器的"1"端输出电平为+1，"0"端输出电平为－1。反之，输入"0"码时，该移位寄存器的"0"端输出电平为+1，"1"端输出电平为－1。各移位寄存器输出端的接法与巴克码的规律一致，这样识别器实际上是对输入的巴克码进行相关运算。当一帧信号到来时，首先进入识别器的是群同步码组，只有当 7 位巴克码在某一时刻〔如图 9.16(a)中的 t_1〕正好已全部进入 7 位寄存器时，7 位移位寄存器输出端都输出+1，相加后得最大输出+7，其余情况相加结果均小于+7。若判别器的判决门限电平定为+6，那么就在 7 位巴克码的最后一位"0"进入识别器时，识别器输出一个同步脉冲表示一群的开头，如图 9.16(b)所示。

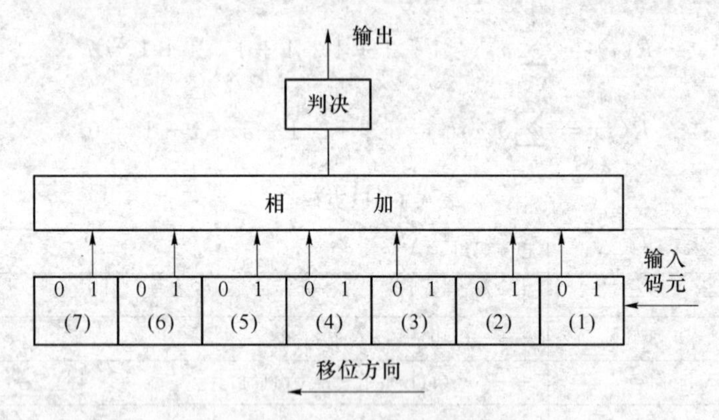

图 9.15　巴克码识别器

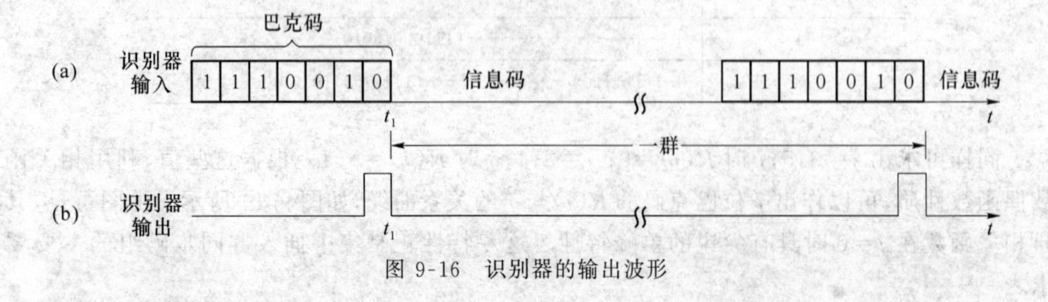

图 9-16　识别器的输出波形

巴克码用于群同步是常见的，但并不是唯一的，只要具有良好特性的码组均可用于群同步，例如 PCM 30/32 路电话基群的集中隔帧插入的帧同步码为 0011011。

9.4.3 分散插入法

分散插入法又称为间隔式插入法，它是将群同步码以分散的形式均匀插入信息码流中。这种方式比较多地用在多路数字电路系统中，如 PCM 24 路基群设备以及一些简单的 ΔM 系统一般都采用 1、0 交替码型作为帧同步码间隔插入的方法。即一帧插入"1"码，下一帧插入"0"码，如此交替插入。由于每帧只插一位码，那么它与信码混淆的概率则为 1/2，这样似乎无法识别同步码，但是这种插入方式在同步捕获时我们不是检测一帧两帧，而是连续检测数十帧，每帧都符合"1"、"0"交替的规律才确认同步。

分散插入常采用移位搜索法，它的基本原理是接收电路开机时处于捕捉态，当收到第一个与同步码相同的码元时，先暂认为它就是群同步码，按码同步周期检测下一帧相应的位码元，如果也符合插入的同步码规律，则再检测第三帧相应的位码元，如果连续检测 n 帧（n 为预先设定的一个值），每帧均符合同步码规律，则同步码已找到，电路进入同步状态。若第一个接收码元不符合要求或在 n 帧内出现一次被考察的码元不符合要求，则推迟一位考察下一个接收码元，直至找到符合要求的码元并保持连续 n 帧都符合要求为止。这时捕捉态转为保持态。在保持态，同步电路仍然要不断地考察同步码是否正确，但是为了防止考察时因噪声偶然发生一次错误而导致认为失去同步，一般可以规定在连续 n 帧内发生 m 次（$m<n$）考察错误才认为是失去同步。这种措施称为同步保护。

由于计算机技术的发展，目前移位搜索法的具体实现多采用软件的方法，较少采用硬件逻辑电路实现。图 9.17 为按照上述方法进行的同步软件流程图。

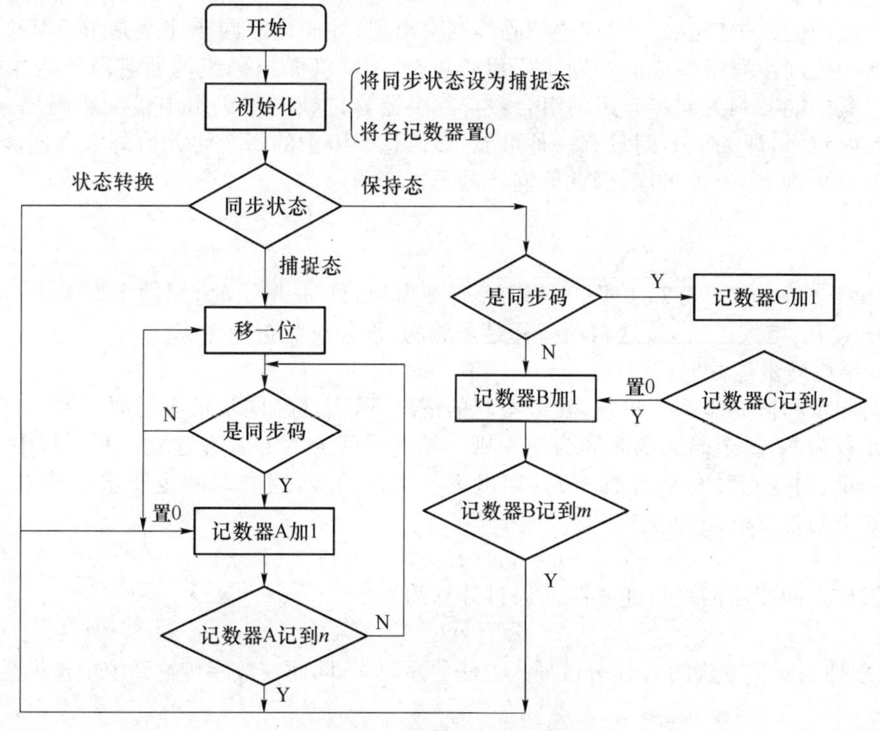

图 9.17 移位搜索法流程图

9.4.4 群同步系统的性能

群同步系统的主要指标是同步可靠性(包括漏同步概率 P_1 和假同步概率 P_2)及同步建立时间 t_s。不同方式的同步系统,性能自然不同。下面主要分析集中插入方式同步系统的性能。

(1) 漏同步概率 P_1

数字信号在传输过程中由于干扰的影响使接收的同步码组产生误码,而使帧同步信息丢失,造成假失步现象,通常称为漏同步。出现这种现象的可能性称为漏同步概率,用 P_1 表示。

设接收码元错误概率为 p,帧同步码长为 n,检验时容许错误的最大码元数为 m,因此码组中所有不超过 m 个错误的码组都能正确识别,则未漏同步概率为

$$\sum_{r=0}^{m} C_n^r p^r (1-p)^{n-r} \tag{9.4.4}$$

式中,C_n^r 为 n 中取 r 的组合数。所以,漏同步概率为

$$P_1 = 1 - \sum_{r=0}^{m} C_n^r p^r (1-p)^{n-r} \tag{9.4.5}$$

当不允许有错误时,即 $m=0$ 时,上式变为

$$P_1 = 1-(1-p)^n \tag{9.4.6}$$

这就是不允许有错同步码时漏同步的概率。

(2) 假同步概率 P_2

被传输的信息码元是随机的,完全可能出现与帧同步相同的码组,这时识别器会把它当做帧同步码组来识别而造成假同步(或称为伪同步)。出现这种情况的可能性称为假同步概率,用 P_2 表示。

设二进制码元中信息码的“1”、“0”码等概率出现,并假设假同步完全是由于某个信息码组被误认为是同步码组造成的。同步码组长度为 n,所以 n 位码组的所有可能码组数为 2^n 种排列。其中能被判为同步码组的组合数与判决器容许帧同步码组中最大错码数 m 有关。若不容许有错码,即 $m=0$,则只有一种可能,即信息码组中的每个码元恰好都和同步码元相同。若 $m=1$,则有 C_n^1 种可能,因此假同步的总概率为

$$P_2 = \frac{1}{2^n} \sum_{r=0}^{m} C_n^r \tag{9.4.7}$$

比较式(9.4.6)和式(9.4.7)可见,当判定条件放宽时,即 m 增大时,漏同步概率 P_1 减少,而假同步概率 P_2 增大。所以,这两项指标是矛盾的,设计时需折中考虑。

(3) 平均同步建立时间 t_s

设漏同步和假同步都不出现,在最不利的情况下,实现帧同步最多需要一帧时间。设每帧的码元数为N,每个码元的时间为 T_s,则一帧的时间为 NT_s。在建立同步过程中,如出现一次漏同步,则建立时间要增加 NT_s;如出现一次假同步,建立时间也要增加 NT_s。因此,帧同步的平均建立时间为

$$t_s = (1+P_1+P_2)NT_s \tag{9.4.8}$$

分散插入同步法的平均建立时间通过计算约为

$$t_s = N^2 T_s \tag{9.4.9}$$

显然,集中插入同步方法的 t_s 比分散插入方法要短得多,因而在数字传输系统中被广泛应用。

9.5 网同步

网同步是指通信网的时钟同步，解决网中各站的载波同步、位同步和群同步等问题。

实现网同步的方法主要有两大类：一类是全网同步系统，即在通信网中使各站的时钟彼此同步，各站的时钟频率和相位都保持一致。建立这种网同步的主要方法有主从同步法和互同步法。另一类是准同步系统，也称独立时钟法，即在各站均采用高稳定性的时钟，相互独立，允许其速率偏差在一定的范围之内，在转接时设法把各处输入的数码速率变换成本站的数码率，再传送出去。在变换过程中要采取一定措施使信息不致丢失。实现这种方式的方法有两种：码速调整法和水库法。

1. 全网同步系统

全网同步方式采用频率控制系统去控制各交换站的时钟，使它们都达到同步，即使它们的频率和相位均保持一致，没有滑动。采用这种方法可用稳定度低而价廉的时钟，在经济上是有利的。

(1) 主从同步方式

在通信网内设立一个主站，它备有一个高稳定的主时钟源，再将主时钟源产生的时钟逐站传输至网内的各从站，控制各从站的时钟频率。主从同步方式中，同步信息可以包含在传送信息业务的数字比特流中，接收端从所接收的比特流中提取同步时钟信号；也可以用指定的链路专门传送主基准时钟源的时钟信号。各从站数字传输设备通过锁相环电路使其时钟频率锁定在主时钟基准源的时钟频率上，从而使网络内各从站时钟与主站时钟同步。

① 直接主从同步方式（星形结构）如图 9.18(a)所示，各从站的基准时钟都由同一个主时钟源提供。一般在一个楼内设备可用这种星形结构。

② 等级主从同步方式（树形结构）如图 9.18(b)所示。等级主从同步方式使用一系列分级的时钟，每一级时钟都与其上一级时钟同步，在网中的最高一级时钟称为基准主时钟或基准时钟，这是一个高精度和高稳定度的时钟，它通过树形时钟分配网络逐级向下传输，分配给下面的各级时钟，然后通过锁相环使本地时钟的相位锁定到收到的定时基准上，从而使网内各从站的时钟都与基准主时钟同步，达到全网时钟统一。

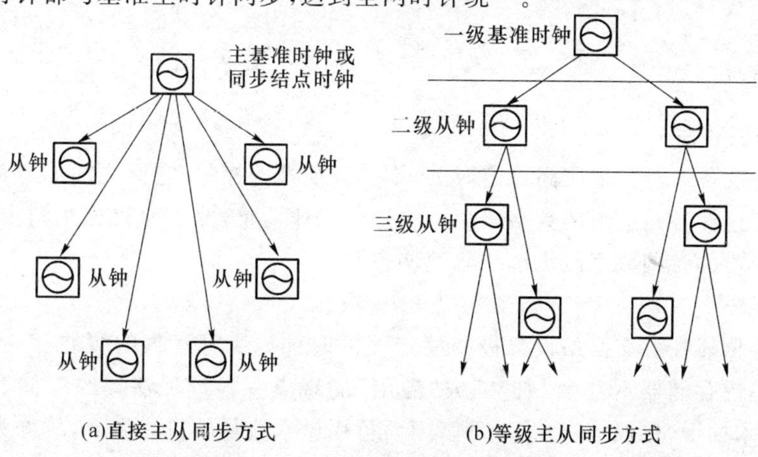

图 9.18 主从同步网连接方式示意图

(2) 互同步方式

互同步方式是在网内不设主时钟，由网内各从站的时钟相互控制，最后都调整到一个稳定的、统一的系统频率上，实现全网的时钟同步。

(3) 同步网的组网方式及等级结构

我国数字同步网是采用等级主从同步方式，按照时钟性能可划分为四级，其等级主从同步方式示意图如图 9.19 所示。

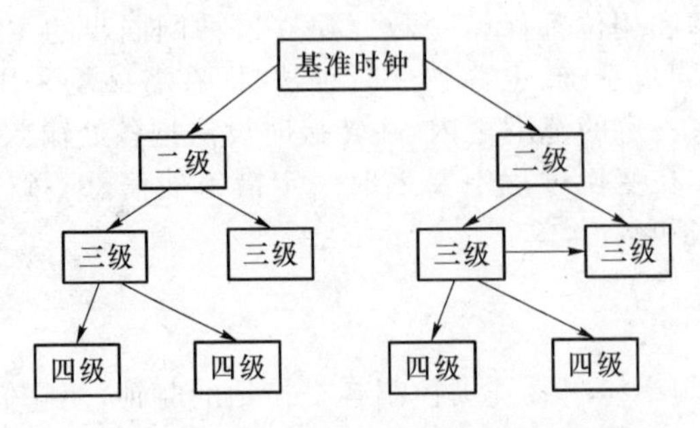

图 9.19 等级主从同步方式

同步网的基本功能是应能准确地将同步信息从基准时钟向同步网内的各下级或同级时钟站传递，通过主从同步方式使各从时钟与基准时钟同步。我国同步时钟等级如表 9.2 所示。

表 9.2 同步时钟等级

<table>
<tr><th>类型</th><th colspan="2">第一级</th><th colspan="2">基 准 时 钟</th></tr>
<tr><td rowspan="2">长途网</td><td rowspan="2">第二级</td><td>A 类</td><td>一级、三级长途交换中心，国际局的局内综合定时供给设备时钟和交换设备时钟</td><td rowspan="2">在大城市内有多个长途交换中心时，应按它们在国内的等级相应地设置时钟</td></tr>
<tr><td>B 类</td><td>三级、四级长途交换中心的局内综合定时供给设备时钟和交换设备时钟</td></tr>
<tr><td rowspan="2">本地网</td><td colspan="2">第三级</td><td colspan="2">汇接局时钟、端局的局内综合定时供给设备时钟和交换设备时钟</td></tr>
<tr><td colspan="2">第四级</td><td colspan="2">远端模块、数字用户交换设备、数字终端设备时钟</td></tr>
</table>

2. 准同步系统

(1) 码速调整法

准同步系统各站各自采用高稳定时钟，不受其他站的控制，它们之间的时钟频率允许有一定的容差。这样各站送来的数字码流首先进行码速调整，使之变成相互同步的数字码流，即对本来是异步的各种数字码流进行码速调整。

(2) 水库法

水库法是依靠在各交换站设置极高稳定度的时钟源和容量大的缓冲存储器，使得在很长的时间间隔内存储器不发生“取空”或“溢出”的现象。容量足够大的存储器就像水库一样，即很难将水抽干，也很难将水库灌满，因而可用做水流量的自然调节，故称为水库法。

现在来计算存储器发生一次“取空”或“溢出”现象的时间间隔 T，设存储器的位数为 $2n$，

起始为半满状态，存储器写入和读出的速率之差为$\pm\Delta f$，则显然有

$$T=\frac{n}{\Delta f} \tag{9.5.1}$$

设数字码流的速率为 f，相对频率稳定度为 S，并令

$$S=\left|\pm\frac{\Delta f}{f}\right| \tag{9.5.2}$$

则由式(9.5.1)得

$$fT=\frac{n}{S} \tag{9.5.3}$$

式(9.5.3)是对水库法进行计算的基本公式。

现举例如下。设 $f=512$ kbit/s，并设

$$S=\left|\pm\frac{\Delta f}{f}\right|=10^{-9}$$

需要使 T 不小于 24 小时，则利用式(10.5-3)，可求出 n，即

$$n=SfT=10^{-9}\times 51\,200\times 24\times 3\,600\approx 45$$

显然，这样的设备不难实现，若采用更高稳定度的振荡器，如铷原子振荡器，其频率稳定度可达 5×10^{-11}，因此，可在更高速率的数字通信网中采用水库法作网同步。但水库法每隔一定时间总会发生“取空”或“溢出”现象，所以每隔一定时间 T 要对同步系统校准一次。

小　结

本章主要讨论载波同步、位同步、群同步和网同步的基本原理和性能。

在通信系统中，同步是一个非常重要的问题。通信系统能否有效地可靠地工作，在很大程度上依赖于有无良好的同步系统。

通信系统中的同步包括载波同步、位同步、群同步和网同步。

载波同步的目的是使接收端产生的本地载波和接收信号的载波同频同相。载波同步的方法有直接法(自同步法)和插入导频法(外同步法)两种。直接法不需要专门传输导频(同步信号)，而是接收端直接从接收信号中提取载波；插入导频法是在发送有用信号的同时，在适当的频率位置上，插入一个(或多个)称做导频的正弦波(同步载波)，接收端就利用导频提取出载波。

位同步的目的是使每个码元得到最佳的解调和判决。实现位同步的方法和载波同步法类似，也有直接法(自同步法)和插入导频法(外同步法)两种，而在直接法中也分为滤波法和锁相法。

群同步的任务就是在位同步的基础上识别出这些数字信息群(字、句、帧)“开头”和“结尾”的时刻，使接收设备的群定时与接收到的信号中的群定时处于同步状态。实现群同步，通常采用的方法是起止式同步法和插入特殊同步码组的同步法。而插入特殊同步码组的方法有两种：一种为集中插入方式；另一种为分散插入方式。

网同步是指通信网的时钟同步,解决网中各站的载波同步、位同步和群同步等问题。

实现网同步的方法主要有两大类:一类是全网同步系统,即在通信网中使各站的时钟彼此同步,各站的时钟频率和相位都保持一致。建立这种网同步的主要方法有主从同步法和相互同步法。另一类是准同步系统,也称独立时钟法,即在各站均采用高稳定性的时钟,相互独立,允许其速率偏差在一定的范围之内,在转接时设法把各处输入的数码速率变换成本站的数码率,再传送出去。在变换过程中要采取一定措施使信息不致丢失。实现这种方式的方法有两种:码速调整法和水库法。

目前世界各国仍在继续研究网同步方式,究竟采用哪一种方式,有待进一步探索。而且,它与许多因素有关,如通信网的构成形式,信道的种类,转接的要求,自动化的程度,同步码型和各种信道码率的选择等。前面所介绍的方式,各有其优缺点。目前数字通信正在迅速发展,随着市场的需要和研究工作的进展,可以预期今后一定会有更加完善、性能良好的网同步方法。

思考题

1. 什么是载波同步和位同步?它们都有什么用处?

2. 试问插入导频法载波同步有什么优缺点?

3. 试问哪些类信号频谱中没有离散载频分量?

4. 单边带信号能否用自同步法提取同步载波?

5. 试问什么是相位模糊问题?在用什么方法提取载波时会出现相位模糊?解决相位模糊对信号传输影响的主要途径是什么?

6. 载波同步系统的性能指标是什么?哪些因素影响这些性能指标?

7. 有了位同步,为什么还要群同步?

8. 位同步系统的主要性能指标是什么?在用数字锁相环法的位同步系统中这些指标都与哪些因素有关?

9. 集中插入法和分散插入法有什么区别?各有什么特点和适用在什么场合?

习题

9.1 已知单边带信号 $S_{SSB}(t)=m(t)\cos\omega_c t+\hat{m}(t)\sin\omega_c t$,试证明它不能用平方变换法提取载波。

9.2 在图9.7所示的插入导频法发送端方框图中,如果 $a\sin\omega_c t$ 不经过 $\pi/2$ 相移,直接与已调信号相加后输出,试证明接收端的解调输出中含有直流分量。

9.3 已知单边带信号为 $S_{SSB}(t)=m(t)\cos\omega_c t+\hat{m}(t)\sin\omega_c t$,若发送端插入导频的方法与图9.7所示的双边带信号导频插入法完全相同,证明接收端可以正确解调。若发送端插入导频不经过 $\pi/2$ 相移,直接与已调信号相加后输出,试证明接收端的解调输出中也含有直流分量。

9.4 正交双边带调制的原理方框图如图P9.1所示,试讨论载波相位误差 φ 对该系统有什么影响。

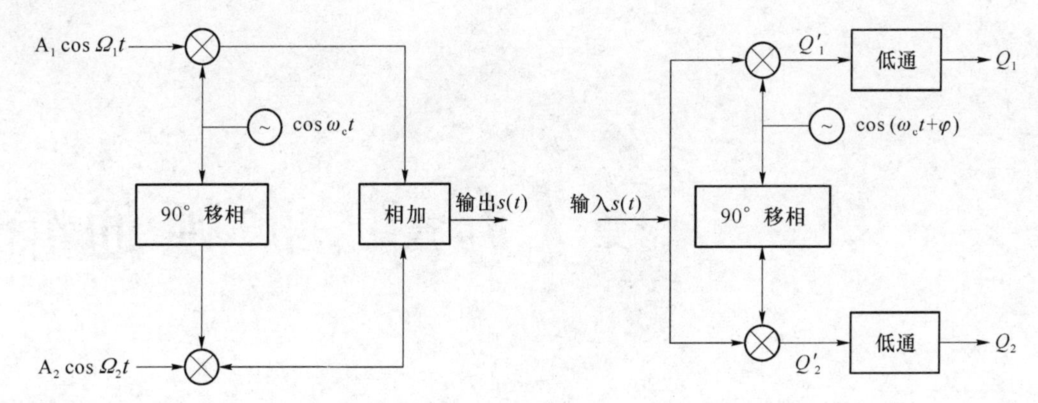

图 P9.1

9.5 设有如图 P9.2 所示的基带信号,它经过一带限滤波器后变为带限信号,试画出从带限基带信号中提取位同步信号的原理方框图和波形。

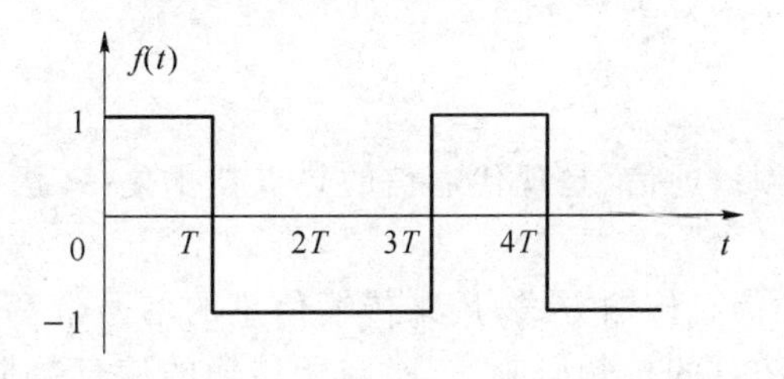

图 P9.2

9.6 若 7 位巴克码前后全为"1"序列,加在图 9.15 的输入端,设各移位寄存器初始状态均为零,求相加器输出端的波形。

9.7 若 7 位巴克码前后全为"0"序列,加在图 9.15 的输入端,设各移位寄存器初始状态均为零,求相加器输出端的波形。

9.8 传输速率为 1 kbit/s 的一个数字通信系统,设误码率为 $P_e=10^{-4}$,群同步采用集中插入方式,同步码组的位数 $n=7$,试分别计算 $m=0$ 和 $m=1$ 时漏同步概率 P_1 和假同步概率 P_2。若每群中的信息位数为 153,估算群同步的平均建立时间。

9.9 设一个数字通信网采用水库法进行码速调整,抑制数据速率为 32 Mbit/s,存储器的容量 $2n=200$ bit,时钟的频率稳定度为 $|\pm\Delta f/f|=1\times10^{-10}$。试计算每隔多少时间需对同步系统校正一次。

9.10 已知 PCM 30/32 终端机帧同步码周期 $T_s=250\ \mu$s,每帧比特数 $N=512$,帧同步码的长度为 7 bit,试计算平均捕捉时间。

第10章 扩频通信

10.1 引　言

扩频通信,又称扩展频谱通信,是现代通信的热点技术之一,已被广泛运用于军事与民用通信系统中。

扩频通信技术是一种信息传输方式,用来传输信息的信号带宽远远大于信息本身的带宽,频带的扩展由独立于信息的扩频码来实现,与所传输的信息数据无关;在接收端则用相同的扩频码进行相关解调,实现解扩,恢复所传的信息数据。这项技术又称为扩频调制,而传输扩频信号的系统为扩频系统。

扩频信号具有良好的相关特性,包括尖锐的自相关特性和低值的互相关特性,使得扩频通信系统具有抗干扰能力强和保密性好等许多优点,在移动通信、卫星通信、宇宙通信、雷达、导航以及测距等领域得到了广泛应用。

本章主要介绍扩频通信的基本原理、PN序列、直接序列扩频系统、跳频系统,最后简单介绍码分复用的基本概念。

10.2 扩频通信的基本原理

用频带换取信噪比,就是扩频通信的基本原理,其目的是为了提高通信系统的可靠性。如果通信中信噪比为主要矛盾(如无线通信),而信号带宽有富裕,往往就可以采用这种用带宽换取信噪比的方法提高通信的可靠性;即使带宽没有富裕,但是为了保证可靠性也要牺牲带宽,确保信噪比。

10.2.1 扩频通信系统模型

扩频通信是利用扩频信号传送信息的一种通信方式，它所用的传送频带要比任何用户的信息频带和数据速率大许多倍。扩频通信的理论基础是香农定理。香农定理描述了信道容量、信号带宽与信噪比之间的关系，它给出了通信系统所能达到的极限信息传输速率。在一定的信道容量条件下，信号带宽和信噪比是可以互换的，即可通过增加信号带宽来减小发送信号功率，也可以通过增加发送功率来减小信号的带宽。根据此定理，扩频通信系统虽然占有较大的信道带宽，但它可以用较低的信噪比来传输信息，可以降低接收的信噪比门限值。

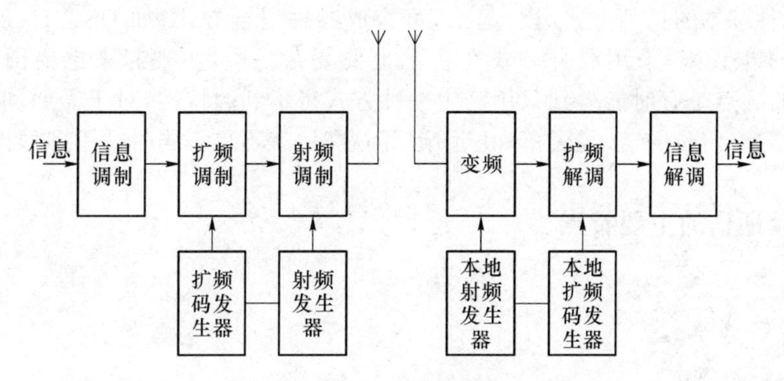

图 10.1　扩频通信系统模型

扩频通信系统模型如图 10.1 所示，发送端输入的信息先经信息调制形成数字信号，然后由扩频码发生器产生的扩频码序列去调制数字信号以展宽信号的频谱，展宽后的信号再调制到射频并从天线发射出去。在接收端收到的宽带射频信号，变频至中频，然后由本地产生的与发送端相同的扩频码序列去相关解扩，再经信息解调，恢复成原始信息输出。因此，一般的扩频通信系统都要进行三次调制和三次解调。一次调制为信息调制，二次调制为扩频调制，三次调制为射频调制，以及相应的信息解调、解扩和射频解调。

与一般通信系统相比，扩频通信系统多了扩频调制和扩频解调部分。

10.2.2 扩展频谱的方法

扩展频谱的方法有：直接序列扩频、跳变频率扩频、跳变时间扩频、宽带线性调频及混合方式。

(1) 直接序列扩频(DS-SS)

直接序列扩频，简称直接扩频或直扩，这种方法就是直接用具有高码率的扩频码序列在发送端扩展信号的频谱，而在接收端，用相同的扩频码序列进行解扩，把展宽的扩频信号还原成原始的信息。

(2) 跳变频率扩频(FH-SS)

跳变频率扩频，简称跳频，跳频系统用伪随机码序列控制发射机的载频，使其离散地在一个给定的频带内跳变，形成一个宽带的离散频率谱，从而扩展发射信号的频率变化范围。

(3) 跳变时间扩频(TH-SS)

跳变时间扩频,简称跳时,与跳频类似,跳时是使发射信号在时间轴上跳变。跳时系统把一段时间(一帧)分成许多时间片,在哪个时间片内发射信号由伪随机码序列控制。由于采用了比信息码元宽度窄很多的时间片发送信号,所以扩展了信号的频谱。简单的跳时系统抗干扰性不强,很少单独采用,它主要与直扩或跳频方式结合组成混合扩频方式。

(4) 宽带线性调频

宽带线性调频(Chirp Modulation),简称 Chirp,如果发射的射频脉冲信号在一个周期内,其载频的频率作线性变化,则称为线性调频。因为其频率在较宽的频带内变化,信号的频带也被展宽了。这种扩频调制方式主要应用于雷达系统中。

(5) 混合方式

将上述几种基本的扩频方式组合起来,可构成各种混合方式,如 DS/FH、DS/TH、DS/FH/TH 等。一般说来,采用混合方式在技术上要复杂一些,实现起来也要困难一些。但是,混合方式的优点是有时能得到只用其中一种方式得不到的特性,对于需要同时解决抗干扰、多址组网、定时定位、抗多径衰落和"远-近"问题时,就不得不同时采用多种扩频方式。

10.2.3 扩频通信的主要特点

1. 扩频通信的优点

(1) 抗干扰能力强;
(2) 信号隐蔽性好;
(3) 频谱密度低,对其他通信系统的干扰小;
(4) 可以实现码分多址;
(5) 抗衰落和多径干扰能力强;
(6) 能精确地定时和测距;
(7) 有利于数字加密,防止窃听;
(8) 适合数字话音和数据传输,以及开展多种通信业务。

2. 扩频通信的缺点

(1) 占用信号频带宽,扩频后的伪码序列带宽远远大于扩频前的信息码元带宽;
(2) 系统实现复杂;
(3) 在衰落时变信道中,实现同步、信道估值都比较困难。

10.2.4 扩频通信的主要性能指标

扩频通信的基本性能指标主要有两项:扩频处理增益和干扰容限。

1. 扩频处理增益

假设系统的输入信噪比、输出信噪比分别为$\left(\frac{S}{N}\right)_{\text{in}}$和$\left(\frac{S}{N}\right)_{\text{out}}$,则扩频处理增益定义为

$$G_p=\frac{\left(\frac{S}{N}\right)_{out}}{\left(\frac{S}{N}\right)_{in}} \tag{10.2.1}$$

由于高斯白噪声的功率谱近似均匀分布，因此也常用扩频前后带宽的比值来近似估计系统的扩频处理增益，即

$$G_p=\frac{B}{\Delta f} \tag{10.2.2}$$

式(10.2.2)中，B 表示扩频后信号的射频带宽；Δf 表示基带信号带宽；G_p 表示信噪比的改善程度，决定了系统抗干扰能力的强弱，目前国外在工程上能实现的直扩系统处理增益可达到 70 dB。

2．干扰容限

干扰容限是指在系统正常工作的条件下，接收机输入端所允许干扰的最大强度值(用分贝值表示)，其定义为

$$M=G_p-\left[L_s+\left(\frac{S}{N}\right)_{门限}\right] \tag{10.2.3}$$

式(10.2.3)中，G_p 表示扩频处理增益(单位为 dB)；L_s 为实际传输路径损耗(单位为 dB)；$\left(\frac{S}{N}\right)_{门限}$ 为接收机门限信噪比(单位为 dB)。

干扰容限反映了扩频系统接收机能在多大干扰环境下正常工作的能力和可能抵抗极限干扰的强度，只有当干扰功率超过干扰容限后，才能对扩频系统形成干扰，因此，干扰容限往往比扩频处理增益更能准确地反映系统的抗干扰能力。

【例 10.1】 某扩频通信系统，已知 $G_p=24$ dB，$L_s=8$ dB，$\left(\frac{S}{N}\right)_{门限}=6$ dB，求该系统的干扰容限。

解

$$M=24-8-6=10 \text{ dB}$$

该扩频通信系统最大允许承受的干扰容限为 10 dB，即干扰允许比信号强 10 倍，该系统能在干扰功率比信号功率高 10 倍的范围内正常工作。

10.3　PN 序列

在直接序列扩频和跳频扩频技术中，都要用到一类称之为 PN 序列的扩频码序列。这类序列具有类似随机噪声的一些统计特性，但和真正的随机信号又不同，它可以重复产生和处理，是具有类似于随机序列基本特性的确定序列，故称做伪随机序列，又称伪随机码，它通常广泛应用的是二进制序列，因此本节仅研究二进制序列。

二进制独立随机序列在概率论中称为伯努利序列，它由两个元素 0，1 或 1，－1 组成，序列中不同位置的元素取值相互独立，0 或 1 的出现概率相等，简称此种序列为随机序列。随

机序列具有以下3个基本特性:

(1) 在序列中“0”和“1”出现的相对频率各为1/2。

(2) 序列中连0或连1称为游程,连0或连1的个数称为游程的长度。序列中长度为1的游程数占游程总数的1/2;长度为2的游程数占游程总数的1/4;长度为3的游程数占游程总数的1/8;长度为n的游程数占游程总数的$1/2^n$(对于所有有限的n)。此性质简称为随机序列的游程特性。

(3) 如果将给定的随机序列位移任何个元素,则所得序列和原序列对应的元素有一半相同,一半不同。

如果确定序列近似满足以上3个特性,则称此确定序列为伪随机序列。

10.3.1 m序列

最长线性反馈移位寄存器序列是最基本和最常用的一种伪随机序列,简称m序列,它通常是由具有线性反馈的移位寄存器产生的周期最长的序列。m序列有尖锐的自相关特性,有较小的互相关值,码元平衡,但正交码组数不多,序列复杂度不大。

1. m序列的产生

由m级寄存器构成的线性移位寄存器如图10.2所示,通常把m称做移位寄存器的长度。每个寄存器的反馈支路都乘以C_i。当$C_i=0$时,表示该支路断开;当$C_i=1$时,表示该支路接通。m级移位寄存器共有2^m个状态,除去全0状态外还剩下2^m-1个状态,因此能够输出的最大长度的码序列为2^m-1。产生m序列的线性反馈移位寄存器称做最长线性移位寄存器。

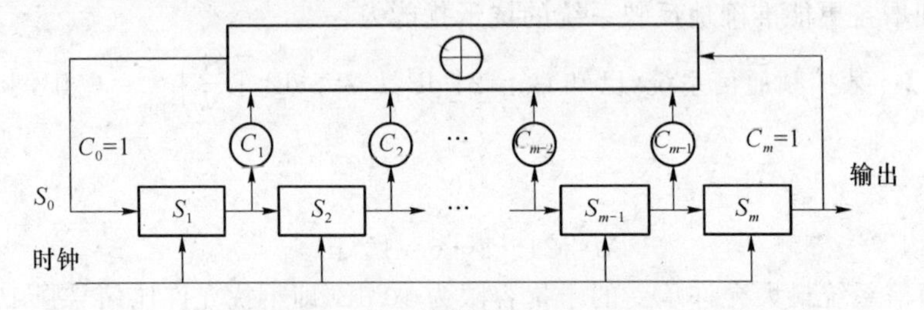

图10.2 m序列发生器的结构

为了获得一个m序列,反馈线连接不是随意的,对给定的m,寻找能够产生m序列的抽头位置或者说是系数C_i,是一个复杂的数学问题,这里不作讨论,仅给出一些结果,如表10.1所示。

表10.1 m序列特征多项式

m	抽头位置
3	[1,3]
4	[1,4]
5	[2,5] [2,3,4,5] [1,2,4,5]
6	[1,6] [1,2,5,6] [2,3,5,6]
7	[3,7] [1,2,3,7] [1,2,4,5,6,7] [2,3,4,7] [1,2,3,4,5,7] [2,4,6,7] [1,7] [1,3,6,7] [2,5,6,7]
8	[2,3,4,8] [3,5,6,8] [1,2,5,6,7,8] [1,3,5,8] [2,5,6,8] [1,5,6,8] [1,2,3,4,6,8] [1,6,7,8]

在研究长度为 m 的序列生成及其性质时，常用一个 m 阶多项式 $f(x)$ 描述它的反馈结构：

$$f(x)=C_0+C_1x+C_2x^2+\cdots+C_mx^m \tag{10.3.1}$$

式中，$C_k\in(0,1)$，$k=0,1,2,3,\cdots,m$；m 为移位寄存器的级数；式中 $C_0\equiv1,C_m\equiv1$。

假设 $m=4$，抽头[1,4]可以表示为

$$f(x)=C_0+C_1x+C_4x^4=1+x+x^4 \tag{10.3.2}$$

这些多项式称做移位寄存器的特征多项式。不同特征多项式对应不同的反馈逻辑，即对应不同的序列。由 m 级移位寄存器组成的线性反馈电路所产生的序列周期不会超过 2^m-1，其中周期等于 2^m-1 的序列即为 m 序列。

2. m序列的性质

(1) 均衡性

在一个周期中“1”的个数比“0”的个数多1。在m序列的一个完整周期 $N=2^m-1$ 内，“0”出现 $2^{m-1}-1$ 次，“1”出现 2^{m-1} 次，“1”比“0”多出现一次。这是因为m序列一个周期经历 2^m-1 个状态，少一个全0状态。

(2) 游程特性

一个周期中长度为1的游程数占游程总数的1/2；长度为2的游程数占游程总数的1/4；长度为3的游程数占游程总数的1/8……最长的游程是 m 个连1(只有一个)，最长连0的游程长度为 $m-1$(也只有一个)。

(3) 移位相加特性

一个m序列 M_a 与其移位序列 M_b 模2加得到的序列 M_r 仍是 M_a 的移位序列(移位数与 M_b 的不同)，即

$$M_a\oplus M_b=M_r$$

(4) 相关特性

两个序列 a,b 的对应位模2加，设 A 为所得结果序列0比特的数目，D 为1比特的数目，序列 a,b 的互相关系数为

$$R_{a,b}=\frac{A-D}{A+D} \tag{10.3.3}$$

当序列循环移动 n 位时，随着 n 取值的不同，互相关系数也在变化，这时式(10.3.3)就是 n 的函数，称做序列 a,b 的互相关函数。若两个序列相等 $a=b$，$R_{a,b}(n)=R_{a,a}(n)$，称做自相关函数。

① m序列的自相关性

m序列的自相关函数是周期的二值函数。可以证明，对长度为 N 的m序列都有结果：

$$R_{a,a}(n)=\begin{cases}1, & n=l\cdot N,l=0,\pm1,\pm2,\cdots\\ \dfrac{-1}{N}, & \text{其他}\end{cases} \tag{10.3.4}$$

式中，n 和 $R_{a,a}(n)$ 都取离散值，用直线段把这些点连接起来，可以得到关于 n 的自相关函数曲线。

若把m序列表示为一个双极性NRZ信号，用−1脉冲表示逻辑“1”，用+1脉冲表示

"0",可得到一个周期性脉冲信号。每个周期有 N 个脉冲,每个脉冲称做码片(chip),码片的长度为 T_c,周期为 $T=NT_c$。此时,m 序列就是连续时间 t 的函数 $m(t)$。

设一周期为 7 的 m 序列 1110100,其波形如图 10.3(a)所示。它的自相关函数定义为

$$R_{a,a}(\tau)=\frac{1}{T}\int_{-T/2}^{T/2}m(t)m(t+\tau)\mathrm{d}t \tag{10.3.5}$$

式中,τ 是连续时间的偏移量,$R_{a,a}(\tau)$ 是 τ 的周期函数,在一个周期 $[-T/2,T/2]$ 内,它可以表示为

$$R_{a,a}(\tau)=\begin{cases}1-\dfrac{N+1}{NT_c}|\tau|, & |\tau|\leqslant T_c\\ \dfrac{-1}{N}, & \text{其他}\end{cases} \tag{10.3.6}$$

该序列的自相关函数波形如图 10.3(b)所示。它在 nT_c 时刻的采样就是 $R_{a,a}(n)$,只有两种取值(1 和 $-1/N$)。当序列的周期很大时,m 序列的自相关函数波形变得十分尖锐而接近冲激函数 $\delta(t)$,而这正是高斯白噪声的自相关函数。

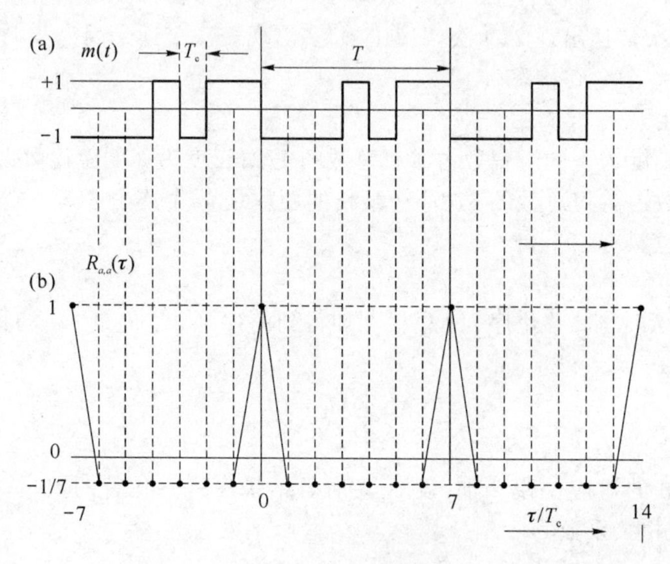

图 10.3 m 序列的自相关特性

② m 序列的互相关性

m 序列的互相关性是指相同周期的两个不同的 m 序列一致的程度。互相关值越接近于 0,说明这两个 m 序列的差别越大,即互相关性越弱;互相关值越大,说明这两个 m 序列差别较小,即互相关性较强。当 m 序列用做码分多址系统的地址码时,必须选择互相关值很小的 m 序列组,以避免用户之间的相互干扰。

如果 m 序列用 1 和 -1 表示,-1 脉冲表示逻辑"1",$+1$ 脉冲表示"0"。即 m 序列 a_n 和 $b_{n+\tau}$ 的取值是 -1 或 1,此时这两个 m 序列的互相关函数可由式(10.3.7)计算:

$$R_{a,b}(\tau)=\frac{1}{N}\sum_{k=1}^{N}a_k b_{k+\tau} \tag{10.3.7}$$

同一周期的 $N=2^m-1$ 的 m 序列组,其两两 m 序列对的互相关特性差别很大,有的 m 序

列对的互相关特性好，有的则较差，不能实际使用。但是一般来说，随着周期的增加，其归一化互相关值的最大值会递减。通常在实际应用中，我们只关心互相关特性好的 m 序列对的特性。

对于周期为 N 的 m 序列组，最好的 m 序列对，它的互相关函数值只取 3 个，分别是：

$$R_{a,b}(\tau)=\begin{cases}\dfrac{t(m)-2}{N}\\[2mm]\dfrac{-1}{N}\\[2mm]\dfrac{-t(m)}{N}\end{cases} \tag{10.3.8}$$

式中，$t(m)=1+2^{\left[\frac{(m+2)}{2}\right]}$，[ ]表示取实数的整数部分。

这 3 个值被称为理想三值，能够满足这一特性的 m 序列对，称为 m 序列优选对，它们可用于实际工程当中。

在 CDMA 数字蜂窝移动通信系统中，可为每个基站分配一个 PN 序列，以不同的 PN 序列来区分基站地址；也可只用一个 PN 序列，而用 PN 序列的相位来区分基站地址，即每个基站分配一个 PN 序列的初始相位。Qualcomm-CDMA 数字蜂窝移动通信系统就是采用给每个基站分配一个 PN 序列的初始相位，共有 512 种初始相位，分配给 512 个基站。CDMA 数字蜂窝移动通信系统中移动用户的识别，需要采用周期足够长的 PN 序列，以满足对用户地址量的需求。在 Qualcomm-CDMA 数字蜂窝移动通信系统中采用的 PN 序列周期为 $2^{42}-1$（称为 PN 长码）。

3. m 序列的功率谱

信号的自相关函数和功率谱之间形成一傅里叶变换对，即

$$\begin{cases}P_{\xi}(\omega)=\displaystyle\int_{-\infty}^{+\infty}R(\tau)\mathrm{e}^{-\mathrm{j}\omega\tau}\mathrm{d}\tau\\[2mm]R(\tau)=\dfrac{1}{2\pi}\displaystyle\int_{-\infty}^{+\infty}P_{\xi}(\omega)\mathrm{e}^{\mathrm{j}\omega\tau}\mathrm{d}\omega\end{cases} \tag{10.3.9}$$

由于 m 序列的自相关函数是周期性的，则对应的频谱是离散的。自相关函数的波形是三角波，对应的离散谱的包络为 $\mathrm{Sa}^2(x)$。

m 序列的功率谱为

$$P(f)=\frac{1}{N^2}\delta(f)+\left(\frac{N+1}{N^2}\right)\sum_{\substack{n=-\infty\\n\neq 0}}^{\infty}\mathrm{Sa}^2\left(\frac{n}{N}\right)\delta\left(f-\frac{n}{NT_c}\right) \tag{10.3.10}$$

图 10.4(a)给出了 $N=7$ 的 m 序列功率谱特性，T_c 为伪码片的持续时间。图 10.4(b)给出了一些功率谱包络随 N 变化的情况。可以看出在序列周期 T 保持不变的情况下，随着 N 的增加，码片 $T_c=T/N$ 变短，脉冲变窄，频谱变宽，谱线变短。上述情况表明，随着 N 的增加，频谱变宽并且功率谱密度也在下降，而接近高斯白噪声的频谱。这从频域说明了 m 序列具有随机信号的特征。

双极性 m 序列的功率谱有如下特点：

(1) m 序列的功率谱为离散谱，谱线间隔 $f_0=1/NT_c$；

(2) 功率谱的包络以 $\mathrm{Sa}^2(T_c f)$ 规律变化；

(3) 直流分量的强度与 N^2 成反比，N 越大，直流分量越小，载漏越小；

(4) 带宽由码元宽度 T_c 决定，T_c 越小，即码元速率越高，带宽越宽；

(5) 第一个零点出现在 $1/T_c$；

(6) 增加 m 序列的长度 N,减小码元宽度 T_c,将使谱线加密,谱密度降低,更接近于理想噪声特性。

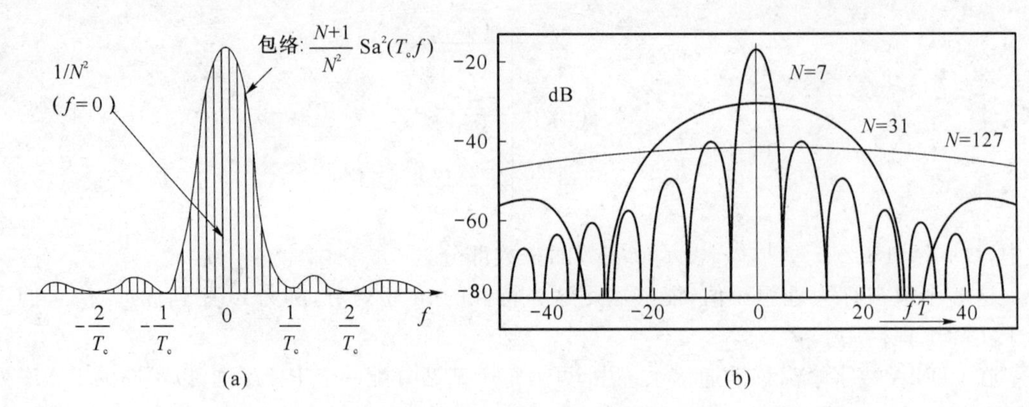

图 10.4　m 序列的功率谱密度图

10.3.2 Gold 码

m 序列虽然性能优良,但同样长度的 m 序列个数不多,且序列之间的互相关值并不都好,不便于在码分多址系统中应用。R. Gold 于 1967 年提出了一种基于 m 序列优选对的码序列,称为 Gold 码序列。它是 m 序列的组合码,由优选对的两个 m 序列逐位模 2 加得到,当改变其中一个 m 序列的相位(向后移位)时,可得到一新的 Gold 序列。Gold 序列具有较优良的自相关和互相关特性,而且构造简单,产生的序列数多,因而获得了广泛的应用。

1. Gold 码的构成

Gold 码是由 m 序列的优选对移位模 2 加构成,如图 10.5 所示。图中 m 序列发生器 1 和 2 产生的 m 序列是一个 m 序列优选对,m 序列发生器 1 的初始状态固定不变,调整 m 序列发生器 2 的初始状态,在同一时钟脉冲控制下,产生相同长度的两个不同 m 序列 m_1 和 m_2,经过模 2 加后可得到 Gold 序列。通过设置 m 序列发生器 2 的不同初始状态,可以得到不同的 Gold 序列。

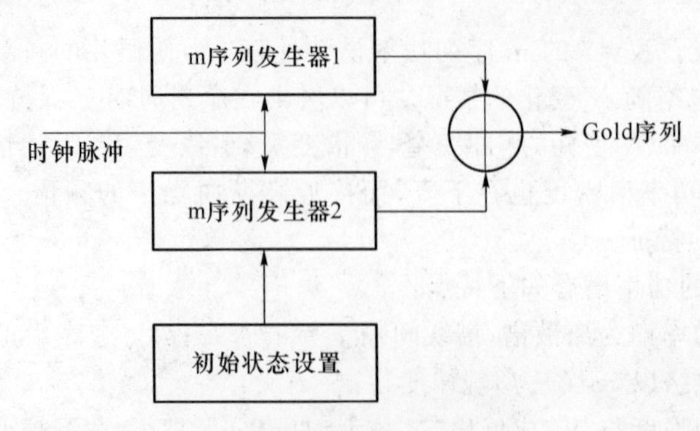

图 10.5　Gold 码发生器框图

2. Gold 码的性质

(1) 长度为 N 的一个优选对可以构成 N 个 Gold 码，这 N 个 Gold 码加上 m_1 和 m_2，共 $N+2$ 个码。它们之中任何两个码的周期性互相关函数也是三值函数。

(2) 优选对的数目与 m 序列的长度有关，Gold 码的个数随着 $N=2^m-1$ 的增加而以 2 的 m 次幂增长，因此 Gold 码的个数比 m 序列数多得多，并且它们具有优良的自相关和互相关特性，完全可以满足实际工程的需要。表 10.2 列出了 m 序列长度、优选对数、Gold 码数、m 序列数。

表 10.2 m 序列长度、优选对数、Gold 码数、m 序列数

m	5	6	7	9	10
$N=2^m-1$	31	63	127	511	1 023
优选对数	12	6	90	288	330
Gold 码数	396	390	11 610	147 744	338 250
m 序列数	6	6	18	48	60

(3) Gold 码的周期性自相关函数也是三值函数。同一优选对产生的 Gold 码的周期性互相关函数为三值函数；同长度的不同优选对产生的 Gold 码的周期性互相关函数不是三值函数。

(4) Gold 序列的互相关峰值、旁瓣与主瓣之比都比 m 序列小得多。这一特性在实现码分多址时非常有用。在 WCDMA 系统中，下行链路采用 Gold 码区分小区和用户，上行链路采用 Gold 码区分用户。

10.4 直接序列扩频系统

直接序列扩频系统亦称直扩系统，或称伪噪音系统，记做 DS 系统。

直接序列扩频系统在发送端直接用高码率的扩频码去展宽数据信号的频谱，而在接收端则用同样的扩频序列进行解扩，把展宽的扩频信号还原成原始的信息。扩频后的信号带宽比原来的扩展了 N 倍，功率谱密度下降到 $1/N$，这是扩频信号的特点，扩频码与所传输的信息数据无关，和一般的正弦载波一样，不影响信息传输的透明性。扩频码序列仅是起扩展信号频谱带宽的作用。

10.4.1 直扩系统的扩频与解扩

直接序列扩频通信系统中，扩展信号带宽的方法是用一个 PN 序列和它相乘，得到的宽带信号可以在基带传输系统传输，也可以进行各种载波数字调制，如 2PSK、QPSK 等，其输出则是扩频的射频信号，再经天线辐射出去。下面以 2PSK 为例子，说明直接序列扩频通信系统的原理和抗干扰能力。

采用 2PSK 调制的直扩通信系统模型如图 10.6 所示。

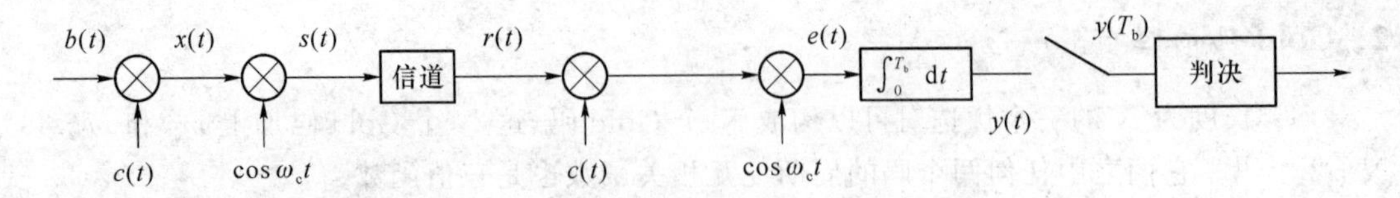

图 10.6 直接序列扩频通信系统模型

为了突出扩频系统的原理,在讨论过程中认为信道是理想的,也不考虑高斯白噪声的影响。

$b(t)$为二进制数字基带信号,$c(t)$为 m 序列发生器输出的 PN 码序列。它们的取值都是±1 的双极性 NRZ 码,这里逻辑"0"表示为+1,逻辑"1"表示为−1。通常,$b(t)$一个比特的长度 T_b 等于 PN 序列 $c(t)$的一个周期,即 $T_b = NT_c$。由于均为 NRZ 码,可设 $b(t)$信号带宽为 $B_b = R_b = 1/T_b$,$c(t)$的带宽为 $B_c = R_c = 1/T_c$。

设 PN 序列 $c(t)$为 m 序列,$N=15$,则 2PSK 调制的直扩信号波形图如图 10.7 所示。由图可见,扩频调制的特点是,当信息数据为+1 时 PN 序列极性不变,当信息数据为−1 时 PN 序列倒相。在实际工程中,常用模 2 加法器作为扩频调制器,它与用相乘器构成的扩频调制器是等效的。

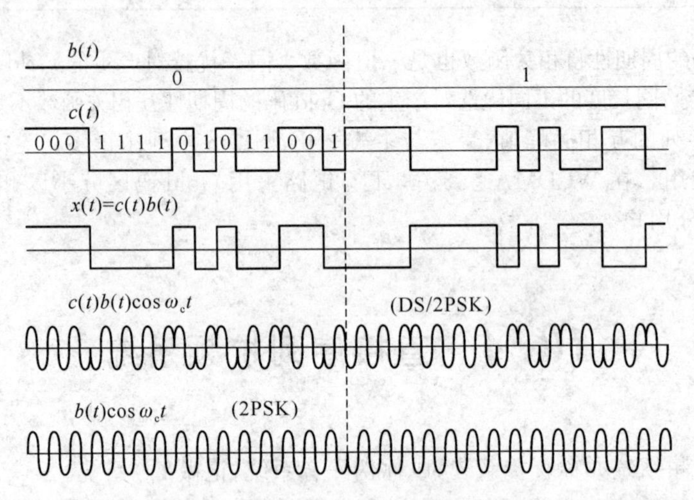

图 10.7 直接序列扩频系统的波形

由于 $x(t)=b(t)c(t)$,所以 $x(t)$的频谱等于 $b(t)$的频谱与 $c(t)$的频谱的卷积,如图 10.8 所示。

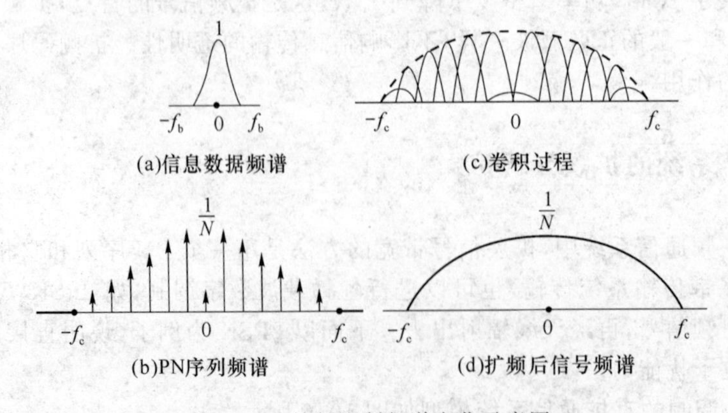

图 10.8 扩频调制频谱变化示意图

$b(t)$和$c(t)$相乘的结果使携带信息的基带信号的带宽被扩展到近似为$c(t)$的带宽B_c。扩展的倍数就等于PN序列一个周期的码片数：

$$N=\frac{B_c}{B_b}=\frac{T_b}{T_c} \tag{10.4.1}$$

而信号的功率谱密度下降到原来的$1/N$。

信号这样的处理过程就是扩频。$c(t)$在这里起着扩频作用，称做扩频码，这种扩频方式就是直接序列扩频。扩频后的基带信号进行2PSK调制，得到信号：

$$s(t)=x(t)\cos\omega_c t=b(t)c(t)\cos\omega_c t \tag{10.4.2}$$

为了和一般的2PSK信号区别，把$s(t)$称做DS/2PSK信号。$s(t)$的波形如图10.7所示。为了便于比较，图中还画出$b(t)$的窄带2PSK信号波形。调制后的信号$s(t)$的带宽为$2B_c$。由于扩频和2PSK调制这两步操作都是信号的相乘，从原理上，也可以把上述信号处理次序调换，此时基带信号首先调制成为窄带的2PSK信号，信号带宽为$2R_b$，然后与$c(t)$相乘被扩频到$2B_c$。

在接收端，接收机接收的信号$r(t)$一般是有用的信号和噪声及各种干扰信号的混合。为了突出解扩的概念，这里暂时不考虑它们的影响，即假设$r(t)=s(t)$。在实际工程中，一般是先解扩后解调，这样可以使解调器的输入信噪比比较高，对载波提取等单元比较有利。

接收机将收到的信号首先和本地产生的PN码$c(t)$相乘，由于$c^2(t)=(\pm1)^2=1$，所以

$$r(t)c(t)=s(t)c(t)=b(t)c(t)\cos\omega_c t\cdot c(t)=b(t)\cos\omega_c t \tag{10.4.3}$$

即相乘所得信号显然是一个窄带的2PSK信号。把信号恢复成一个窄带信号的过程就是解扩。解扩后所得到的窄带2PSK信号可以采用一般2PSK解调的方法解调。这里采用相干解调的方法，2PSK信号和相干载波相乘后进行积分，在T_b时刻采样并清零。对采样值$y(T_b)$进行判决：若$y(T_b)>0$，判为“0”；若$y(T_b)<0$，判为“1”。

最后要注意的是，为了信号的解扩，要求本地的PN码序列和发射机的PN码序列严格同步，否则所接收到的就是一片噪声。扩频码同步是扩频通信的关键技术之一。同步过程分为两步：第一步对接收到的扩频码进行捕捉，使接收、发送扩频码的相位(时延)误差小于某一值；第二步用锁相环对收到的扩频码进行跟踪，使两者相位相同，并将这一状态保持下去。捕捉又叫粗同步，主要方法有并行相关法、串行相关法和匹配滤波法。跟踪又叫细同步，它需要连续地检测同步误差，根据检测结果不断调整本地PN码的相位，使时延差逐渐趋于零，并保持此状态。

10.4.2 直扩信号接收机抗干扰性能

在扩频信号传输的信道中，总会存在各种干扰和噪声。相对携带信息的扩频信号带宽，干扰可以分为窄带干扰和宽带干扰。干扰信号对扩频信号传输是比较复杂的问题，这里不作详细的讨论。与一般的窄带传输系统比较，扩频信号的一个重要特点是抗窄带干扰的能力强，而随着干扰带宽的不断增大，直扩系统的抗干扰能力逐渐接近于常规系统。

假设干扰为一窄带干扰信号$i(t)$，其频率接近信号的载波频率。接收机输入的信号为

$$r(t)=s(t)+i(t) \tag{10.4.4}$$

它和本地PN序列相乘后，乘法器的输出除了所希望的信号外，还存在干扰：

$$r(t)c(t)=s(t)c(t)+i(t)c(t)=c^2(t)b(t)\cos\omega_c t+i(t)c(t)=b(t)\cos\omega_c t+i(t)c(t) \tag{10.4.5}$$

窄带干扰信号 $i(t)$ 和 $c(t)$ 相乘后，其带宽被扩展到 $W=2B_c=2/T_c$。设输入干扰信号的功率为 P_i，则 $i(t)c(t)$ 就是一个带宽为 W，功率谱密度为 $P_i/W=T_cP_i/2$ 的干扰信号，于是落入信号带宽的干扰功率为

$$P_o=\frac{2}{T_b}\cdot\frac{P_i}{2/T_c}=\frac{P_i}{T_b/T_c}=\frac{P_i}{N} \tag{10.4.6}$$

最终扩频系统的输出干扰功率是输入干扰功率的 $1/N$，即

$$G_p=\frac{P_i}{P_o}=\frac{T_b}{T_c}=N \tag{10.4.7}$$

式中，G_p 称做扩频系统的处理增益，它等于扩频系统带宽的扩展因子 N。这是扩频系统特性的重要参数。扩频与解扩功率谱变化及对窄带干扰的扩频说明如图 10.9 所示。

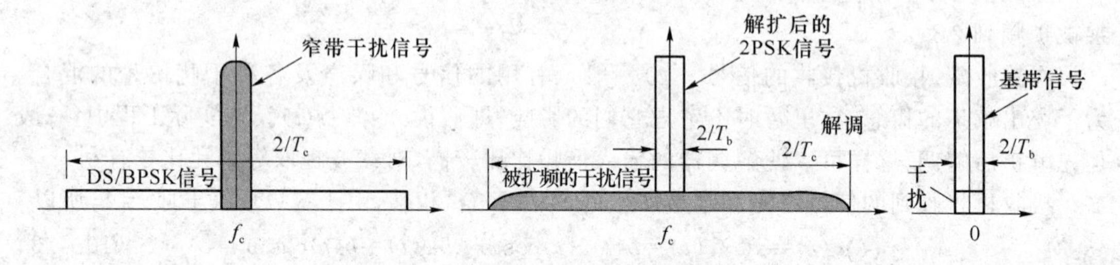

图 10.9 解扩前后信号和干扰频谱的变化

可见，解扩器将信号的带宽和功率谱密度分别压缩 N 倍和增大 N 倍，而将噪声的带宽及功率谱密度分别增大 N 倍和减小 N 倍。扩频后的干扰和载波相乘、积分(相当于低通滤波)大大地消弱了它对信号的干扰，因此在采样判决器的输出信号受干扰的影响就大为减小，输出的采样值比较稳定。

10.5 码分复用

码分复用是用一组相互正交的码字区分信号的多路复用方法。在码分复用中，各路信号码元在频谱上和时间上都是混叠的，但是代表每路信号的码字是正交的。

10.5.1 正交码

用 $x=(x_1,x_2,\cdots,x_N)$ 和 $y=(y_1,y_2,\cdots,y_N)$ 表示两个码长为 N 的码字，二进制码元 $x_i,y_i\in(+1,-1)$，$i=1,2,\cdots,N$。定义两个码字的互相关系数为

$$\rho(x,y)=\frac{1}{N}\sum_{i=1}^{N}x_iy_i \tag{10.5.1}$$

可见，互相关系数 $-1\leqslant\rho(x,y)\leqslant1$。

对于(0,1)二元序列，规定(0,1)分别对应(+1,−1)，即将单极性映射成双极性，再用式

(10.5.1)来计算互相关系数。这样的映射关系有一个优点:它可以将单极性信号的模2加关系映射成式(10.5.1)中的相乘关系。表10.3所示为双极性信号的相乘,表10.4所示为单极性信号的模2加。

表 10.3　双极性信号的相乘

×	1	−1
1	1	−1
−1	−1	1

表 10.4　单极性信号的模 2 加

×	0	1
0	0	1
1	1	0

如果互相关系数

$$\rho(x,y)=0 \tag{10.5.2}$$

则称码字 x 和 y 相互正交。

如果互相关系数 $\rho(x,y)\approx 0$,则称码字 x 和 y 准正交。如果互相关系数 $\rho(x,y)<0$,则称码字 x 和 y 超正交。

通信系统中常采用二值的非正弦型正交函数作为正交码,这样的码易于用数字电路产生和处理。此类函数有瑞得麦彻(Radermacher)函数、沃尔什(Walsh)函数、正交 Gold 码等。本节主要介绍应用较为广泛的正交码——沃尔什码。

沃尔什函数集是完备的非正弦型正交函数集,相应的离散沃尔什函数简称为沃尔什序列或沃尔什码。在 IS-95 CDMA 蜂窝移动通信系统中应用了 64 阶沃尔什序列。

沃尔什序列可由哈达玛(Hadamard)矩阵产生。哈达玛矩阵是一方阵,该方阵的每一元素为+1或+1,各行(或列)之间是正交的,其最低阶的哈达玛矩阵为二阶:

$$\boldsymbol{H}_2=\begin{pmatrix}1 & 1\\ 1 & -1\end{pmatrix}$$

高阶哈达玛矩阵可以由递推公式(10.5.3)构成

$$\boldsymbol{H}_{2N}=\begin{pmatrix}H_N & H_N\\ H_N & -H_N\end{pmatrix} \tag{10.5.3}$$

其中,$N=2^m$,$m=1,2,\cdots$。

例如,4阶哈达玛矩阵为

$$\boldsymbol{H}_4=\begin{pmatrix}H_2 & H_2\\ H_2 & -H_2\end{pmatrix}=\begin{pmatrix}1 & 1 & 1 & 1\\ 1 & -1 & 1 & -1\\ 1 & 1 & -1 & -1\\ 1 & -1 & -1 & 1\end{pmatrix}$$

哈达玛矩阵的各行(或列)序列均为沃尔什序列,只是哈达玛矩阵的行序号与沃尔什序列按符号改变次数排序的下标号不同,而前者的行序号与后者的下标号之间具有一定的对应关系。由哈达玛矩阵(行号为 i)产生的沃尔什序列用 $W_{\rm h}(i)$ 表示。

例如,由4阶哈达玛矩阵构成4阶沃尔什序列。由 $\boldsymbol{H}_4$ 的各行(列)构成长度为4(即包含4个元素)的4阶沃尔什序列为(括号中的数字是哈达玛矩阵的行号)

$$\begin{aligned}
W_{\rm h}(0)&:1\quad 1\quad 1\quad 1\\
W_{\rm h}(1)&:1\quad -1\quad 1\quad -1\\
W_{\rm h}(2)&:1\quad 1\quad -1\quad -1\\
W_{\rm h}(3)&:1\quad -1\quad -1\quad 1
\end{aligned}$$

对应的沃尔什函数如图10.10所示。

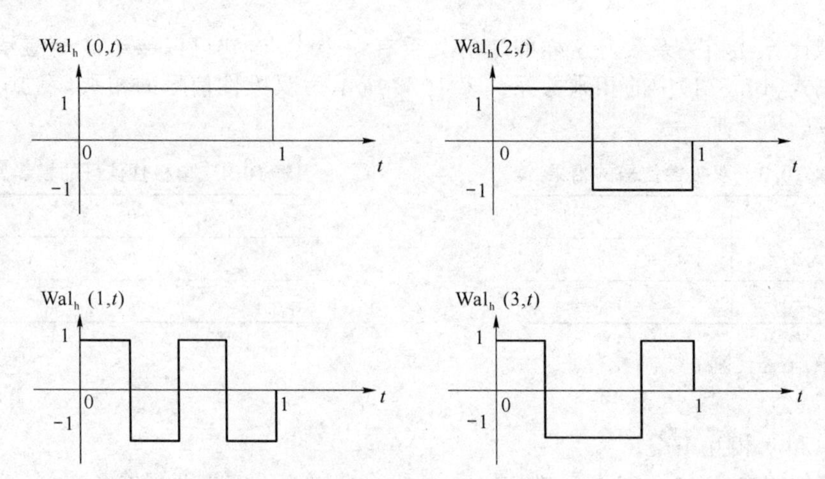

图 10.10　沃尔什函数集

容易看出,哈达玛矩阵中的行向量就是沃尔什码的码字,(1　1　1　1)、(1　−1　1　−1)、(1　1　−1　−1)、(1　−1　−1　1)任意两个码字之间的互相关系数为 0,即码字之间两两正交。

沃尔什码有良好的互相关性和较好的自相关特性。利用沃尔什函数矩阵的递推关系,可得到 64×64 阵列的沃尔什序列。这些序列在 Qualcomm-CDMA 数字蜂窝移动通信系统中被作为前向码分信道,因为是正交码,可供码分的信道数等于正交码长,即 64 个,并采用 64 位的正交沃尔什函数来用做反向信道的编码调制。

10.5.2 码分复用

将正交码字用于码分复用中作为"载波",则合成的多路信号经信道传输后,在接收端可以采用计算互相关系数的方法将各路信号分开。图 10.11 中画出了 4 路信号进行码分复用的原理图。不考虑信道噪声时,信道中的多路复用信号为

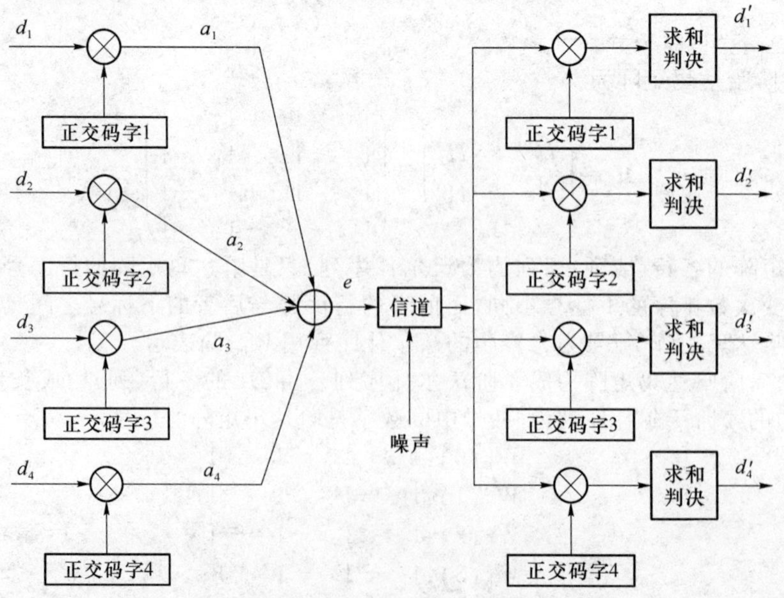

图 10.11　码分复用原理图

$$e = \sum_{k=1}^{K} a_k = \sum_{k=1}^{K} d_k W_k \tag{10.5.4}$$

接收机可以通过计算

$$\rho(e, W_k) = \frac{1}{N}\sum_{n=1}^{N} e_n W_{k,n} = \frac{1}{N}\sum_{n=1}^{N}\sum_{k=1}^{K} d_k W_{k,n} W_{k,n} = d_k,\quad k = 1,2,\cdots,K \tag{10.5.5}$$

恢复出第 k 个用户的原始数据。其中，W_k 表示第 k 个用户的正交码字，d_k 表示第 k 个用户发送的数据，K 表示用户数，N 表示正交码字的码长。图 10.11 中，$K=4$，$N=4$。

在 CDM 系统中，各路信号在时域和频域上是重叠的，这时不能采用传统的滤波器（对 FDM 而言）和选通门（对 TDM 而言）来分离信号，而是用与发送信号相匹配的接收机通过相关检测才能正确接收。

图 10.12 画出了码分复用系统中各点的波形，由此可以更加深刻理解码分复用系统的工作原理。其中 $d_1 \sim d_4$ 为 4 路信号的数据波形，分别为$+1$，$+1$，-1，-1；$W_1 \sim W_4$ 为 4 个正交码，分别为(1　1　1　1)、(1　−1　1　−1)、(1　1　−1　−1)、(1　−1　−1　1)。$a_1 \sim a_4$ 表示信号 1、2、3、4 与载波相乘后的信号。信道中传输的复用信号为 e，在接收端，复用信号分别和本路的载波相乘、求和，采样判决器可根据极性判断接收到的码元是“1”码还是“0”码，恢复出原始的数据 $d_1' \sim d_4'$。

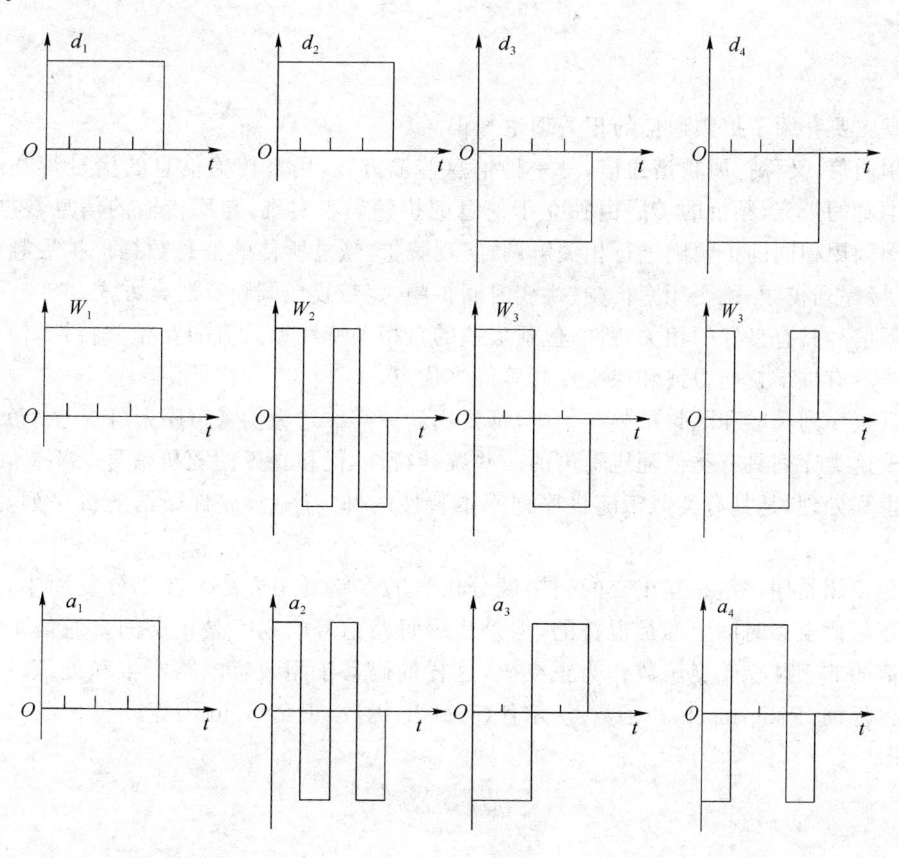

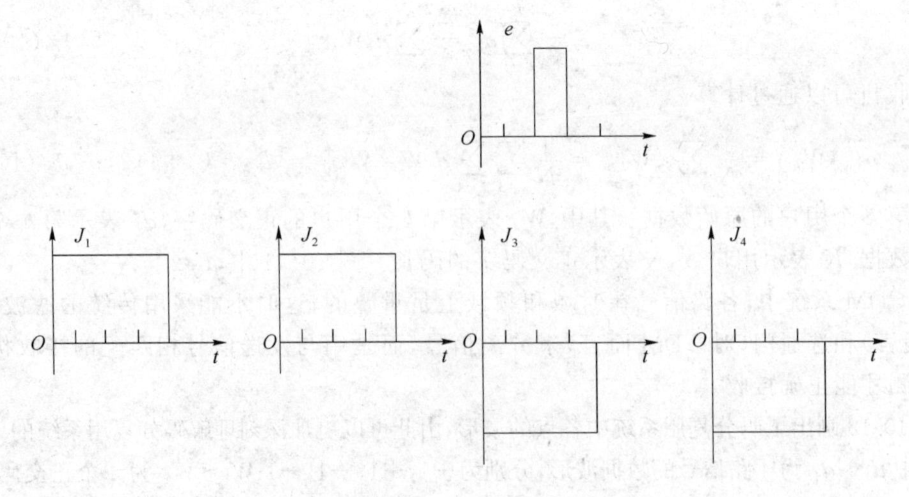

图10.12　CDM系统中各点的波形

小　　结

本章主要介绍了扩频通信的相关理论知识。

扩频通信,又称扩展频谱通信,是一种信息传输方式,用来传输信息的信号带宽远远大于信息本身的带宽,频带的扩展由独立于信息的扩频码来实现,与所传输的信息数据无关;在接收端则用相同的扩频码进行相关解调,实现解扩,恢复所传的信息数据。扩展频谱的方法有:直接序列扩频、跳变频率扩频、跳变时间扩频、宽带线性调频及混合方式。

扩频信号具有良好的相关特性,包括尖锐的自相关特性和低值的互相关特性,使得扩频通信系统具有抗干扰能力强和保密性好等许多优点。

在直接序列扩频和跳频扩频技术中,都要用到一类称之为伪噪声序列(PN序列)的扩频码序列。这类序列具有类似随机噪声的一些统计特性,但和真正的随机信号又不同,它可以重复产生和处理,是具有类似于随机序列基本特性的确定序列,故称做伪随机序列,又称伪随机码。

码分复用是用一组相互正交的码字区分信号的多路复用方法。在码分复用中,各路信号码元在频谱上和时间上都是混叠的,但是代表每路信号的码字是正交的。通信系统中常采用二值的非正弦型正交函数作为正交码,这样的码易于用数字电路产生和处理。此类函数有瑞得麦彻(Radermacher)函数、沃尔什(Walsh)函数、正交Gold码等。

思考题

1. 简述扩频调制系统的特点。
2. 常见的扩频方法有哪几种?

3. 扩频通信的基本性能指标主要有哪些？各有何物理意义？

4. 扩频通信系统具有很强的抗多径干扰和抗多址干扰能力，其根本原因是什么？

5. 简要说明直接序列扩频和解扩的原理。

6. 为什么扩频信号能够有效地抑制窄带干扰？

7. 简述码分复用的概念。

8. 什么是正交码、准正交码和超正交码？

9. 什么是游程？m 序列游程分布的一般规律如何？

习　题

10.1　已知线性反馈移位寄存器的特征多项式为 $f(x)=x^3+x+1$。

(1) 画出该序列的发生器逻辑框图；

(2) 假设起始状态是 100，写出它的输出序列；

(3) 其周期是多少？

10.2　已知 m 序列的特征多项式为 $f(x)=x^4+x+1$，写出此序列一个周期中的所有游程，并分析该 m 序列的游程特性。

10.3　设一周期为 7 的 m 序列，若该序列的一个周期为 0100111，该序列右移 1 次产生另一个序列的相应周期为 1010011，证明：这两个序列的模 2 加为另一个移位序列。

10.4　一个由 9 级移位寄存器产生的 m 序列，写出在每一周期中所有可能的游程长度的个数。

10.5　已知优选对 m_1、m_2 的特征多项式分别为 $f_1(x)=x^3+x+1$ 和 $f_2(x)=x^3+x^2+1$，写出由此优选对产生的所有 Gold 码。

10.6　某系统的扩频处理增益 G_p 为 40 dB，实际传输路径损耗为 $L_S=2$ dB；接收机门限信噪比 $\left(\frac{S}{N}\right)_{门限}=9$ dB，为保证系统正常工作，系统的干扰容限为多少？

10.7　计算码字(1　1　1　−1　−1　1　−1)的自相关函数。

10.8　试写出 8 阶哈达玛矩阵，并验证此矩阵的第 4 行和第 7 行是正交的。

附录 A 常用数学公式

$\sin(\alpha\pm\beta)=\sin\alpha\cos\beta\pm\cos\alpha\sin\beta$

$\cos(\alpha\pm\beta)=\cos\alpha\cos\beta\mp\sin\alpha\sin\beta$

$\cos\alpha\cos\beta=\frac{1}{2}[\cos(\alpha+\beta)+\cos(\alpha-\beta)]$

$\sin\alpha\sin\beta=\frac{1}{2}[\cos(\alpha-\beta)-\cos(\alpha+\beta)]$

$\sin\alpha\cos\beta=\frac{1}{2}[\sin(\alpha+\beta)+\sin(\alpha-\beta)]$

$\sin\alpha+\sin\beta=2\sin\frac{1}{2}(\alpha+\beta)\cos\frac{1}{2}(\alpha-\beta)$

$\sin\alpha-\sin\beta=2\sin\frac{1}{2}(\alpha-\beta)\cos\frac{1}{2}(\alpha+\beta)$

$\cos\alpha+\cos\beta=2\cos\frac{1}{2}(\alpha+\beta)\cos\frac{1}{2}(\alpha-\beta)$

$\cos\alpha-\cos\beta=-2\sin\frac{1}{2}(\alpha+\beta)\sin\frac{1}{2}(\alpha-\beta)$

$\cos 2\alpha=2\cos^2\alpha-1=1-2\sin^2\alpha=\cos^2\alpha-\sin^2\alpha$

$\mathrm{Sa}(t)=\frac{\sin t}{t}$

$\sin 2\alpha=2\sin\alpha\cos\alpha$

$\sin\frac{1}{2}\alpha=\sqrt{\frac{1}{2}(1-\cos\alpha)}$

$\cos\frac{1}{2}\alpha=\sqrt{\frac{1}{2}(1+\cos\alpha)}$

$\sin^2\alpha=\frac{1}{2}(1-\cos 2\alpha)$

$\cos^2\alpha=\frac{1}{2}(1+\cos 2\alpha)$

$\sin x=\frac{e^{jx}-e^{-jx}}{2j}$

$\cos x=\frac{e^{jx}+e^{-jx}}{2}$

$e^{jx}=\cos x+j\sin x$

$\sin(-\alpha)=-\sin\alpha$

$\cos(-\alpha)=\cos\alpha$

$\mathrm{sinc}(x)=\frac{\sin(\pi x)}{\pi x}$

$(1+x)^n=1+nx+\frac{n(n-1)}{2!}x^2+\cdots+\frac{n(n-1)(n-2)\cdots(n-k+1)}{k!}x^k+\cdots$

$(p+q)^n=\sum_{k=0}^{n}\binom{n}{k}p^k q^{n-k}$，其中 $\binom{n}{k}=\frac{n!}{(n-k)!k!}$

第一类 n 阶贝塞尔函数 $J_n(x)=\frac{1}{2\pi}\int_{-\pi}^{\pi}\exp(jx\sin\theta-jn\theta)\,d\theta$

第一类零阶修正贝塞尔函数 $I_0(x)=\frac{1}{2\pi}\int_{-\pi}^{\pi}\exp(x\cos\theta)\,d\theta$

附录 B　傅里叶变换

1．定义

正变换	$F(\omega)=\int_{-\infty}^{\infty} f(t)\mathrm{e}^{-\mathrm{j}\omega t}\mathrm{d}t$
反变换	$f(t)=\frac{1}{2\pi}\int_{-\infty}^{\infty} F(\omega)\mathrm{e}^{\mathrm{j}\omega t}\mathrm{d}\omega$

2．性质

线性	$af_1(t)+bf_2(t)$	$aF_1(\omega)+bF_2(\omega)$
对称性	$F(t)$	$2\pi f(-\omega)$
比例变换	$f(at)$	$\frac{1}{\lvert a\rvert}F(\frac{\omega}{a})$
反演	$f(-t)$	$F(-\omega)$
时延	$f(t-t_0)$	$F(\omega)\mathrm{e}^{-\mathrm{j}\omega t_0}$
频移	$f(t)\mathrm{e}^{\mathrm{j}\omega_0 t}$	$F(\omega-\omega_0)$
时域微分	$\frac{\mathrm{d}^n f(t)}{\mathrm{d}t^n}$	$(\mathrm{j}\omega)^n F(\omega)$
频域微分	$(-\mathrm{j})^n t^n f(t)$	$\frac{\mathrm{d}^n F(\omega)}{\mathrm{d}\omega^n}$
时域积分	$\int_{-\infty}^{t} f(\tau)\mathrm{d}\tau$	$\frac{1}{\mathrm{j}\omega}F(\omega)+\pi F(0)\delta(\omega)$
时域相关	$R(\tau)=\int_{-\infty}^{\infty} f_1(t)f_2(t+\tau)\mathrm{d}t$	$F_1(\omega)F_2^*(\omega)$
时域卷积	$f_1(t)*f_2(t)$	$F_1(\omega)F_2(\omega)$
频域卷积	$f_1(t)f_2(t)$	$\frac{1}{2\pi}[F_1(\omega)*F_2(\omega)]$
调制定理	$f(t)\cos\omega_c t$	$\frac{1}{2}[F(\omega+\omega_c)+F(\omega-\omega_c)]$
希尔伯特变换	$\hat{f}(t)$	$-\mathrm{j}\,\mathrm{sgn}(\omega)F(\omega)$

3．常用信号的傅里叶变换

矩形脉冲	$G_\tau(t)=\begin{cases}1, & \lvert t\rvert\leqslant\tau/2\\ 0, & \lvert t\rvert>\tau/2\end{cases}$	$\tau\mathrm{Sa}\left(\frac{\omega\tau}{2}\right)$
采样函数	$\mathrm{Sa}(\omega_c t)$	$\frac{\pi}{\omega_c}G_{2\omega_c}(\omega)$

指数函数	$e^{-at}U(t), a>0$	$\dfrac{1}{a+j\omega}$
双边指数函数	$e^{-a\lvert t\rvert}, a>0$	$\dfrac{2a}{a^2+\omega^2}$
三角函数	$\Delta_{2\tau}(t)=\begin{cases}1-\dfrac{\lvert t\rvert}{\tau}, & \lvert t\rvert\leqslant\tau \\ 0, & \lvert t\rvert>\tau\end{cases}$	$\tau \mathrm{Sa}^2\left(\dfrac{\omega\tau}{2}\right)$
高斯函数	$e^{-\left(\frac{t}{\tau}\right)^2}$	$\sqrt{\pi}\,\tau e^{-\left(\frac{\omega\tau}{2}\right)^2}$
冲激脉冲	$\delta(t)$	1
正负号函数	$\mathrm{sgn}\ (t)=\begin{cases}1 & t>0 \\ -1 & t<0\end{cases}$	$\dfrac{2}{j\omega}$
升余弦脉冲	$\begin{cases}1+\cos\dfrac{2\pi}{\tau}t, & \lvert t\rvert\leqslant\tau/2 \\ 0, & \lvert t\rvert>\tau/2\end{cases}$	$\dfrac{\tau \mathrm{Sa}\dfrac{\omega\tau}{2}}{1-\dfrac{\omega^2\tau^2}{4\pi^2}}$
升余弦频谱特性	$\dfrac{\cos(\pi t/T_s)}{1-4t^2/T_s^2}\mathrm{Sa}\left(\dfrac{\pi t}{T_s}\right)$	$\begin{cases}\dfrac{T_s}{2}\left(1+\cos\dfrac{\omega T_s}{2}\right), & \lvert\omega\rvert\leqslant\dfrac{2\pi}{T_s} \\ 0, & \lvert\omega\rvert>\dfrac{2\pi}{T_s}\end{cases}$
阶跃函数	$U(t)$	$\pi\delta(\omega)+\dfrac{1}{j\omega}$
复指数函数	$e^{j\omega_0 t}$	$2\pi\delta(\omega-\omega_0)$
周期信号	$\sum\limits_{n=-\infty}^{\infty} F_n e^{jn\omega_c t}$	$2\pi\sum\limits_{n=-\infty}^{\infty} F_n\delta\ (\omega-n\omega_c)$
常数	k	$2\pi k\delta(\omega)$
余弦函数	$\cos\omega_0 t$	$\pi\delta(\omega+\omega_0)+\pi\delta(\omega-\omega_0)$
正弦函数	$\sin\omega_0 t$	$j\pi\delta(\omega+\omega_0)-j\pi\delta(\omega-\omega_0)$
单位冲激脉冲序列	$\sum\limits_{n=-\infty}^{\infty}\delta(t-nT)$	$\dfrac{2\pi}{T}\sum\limits_{n=-\infty}^{\infty}\delta\left(\omega-\dfrac{2\pi n}{T}\right)$
周期门函数的傅里叶级数	$\sum\limits_{n=-\infty}^{\infty} AG_\tau\ (t-nT)$	$\dfrac{2\pi A\tau}{T}\sum\limits_{n=-\infty}^{\infty}\mathrm{Sa}\left(\dfrac{n\pi\tau}{T}\right)\delta\left(\omega-\dfrac{2n\pi}{T}\right)$

附录 C　误差函数、互补误差函数表

误差函数　　$\mathrm{erf}(x)=\frac{2}{\sqrt{\pi}}\int_0^x \mathrm{e}^{-t^2}\mathrm{d}t$

互补误差函数　　$\mathrm{erfc}(x)=1-\mathrm{erf}(x)=\frac{2}{\sqrt{\pi}}\int_x^{\infty}\mathrm{e}^{-t^2}\mathrm{d}t$

当 $x\gg 1$ 时，$\mathrm{erfc}(x)\approx\frac{\mathrm{e}^{-x^2}}{\sqrt{\pi}x}$

当 $x\leqslant 5$ 时，$\mathrm{erf}(x)$、$\mathrm{erfc}(x)$ 与 x 的关系如下表。

x	$\mathrm{erf}(x)$	$\mathrm{erfc}(x)$	x	$\mathrm{erf}(x)$	$\mathrm{erfc}(x)$
0.05	0.056 37	0.943 63	1.65	0.980 37	0.019 63
0.10	0.112 46	0.887 45	1.70	0.983 79	0.016 21
0.15	0.167 99	0.832 01	1.75	0.986 67	0.013 33
0.20	0.222 70	0.777 30	1.80	0.989 09	0.010 91
0.25	0.276 32	0.723 68	1.85	0.991 11	0.008 89
0.30	0.328 62	0.671 38	1.90	0.992 79	0.007 21
0.35	0.379 38	0.620 62	1.95	0.994 18	0.005 82
0.40	0.428 39	0.571 63	2.00	0.995 32	0.004 86
0.45	0.475 48	0.524 52	2.05	0.996 26	0.003 47
0.50	0.520 50	0.479 50	2.10	0.997 0	0.002 98
0.55	0.563 32	0.436 68	2.15	0.997 63	0.002 37
0.60	0.603 85	0.396 15	2.20	0.998 14	0.001 86
0.65	0.642 03	0.357 97	2.25	0.998 54	0.001 46
0.70	0.677 80	0.322 20	2.30	0.998 86	0.001 14
0.75	0.711 15	0.288 85	2.35	0.999 11	8.9×10^{-4}
0.80	0.742 10	0.257 90	2.40	0.999 31	6.9×10^{-4}
0.85	0.770 66	0.229 34	2.45	0.999 47	5.3×10^{-4}
0.90	0.796 91	0.203 09	2.50	0.999 59	4.1×10^{-4}
0.95	0.820 89	0.179 11	2.55	0.999 69	3.1×10^{-4}
1.00	0.842 70	0.157 30	2.60	0.999 76	2.4×10^{-4}
1.05	0.862 44	0.137 56	2.65	0.999 82	1.8×10^{-4}
1.10	0.880 20	0.119 80	2.70	0.999 87	1.3×10^{-4}
1.15	0.899 12	0.103 88	2.75	0.999 90	1.0×10^{-4}
1.20	0.910 31	0.089 69	2.80	0.999 925	7.5×10^{-5}
1.25	0.922 90	0.077 10	2.85	0.999 944	5.6×10^{-5}
1.30	0.934 01	0.065 99	2.90	0.999 959	4.1×10^{-5}
1.35	0.943 76	0.056 24	2.95	0.999 970	3.0×10^{-5}
1.40	0.952 28	0.047 72	3.00	0.999 978	2.2×10^{-5}
1.45	0.959 69	0.040 31	3.50	0.999 993	7.0×10^{-7}
1.50	0.966 10	0.033 90	4.00	0.999 999 984	1.6×10^{-8}
1.55	0.971 62	0.028 38	4.50	0.999 999 999 8	2.0×10^{-10}
1.60	0.976 35	0.023 65	5.00	0.999 999 999 998 5	1.5×10^{-12}

附录D 贝塞尔函数表 $J_n(x)$

n \ x	0.5	1	2	3	4	6	8	10	12
0	0.938 5	0.765 2	0.223 9	−0.260 1	−0.397 1	0.150 6	0.171 7	−0.245 9	0.047 7
1	0.242 3	0.440 1	0.576 7	0.339 1	−0.066 0	−0.276 7	0.234 6	0.043 5	−0.223 4
2	0.030 6	0.114 9	0.352 8	0.486 1	0.364 1	−0.242 9	−0.113 0	0.254 6	−0.084 9
3	0.002 6	0.019 6	0.128 9	0.309 1	0.430 2	0.114 8	−0.291 1	0.058 4	0.195 1
4	0.000 2	0.002 5	0.034 0	0.132 0	0.281 1	0.357 6	−0.105 4	−0.219 6	0.182 5
5		0.000 2	0.007 0	0.043 0	0.132 1	0.362 1	0.185 8	−0.234 1	−0.073 5
6			0.001 2	0.011 4	0.049 1	0.245 8	0.337 6	−0.014 5	−0.243 7
7			0.000 2	0.002 5	0.015 2	0.129 6	0.320 6	0.216 7	−0.170 3
8				0.000 5	0.004 0	0.056 5	0.223 5	0.317 9	0.045 1
9				0.000 1	0.000 9	0.021 2	0.126 3	0.291 9	0.230 4
10					0.000 2	0.007 0	0.060 8	0.207 5	0.300 5
11						0.002 0	0.025 6	0.123 1	0.270 4
12						0.000 5	0.009 6	0.063 4	0.195 3
13						0.000 1	0.003 3	0.029 0	0.120 1
14							0.001 0	0.012 0	0.065 0

附录 E　英文缩写词对照表

A/D (converter)	Analog/Digital converter	模拟/数字转换器
ADM	Adaptive Delta Modulating	自适应增量调制
ADPCM	Adaptive Differential Pulse Code Modulating	自适应差分脉码调制
AM	Amplitude Modulating	幅度调制
AMI (code)	Alternative Mark Inversed code	传号交替反转码
AMPS	Advanced Mobile Phone System	先进移动电话系统
APK	Amplitude-Phase Keying	幅相键控
ASK	Amplitude Shift Keying	幅移键控
AWGN	Additive White Gaussian Noise	加性高斯白噪声
BPF	Band Pass Filter	带通滤波器
BSC	Binary Symmetry Channel	二进制(二元)对称信道
CDM	Code Division Multiplexing	码分复用
CDMA	Code Division Multiple Accessing	码分多址
CPFSK	Continuous Phase Frequency Shift Keying	连续相位频移键控
CPM	Continuous Phase Modulation	连续相位调制
DCT	Discrete Cosine Transform	离散余弦变换
DFT	Discrete Fourier Transform	离散傅里叶变换
D/A (converter)	Digital /Analog converter	数字/模拟变换器
DM(ΔM)	Delta Modulation	增量调制
DMC	Discrete Memoryless Channel	离散无记忆信道
DPCM	Differential Pulse Code Modulating	差分脉码调制
DPSK	Differential Phase Shift Keying	差分相移键控
DQPSK	Differential Quadrature Phase Shift Keying	差分正交相移键控
DS-SS	Direct Sequency Spread Spectrum	直接序列扩频
DSB	Double Side Band	双边带
DSB-SC	Double Side Band-Suppressed Carrier	双边带抑制载波
FDM	Frequency Division Multiplexing	频分复用
FDMA	Frequency Division Multiple Accessing	频分多址
FFSK	Fast Frequency Shift Keying	快速频移键控
FH-SS	Frequency Hopping Spread Spectrum	跳频扩频
FFT	Fast Fourier Tansform	快速傅里叶变换
FM	Frequency Modulating	频率调制

FSK	Frequency Shift Keying	频移键控
GMSK	Gaussian(type) Minimum Frequency Keying	高斯最小频移键控
GSM	Global Systems For Mobile Communication	全球移动通信系统
HDB_3	High Density Bipolar Code Of Three Order	三阶高密度双极性码
IDFT	Inverse Discrete Fourier Transform	离散傅里叶逆变换
ISI	Intersymbol Interference	符号间干扰
ISO	International Standards Organization	国际标准化组织
ITU	International Telecommunication Union	国际电信联盟
LPF	Lower Pass Filter	低通滤波器
LSB	Lower Side Band	下边带
MASK	M-ary Amplitude Shift Keying	多元幅移键控
ML (decoding)	Maximum Likelihood decoding	最大似然译码
MF	Matched Filter	匹配滤波器
MFSK	M-ary Frequency Shift Keying	多元频移键控
MPSK	M-ary Phase Shift Keying	多元相移键控
MSK	Minimum Frequency Shift Keying	最小频移键控
NBFM	Narrow Band Frequency Modulating	窄带调频
NBPM	Narrow Band Phase Modulating	窄带调相
NRZ (code)	Non-Return Zero code	不归零码
OFDM	Orthogonal Frequency Division Multiplexing	正交频分复用
OOK	On-Off Keying	通断键控
OQPSK	Offset Quaternary Phase Shift Keying	偏值四相相移键控
PAM	Pulse Amplitude Modulating	脉冲幅度调制
PCM	Pulse Code Modulating	脉冲编码调制
PDM	Pulse Duration Modulation	脉冲宽度调制
PDH	Plesiochronous Digital Hierarchy	准同步数字序列
PPM	Pulse Position Modulating	脉冲位置调制
PM	Phase Modulationg	相位调制
PSK	Phase Shift Keying	相移键控
PST (code)	Paired Selected Ternary code	成对选择三进码
QAM	Quadrature Amplitude Modulating	正交调幅
QPSK	Quaternary Phase Shift Keying	四进制相移键控
RZ (code)	Return Zero code	归零码
SBF	Sub-Band Filter	边带滤波器
SDH	Synchronous Digital Hierarchy	同步数字序列
SDM	Space Division Multiplexing	空分复用
SSB	Single Side Band	单边带

STM	Synchronous Transmission Modulus	同步传输模块
TDD	Time Division Duplex	时分双工
TDM	Time Division Multiplexing	时分复用
TDMA	Time Division Multiple-Access	时分多址
TH	Time Hopping	跳时
TS	Time Slot	时隙
USB	Upper Side Band	上边带
VCO	Voltage-Controlled Oscillator	压控振荡器
VSB	Vestigial Side Band	残留边带
WBFM	Wide Band Frequency Modulating	宽带调频
WBPM	Wide Band Phase Modulating	宽带调相

部分习题答案

第1章

1.1　1.75 bit/符号

1.2　4.17 bit，2.585 bit

1.3　(1) 100 bit/s；(2) 99.25 bit/s

1.4　(1) 0.811 bit/符号；(2) $200-(100-m)\log_2 3$ bit；(3) 81 bit/序列

1.5　(1) $I_{点}=0.415$ bit，$I_{划}=2$ bit；(2) 0.81 bit/符号

1.6　1 200 bit/s，9 600 bit/s

1.7　10^6 Baud，2×10^6 bit/s

1.8　0.25×10^{-6}

第2章

2.1　1.415 0 bit

2.2　$\log_2 n$ bit/符号

2.3　(1) 2.301 bit/二个符号；(2) 1.58 bit/符号；(3) 0.72 bit/符号

2.4　$h(X)=\frac{2}{3}\log_2 e+\log_2 a-\log_2 3$ bit/自由度(取不同的对数底对应不同的单位)

2.5　1 bit/自由度

2.6　$y(t)=K_0 s(t-t_d)$

讨论：该恒参信道满足无失真传输的条件，所以信号在传输过程中无畸变。

2.7　在 $f=\left(n+\frac{1}{2}\right)\cdot\frac{1}{\tau}=\left(n+\frac{1}{2}\right)$ kHz(n 为整数)时，对传输信号衰耗最大；

在 $f=\frac{n}{\tau}=n$ kHz(n 为整数)时，对传输信号最有利。

2.8　(1) $I(x_1)=0.737$ bit，$I(x_2)=1.322$ bit

(2) $I(x_1;y_1)=0.059$ bit，$I(x_1;y_2)=0.269$ bit

$I(x_2;y_1)=0.09$ bit，$I(x_2;y_2)=0.322$ bit

(3) $H(X)=0.97$ bit，$H(Y)=0.722$ bit

(4) $H(Y|X)=0.715$ bit，$H(X|Y)=0.963$ bit

(5) $I(X;Y)=0.007$ bit

2.9　(1) $\boldsymbol{P}=\begin{pmatrix}\frac{1}{2} & \frac{1}{6} & \frac{1}{6} & \frac{1}{6}\\ \frac{1}{6} & \frac{1}{2} & \frac{1}{6} & \frac{1}{6}\\ \frac{1}{6} & \frac{1}{6} & \frac{1}{2} & \frac{1}{6}\\ \frac{1}{6} & \frac{1}{6} & \frac{1}{6} & \frac{1}{2}\end{pmatrix}$;(2) 证明略

2.10　$H(X)=0.811$ bit, $H(X|Y)=0.749$ bit, $H(Y|X)=0.918$ bit , $I(X;Y)=0.06$ bit

2.11　1.95×10^7 bit/s

2.12　$R_b=C=2.4\times10^4$ bit/s, $P_e=0$

2.13　(1) $C=33.89\times10^3$ bit/s;(2) $\frac{S}{N}=1.66$

第 3 章

3.1　$0,\frac{a^2}{3}$

3.2　1,2

3.3　(1) $\frac{A^2}{8}$;(2) $\frac{A^2}{8}\cos 400\pi\tau$;(3) $\frac{A^2}{8}\pi[\delta(\omega+400\pi)+\delta(\omega-400\pi)]$

3.4　(1) 证明略

(2) 略

(3) $P_Z(\omega)=\frac{1}{4}\left[\mathrm{Sa}^2\left(\frac{\omega+\omega_0}{2}\right)+\mathrm{Sa}^2\left(\frac{\omega-\omega_0}{2}\right)\right], S=\frac{1}{2}$

3.5　(1) 0; (2) $R_x(t_1,t_2)=2\cos\omega_0\tau+2\cos\omega_0(t_1+t_2)$; (3) 非宽平稳

3.6　(1) $\pm\sqrt{20}$; (2) 50; (3) 30

3.7　(1) $R(\tau)=A_0^2+\frac{A_1^2}{2}\cos\omega_1\tau$

(2) $R(0)=A_0^2+\frac{A_1^2}{2}$,直流功率为 A_0^2,交流功率为 $\frac{A_1^2}{2}$

功率谱密度为 $P_X(\omega)=2\pi A_0^2\delta(\omega)+\frac{\pi A_1^2}{2}[\delta(\omega+\omega_1)+\delta(\omega-\omega_1)]$

3.8　(1) $P_{\xi_o}(\omega)=\begin{cases}\frac{n_0}{2}, & f_c-\frac{B}{2}\leqslant|f|\leqslant f_c+\frac{B}{2}\\ 0; & f_c-\frac{B}{2}\geqslant|f| \text{或} |f|\geqslant f_c+\frac{B}{2}\end{cases}$

(2) $R_o(\tau)=n_0B\mathrm{Sa}(\pi B\tau)\cos(\omega_c\tau)$

(3) $f(x)=\frac{1}{\sqrt{2\pi n_0B}}\exp\left(-\frac{x^2}{2n_0B}\right)$

3.9　(1) 图略, $R_X(\tau)=1+f_0\mathrm{Sa}^2(\pi f_0\tau)$; (2) 1;(3) f_0

3.10　$\frac{n_0}{2[1+(\omega_cR)^2]}, \frac{n_0}{4RC}\mathrm{e}^{-|\tau|/RC}$

3.11 (1) 是宽平稳随机过程;(2) 43;(3) 18

3.12 (1) $2R_X(\tau)-R_X(\tau-2a)-R_X(\tau+2a)$;(2) $4P_X(\omega)\sin^2(a\omega)$;

3.13 (1) 是宽平稳;(2) $P_Y(\omega)=\dfrac{P_X(\omega+\omega_c)+P_X(\omega-\omega_c)}{4}$

3.14 $\dfrac{2}{3}\times10^7$ W

3.15 $R_y(\tau)=25\times10^{-11}\mathrm{e}^{-5|\tau|}$, $P_Y(\omega)=\dfrac{25}{25+\omega^2}\times10^{-10}$, $S_Y=2.5\times10^{-10}$ W

3.16 (1) $3.95\times10^{-5}f^2$ W/Hz;(2) 0.026 3 W

3.17 $\dfrac{n_0}{2}E$

3.18 $P_Z(\omega)=\begin{cases}\dfrac{36\pi\alpha\beta}{\beta^2+\omega^2}+\dfrac{9b}{2W}, & |\omega|\leqslant W\\ \dfrac{36\pi\alpha\beta}{\beta^2+\omega^2}, & |\omega|>W\end{cases}$

3.19 $R_0(\tau)=2R_\xi(\tau)+R_\xi(\tau-T)+R_\xi(\tau+T)$

$P_0(\omega)=|H(\omega)|^2\cdot P_\xi(\omega)=2P_\xi(\omega)(1+\cos\omega T)$

3.20 (1) $\dfrac{A^2}{\sigma_n^2}\cos^2\theta$;(2) $\dfrac{A^2}{2\sigma_n^2}(1+\mathrm{e}^{-2\sigma^2})$

第4章

4.1 略

4.2 $S_{\mathrm{SSB}}(t)=\dfrac{1}{2}\cos3\Omega_1t+\dfrac{1}{2}\cos4\Omega_1t$,频谱图略

4.3 5×10^6 W

4.4 (1) 不能;(2) 略

4.5 $c_1(t)=\cos\omega_0t$, $c_2(t)=\sin\omega_0t$

4.6 (1) 100;(2) 7.8 dB

4.7 $\dfrac{a}{4n_0}$

4.8 (1) 2S;(2) S

4.9 (1) $M(\omega)=M_1(\omega)+\dfrac{1}{2}[M_2(\omega+2\Omega)+M_2(\omega-2\Omega)]$,图略

(2) $S(\omega)=\dfrac{1}{2}[M_1(\omega+\omega_c)+M_1(\omega-\omega_c)]+$

$\dfrac{1}{4}[M_2(\omega+\omega_c+2\Omega)+M_2(\omega-\omega_c-2\Omega)+M_2(\omega+\omega_c-2\Omega)+M_2(\omega-\omega_c+2\Omega)]$

(3) 图略

4.10 (1) $\dfrac{1}{4}$ W, $\dfrac{1}{8}$ W

(2) DSB 输出信噪比为 250;SSB 输出信噪比为 125;

(3) DSB 输出信噪比为 125;SSB 输出信噪比为 125。

4.11 $\frac{S_0}{N_0}=\frac{\overline{m^2(t)}\cos^2\theta}{2n_0 f_m}$

4.12 $s(t)=\frac{1}{2}m(t)\cos(\omega_2-\omega_1)t-\frac{1}{2}\hat{m}(t)\sin(\omega_2-\omega_1)t$

$s(t)$是一个载波角频率为$(\omega_2-\omega_1)$的上边带信号

4.13 证明略

4.14 (1) 4,10^4 Hz

(2) 2,1.2×10^4 Hz

4.15 $|S_{SSB}(t)|=\frac{A}{2}\sqrt{1+\left(\frac{1}{\pi}\ln\frac{t-T}{t}\right)^2}$

4.16 45 000

4.17 $B_{AM}=20$ kHz,$B_{SSB}=10$ kHz,$B_{FM}=120$ kHz

4.18 (1) $S_{FM}(t)=200\cos(\omega_0 t+3\sin 2\pi\times23\times10^3 t)$;(2) 184 kHz;(3) 2 700 (或 34.3 dB)

4.19 (1) 约 2.56 MHz;(2) 略

第 5 章

5.1 略

5.2 略

5.3 略

5.4 (1) $\frac{A^2T_s}{16}\mathrm{Sa}^4\left(\frac{\pi fT_s}{2}\right)+\frac{A^2}{16}\sum_{m=-\infty}^{+\infty}\mathrm{Sa}^4\left(\frac{\pi m}{2}\right)\delta(f-mf_s)$;图略

(2) 能,$S=\frac{2A^2}{\pi^4}$

5.5 (1) $\frac{\omega_0}{2\pi}\mathrm{Sa}^2\left(\frac{\omega_0 t}{2}\right)$;(2) 不能

5.6 (1) 有码间干扰;(2) 采用 4^n 进制信号时,都能满足无码间串扰条件

5.7 (1) 1 600 Baud;(2) $\frac{1}{1\,600}$ s

5.8 (1) $h(t)=\frac{\sin(64\,000\pi t)}{64\,000\pi t}\cdot\frac{\cos(25\,600\pi t)}{1-2\,621\,440\,000t^2}$;(2) 图略;

(3) 44.8 kHz; (4) 1.43 Baud/Hz

5.9 (a)(b)(d)不满足无码间干扰传输的条件,(c)满足无码间干扰传输的条件

5.10 (c)传输特性最好

5.11 不能

5.12 $R_B=\frac{1}{2\tau_0}$ Baud,$T_s=2\tau_0$

5.13 (1) 6.21×10^{-3};(2) $A\geqslant8.53\sigma_n$

5.14 (1) $N_0=\frac{n_0}{2}W$;(2) $P_e=\frac{1}{2}\mathrm{e}^{-\frac{A}{2\lambda}}$

5.15

a_k	1	0	1	1	1	0	1	0	0	0	1	1	1	0
b_{k-1}	0	1	1	0	1	0	0	1	1	1	1	0	1	0
b_k	1	1	0	1	0	0	1	1	1	1	0	1	0	0
C_k	1	2	1	1	1	0	1	2	2	2	1	1	1	0
$[C_k]_{\text{mod2}}$	1	0	1	1	1	0	1	0	0	0	1	1	1	0

5.16 $h(t)=\mathrm{Sa}\left(\frac{\pi}{T_s}t\right)-\mathrm{Sa}\left[\frac{\pi}{T_s}(t-2T_s)\right],H(\omega)=\begin{cases}T_s(1-\mathrm{e}^{-\mathrm{j}\omega T_s}), & |\omega|\leqslant\frac{\pi}{T_s}\\0, & \text{其他}\end{cases}$

5.17 (1) $h(t)=\begin{cases}1-t/T, & 0\leqslant t\leqslant t\\0, & \text{其他}\end{cases}$，图略

(2) 当 $t\leqslant 0$ 或者 $t>2T$ 时，$y(t)=0$；

当 $0<t\leqslant T$ 时，$y(t)=\int_{T-t}^{T}\frac{x}{T}\times\frac{x-T+t}{T}\mathrm{d}x=\frac{t^2}{6T^2}(3T-t)$

当 $T<t\leqslant 2T$ 时，$y(t)=\int_{0}^{t-T}\frac{x}{T}\times\frac{x-T+t}{T}\mathrm{d}x=\frac{(t-2T)^2}{6T^2}(t+T)$

(3) $r=\frac{2T}{3n_0}$

5.18 (1) 最大输出信噪比的出现时刻 $t_0\geqslant T$

(2) $h(t)=f(t-T)=\begin{cases}-A, & 0\leqslant t\leqslant\frac{T}{2}\\A, & \frac{T}{2}<t\leqslant T\\0, & \text{其他}\end{cases}$

$$y(t)=\begin{cases}-A^2t, & 0\leqslant t\leqslant\frac{T}{2}\\A^2(3t-2T), & \frac{T}{2}<t\leqslant T\\A^2(4T-3t), & T<t\leqslant\frac{3}{2}T\\A^2(t-2T), & \frac{3}{2}T<t\leqslant 2T\\0, & \text{其他}\end{cases}$$

波形略

(3) $r_{\text{omax}}=\frac{2A^2T}{n_0}$

5.19 图略，$h_1(t)$ 和 $h_2(t)$ 均为 $s(t)$ 的匹配滤波器

第 6 章

6.1 (1) 略;(2) 2 000 Hz

6.2 略

6.3 (1) 略;(2) 2 400 Hz,2 400 Hz

6.4 略

6.5 略

6.6 2ASK 信号传输距离为 45.4 km,2FSK 信号传输距离为 51.4 km,2PSK 信号传输距离为 51.4 km

6.7 略

6.8 (1) 1.24×10^{-4}; (2) 2.36×10^{-5}

6.9 4.1×10^{-2},4.04×10^{-6}

6.10 略

6.11 $r=11.675$

6.12 14.4×10^{-6} W,8.65×10^{-6} W,4.33×10^{-6} W,3.6×10^{-6} W

6.13 略

6.14 3 200 Hz

6.15 (1) 略;(2) $\frac{R_b}{B}=1$ bit/(s·Hz)

6.16 $B_{8ASK}=400$ Hz,$R_{b8}=600$ bit/s

$B_{2ASK}=400$ Hz,$R_{b2}=200$ bit/s

6.17 $B_{8FSK}=3\,200$ Hz,$R_b=600$ bit/s

6.18 $B=400$ Hz,$R_b=600$ bit/s

6.19 略

6.20 略

6.21 6 bit/(s·Hz)

6.22 略

6.23 略

6.24 $B=81$ kHz

第 7 章

7.1 (1) $T_s\leqslant0.25$ s; (2) 略

7.2 (1) $f_s\geqslant2f_1$; (2) 略;(3) $H_2(\omega)=\begin{cases}\frac{1}{H_1(\omega)}, & |\omega|\leqslant\omega_1\\ 0, & \text{其他}\end{cases}$

7.3 $M_S(\omega)=\frac{\tau}{T}\sum_{n=-\infty}^{\infty}\mathrm{Sa}^2(n\omega_H\tau)M(\omega-2n\omega_H)$

7.4 略

7.5 $B=10^6$ Hz

7.6 10000000,11111110,11110010,01110010,01111110

7.7 (1) $f_s \geqslant 2\,100$ Hz; (2) 210 Hz$\leqslant f_s \leqslant$211.1 Hz

7.8 $N_q=1/48, S/N_q=8$

7.9 8/7倍

7.10 01100011,01001100000

7.11 (1) 11100011,11;(2) 01001100000

7.12 12 000 Baud,24 000 Hz

7.13 (1) 36 000 Baud,36 000 bit/s; (1) 72 000 Hz

7.14 编码电平-864Δ,编码误差6Δ,解码电平-880Δ,解码误差10Δ;11位线性码01101100000,12位线性码为011011100000

7.15 编码电平384 mV;解码电平392 mV,量化误差6 mV; 11位线性码00110000000

7.16 01110000,-2.578 V,78 mV

7.17 解码电平7.5Δ,12位线性码为000000001111

7.18 略

7.19 (1) 640 kBaud; (2) 640 kHz

7.20 (1)640 kBaud; (2) 320 kHz

7.21 (1)14 kBaud; (2) 480 kHz; (3) 960 kHz

7.22 (1) 125 μs, 3; (2) 192 kbit/s; (3) 96 kHz

7.23 8 000,256, 2.048 Mbit/s, TS_{21}, F_5的TS_{16}后4 bit

7.24 (1) 640 kBaud; (2) 8 kHz

第8章

8.1 (1) 4;(2) 5

8.2 检测2位错码,纠正1位错误

8.3

(1) $\boldsymbol{H}=\begin{pmatrix}1&1&0&1&1&0&0&0\\1&0&1&1&0&1&0&0\\0&1&1&1&0&0&1&0\\1&1&1&0&0&0&0&1\end{pmatrix}$

(2) $\boldsymbol{G}=\begin{pmatrix}1&0&0&0&1&1&0&1\\0&1&0&0&1&0&1&1\\0&0&1&0&0&1&1&1\\0&0&0&1&1&1&1&0\end{pmatrix}$

(3) $\boldsymbol{A}=(1\ \ 0\ \ 0\ \ 1\ \ 0\ \ 0\ \ 1\ \ 1)$

(4) 接收到的码组有错误

(5) $d_{\min}=4$

8.4 (1) 整个发送码组为1010011;(2) 传输中出错。

8.5 (1) 状态图:小圆圈内的数字表示状态;连接小圆圈的箭头表示状态转移的方向,

连线为虚线表示输入信息比特为1,实线表示输入信息比特为0;连线旁的两位数字表示相应输出分支码字。

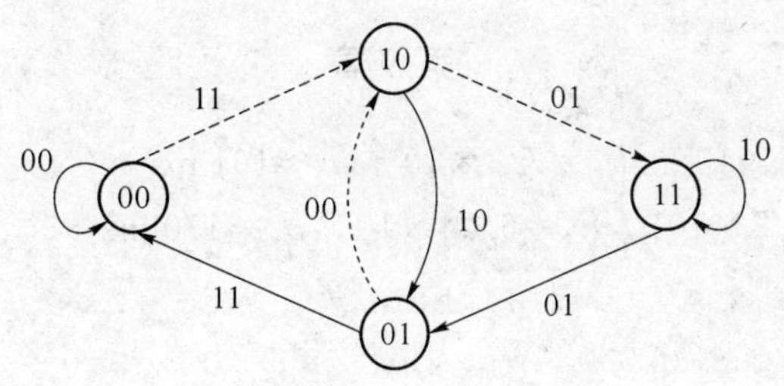

(2) 网格图

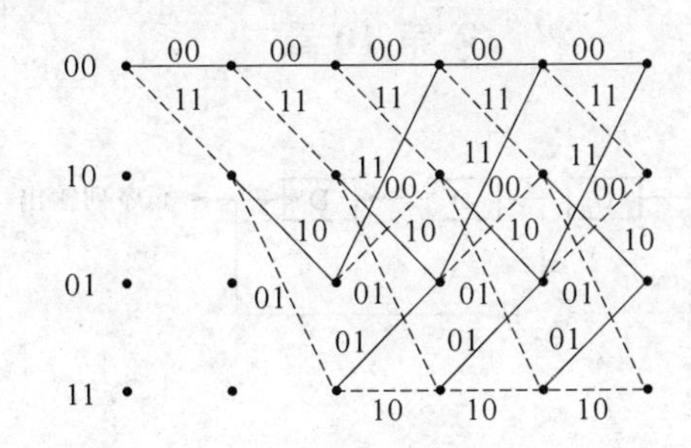

输入0——— 输入1------ 状态 •

(3)

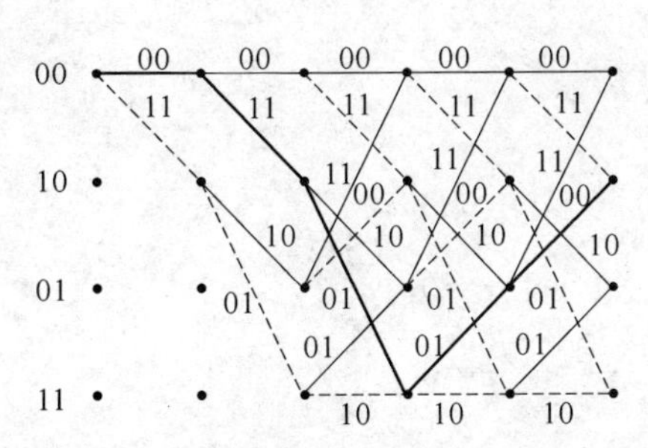

编码输出为:00,11,01,01,00

(4) 接收码序列为(10,10,00,01,00,01,11)

幸存路径:11 10 00 01 10 01 11

输入信息序列估值:1011100

8.6 (1) $n=6,k=3$

(2) $\boldsymbol{H}=\begin{pmatrix}1 & 0 & 1 & 1 & 0 & 0\\ 0 & 1 & 1 & 0 & 1 & 0\\ 1 & 1 & 0 & 0 & 0 & 1\end{pmatrix}$

(3) 该码的全部码字为:000000、001110、010011、100101、011101、110110、101011、111000

8.7 $g(x)=x^3+x+1$

$$\boldsymbol{G}=\begin{pmatrix}1 & 0 & 0 & 0 & 1 & 0 & 1\\ 0 & 1 & 0 & 0 & 1 & 1 & 1\\ 0 & 0 & 1 & 0 & 1 & 1 & 0\\ 0 & 0 & 0 & 1 & 0 & 1 & 1\end{pmatrix}$$

8.8　$r=4;R=\frac{k}{n}=\frac{15-4}{15}=\frac{11}{15}$

第9章

9.8　$m=0$：$P_1=7\times10^{-4}$，$P_2=7.8\times10^{-3}$，$t_s\approx161$ ms

$m=1$：$P_1=4.2\times10^{-7}$，$P_2=6.24\times10^{-2}$，$t_s\approx170$ ms

9.9　8小时40分

9.10　65.54 ms

第10章

10.1　(1)

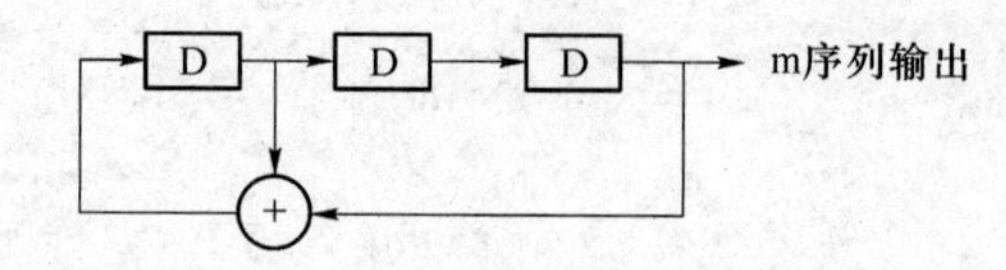

(2) 0011101

(3) $2^n-1=2^3-1=7$

10.2　8个游程

10.3　略

10.4　256个游程

10.5　略

10.6　29 dB

10.7　$R_{(\tau)}=\frac{A-D}{A+D}=\begin{cases}1, & \tau=0\\ -\frac{1}{7}, & \tau\neq0\end{cases}$

10.8　略

参 考 文 献

[1] 樊昌信,等.通信原理.6版.北京:国防工业出版社,2008.

[2] 蒋青,等.通信原理.北京:人民邮电出版社,2011.

[3] 周炯槃,等. 通信原理.3版. 北京:北京邮电大学出版社,2008

[4] 王福昌,等. 通信原理. 北京:清华大学出版社,2006

[5] Proakis J G. Digital Communications. 4th Edition, Publishing House of Electronics Industry, 2001.

[6] 苗长云,等.现代通信原理与应用.北京:电子工业出版社,2005.

[7] 王秉钧,等.通信原理.北京:清华大学出版社,2006.

[8] 鲜继清,等.现代通信系统与信息网.北京:高等教育出版社,2005.

[9] 丁玉美,高西全.数字信号处理.2版.西安:西安电子科技大学出版社,2002.

[10] Rodger E Z, William H T. 通信原理——系统、调制与噪声.袁东风,江铭炎,译.北京:高等教育出版社,2005.

[11] 徐家恺,等,通信原理教材.2版. 北京:科学出版社,2007.

[12] 傅祖芸.信息论—基础理论与应用.北京:电子工业出版社,2005.

[13] 王文博,等.宽带无线通信OFDM技术. 北京:人民邮电出版社,2003.

[14] 孙丽华,陈荣伶. 信息论与纠错编码.2版. 北京:电子工业出版社,2011.

[15] Proakis J G .数字通信.3版.张力军,译. 北京:电子工业出版社,2001.

[16] 吴伟陵,牛凯. 移动通信原理. 北京:电子工业出版社,2005.

[17] Cover T M, Thomas J A. Elements of Information Theory. Bei jing: Tsing University Press, 2003.

[18] 浙江大学数学系高等数学教研组.概率论与数理统计.北京:高等教育出版社,1984.

[19] 啜刚,等. 移动通信原理与系统.北京:北京邮电大学出版社,2005.